Ulrich Sommer

Planktologie

Mit 117 Abbildungen

Springer-Verlag
Berlin Heidelberg New York
London Paris Tokyo
Hong Kong Barcelona
Budapest

Professor Dr. Ulrich Sommer
Institut für Meereskunde
an der Universität Kiel
Düsternbrooker Weg 20
D-24105 Kiel

ISBN-13:978-3-540-57676-1

Die Deutsche Bibliothek – CIP-Einheitsaufnahme
Sommer, Ulrich: Planktologie / Ulrich Sommer. – Berlin ; Heidelberg ; New York ; London ; Paris :
Tokyo ; Hong Kong ; Barcelona ; Budapest : Springer, 1994
  ISBN-13:978-3-540-57676-1   e-ISBN-13:978-3-642-78804-8
  DOI: 10.1007/978-3-642-78804-8

Hersteller: Herta Böning, Heidelberg
Einbandgestaltung: Struve & Partner, Heidelberg
Satz: Storch GmbH, Wiesentheid
15/3130 – 5 4 3 2 1 – Gedruckt auf säurefreiem Papier

In memoriam Peter Kilham

Vorwort

Etwa 70% der Erdoberfläche sind mit Wasser bedeckt. Alle Oberflächengewässer sind von Planktern besiedelt. Das Plankton ist somit die am weitesten verbreitete Organismengemeinschaft der Erde. Dennoch ist es nicht besonders auffällig, da die meisten seiner Organismen mikroskopisch klein oder gerade an der unteren Grenze der Sichtbarkeit ohne Mikroskop sind. Vor allem zwei Aspekte sind es, die das Plankton auch außerhalb der Wissenschaften bekannt gemacht haben: einerseits die Rolle des Zooplanktons als Nahrung der Fische des Freiwassers und andererseits das Potential des Phytoplanktons, in nährstoffreichen Gewässern oft störende Wasserblüten und Vegetationsfärbungen zu verursachen.

Systematische mikroskopische Untersuchungen planktischer Organismen gibt es seit mehr als zweihundert Jahren. Seit etwa einem Jahrhundert gilt die Planktologie als eines der wesentlichsten Elemente, wenn nicht als das Kernstück der biologischen Meereskunde und der Limnologie. Innerhalb dieses Jahrhunderts ist die Planktologie weit über die Beschreibung und systematische Einordnung von Organismen hinausgegangen und hat sich Fragen der Funktionsmorphologie, der Physiologie und der Ökologie zugewandt. Dabei hat sich herausgestellt, daß das Plankton ein hervorragend geeignetes Modellsystem für die Analyse allgemeiner Fragestellungen der Ökologie ist.

Dieses Buch ist einerseits als Lehrbuch der Planktologie für Studenten konzipiert, andererseits dient es dazu, aktive Wissenschaftler in den aktuellen Stand der planktologischen Forschung einzuführen. Besonderes Gewicht habe ich auf diejenigen Aspekte gelegt, die auch für Naturwissenschaftler aus benachbarten Fachgebieten interessant sind. Geochemiker und Geologen wird dabei vor allem der Beitrag des Planktons zu den biogeochemischen Kreisläufen und zur Veränderung des Chemismus der Erdoberfläche in geologischen Zeiträumen interessieren. Ökologen werden zahlreiche Beispiele finden, wie durch Freiland- und Laboruntersuchungen mit Planktern vereinheitlichende Konzepte und Theorien der Ökologie empirisch überprüft werden können.

Oldenburg, Juni 1994   U. Sommer

Inhaltsverzeichnis

1 Einleitung

„The importance of phytoplankton is beyond question". Mit diesem Satz leitete mein Kollege C. S. Reynolds (1984) sein Buch über die Ökologie des Phytoplanktons ein. Eine lapidarere und zutreffendere Einleitung ist kaum möglich. Die klassische Begründung für die Wichtigkeit des Phytoplanktons lautet: Mehr als 70% der Erdoberfläche sind mit Wasser bedeckt. Der Großteil davon ist so ufer- und bodenfern, daß nur im oberflächennahen Wasser suspendierte Primärproduzenzten Photosynthese leisten können. Die Photosynthese des Phytoplanktons ist die Basis der pelagischen Nahrungsketten und damit der Fischerei. Die Primärproduktion trägt mehr als ein Drittel zur gesamten Primärproduktion der Erde bei und ist damit entscheidend am Kohlendioxid- und Sauerstoffhaushalt der Erde beteiligt. Dazu kommen noch die Ausbildung silikatischer und karbonatischer Tiefseesedimente, der Einfluß auf die Zusammensetzung des Meersalzes und eine Reihe anderer Leistungen, die für den Chemismus der Erdoberfläche von ausschlaggebender Bedeutung sind.

Als Phytoplanktologe war ich natürlich immer von der Bedeutung des Phytoplanktons überzeugt. Eineinhalb Jahrzehnte Forschungstätigkeit haben mich jedoch gelehrt, daß vieles im Phytoplankton nicht verstanden werden kann, ohne seine Wechselbeziehungen mit Zoo- und Bakterioplankton zu analysieren.

Für mein Buch will ich den Einleitungssatz von Reynolds dahingehend ergänzen, daß auch das Zoo- und das Bakterioplankton nicht vergessen werden sollten. Ohne Zooplankter gäbe es keine nennenswerte Weitergabe der Produktion des Phytoplanktons an die Fische. Ohne das Bakterioplankton könnten viele chemische Umsetzungen im Wasser nicht stattfinden. Eine Reihe von Vorgängen im Phytoplankton kann nicht ohne die Einwirkung der heterotrophen Plankter erklärt werden. Alle diese Zusammenhänge sind Gegenstand dieses Buches und sollen nicht weiter im Vorgriff behandelt werden.

1.1 Einige Definitionen zum Plankton und seiner Umwelt

Das Plankton ist die Gesamtheit derjenigen Organismen, die im Wasser suspendiert leben und durch Verfrachtungen von Wassermassen mittransportiert werden

Im deutschen Sprachgebrauch ist „Plankton" ein Singular, der eine Gesamtheit aus vielen Organismen bezeichnet. Der einzelne Organismus heißt „Plankter". Das steht im Gegensatz zum englischen Sprachgebrauch, in dem der Sammelbegriff „plankton" auch ein Plural sein kann („plankton are ...").

Funktionelle Untereinheiten des Planktons werden mit Vorsilben bezeichnet:

- **Phytoplankton:** pflanzliches Plankton
- **Zooplankton:** tierisches Plankton
- **Bakterioplankton:** bakterielles Plankton
- **Mykoplankton:** planktische Pilze

Früher entsprachen diese Kategorien den obersten Einheiten im System der Organismen, den Reichen „Pflanzen", „Tiere", „Bakterien" und „Pilze". Diese Einteilung ist heute nicht mehr gültig, die Begriffe „Phytoplankton", „Zooplankton" haben keine taxonomische Bedeutung mehr, sondern bezeichnen eine Funktion innerhalb der Lebensgemeinschaft. Abgrenzungsprobleme innerhalb des Planktons werden in Kapitel 2 behandelt.

Die Definition des Planktons enthält zwei Abgrenzungen gegenüber nichtplanktischen Organismengemeinschaften im Wasser: Die Suspension im Wasser unterscheidet Plankter von den Wasserlebewesen, die an Phasengrenzen leben: vom *Benthos* am Rand und Boden der Gewässer und vom *Neuston,* das am Oberflächenhäutchen lebt. Die passive Verfrachtung unterscheidet das Plankton vom *Nekton* (z.B. Fische), das zwar auch im freien Wasser lebt, dessen Schwimmbewegungen aber stark genug sind, um sich auch gegen Wasserströmungen zu bewegen.

Das Pelagial ist der Lebensraum von Plankton und Nekton

Als *Pelagial* wird die *Freiwasserzone* bezeichnet, während der Boden und der Rand eines Gewässers als *Benthal* bezeichnet werden, mit den Teilzonen *Profundal* in der Tiefe und *Litoral* im Uferbereich. Manche Limnologen bevorzugen es, den Begriff „Pelagial" für das Meer zu reservieren und die Freiwasser-

zone der Seen als *limnetische Zone* zu bezeichnen. In diesem Buch verwende ich jedoch den Begriff Pelagial für Meere und Seen. Die vertikale Gliederung des Pelagials ergibt sich aus dem jeweiligen Problemzusammenhang (Licht, thermische Schichtung, chemische Gradienten) und wird in den jeweils passenden Kapiteln behandelt.

1.2 Die Quantifizierung des Planktons

Am Anfang der wissenschaftlichen Auseinandersetzung mit einer Lebensgemeinschaft stehen meistens die Fragen „wer?" und „wieviel?". Neben dem Problem der taxonomischen Identifikation steht man dabei vor zwei Aufgaben: Die Probennahme soll erstens möglichst vollständig und zweitens möglichst repräsentativ erfolgen. Das erste Problem hängt damit zusammen, daß für Plankter verschiedener Größe auch verschiedene Fangmethoden benötigt werden (vgl. Kap. 2.1). Das zweite Problem hängt damit zusammen, daß die Plankter nicht gleichmäßig in ihrer Umwelt verteilt sind (vgl. Kap. 7.1). Zahlenangaben über die Dichte von Planktern sind daher nie exakt; als Faustregel für gute Schätzungen gilt, daß die wirkliche Dichte und der Schätzwert innerhalb derselben Potenz von 2 liegen.

1.2.1 Abundanz

Während es bei großen Organismen durchaus üblich ist, Gesamtzahlen ohne Flächenbezug anzugeben (z.B. Zahl der Elefanten in Afrika), werden bei Planktern fast ausschließlich *Dichten* angegeben, d.h. Zahlen, die entweder auf ein bestimmtes Volumen (z.B. Ind · l^{-2}) oder auf die Oberfläche eines Gewässers (z.B. Ind · m^{-2}) bezogen sind.

1.2.2 Biomasse

Für viele Fragestellungen ist es wichtig, verschiedene Arten zusammenzufassen und Summenwerte oder Teilsummen zu berechnen: z.B. Phytoplankton insgesamt, davon Kieselalgen; Zooplankton insgesamt, davon Crustaceen. Wegen der extremen Größenunterschiede zwischen verschiedenen Arten steht man dabei häufig vor dem Problem, „Mäuse und Elefanten zusammenzuzählen". Deshalb ist es in solchen Fällen oft besser, die Biomasse anstelle von Individuenzahlen zu verwenden.

Echte Maße der Biomasse sind die folgenden:
- Die *Frischmasse* schließt den Wassergehalt der Organismen mit ein. Sie ist schwer direkt zu bestimmen, da sich Plankter kaum vom Haftwasser befreien lassen, ohne selbst bereits einzutrocknen.
- Die *Trockenmasse* erhält man, wenn die Probe durch Trocknen (meist bei 105 °C) wasserfrei gemacht wird.
- Die *aschefreie Trockenmasse* ist ein Maß der organischen Substanz in der Trockenmasse. Der organische Anteil verbrennt beim Ausglühen, während der Glührückstand die anorganischen Bestandteile enthält.
- Der *organische Kohlenstoffgehalt* beträgt im Mittel 45 % der aschefreien Trockenmasse und kann direkt als CO_2-Entwicklung bei der Verbrennung gemessen werden.
- Der *Energiegehalt* kann durch Verbrennungkalorimetrie gemessen werden.
- Das *Biovolumen* kann durch mikroskopische Vermessung bestimmt wer-

den. Bei einer Dichte von ca. 1 g · cm^{-3} entspricht es ungefähr der Frischmasse. Bei Phytoplanktern mit großer Vakuole kann das Vakuolenvolumen abgezogen werden, um so das *Plasmavolumen* zu erhalten. Der Kohlenstoffgehalt entspricht etwa 10 bis 12% der Frischmasse des Plasmas.

Mit Ausnahme des Biovolumens werden die Biomasseparameter zumindest bei kleineren Planktern (<1 mm) durch Aufbringen auf Filter und Vermessung des abfiltrierten Materials gemessen. Dadurch ist eine Zuordnung zu taxonomischen Kategorien nicht möglich. Auch eine Trennung von Phytoplankton und Zooplankton durch fraktionierte Filtration mit unterschiedlichen Maschen- bzw. Porenweiten ist wegen der Größenüberlappungen nur in Ausnahmefällen erfolgreich. Zusätzlich enthält die filtrierte Substanz Reste abgestorbener Organismen *(Detritus)*, so daß mit diesem Biomassemaß eigentlich das *Seston* (Plankton plus suspendierter Detritus) an Stelle des Planktons erfaßt wird.

1.2.3 Surrogatparameter der Biomasse

Neben den echten Biomassemaßen werden auch häufig Teilkomponenten bestimmt, von denen man hofft, daß sie in einem ausreichend konstanten Verhältnis zur Gesamtbiomasse stehen.
- *Chlorophyll* ist der gebräuchlichste Surrogatparameter für Phytoplankter. Sein Vorteil besteht darin, daß heterotrophe Organismen nicht mitgemessen werden und daß auch im algenbürtigen Detritus das Chlorophyll schnell abgebaut wird. Meistens wird angenommen, daß die Chorophyllkonzentration 2% des Kohlenstoffgehalts (in Masseneinheiten) beträgt,

tatsächlich beträgt die Schwankungsbreite je nach Art und physiologischem Zustand zwischen 0,4 und 4%.

- *ATP* hat den Vorteil, nur in lebenden Organismen vorhanden zu sein und somit den Detritus auszuschließen. Die anfängliche Hoffnung eines annähernd konstanten ATP:C-Verhältnisses hat sich jedoch nicht erfüllt.
- *PON* (partikulärer, organischer Stickstoff) ist ein wesentlicher Bestandteil der Proteine. Abgesehen von extrem stickstofflimitierten Phytoplanktern ist sein Verhältnis zum Kohlenstoff ziemlich konstant (1:6 bis 1:7 in molaren Einheiten). Da der Stickstoff beim Abbau des Detritus meistens schneller als der Kohlenstoff verlorengeht, sind PON-Werte weniger detritusbeeinflußt als Kohlenstoff oder Trockenmasse, ohne jedoch ein reines Planktonmaß zu sein.

1.3 Die Struktur des Buches

Beim Aufbau dieses Buches habe ich es bewußt vermieden, der klassischen Einteilung Phyto-, Zoo- und Bakterioplankton zu folgen. Eine derartige Gliederung hätte zahlreiche Wiederholungen nach sich gezogen, da viele Probleme in mehr als einer funktionellen Kategorie auftreten. Statt dessen ist das Buch nach Problemebenen eingeteilt.

Die Reihenfolge der Kapitel führt vom Elementaren zum Komplexen. Sie ist so ausgerichtet, daß zwar frühere Abschnitte für das Verständnis der späteren Abschnitte benötigt werden, aber nicht umgekehrt. Dieses Einbahnprinzip des Informationsflusses kann jedoch nicht vollständig durchgehalten werden, da es nicht dem heutigen Bild der Kausalität in der Natur entspricht, das Wechselwirkungen anstelle von einseitiger Kausalität betont.

Das Problem zweiseitiger Kausalität läßt sich einfach an den Beziehungen zwischen der Wasserchemie und dem Plankton illustrieren. Der Chemismus des Wassers, z.B. die Konzentration von Nährstoffen, ist ausschlaggebend für die Ernährung und das Wachstum von Phytoplanktern. Also muß das Kapitel über die Wasserchemie den Kapitel über die Ernährung und das Wachstum der Plankter vorausgehen. Andererseits wird der Chemismus des Wassers durch die Ernährung der Plankter, die Abgabe von Stoffwechselprodukten, die Deposition von Skelettsubstanzen usw. entscheidend mitbestimmt. Folglich kann das Kapitel über die chemische Umwelt der Plankter ohne die nachfolgenden Kapitel zwar verstanden werden, eine Reihe von chemischen Phänomenen muß jedoch zunächst als unerklärtes Faktum hingenommen werden, während die kausale Erklärung erst später folgt.

In Kapitel 2 wird eine Übersicht über die Organismen des Planktons gegeben, es beantwortet also die Frage „wer?". Es bietet eine *taxonomische Übersicht* und eine *Einteilung in Größenklassen.* Kapitel 3 beschreibt diejenigen Probleme, die aus dem Leben in Suspension resultieren, es beantwortet also die Frage „was macht einen Organismus zu einem Plankter?". Es behandelt damit wesentliche Aspekte der *Funktionsmorphologie* des Planktons.

Die folgenden Kapitel sind der abiotischen Umwelt der Plankter gewidmet, den *physikalischen* (Kapitel 4) und den *chemischen* (Kapitel 5) *Eigenschaften der Umwelt.* Eine vollständige Darstellung der Gewässerphysik und -chemie würde jedoch den Rahmen eines Buches über Planktologie sprengen. Sie werden nur in dem Maß behandelt, wie es für das Verständnis der Lebensbedingungen des

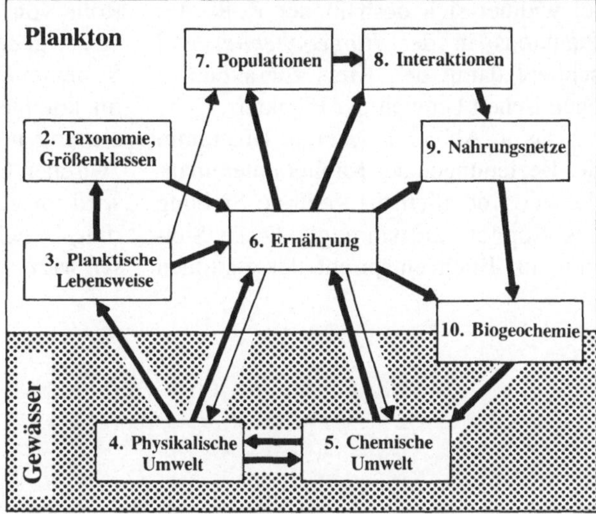

Abb. 1.1. Wechselsbeziehungen zwischen den einzelnen Kapitelthemen. *Dicke Pfeile* wichtige, *dünne Pfeile* weniger wichtige Wechselbeziehungen

Planktons notwendig ist. Gleichzeitig wird auch die Reaktion planktischer Organismen auf chemische und physikalische Umweltfaktoren dargestellt, sofern es sich dabei nicht um Nahrungsfaktoren autotropher Plankter handelt.

Kapitel 6 behandelt die Ernährung der Plankter sowie ihre Reaktionen auf Quantität und Qualität der Nahrung, also den zentralen Teil der *Ökophysiologie* des Planktons. Soweit es sich um autotrophe Plankter mit abiotischen Nahrungsressourcen handelt, baut es auf Informationen in den Kapiteln 4 (Licht) und 5 (Nährstoffe) auf. Die Ernährung der autotrophen Plankter hat auch Rückwirkungen auf die Physik (Lichtklima) und den Chemismus der Gewässer. Alle folgenden Kapitel bauen direkt oder indirekt auf Kapitel 6 auf.

Die Kapitel 7 und 8 sind der *Populationsökologie* des Planktons zugeordnet. In Kapitel 7 wird die Vermehrung, das Wachstum und das Vergehen einzelner Populationen behandelt, in Kapitel 8 die *Interaktionen* (Wechselbeziehungen) zwischen Populationen. Das Verständnis beider Kapitel hängt stark von Kapitel 6 ab. Das Wachstum von Populationen ist in einem großen Maß eine

Funktion des Ernährungszustandes der Individuen innerhalb von Populationen. Die Stellung verschiedener Populationen zueinander (Konkurrenzbeziehungen, Räuber-Beute-Beziehungen, Symbiose) resultiert aus ihren Nahrungsansprüchen.

Aus einer Vielzahl von paarweisen Interaktionen konstituieren sich Nahrungsketten und -netze, deren Gesetzmäßigkeiten und Dynamik in Kapitel 9 dargestellt werden. Im englischen Sprachraum wird diese Disziplin als *„community ecology"* (Ökologie von Lebensgemeinschaften) bezeichnet, im deutschen Sprachraum hat sich die analoge Bezeichnung „Ökologie von Lebensgemeinschaften" nicht fest etabliert.

Plankter wirken durch ihren Nahrungserwerb und die Abgabe von Stoffwechselendprodukten nicht nur auf andere Planktonpopulationen ein, sie verändern auch nachhaltig ihre abiotische Umwelt. Der Einfluß des einzelnen Plankters ist zwar verschwindend gering, die kumulative Wirkung gigantischer Zahlen von Planktern setzen jedoch Stofflüsse in Gang, deren Akkumulation in geologischen Zeiträumen zu einer massiven Umverteilung von Substanzen auf der Erdoberfläche geführt hat. Das 10. Kapitel widmet sich deshalb der Rolle des Planktons in der *Biogeochemie,* und schließt damit den Kreis zur aktuellen chemischen Umwelt der Plankter.

Das in Abb. 1.1 gezeigte Diagramm der Beziehungen der Kapitel untereinander zeigt deutlich die zentrale Stellung des Kapitels „Ernährung". Diese Stellung im Buch entspricht der zentralen Rolle von Nahrungsbeziehungen in unserem gegenwärtigen Bild ökologischer Systeme: Die Position eines Organismus im komplexen System der Wechselbeziehungen zwischen Organismen und zwischen Organismen und ihrer Umwelt wird im wesentlichen durch seine Nahrungsbeziehungen (*„fressen und gefressen werden"*) bestimmt.

2 Übersicht über die Organismen des Planktons

EINFÜHRUNG

In vielen limnologischen und ozeanographischen Untersuchungen wird das Plankton als undifferenzierte, suspendierte Masse betrachtet. Angaben über Planktondichten werden häufig in Form von Biomasseparametern (Trockengewicht, organische Substanz, partikulärer organischer Kohlenstoff) oder von elektronisch gezählten Gesamtpartikelzahlen gemacht. Für Phytoplanktonkonzentrationen wird häufig die Chlorophyllkonzentration als Surrogatparameter der Biomasse angegeben.

Diese Informationsreduktion hat im Zusammenhang mit Untersuchungen auf Ökosystemniveau (Produktionsbiologie, biogeochemische Kreisläufe) durchaus ihre Berechtigung. Sie hat aber auch zu einer Vorstellung funktioneller Einheitlichkeit verführt, nach der Plankter nicht mehr als differenzierte, verschiedenartig an ihre Umwelt angepaßte Organismen, sondern nur noch als eine Suspension partikulärer, organischer Materie gelten. Dabei sind die relativen Größenunterschiede der kleinsten und der größten Phytoplankter so groß wie die Unterschiede zwischen den kleinsten Moosen und den größten Bäumen. Diesen Größenunterschieden entsprechen auch funktionelle Unterschiede, etwa im Hinblick auf die Tauglichkeit als Futter für pflanzenfressende Tiere. Vergleichbare Größen- und Funktionsunterschiede gibt es auch im Zooplankton, während das Bakterioplankton sich vor allem durch seine biochemische Vielfalt auszeichnet.

Das folgende Kapitel soll den Leser in die Vielfalt planktischer Lebensformen einführen. Eine Einführung in die Systematik des Planktons wird jedoch nicht angestrebt. Da die Mehrzahl aller Stämme planktische Vertreter oder zumindest Vertreter mit meroplanktischen Larven hat, käme dies beinahe einer Gesamtsystematik gleich. Ein verhältnismäßig umfangreicher taxonomischer Überblick kann den beiden Bänden von Raymont (1980, 1983) entnommen werden, ansonsten wird auf die einschlägigen Standardwerke der Systematik verwiesen.

2.1 Größenklassen

Plankter verschiedener Größe müssen mit unterschiedlichen Methoden untersucht werden

Meistens sind Plankter nicht zahlreich genug, um sie bei direkter mikroskopischer Untersuchung eines Wassertropfens zu entdecken. Sie müssen vor der mikroskopischen Untersuchung verdichtet werden. Die älteste Form der Beprobung natürlicher Planktonpopulationen ist die Verwendung von feinmaschigen Netzen, die vertikal oder horizontal durch ein Gewässer gezogen werden. *Planktonnetze* haben den Vorteil, daß große Wasservolumina durch sie gesiebt werden können. Dadurch können auch seltene Plankter gefunden werden. Andererseits gehen Organismen, die kleiner als die Maschenweite des Netzes sind, leicht verloren und bleiben unentdeckt. Der Wasserdurchsatz durch ein Planktonnetz ist in der Regel nicht mit dem Produkt aus Öffnungsquerschnitt und Zugstrecke identisch, da das Netz einen Rückstau bewirkt und ein Teil des Wassers vorbeifließt. Da dieser Rückstau von der Zuggeschwindigkeit und dem Ausmaß abhängt, in dem das Netz bereits durch aufgefangene Partikel verstopft ist, kann der Wasserdurchsatz nur grob geschätzt werden, es sei denn, er wird durch geignete Meßgeräte direkt erfaßt. Planktonnetze sind heute noch die Standardmethode in der Zooplanktonforschung. Das mit ihnen gefangene Plankton wird allgemein als *Netzplankton* bezeichnet. Als untere Größengrenze gelten je nach Autor 20, 30, 50 oder 64 µm.

Es wurde frühzeitig klar, daß die im Netzplankton gefundenen Phytoplanktonmengen häufig nicht für die Ernährung der Zooplankter ausreichen. Daher wurde versucht, durch Zentrifugation oder Sedimentation auch kleinere Partikel aus definierten Wasservolumina anzureichern. Daraus entwickelte sich die *Utermöhl-Methode* (1958), bei der fixiertes Plankton (Lugolsche Lösung, Formaldehyd, Glutaraldehyd) in genormten Zylindern mit dünnem (Deckglasstärke) Boden absedimentiert wird. Das absedimentierte Plankton wird mit einem Umkehrmikroskop untersucht, bei dem das Objektiv von unten auf den Boden der Sedimentationskammer gerichtet ist. Plankter, die mit dieser Methode erkennbar werden, bezeichnet man als *Nanoplankton.* Im Gegensatz zur Verdichtung durch Planktonnetze ist hier das Ausgangsvolumen exakt bestimmbar. Die Größe der Sedimentationszylinder (maximal 100 ml) setzt allerdings der Entdeckung seltener Organismen enge Grenzen. Heute ist die Utermöhl-Methode die Standardmethode für die Zählung von Phytoplankton. Allerdings werden Organismen, die kleiner als 2 bis 3 µm sind, besonders bei der Verwendung der größeren Kammern (50 und 100 ml) nur unvollständig abgesetzt und daher in ihrer Häufigkeit unterschätzt. Dies gilt sowohl für die kleinsten Phytoplankter als auch für fast das gesamte Bakterioplankton.

Plankter unterhalb des für die Utermöhl-Methode geeigneten Größenbereichs *(Picoplankton, Ultraplankton)* können auf engporige Filter (0,1 oder 0,2 µm) aufgebracht und im *Fluoreszenzmikroskop* untersucht werden. Bei Phytoplanktern kann man die rote Fluoreszenz des Chlorophylls nutzen, heterotrophe Picoplankter (Bakterien, kleine Protozoen) müssen mit Fluorochromen gefärbt werden (z.B. DAPI, Acridinorange, Primulin). Der Versuch, die Zahl planktischer Bakterien durch Kolonienwachstum auf Nährböden abzuschätzen, führt im Vergleich zur Direktzählung im Fluoreszenzmikroskop stets zu groben Unterschätzungen um eine bis zwei Zehnerpotenzen. Mit der Fluoreszenzmethode hingegen können auch die kleinsten planktischen Bakterien quantifiziert werden. Planktische Viren und Phagen *(Femtoplankton)* können allerdings nur *elektronenmikroskopisch* untersucht werden.

Eine übersichtliche Definition von Größenklassen beruht auf Zehnerpotenzen der linearen Abmessung

Die Bezeichnung und Abgrenzung der verschiedenen Größenklassen des Planktons ist ziemlich uneinheitlich. Der in sich konsequenteste Versuch zur Vereinheitlichung der Terminologie sieht vor, Größenklassen nicht nach der Methodik,

Tabelle 2.1. Größenklassen des Planktons

Bezeichnung	Untergrenze	Obergrenze	beteiligte Organimengruppen
Femtoplankton		0,2 µm	Viren, Phagen
Picoplankton	0,2 µm	2 µm	Bakterien, kleinste Phytoplankter und Protozoen
Nanoplankton	2 µm	20 µm	Phytoplankter, Protozoen, größte Bakterien
Mikroplankton	20 µm	200 µm	große Phytoplankter und Protozoen, kleine Metazoen (z.B. Rotatorien)
Mesoplankton	200 µm	2 mm	größte Einzeller, Phytoplankton-kolonien, viele Metazoen (z.B. Cladoceren und Copepoden)
Makroplankton	2 mm	2 cm	extrem große Phytoplanktonkolonien, große planktische Crustaceen (z.B.Euphausiidae), andere Zooplankter
Megaplankton	2 cm		größte Zooplankter (z.B. Quallen)

sondern nach Zehnerpotenzen der linearen Abmessungen zu definieren (Tabelle 2.1). Borsten und andere Körperfortsätze werden dabei meist nicht berücksichtigt.

2.2 Phytoplankton

Phytoplankton ist kein systematischer Begriff, sondern wird funktionell definiert

Der Begriff Phytoplankton (pflanzliches Plankton) wird nicht systematisch, sondern funktionell definiert, nämlich durch die Fähigkeit zur *wasserspaltenden und sauerstoffbildenden Photosynthese* (im Gegensatz zur H_2S-spaltenden Photosynthese der Purpurbakterien). Die Photosynthese der Phytoplankter kann durch die vereinfachte Summenformel beschrieben werden:

$$6\,CO_2 + 6\,H_2O = C_6H_{12}O_6 + 6\,O_2 - 2802\ kJ$$

Das Kohlendioxid dient dabei als C-Quelle, das Licht als Energiequelle und das Wasser als Elektronendonator (Reduktionsmittel).

Die Phytoplankter gehören nicht den Pflanzen im Sinne der modernen Systematik, sondern den *Prokaryoten* und den *Protisten* an. Der traditionelle Begriff *Algen* hat heute keine systematische Relevanz mehr, wird aber immer noch als Sammelbegriff für alle Organismen gebraucht, die sauerstoffbildende Photosynthese betreiben, aber keine Sproßpflanzen sind. Insofern deckt sich der Begriff des Phytoplanktons mit dem der planktischen Algen. Nur wenige der Algenklassen haben keine planktischen Vertreter: Rhodophyta (Rotalgen), Phaeophyceae (Braunalgen), Charophyceae (Armleuchteralgen).

Aufgrund der funktionellen Einteilung des Planktons ist es möglich, daß innerhalb einer Gattung Phytoplankter und Zooplankter existieren; so z.B. der pigmentierte Phytoplankter *Gymnodinium uberrimum* und der unpigmentierte, sich durch Phagozytose ernährende Zooplankter *Gymnodinium helveticum*. Ein Grenzfall sind **mixotrophe Plankter,** die sowohl Photosynthese als auch phagozytotische Ernährung betreiben. Obwohl dieses Phänomen schon lange bekannt ist, wurde seine Bedeutung erst in letzter Zeit erkannt (Sanders u. Porter 1988). Verhältnismäßig viele und weitverbreitete Arten unter den begeißelten Phytoplanktern gehören zu dieser Kategorie.

2.2.1 Die wichtigsten Taxa des Phytoplanktons

Phytoplankter sind in folgenden Taxa vertreten:

- Stamm **Cyanophyta (Cyanobacteria)**: Blaualgen; wichtigste Gruppe der prokaryoten Phytoplankter, weit verbreitet in einer Vielzahl von Lebensräumen, stammesgeschichtlich ursprünglichste Vertreter der sauerstoffbildenden Photosynthese
- Stamm **Prochlorophyta**: Prokaryoten, die stammesgeschichtlich interessant sind, da sie in ihrer biochemischen Ausstattung (z.B. Chlorophyll b) den Grünalgen und den höheren Pflanzen entsprechen
- Stamm **Chlorophyta**: Grünalgen; stammesgeschichtlicher Ausgangspunkt der höheren Pflanzen:
  - Klasse **Chlorophyceae**: größte Klasse innerhalb der Chlorophyta, enthalten viele Plankter des Meeres und des Süßwassers
  - Klasse **Prasinophyceae**: relativ kleine Gruppe, vor allem begeißelte Vertreter im Plankton
  - Klasse **Zygnemaphyceae**: überwiegend benthische, jedoch auch planktische Vertreter, nur im Süßwasser
- Stamm **Euglenophyta**: nur begeißelte Vertreter, wichtig nur im Süßwasser
- Stamm **Dinophyta**: vor allem begeißelte Formen, wichtige Vertreter

des Planktons der Meere und der Binnengewässer
- Stamm **Cryptophyta**: nur begeißelte Vertreter, gehören zu den verbreitetsten Planktern des Meeres und der Binnengewässer
- Stamm **Chromophyta**:
  - Klasse **Prymnesiophyceae**: wichtige Gruppe des Planktons, eine Ordnung *(Coccolithophorales)* ist auf das Meer beschränkt.
  - Klasse **Chrysophyceae**: vor allem begeißelte Vertreter wichtig im Plankton, eine Ordnung (*Dictyochales,* Silikoflagellaten) ist auf das Meer beschränkt
  - Klasse **Synurophyceae**: überwiegend planktisch, wichtig vor allem im Süßwasser
  - Klasse **Bacillariophyceae**: Kieselalgen, eine der verbreitetsten Gruppen in Meer und Süßwasser
  - Klasse **Xanthophyceae**: nur wenige planktische Vertreter
- Stamm **Rhaphidophyta**: artenarme Flagellatengruppe, nur in wenigen Binnengewässern wichtig

2.2.2 Blaualgen

Die Blaualgen (Abb. 2.1) werden heute systematisch den Bakterien zugeordnet. Deshalb ist die Bezeichnung Cyanobacteria korrekter als die Bezeichnung Cyanophyta. Sie wird jedoch vielfach weiter verwendet, einerseits um die funktionelle Zugehörigkeit zu den sauerstoffbildenden Photoautotrophen zu betonen, andererseits wegen der methodologischen Zugehörigkeit zur Botanik (Artdiagnose aufgrund morphologischer Merkmale etc.). Im Rahmen ökologischer Planktonuntersuchungen sprechen vor allem die funktionellen Kriterien dafür, sie dem Phytoplankton zuzuordnen.

Abb. 2.1. Einige Blaualgen des Planktons. **A** *Synechocystis* sp., **B** *Synechococcus* sp., **C** *Dactylococcopsis raphidioides*, **D** *Microcystis aeruginosa*, **E** *Merismopedia punctata*, **F** *Chroococcus limneticus*, **G** *Anabaena flos-aquae*, d Dauerzelle, h Heterocyste, **H** *Aphanizomenon flos-aquae*, **I** *Nodularia spumigena*, **J** *Planktothrix (= Oscillatoria) rubescens*, **K** *Limnothrix (= Oscillatoria) redekei. Länge der Skalenstriche dünn* 1 µm, *dick* 10 µm

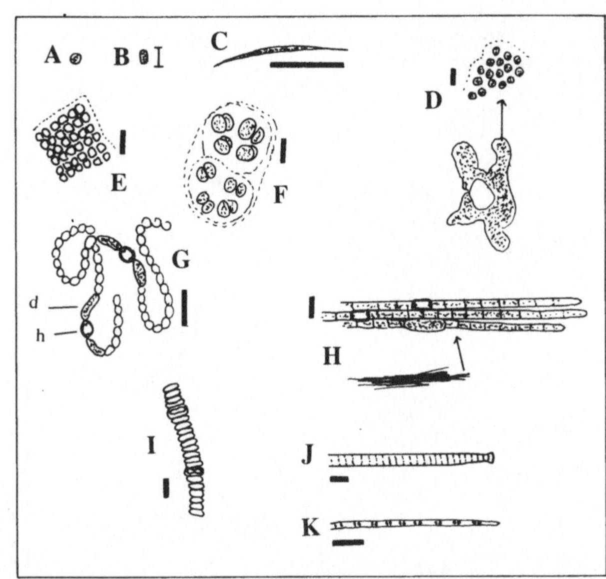

Trotz der einfachen, prokaryotischen Zellorganisation sind unter den Blaualgen mit Ausnahme der Flagellaten fast alle Lebensformtypen des Phytoplanktons vertreten. Die Größe der planktischen Blaualgen umfaßt den gesamten Bereich des Phytoplanktons, von Picoplanktern *(Synechococcus, Synechocystis)* bis zu mehreren Millimeter großen Kolonien *(Microcystis, Aphanizomenon, Anabaena, Gloeotrichia, Trichodesmium)*. Einzellige Blaualgen gibt es im Pico- und Nanoplanktonbereich. In den größeren Kategorien treten durch Gallerte verbundene Kolonien von Einzelzellen *(Microcystis)*, solitäre Fäden *(Oscillatoria, Planktothrix, Limnothrix)*, zu Knäueln aufgewundene Fäden (mehrere *Anabaena* spp.) und zu Bündeln vereinigte Fäden *(Aphanizomenon, Trichodesmium)* auf. Gloeotrichia bildet kugelförmige Kolonien aus radiär angeordneten Fäden.

Zwischen den Einzelzellen der Fäden sind Plasmodesmen ausgebildet, es besteht also eine echte mehrzellige Organisation. In der Familie **Nostocaceae** kommt es sogar zu einer Arbeitsteilung zwischen den Zellen mit bis zu drei Zelltypen: ***vegetative Zellen, Cysten*** (Dauerzellen) und Heterocysten. Den ***Heterocysten*** fehlt das Photosystem II und in ihnen findet die Fixierung von N_2 statt. Die Stickstoffixierung ist in keiner anderen Gruppe des Phytoplanktons vertreten.

Viele Blaualgen enthalten ***Gasvakuolen.*** Das sind Ansammlungen von kleinen Gasbläschen, die von steifen Membranen umschlossen sind und den Blaualgen Auftrieb verleihen können. Die Gasvakuolen sind der wirksamste Mechanismus der Dichteregulation im Phytoplankton. Ihre Funktion wird in Abschnitt 3.1.1 näher besprochen werden.

2.2.3 Phytoflagellaten

Begeißelte Phytoplankter (Abb. 2.2) gibt es nur innerhalb der eukaryoten Gruppen, unter diesen jedoch nicht bei den Kieselalgen (Bacillariophyceae) und den Jochalgen (Zygnemaphyceae). Innerhalb der verschiedenen eukaryoten Algen-

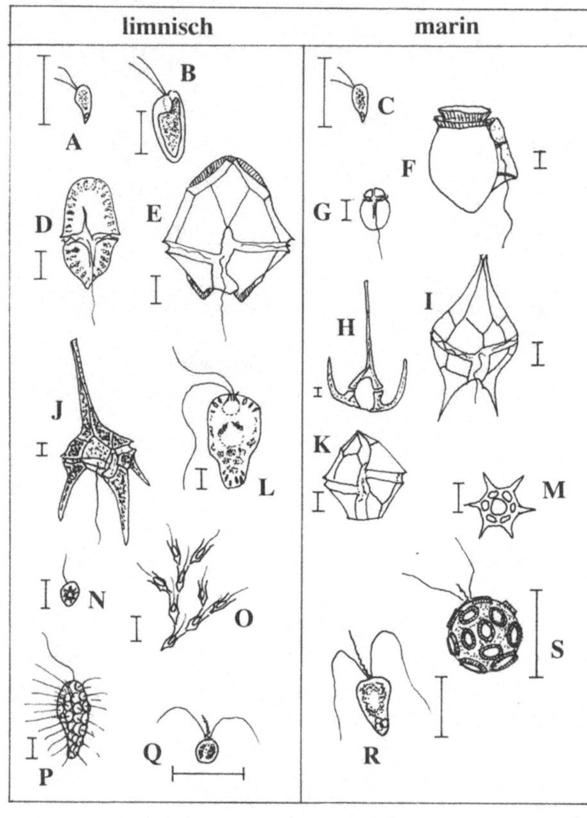

Abb. 2.2. Phytoflagellaten des Süßwassers und des Meeres. Cryptophyceae: **A** *Rhodomonas minuta*, **B** *Cryptomonas ovata*, **C** *Rhodomonas* sp.; Dinophyceae: D *Gymnodinium fuscum*, **E** *Peridinium bipes*, **F** *Dinophysis acuta*, **G** *Amphidinium crassum*, **H** *Ceratium tripos*, **I** *Protoperidinium oblongum*, **J** *Ceratium hirundinella*, **K** *Gonyaulax polyedra*; Raphidophyceae: **L** *Gonyostomum semen*; Chrysophyceae: **M** *Dictyocha speculum*, **N** *Phaeaster aphanaster*, **O** *Dinobryon divergens*; Synurophyceae: **P** *Mallomonas caudata*; Prymnesiophyceae: **Q** *Chrysochromulina parva*, **R** *Chrysochromulina polylepis*, **S** *Emiliana huxleyi*. *Länge des Skalenstrichs* 10 µm

klassen stellen die Flagellaten den stammesgeschichtlich ursprünglichsten Typ (monadale Stufe) dar. Mit Ausnahme der Grünalgen ist unter den Flagellaten Mixotrophie weit verbreitet. Oft treten innerhalb einzelner Gattungen alle Übergänge zwischen Autotrophie, Mixotrophie und Heterotrophie auf. Die Phytoflagellaten umfassen fast das gesamte Größenspektrum des Phytoplanktons. Die kleinsten Vertreter sind etwas kleiner als 1 µm, während der koloniebildende Flagellat Volvox einige Millimeter Koloniedurchmesser erreichen kann.

Zellwandlose, einzellige Phytoflagellaten. Die einfachsten Phytoflagellaten sind zellwandlose Einzeller, die nur von einer Plasmaaußenschicht umgeben sind. Da diese Phytoplankter häufig klein sind

und teilweise durch die Fixierung deformiert werden, wurde ihre Bedeutung lange Zeit unterschätzt. Vor allem Vertreter der Gattungen *Chrysochromulina* (Prymnesiophyceae), *Rhodomonas* und *Cryptomonas* (beide Cryptophyta) gehören in vielen Situationen zu den wichtigsten Phytoplanktern sowohl des Meeres als auch der Seen. Da sie in der Regel schwer kultivierbar sind, ist über ihre Physiologie noch relativ wenig bekannt.

Einzellige Phytoflagellaten mit Zellwand. Einzeller mit einer Zellwand aus Zellulose sind vor allem unter den Grünalgen (z.B. *Chlamydomonas*) und unter den Dinoflagellaten verbreitetet. Viele Dinoflagellaten haben einen aus morphologisch sehr distinkten Platten gestalteten Zellulosepanzer (z.B. *Peridinium, Peridiniopsis, Protoperidinium, Gonyaulax, Ceratium*). Unter den gepanzerten Dinoflagellaten befinden sich die größten einzelligen Phytoflagellaten. Sie können sich vor allem im Sommer massenhaft entfalten und bewirken dadurch eine charakteristische rotbraune Vegetationsfärbung des Wassers. Im Meer wird diese Vegetationsfärbung als „rote Flut" (engl. „red tide") bezeichnet.

Mehrzellige Phytoflagellaten. Mehrzellige Flagellaten sind meistens Kolonien, die von einer gemeinsamen Gallerte zusammengehalten werden oder bei denen die Zelloberflächen direkt aneinander haften. Meistens gibt es keine Plas-

modesmen und daher keinen Stoffaustausch zwischen den einzelnen Zellen. Eine Ausnahme bildet die Grünalge *Volvox*, bei der sogar eine Arbeitsteilung zwischen rein vegetativen Zellen und vermehrungsfähigen Zellen und damit eine Trennung von Keimbahn und Soma besteht.

Mineralische Inkrustierungen und Skelettelemente treten bei einigen Taxa auf. Die Zellen der **Synurophyceae** sind von SiO_2-Schuppen umhüllt, während die Schuppen der **Coccolithophorales** kalkinkrustiert sind. Die Zellen der **Dictyochales** verfügen über ein SiO_2-Skelett. Die Zellulosehülle der Grünalge Phacotus kann Kalkinkrustationen aufweisen.

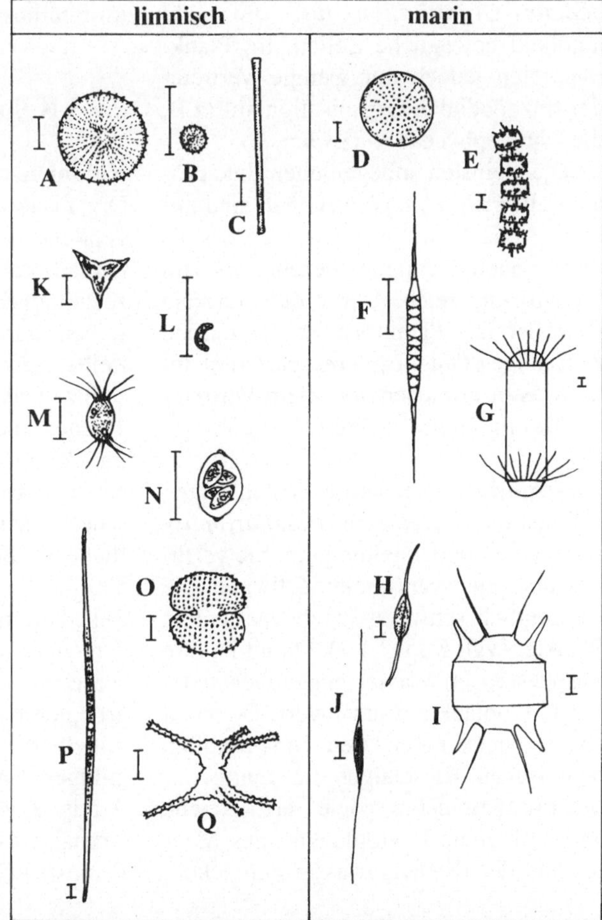

Abb. 2.3. Einzellige, coccale Phytoplankter des Süßwassers und des Meeres. Bacillariphyceae: **A** *Stephanodiscus rotula*, **B** *Stephanodiscus minutulus*, **C** *Synedra ulna*, **D** *Coscinodiscus nitidus*, **E** *Thalassiosira nordenskioeldii*, **F** *Rhizosolenia setigera*, **G** *Corethron criophilum*, **H** *Nitzschia closterium*, **I** *Biddulphia mobiliensis*, **J** *Nitzschia longissima*; Xanthophyceae: **K** *Goniochloris fallax*; Chlorophyceae: **L** *Monoraphidium minutum*, **M** *Lagerheimia ciliata*, **N** *Oocystis lacustris*; Zygnemaphyceae: **O** *Cosmarium reniforme*, **P** *Closterium aciculare*, **Q** *Staurastrum luetkemuelleri. Länge des Skalenstrichs 10 µm*

Ein wesentliches Charakteristikum der Flagellaten ist ihre Eigenbeweglichkeit und die Fähigkeit, orientierte Wanderungen (vgl. Kap. 3.2) durchzuführen.

2.2.4 Unbegeißelte Einzeller

Von den Flagellaten leiten sich in mehreren Abstammungslinien der Algen *capsale* und *coccale Organisationsstufen* (Abb. 2.3) ab. Die capsalen Zellen sind ohne Zellwand und werden von einer Gallerte umschlossen. Coccale Zellen verfügen über eine Zellwand. Sowohl aus capsalen als auch aus coccalen Zellen können Kolonien gebildet werden. Als Seitenast der Entwicklung tritt in manchen Algentaxa auch eine *rhizopodiale Organisationsstufe* auf, d.h. amöboid bewegliche Zellen. Im Plankton treten jedoch nur wenige Vertreter der rhizopodialen Organisation auf (z.B. die Chrysophyceae *Rhizochrysis*).

Die kleinsten unbegeißelten Eukaryoten (z.B. *Chlorella minutissima*) sind mit mindestens 1 μm zwar etwas größer als die kleinsten Blaualgen, aber auch noch im Picogrößenbereich. Der größte coccale Einzeller des Planktons ist die marine Kieselalge *Ethmodiscus rex* (ca. 1 mm), im Süßwasser erreichen vor allem Vertreter der *Desmidiaceae* mehrere 100 μm.

Kieselalgen. Unter den coccalen Algen nehmen die Kieselalgen *(Bacillariophyceae)* eine Sonderstellung ein. Sie verfügen über eine verkieselte Zellwand, die sie deutlich schwerer macht als andere Plankter (vgl. Kap. 3.1.1). Damit ist ihre Suspension im Wasser gegenüber anderen Phytoplanktern erschwert. Dennoch haben sich unter den ursprünglich benthischen Kieselalgen im Laufe der Stammesgeschichte viele erfolgreiche und verbreitete Phytoplankter des Meeres und der Binnengewässer entwickelt.

Der hohe Silikatgehalt der Zellwände bewirkt einen hohen Bedarf an Silizium, ein Nährelement, das die meisten anderen Phytoplankter nicht in signifikanten Mengen benötigen. Sowohl hinsichtlich ihres Silikatbedarfs als auch hinsichtlich ihres Beitrages zu biologischen Silikatumsetzungen überragen die Kieselalgen bei weitem alle anderen verkieselten Plankter (Synurophyceae, Dictyochales, Radiolarien).

Während im Süßwasser sowohl Grün- als auch Kieselalgen einen bedeutenden Anteil der Artenzahl und der Biomasse der einzelligen und der koloniebildenden coccalen Phytoplankter bilden, herrschen im Meer eindeutig die Kieselalgen vor. Capsale Algen sind im Phytoplankton eher selten und häufiger im Benthos vertreten.

2.2.5 Kolonien und Zönobien

Kolonien (Abb. 2.4) werden auf allen Organisationsstufen des Phytoplanktons gebildet. Es gibt Kolonien aus begeißelten, aus capsalen und aus coccalen Einzelzellen. Kolonien im engeren Sinn entstehen durch nacheinander erfolgende Zellteilungen und sind dann in ihrer Gesamtzellzahl nicht festgelegt. Wenn die Tochterzellen nach der Teilung entweder im Verbund bleiben oder auseinanderweichen können, ist der Übergang zwischen Einzelligkeit und Koloniebildung fließend. *Zönobien* entstehen dadurch, daß bei der Teilung einer einzelnen Zelle bereits soviele Zellen gebildet werden, wie der endgültigen Zellzahl entsprechen (meisten 2^n Zellen). Diese gruppieren sich mehr oder weniger unmittelbar nach der Zellteilung zur endgültigen Gestalt des Zönobiums. Diese Art der Koloniebildung ist besonders bei Grünalgen verbreitet (z.B. *Scenedesmus, Pediastrum*).

Abb. 2.4. Koloniebildung im Phytoplankton des Süßwassers und des Meeres. Bacillariophyceae: **A** *Tabellaria fenestrata,* **B** *Asterionella formosa,* **C** *Asterionella glacialis,* **D** *Eucampia zodiacus,* **E** *Bacillaria paradoxa;* Chlorophyceae: **F** *Paulschulzia pseudovolvox,* **G** *Pediastrum duplex;* **H** *Scenedesmus quadricauda;* **I** *Sphaerocystis schroeteri;* Prymnesiophyceae: **J** *Phaeocystis globosa;* Synurophyceae: **K** *Synura uvella. Länge des Skalenstrichs* 100 µm

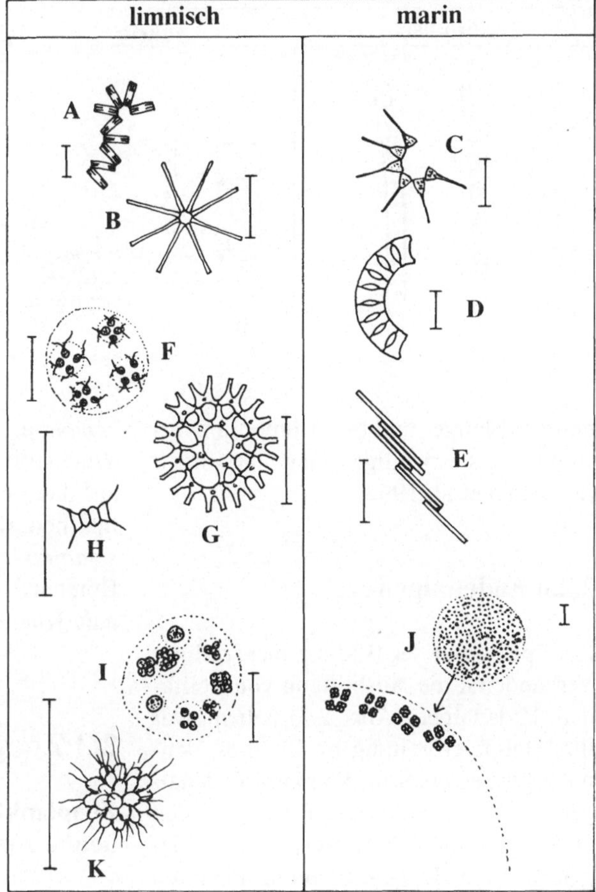

Nur in wenigen Fällen (*Volvox,* vgl. Kap. 2.2.3) findet innerhalb von Kolonien eine *Arbeitsteilung* zwischen den Zellen statt. In den meisten Fällen führt Koloniebildung in erster Linie zur *Bildung größerer Partikel* im Vergleich zu Einzelzellen. Daraus ergibt sich eine Erhöhung der Sinkgeschwindigkeit (vgl. Kap. 3.1.3), eine verminderte freie Oberfläche gegenüber dem Medium (vgl. Kap. 3.3) und eine schlechtere Freßbarkeit für herbivore Zooplankter (vgl. Kap. 6.3).

Viele Kolonien sind von einer *Gallerte* umgeben. Diese erhöht weiter die Partikelgröße, senkt die Dichte und vermindert die Freßbarkeit. In einigen Fällen (z.B. *Phaeocystis*) kann die Gallerte auch als extrazellulärer Speicher von Kohlenhydraten dienen, wenn bei gutem Lichtangebot und Mangel an mineralischen Nährstoffen zwar Photosynthese stattfindet, aber keine Proteinsynthese möglich ist. Bei Lichtmangel können Kohlenhydrate aus der Gallerte aufgenommen werden und für die Proteinsynthese verwertet werden.

Für manche Arten ist ein *Wechsel zwischen einzelliger und kolonialer Lebensweise* charakteristisch. Die marine Prymnesiophyceae *Phaeocystis globosa* bildet z.B. nur unter N-Mangel bei Nitratversorgung und bei Lichtmangel große Gallertkolonien aus, während sie

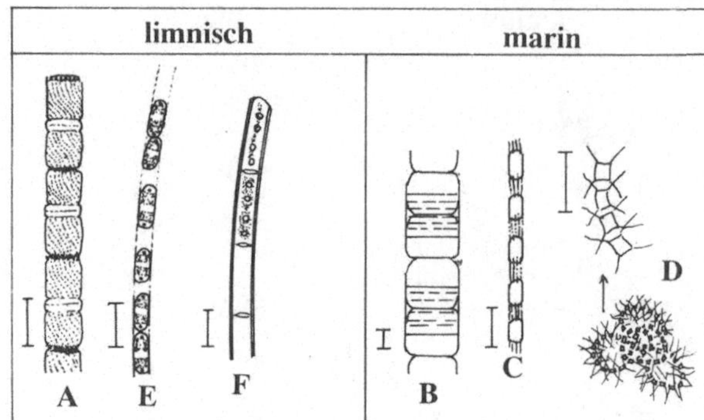

Abb. 2.5. Planktische Fadenalgen des Süßwassers und des Meeres. Bacillariophyceae: **A** *Aulacoseira italica,* **B** *Melosira* **moniliformis,** **C** *Skeletonema costatum,* **D** *Chaetoceros sociale;* Chlorophyceae: **E** *Planktonema lauterbornii,* Zygnemaphyceae: **F** *Mougeotia thylespora. Länge des Skalenstrichs* 10 µm

unter P-Mangel und bei Ammoniumversorgung als einzelliger Flagellat auftritt (Riegman et al. 1992).

2.2.6 Fadenalgen

Ein Spezialfall der Bildung mehrzelliger Verbände ist die Ausbildung von Zellfäden. Fadenalgen (Abb. 2.5) haben zwar ihre Hauptverbreitung im Benthos, dennoch gibt es auch im Plankton Fadenalgen, und zwar unter den Blaualgen, den Grünalgen und den Kieselalgen. Im Gegensatz zum Benthos treten im Plankton praktisch nur unverzweigte Fäden auf.

Im einfacheren Fall sind Fadenalgen rein ***mechanische Verbände,*** bei denen zwischen den Zellen keine plasmatischen Verbindungen bestehen und kein Stoffaustausch stattfindet. Solche Fäden treten bei den Kieselalgen (z.B. *Melosira*) und bei den Zygnemaphyceae (z.B. *Mougeotia*) auf. Eine echte ***mehrzellige Organisation*** ist erst dann gegeben, wenn es plasmatischen Verbindungen zwischen den einzelnen Zellen gibt. Dies tritt bei Blaualgen (z.B. *Anabaena*) und bei manchen fädigen Chlorophyceae auf.

Planktische Fadenalgen können einige Millimeter Länge erreichen. Die Verbindung mehrerer bis vieler Fäden zu ***Kolonieverbänden*** tritt im Plankton vorwiegend bei Blaualgen auf (z.B. *Aphani-*

zomenon, Gloeotrichia), vergleichbare Wuchsformen unter den Grünalgen sind auf das Benthos beschränkt. Bei einigen marinen Kieselalgen (z.B. *Chaetoceros socialis*) bilden untereinander durch Borsten verhakte Fäden dreidimensionale Knäuel.

2.3 Zooplankton

Zooplankter sind partikelfressende, heterotrophe Plankter

Wie das Phytoplankton so ist auch das Zooplankton keine systematische Einheit. Seine Mitglieder gehören zwei Reichen, den Protisten (eukaryote Einzeller) und den Tieren an. Die Zugehörigkeit zum Zooplankton wird funktionell durch den „tierische" Ernährungsmodus definiert. Zooplankter sind heterotroph und fressen partikuläre organische Substanz (POM, engl. particulate, organic matter). Das kann sowohl belebter oder abgestorbener POM (Detritus) sein. In vielen Fällen handelt es sich bei der Ernährung durch Detritus jedoch in Wirklichkeit um eine Ernährung durch Mikroorganismen, die den Detritus besiedeln.

Je nach der Nahrungsgrundlage unterscheidet man ***herbivore*** (pflanzenfressende), ***carnivore*** (tierfressende), ***omni-***

vore (allesfressende) und *detritivore* (detritusfressende) Tiere. Im Plankton sind diese Kategorien jedoch weniger scharf voneinander abgegrenzt als in anderen Lebensgemeinschaften. Das liegt erstens daran, daß sich das Phytoplankton und das Zooplankton in ihrer chemischen Biomassezusammensetzung (z.B. Proteinanteil, Lipidanteil, Kohlenhydratanteil, Ballaststoffe) weniger stark voneinander unterscheiden als höhere Pflanzen und Tiere. Daher ist weniger Raum für eine physiologische Differenzierung von Fleisch- und Pflanzenfressern gegeben. Zweitens liegt es daran, daß sich viele Zooplankter als *Filtrierer* ernähren und daher ihr Futter eher nach der Partikelgröße als nach seiner Zugehörigkeit zu Phyto- oder Zooplankton aussuchen. Wenn bestimmte Zooplankter als herbivor bezeichnet werden, bedeutet das oft, daß ihr Futter im wesentlichen dem Größenbereich des Nanoplanktons angehört.

2.3.1 Die wichtigsten Taxa des Zooplanktons

Reich Protista

● „Flagellaten": In vielen zoologischen Werken werden die tierischen Flagellaten als taxonomische Einheit (Stamm „*Flagellata*") aufgefaßt. Ein großer Teil von ihnen sind jedoch tierische Vertreter ansonsten „pflanzlicher" Taxa. Zooflagellaten gibt es in den Stämmen *Euglenophyta, Dinophyta, Cryptophyta* und *Chromophyta.* Manche tierische Arten treten in ansonsten pflanzlichen Gattungen auf. Es gibt aber auch höhere Taxa, die ausschließlich tierische Vertreter haben: z.B die Ordnung *Heteronematales* innerhalb der Euglenophyta

und die Unterklasse *Craspedophycidae* (Choanoflagellaten) innerhalb der Prymnesiophyceae. Unter den ausschließlich tierischen Flagellaten (Stamm *Mastigophora*) gibt es eine Reihe von höheren Taxa, die überwiegend Endoparasiten enthalten, unter den freilebenden Vertretern der Ordnung *Kinetoplastida* gibt es jedoch auch wichtige und weit verbreitete Zooplankter (z.B. *Bodo*).

● Stamm **Rhizopoda:**
– Klasse **Amoebina:** nackte Amöben; überwiegend benthisch, jedoch auch planktische Vertreter, insbesondere in organisch belasteten Gewässern
– Klasse **Testacea:** Schalenamoeben; überwiegend benthisch, nur selten im Plankton zu finden
– Klasse **Foraminifera:** nur marin, ca. 30 planktische Arten, überwiegend benthisch
– Klasse **Heliozoa:** im marinen und limnischen Plankton
– Klasse **Radiolaria:** nur marin, überwiegend planktisch

● Stamm **Ciliata:**
– Klasse **Euciliata:** neben Zooflagellaten wichtigste Gruppe des einzelligen Zooplanktons in Meeren und Binnengewässern
– Klasse **Suctoria:** kleine Gruppe, im limnischen und marinen Plankton anzutreffen.

Reich Animalia

Planktische adulte Tiere gibt es in folgenden Stämmen und Klassen:

● Stamm **Cnidaria** (Nesseltiere):
– Klasse **Hydrozoa:** überwiegend marin, das Medusenstadium ist planktisch, während das Polypenstadium benthisch ist; in der holoplank-

tischen Ordnung *Siphonophora* leben Medusen und Polypen im Verbund

– Klasse **Scyphozoa:** nur marin, große Quallen mit benthischem Polypenstadium

- Stamm **Ctenophora:** Rippenquallen, nur marin, holoplanktisch
- Stamm **Nemertini:** Schnurwürmer, nur wenige planktische Arten
- Stamm **Nemathelminthes** (Hohlwürmer):
  – Klasse **Rotatoria** (Rädertierchen): wichtige Gruppe des Süßwasserplanktons, nur wenige marine Formen
- Stamm **Mollusca** (Weichtiere):
  – Klasse **Gastropoda** (Schnecken): nur wenige planktische Arten im Meer
  – Klasse **Cephalopoda** (Kopffüßer): nur marin, die kleinsten pelagischen Formen stellen einen Übergang zwischen Plankton und Nekton dar
- Stamm **Annelida** (Ringelwürmer):
  – Klasse **Polychaeta** (Vielborster): nur wenige planktische Arten, überwiegend benthisch
- Stamm **Arthropoda** (Gliederfüßer):
  – Klasse **Arachnida** (Spinnentiere): Einige Wassermilben leben planktisch.
  – Klasse **Crustacea** (Krebse): Die Unterklassen *Phyllopoda* (Blattfußkrebse) und *Copepoda* (Ruderfußkrebse) enthalten die wichtigsten Zooplankter vieler limnischer und mariner Lebensräume. Einzelne planktische Arten gibt es außerdem unter den *Ostracoda* (Muschelkrebse) und den *Malacostraca* (höhere Krebse).
- Stamm **Chaetognatha** (Pfeilwürmer): ausschließlich planktisch und marin
- Stamm **Chordata,** Unterstamm **Tunicata** (Manteltiere): Die Klassen

Appendicularia und *Thaliaceae* (Salpen) sind wichtige Angehörige des marinen Planktons.

2.3.2 Meroplanktische Larven

Neben den holoplanktischen Tieren gibt es vor allem im Meer noch eine Reihe von höheren Taxa, die ein planktisches Larvenstadium haben (Abb. 2.6).

Planktische Larven von Parasiten. Planktische Larven treten nicht nur bei Tieren des Nektons und des Benthos auf, sondern auch bei Endoparasiten. Ein für den Menschen wichtiges Beispiel sind die *Cercarien* des Plattwurmes *Schistosoma,* des Erregers der Billharziose. Die Eier gelangen mit den Fäkalien eines Endwirts (z.B. Mensch) ins Wasser. Daraus schlüpfen planktische *Miracidien,* die als Zwischenwirt Wasserschnecken befallen, wo sie sich in Sporocysten verwandeln, die sich vermehren. Aus den Sporocysten werden planktische Cercarien, die die Schnecke verlassen und den Endwirt infizieren. Die humanpathogene *Schistosoma mansonii* ist auf tropische Binnengewässer beschränkt; Verwandte, die als Endwirt Vögel befallen und bei Menschen nur Hautreizungen verursachen („Vogelbillharziose"), kommen jedoch auch in der gemäßigten Zone vor.

Planktische Larven von Benthostieren. Planktische Larven sind vor allem im marinen Benthos sehr verbreitet. Ihr pelagischer Transport ist von großer Bedeutung für die Verbreitung und die Besiedlung geeigneter Standorte. Gleichzeitig können sie zeitweilig auch quantitativ wichtige Komponenten des Zooplanktons sein. Ein weit verbreiteter Larventyp ist die *Trochophora-Larve,* die bei Polychaeten, Nemertinen, Sipunculiden und Bryozoen auftritt. Bei den Mollusken entwickelt sich die Trochophora

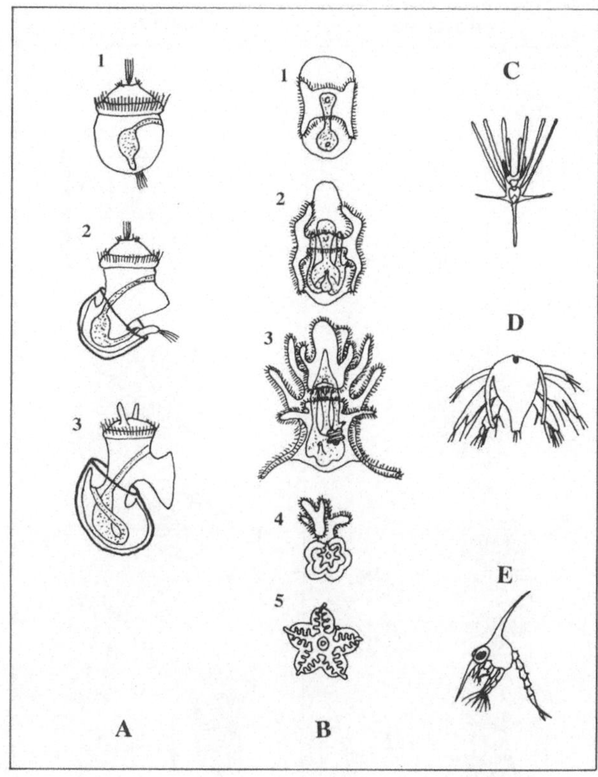

Abb. 2.6. Beispiele für meroplanktische Larven. **A** Larvalentwicklung einer Meeresschnecke: 1 Trochophora, 2 Veliger vor der Torsion, 3 Veliger nach der Torsion; **B** Larvalentwicklung eines Seesterns: 1 Dipleurula, 2 Auricularia, 3 Bipinnaria, 4 Metamorphose, der größte Teil des Larvenkörpers desintegriert; **C** Pluteus eines Seeigels; **D** Nauplius eines Cirripeden; **E** Zoea eines höheren Krebses

weiter in eine komplexer gebaute *Veliger-Larve* (nur Bivalvia, Gastropoda, Scaphopoda). Veliger-Larven der Dreikantmuschel *(Dreissena polymorpha)* können auch im Zooplankton des Süßwassers eine gewisse Rolle spielen. Die exklusiv marinen Echinodermen haben trotz ihres radiären Bauplanes im Adultstadium bilateral-synnetrische Larven, die *Bipinnaria* der Seesterne und die *Pluteus-Larve* der Seeigel und Schlangensterne. Benthische Krebse haben planktische Larven vom Bautyp *Nauplius* und *Zoea.*

Insektenlarven. Im Süßwasser sind auch die Insekten durch einige Larvenstadien im Plankton vertrteten, besonders bekannt ist die Büschelmücke *Chaoborus.*

Fischlarven. In Meeren und Binnengewässern gehören auch die Fischlarven funktionell zum Zooplankton.

2.3.3 Planktische Protozoen

Protozoen (Abb. 2.7) waren bis vor kurzer Zeit eine eher vernachlässigte Komponente des Zooplanktons. Diese Vernachlässigung hatte überwiegend methodische Gründe. Die meisten von Ihnen konnten mit den gängigen Planktonnetzen nicht angereichert werden. Bei Planktonuntersuchungen mit der Utermöhl-Methode wurden sie häufig ignoriert, da diese Untersuchungen nur dem Phytoplankton galten. Außerdem eignen sich gängige Mittel zur Fixierung des Phytoplanktons, z.B. Lugolsche Lösung,

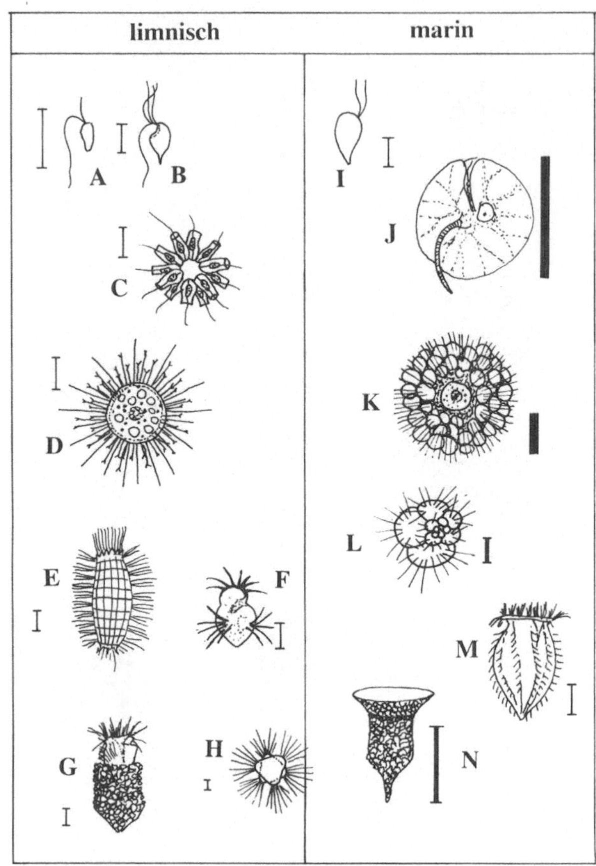

Abb. 2.7. Planktische Protozoen. **A** *Bodo putrinus* (Kinetoplastida), **B** *Tetramitus pyriformis* (Kinetoplastida), **C** *Bicosoeca socialis* (Craspedophycidae), **D** *Acanthocystis turfacea* (Heliozoa), **E** *Coleps hirtus* (Ciliata), **F** *Halteria cirrifera* (Ciliata), **G** *Tintinnopsis lacustris* (Ciliata), **H** *Staurophyra elegans* (Suctoria), **I** *Leucocryptos marina* (Cryptophyceae), **J** *Noctiluca scintillans* (Dinophyceae), **K** *Thalassicola* sp. (Radiolaria), **L** *Globigerina quinqueloba* (Foraminifera), **M** *Strombidium marinum* (Ciliata), **N** Gehäuse von *Tintinnopsis campanula* (Ciliata). *Länge der Skalenstriche, dünn* 10 µm, *mittel* 100 µm, *dick* 1 mm

nicht für alle Protozoen. Vor allem kleine und zellwandlose Zooflagellaten, aber auch manche Ciliaten können dabei platzen oder werden bis zur Unkenntlichkeit verformt. Am ehesten eignet sich neutralisierter Glutardialdehyd als Fixierungsmittel. Bei kleinen Flagellaten kann oft nur im Fluoreszenzmikroskop an der roten Chlorophyllfluoreszenz erkannt werden, ob es sich um Phyto- oder Zooflagellaten handelt.

Heute weiß man, daß Protozoen fast immer die zahlreichsten Zooplankter sind und häufig einen höheren Stoffumsatz haben als die bisher im Zentrum des Interesses stehenden planktischen Crustaceen. Die kleinsten planktischen Protozoen, überwiegend Flagellaten, sind einige µm groß. Die größten, z.B. der am Meeresleuchten beteiligte Dinoflagellat *Noctiluca,* erreichen einige Millimeter. Die Mehrzahl der Zooflagellaten gehört zum Nanoplankton, die Ciliaten teils zum Nano- teils zum Mikroplankton. Unter den Ciliaten gibt es Arten, die durch endosymbiontische Algen eine teilweise oder überwiegend photosynthetische Ernährungsweise haben und deswegen funktionell einen Übergang zum Phytoplankton bilden, z.B. *Mesodinium rubrum.*

Die Zooflagellaten in der Nanoplanktongröße (***HNF*** = heterotrophe Nanoflagellaten) sind in vielen Fällen der Hauptkonsument des Bakterioplanktons und des Picophytoplanktons. Da sie selbst in die selbe Größenklasse fallen wie die

Futteralgen der meisten „herbivoren" Zooplankter, werden sie auch von diesen gefressen. Diese Teilkomponente des pelagischen Nahrungsnetzes ist unter dem Namen **mikrobielle Schleife** (engl. microbial loop) ein Schwerpunktthema der planktologischen Forschung geworden und gilt vielen Planktologen als mindestens ebenso wichtig wie die klassische Nahrungskette Phytoplankton – Crustaceen – Fische (Pomeroy 1974).

2.3.4 Mehrzelliges Mikrozooplankton

Mikroplanktische Metazoen kommen überwiegend aus zwei Gruppen: Rotatorien und Nauplien (Abb. 2.8).

Nauplius-Larven. Nauplius-Larven verschiedener Crustaceen, insbesondere der Copepoden, kommen in Meer und Binnengewässern vor. Wegen der herausragenden Bedeutung der Copepoden im Meeresplankton und der Tatsache, daß nur ein Bruchteil der Larven erst zu Copepodiden und dann zu adulten Tieren heranwächst, sind Nauplien die zahlenmäßig vorherrschenden Zooplankter der Welt. Nauplien fressen überwiegend Nanoplankton, sie sind in ihrer Futterauswahl jedoch manchmal sehr selektiv.

Rotatorien. Rotatorien sind weitgehend auf das Süßwasser beschränkt. Sie sind insbesondere dann eine wichtige Komponente des limnischen Zooplanktons, wenn z.B. durch Fischfraß ein starker Selektionsdruck gegen größere Zooplankter besteht (vgl. Kap. 8.2). Mit ihrem „Räderorgan" (Wimpernkränze, die im Mikroskop den Eindruck eines drehenden Rades machen) am Vorderende des Körpers erzeugen sie einen Wasserstrom, der Futterpartikel in die Nähe ihres Mundes führt. Die meisten planktischen Rotatorien ernähren sich von einem eingeschränkten Teil des Nanoplankton-Größenspektrums. Es gibt aber auch Spezialisten, so zum Beispiel *Ascomorpha*, die die Spitzen des ansonsten für Zooplankter fast unfreßbaren Dinoflagellaten *Ceratium* abbeißt, und den Zellinhalt aussaugt. Das räuberische Rädertier *Asplanchna*, das andere Rotatorien frißt, gehört nicht mehr zum Mikroplankton sondern zum Mesoplankton.

2.3.5 Mesozooplankton

Das Mesozooplankton (Abb. 2.9) umfaßt die traditionell bekanntesten und am besten untersuchten Gruppen des Zooplanktons, die zu den Phyllopoden (Blattfußkrebsen) gehörenden *Cladoceren* und die *Copepoden*. Andere Gruppen im Mesozooplankton sind vergleichsweise unwichtig. Cladoceren und Copepoden verdanken ihren Bekanntheitsgrad ihrer Rolle als Fischnährtiere und ihrer vorherrschenden Abundanz in vielen Netzproben. Für viele Hydrobio-

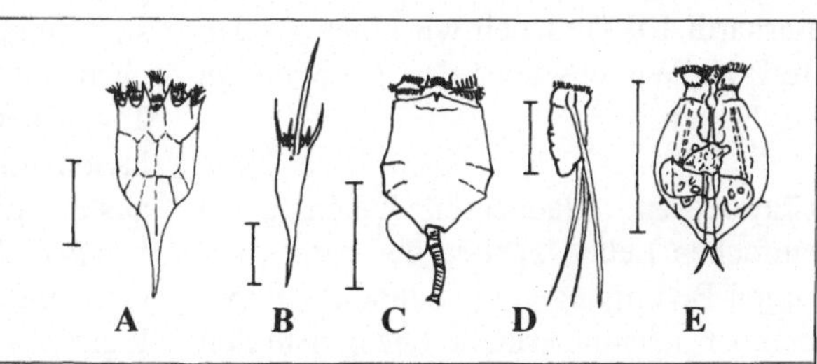

Abb. 2.8. Einige Rotatorien des Süßwasserplanktons. **A** *Keratella cochlearis*, **B** *Kellicottia longispina*, **C** *Brachionus angularis*, **D** *Filinia longiseta*, **E** *Pompholyx sulcata. Länge des Skalenstrichs* 100 µm

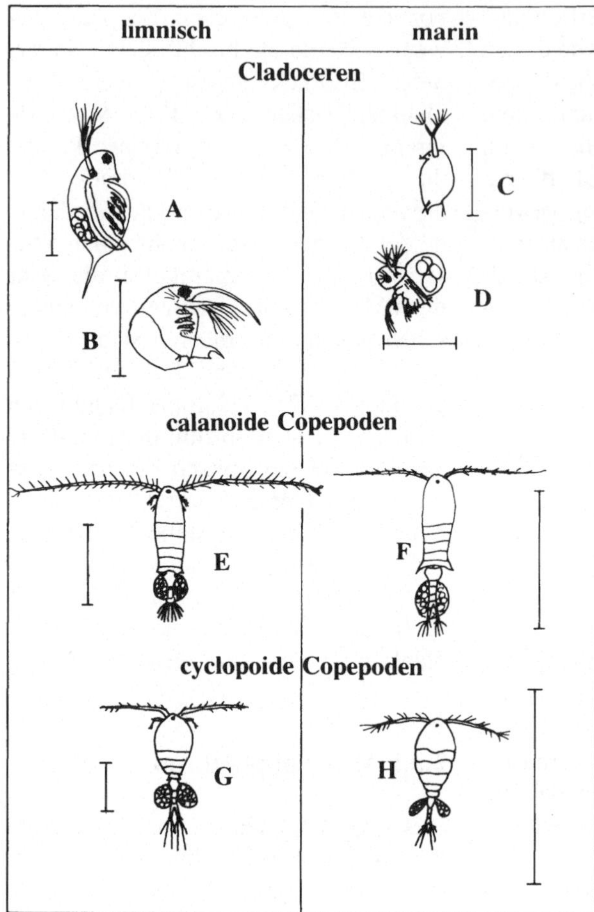

Abb. 2.9. Planktische Cladoceren und Copepoden des Süßwassers und der Meere. **A** *Daphnia longispina*, **B** *Eubosmina coregoni*, **C** *Penilia avirostris*, **D** *Podon polyphemoides*, **E** *Eudiaptomus gracilis*, **F** *Eurytemora hirundoides*, **G** *Cylops strenuus*, **H** *Oithona nana*. *Länge des Skalenstrichs* 1 mm

logen sind Cladoceren und Copepoden die Zooplankter schlechthin. Die limnische Cladocerengattung *Daphnia* gehört zu den best untersuchten Tieren überhaupt. *Daphnia* diente und dient als Modellorganismus für viele ökologische, genetische, ernährungs- und verhaltensphysiologische Studien (Peters u. de Bernardi 1987), denen wir einen großen Teil des Wissens über das Zooplankton verdanken.

Cladoceren. Cladoceren haben einen einfachen Lebenszyklus, der unter günstigen Bedingungen ein schnelles Populationswachstum erlaubt. Die meiste Zeit

des Jahres pflanzen sie sich ***partenogenetisch*** (ohne Sexualität) fort. Falls überhaupt, werden Männchen nur am Ende der Saison oder unter ungünstigen Bedingungen gebildet. Die befruchteten Eier dienen als Dauerstadien (Ephippien), die eine Entwicklungspause einlegen. Parthenogenetische Eier entwickeln sich hingegen sofort. Die adulten Weibchen können im Abstand von wenigen Tagen bei jeder Häutung Jungtiere entlassen, die sich im dorsalen Brutraum aus den Eiern enwickeln. Cladoceren haben ***kein Larvenstadium.*** Die schlüpfenden Jungtiere sind den adulten morphologisch sehr ähnlich und erreichen bei der Geburt bereits ungefähr ein Fünftel der adulten Körperlänge. Unter den Cladoceren sind zahlreiche Filtrierer (z.B *Daphnia*), einige haben jedoch ein selektiveres Ernährungsverhalten (z.B. Bosmina). Räuberische Cladoceren (*Leptodora, Bytotrephes*) gehören zum Makrozooplankton. Insgesamt gibt es nur wenige marine Cladoceren *(Penilia, Podon, Evadne),* die im offenen Meer auch nur eine geringe Rolle spielen. Im Süßwasser hingegen sind die Cladoceren häufig die dominante Komponente der planktischen Metazoen. Das gilt insbesondere für die Gattung *Daphnia.*

Copepoden. Sie haben einen wesentlich langsameren Entwicklungszyklus als Cladoceren. Während innerhalb eines Jahres zahlreiche Cladocerengenerationen auftreten, sind es bei den Copepoden meist nur wenige oder nur eine Generation. Die Fortpflanzung der Copepoden ist sexuell. Aus den Eiern schlüpfen **Nauplius-Larven,** die sich in mehreren Häutungsschritten in **Copepodide** verwandeln. Die 5 Copepodidstadien zeigen eine zunehmende Annäherung an die adulte Morphologie. Während des gesamten Entwicklungszyklus verschiebt sich auch das Nahrungsspektrum. Copepoden sind keine Filtrierer, sondern ergreifen ihre Futterpartikel selektiv. Früher als Filter interpretierte Strukturen dienen eher der Herstellung eines Wasserstroms, der Nahrung in die Reichweite der Mundwerkzeuge treibt. Der Unterschied zwischen „herbivoren" Copepoden (z.B. *Eudiaptomus*) und „carnivoren" Copepoden (z.B. *Cyclops*) liegt in erster Linie an der Größe der selektierten Futterpartikel. Im Meer gelten die dort besonders artenreichen calanoiden Copepoden im allgemeinen die wichtigsten Grazer des Nano- und Mikroplanktons und als die wichtigsten Futtertiere für planktivore Fische.

2.3.6 Makro- und Megazooplankton

Limnische Großplankter. Plankter der größten Kategorien sind im Süßwasser (Abb. 2.10) eindeutig seltener vertreten als im Meer. Im Süßwasser gehören z.B. einige räuberische Cladoceren *(Bytotrephes, Leptodora, Polyphemus),* die Süßwassergarnele Mysis, die Süßwassermedusen (z.B. *Craspedacusta*) und die Larven der Büschelmücke *(Chaoborus)* dazu. Adulte Exemplare der größten *Daphnia*-Arten *(D. magna, D. pulex)* und verschiedener mariner und limnischer Copepoden überschreiten auch die untere Grenze des Makrozooplanktons (2 mm). Plankter von mehr als 2 cm Körpergröße gibt es im Süßwasser kaum.

Marine Großplankter. Im Gegensatz dazu ist das Meer reich an Makro- und Megazooplanktern (Abb. 2.11). Unter

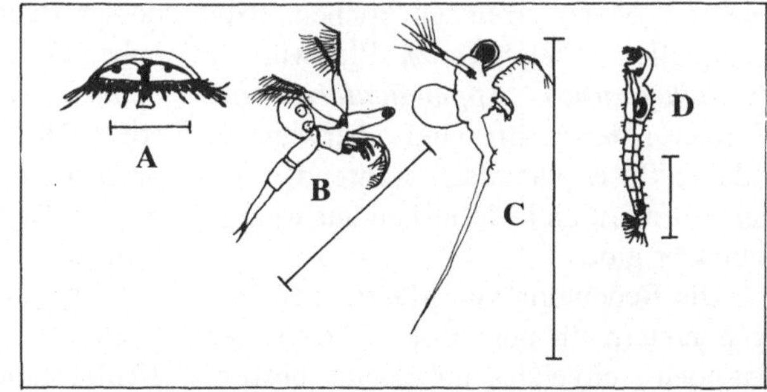

Abb. 2.10. Einige Großplankter des Süßwassers. **A** *Crapedacusta sowerbyi* (Hydrozoa, Limnomedusae), **B** *Leptodora kindtii* (Cladocera), **C** *Bytotrephes longimanus* (Cladocera), **D** *Chaoborus-Larve* (Insecta, Nematocera). *Länge des Skalenstrichs* 1 cm

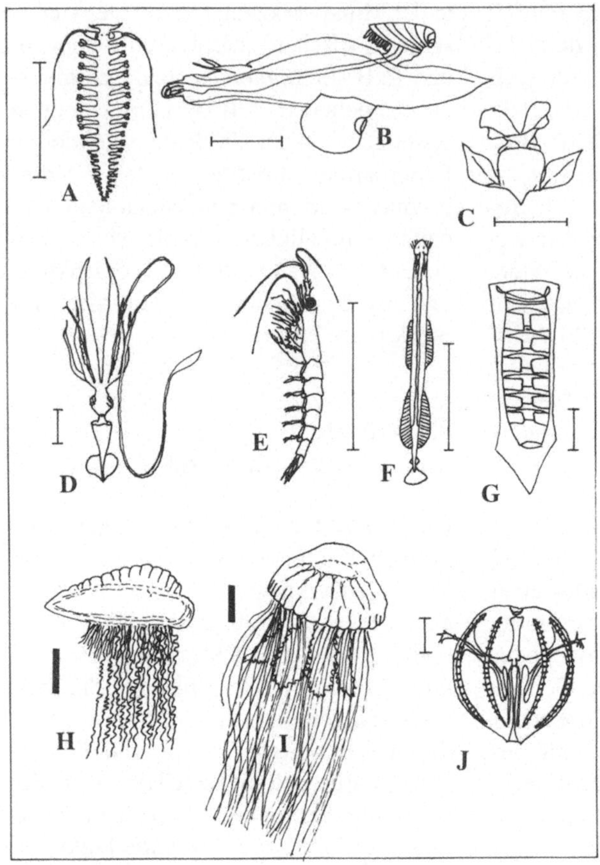

Abb. 2.11. Einige Großplankter des Meeres. **A** *Tomopteris septemtrionalis* (Polychaeta), **B** *Carinaria lamarckii* (Gastropoda), **C** *Carolinia tridentata* (Gastropoda), **D** *Chiroteuthis veranii* (Cephalopoda), **E** *Nyctiophanes couchi* (Euphausiacea), **F** *Sagitta elegans* (Chaetognatha), **G** *Salpa zonata* (Thaliacea), **H** *Physalia physalis* (Siphonophora), **I** *Cyanea capillata* (Scyphozoa), **J** *Pleurobrachia pileus* (Ctenophora). *Länge der Skalenstriche dünn* 1 cm, *dick* 10 cm

den höheren Krebsen ist die Ordnung *Euphausiacea* überwiegend planktisch, während in einigen anderen Ordnungen (Mysidacea, Amphipoda, Isopoda, Decapoda) nur wenige Arten planktisch und die meisten benthisch sind. Unter den Schirmquallen *(Scyphozoa)* und Staatsquallen *(Siphonophora)* sind die größten Plankter, deren Tentakellängen mehrere Meter erreichen können. Rippenquallen *(Ctenophora)*, Pfeilwürmer *(Chaetognatha)*, *Appendicularia* und Salpen *(Thaliacea)* sind überwiegend oder exklusiv planktisch, während es unter Würmern und Mollusken nur wenige Plankter gibt.

Die Bedeutung von Makro- und Megaplanktern für aquatische Ökosysteme ist noch weitgehend unbekannt, obwohl riesengroße Schwärme von Quallen, Salpen und Euphausien gefunden wurden. Durch diese *Schwarmbildung* ergibt sich eine extrem heterogene Verteilung im Raum, die Abundanzschätzungen sehr schwierig macht, zumal die großen Plankter viel weniger intensiv untersucht werden als vergleichbar große Schwarmfische. Der einzige große Zooplankter, dessen Bedeutung über jeden Zweifel erhaben ist, ist der *Antarktische Krill (Euphausia superba)*. Zeitweilig bestanden sogar Hoffnungen, diese bis zu 5 cm großen, in riesigen Schwärmen auftretenden Tiere könnten eine wichtige Rolle in der menschlichen Ernährung spielen. Da der Krill sich sehr langsam entwickelt (mehrere Jahre), vertragen die Krillbestände jedoch keine intensive Befischung. Dennoch besteht kein Zweifel an seiner wichtigen Funktion im Antarktischen Meer, da er der dominante Filtrierer des antarktischen Nano- und Mikrophytoplanktons und das beinahe einzige ins Gewicht fallende Nährtier des antarktischen Nektons (Wale, Robben, Pinguine, Fische, Cephalopoden) ist.

Während der Krill eher kleine Nahrungspartikel filtriert, ernähren sich viele andere große Plankter vom Mesozooplankton. Manche Quallen und Staatsquallen sind sogar in der Lage Fische zu fressen.

2.4 Bakterioplankton

**Planktische Bakterien
sind die zahlenmäßig
dominante Gruppe im Plankton**

Mit der Einführung der *Fluoreszenzmikroskopie* in Limnologie und Ozeanographie wurde erkannt, daß Bakterien meistens die zahlenmäßig häufigsten Plankter sind. Zellzahlen von einigen Millionen pro Milliliter sind charakteristisch für viele Gewässer ohne Belastung durch allochthone (von außen kommende), organische Substanzen. Die Mehrzahl der Bakterien ist dabei frei im Wasser suspendiert, ein signifikanter Anteil lebt jedoch angeheftet an suspendierten Detrituspartikeln und lebenden Planktern. Typische planktische Bakterien fallen in die Größenklasse des Picoplanktons. In ihrer mikroskopisch erkennbaren Morphologie sind sie nicht besonders differenziert, es treten Kokken, Stäbchen, Vibrionen und kurze Fäden auf. Einige aquatische Bakterien sind auch begeißelt.

Nur wenige Prozent oder noch weniger der im Wasser suspendierten Bakterien sind in der Lage, auf Standardnähr-

böden Kolonien zu bilden. Deshalb wird mit der Methode der *Plattenkeimzahlen* die wahre Abundanz der Bakterien stets unterschätzt. In den Anfängen der biologischen Gewässeruntersuchung wurden die Bakterien weniger von Planktologen, sondern vielmehr von Hygienikern untersucht. Nach wie vor gehört die Bestimmung der Zellzahlen von coliformen Bakterien oder von *Escherichia coli* zu den Routinemethoden der hygienischen Gewässeruntersuchung. Das liegt nicht daran, daß *E. coli* ein besonders wichtiges Gewässerbakterium wäre. Im Gegenteil, *E. coli* ist ein Bewohner des Darmtraktes, dessen Vorkommen im Gewässer auf fäkale Verunreinigung schließen läßt. *E. coli* ist zwar selbst harmlos, sein gehäuftes Auftreten läßt jedoch den Schluß zu, daß ein erhöhtes Risiko des Auftretens humanpathogener Darmbakterien (z.B. Salmonellen, Shigellen) besteht.

Zeichnen sich Phyto- und Zooplankton vor allem durch eine große morphologische Vielfalt aus, so sind die Bakterien durch ihre *metabolische Vielfalt* gekennzeichnet. Nach den Energiequellen, den Elektronendonatoren und den Kohlenstoffquellen der assimilatorischen, d.h. Körpersubstanz aufbauenden, Reaktionen kann man fundamentale Typen der Ernährungsweise definieren. Dient Licht als Energiequelle, spricht man von *phototrophen* Organismen, dient die chemische Energie exergonischer Reaktionen als Energiequelle, spricht man von *chemotrophen* Organismen. Nach den Elektronendonatoren unterscheidet man *lithotrophe* Organismen (anorganische Elektronendonatoren) und *organotrophe* Organismen (organische Elektronendonatoren). *Autotrophe* Organismen nutzen anorganische C-Quellen (CO_2, HCO_3^-), *heterotrophe* Organismen nutzen organische Substanzen als C-Quelle. Während Phytoplankter stets photolithoautotroph und Zooplankter chemoorganoheterotroph sind, sind im Bakterioplankton alle Typen vertreten. Zur weiterführenden Lektüre empfehle ich Reinheimer (1991) und Schlegel (1985).

2.4.1 Photolithoautotrophe Bakterien

Neben den Cyanobakterien (Blaualgen) und den Prochlorophyta, die beide funktionell dem Phytoplankton zugeordnet werden, gibt es noch eine Reihe anderer photosynthetischer Bakterien (Abb. 2.12). Diese Bakterien setzen bei der Photosynthese keinen Sauerstoff frei und enthalten Bacteriochlorophyll anstelle des Chlorophyll a. Sie gehören zu den grünen Schwefelbakterien *(Chlorobacteriaceae),* den schwefelhahaltigen Purpurbakterien (früher *Thiorhodaceae;* jetzt: *Chromatiaceae und Ectothiorhodospiraceae*) und den schwefelfreien Purpurbakterien *(Athiorhodaceae).* Alle drei nutzen das Licht als Energiequelle und CO_2 als Kohlenstoffquelle.

Die Chlorobacteriaceae und Ectothiorhodospiraceae nutzen H_2S als Elektronendonator und geben Sulfat oder Schwefel als oxidiertes Endprodukt in das Medium ab. Die Chromatiaceae nutzen ebenfalls H_2S als Elektronendonator und deponieren den freigesetzten Schwefel in den Zellen, bei Sulfidmangel wird er weiter zu Sulfat oxidiert. Die Athiorhodaceae verwenden H_2 als Elektronendonator. Da die reduzierten Elektronendonatoren nur im sauerstoffreien Milieu auftreten, sind die photosynthetischen Bakterien an anaerobe Bedingungen gebunden. Diese treten, wenn überhaupt, nur in tieferen Wasserschichten auf. Andererseits benötigen die photosynthetischen Bakterien Licht, welches mit der Tiefe abnimmt. Ihr Vorkommen ist daher auf verhältnismäßig dünne Schichten am obersten Rand anaerober Zonen beschränkt. Dort können sie jedoch in hohen Dichten auftreten und zu einer grünen oder rosa Färbung des Wassers führen.

Im Vergleich zu den meisten anderen Bakterien sind die photosynthetischen Bakterien morphologisch recht distinkt. Viele Taxa sind lichtmikroskopisch gut bestimmbar, zum Beispiel die plattenartigen Kolonien der Thiorhodaceae *Thiopedia.*

2.4.2 Chemolithoautotrophe Bakterien

Chemolithoautotrophe Bakterien nutzen CO_2 als Kohlenstoffquelle und die chemische Energie exergonischer Reaktionen für ihre assimilatorischen Reaktionen. Dabei handelt es sich um Redox-Reaktionen, die ein reduziertes (Energiequelle, Elektronendonator) und ein oxidiertes (Elektronenakzeptor, oft Sauerstoff) Ausgangsprodukt brauchen. Da

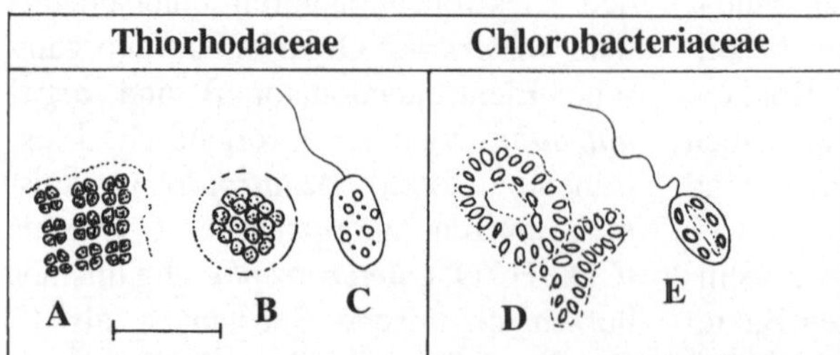

Abb. 2.12. Photolithoautotrophe Bakterien des Süßwassrplanktons. **A** *Thiopedia* **rosea, B** *Thiocystis violacea,* **C** *Chromatium okenii,* **D** *Pelodictyon aggregatum,* **E** *Chlorobacterium aggregatum. Länge des Skalenstrichs* 10 µm

die von chemolithoautotrophen Bakterien genutzten Reaktionen auch spontan ablaufen, sind die reduzierten Ausgangsprodukte meistens nur in anaeroben Zonen in ausreichenden Konzentrationen vorhanden. Das Vorkommen chemolithoautotropher Bakterien ist daher auf Grenzzonen zwischen aeroben und anaeroben Milieus eingeschränkt. Dies ist besonders häufig an der Sedimentoberfläche der Fall, kann jedoch in stark geschichteten Gewässern auch in der Freiwasserzone auftreten.

Farblose Schwefelbakterien. Bakterien aus der begeißelten Gattung *Thiobacillus* nutzen reduzierte Schwefelverbindungen als Elektronendonator (H_2S, S_2, S_2O_3) und meist O_2 als Elektronenakzeptor. Als oxidiertes Endprodukt treten höher oxidierte Schwefelverbindungen bis hin zum Sulfat auf. Mögliche Reaktionen sind:

- $H_2S + 1/2\ O_2 = S + H_2O$
- $S + H_2O + 3/2\ O_2 = SO_4 + 2\ H$
- $S_2O_3 + H_2O + 2\ O_2 = 2\ SO_4 + 2\ H$

Beim Bakterium *Thiobacillus denitrificans,* das im anaeroben Milieu lebt, tritt Nitrat anstelle des Sauerstoffs als Oxidationsmittel auf.

Nitrifizierende Bakterien. Sie nutzen die Oxidation des aus biologischen Abbauprozessen entstehenden Ammoniums für ihre Energiegewinnung. Dabei wird zunächst Ammonium zu Nitrit und dann Nitrit zu Nitrat oxidiert. Diese Reaktionsschritte werden von zwei verschiedenen Gattungen geleistet:

- *Nitrosomonas:* $NH_4 + 3/2\ O2 = NO_2 + 2\ H + H_2O$
  (Energiegewinn 276 kJ/mol)
- *Nitrobacter:* $NO_2 + 1/2\ O_2 = NO_3$
  (Energiegewinn 75 kJ/mol)

Eisenoxidierende Bakterien. Bakterien wie *Ferrobacillus, Galionella* und *Leptothrix* oxidieren das reduzierte Ferro- zum oxidierten Ferri-Ion:

$$4\ Fe^{2+} + 4\ H^+ + O_2 = Fe^{3+} + 2\ H_2O$$
(Energiegewinn 45,4 kJ/mol)

Das oxidierte Eisen fällt dabei zum größten Teil aus. Ob bei der ähnlich verlaufenden Oxidation des Mangans ebenfalls Bakterien beteiligt sind, ist noch ungeklärt. Es ist nach wie vor umstritten, ob die bei Mn-Fällung in Gewässern auftretenden und als *Metallogenium* bezeichneten Strukturen tatsächlich Organismen sind.

Knallgasbakterien. Sie sind sind fakultativ autotroph und gewinnen ihre Energie aus der Oxidation des Wasserstoffs zu Wasser und können CO_2 als Kohlenstoffquelle nutzen. Mit organischen C-Quellen können sie jedoch ebenso gut oder besser wachsen. In diesem Fall müßte man sie als chemolithoheterotroph bezeichnen.

2.4.3 Chemoorganoheterotrophe Bakterien

Aerobe, heterotrophe Bakterien. Am weitesten verbreitet, nämlich in allen aeroben Lebensräumen, sind die aeroben, heterotrophen Bakterien. So wie die Tiere nutzen sie organische Substanzen als Energiequelle, als Kohlenstoffquelle und als Elektronendonator aber Sauerstoff als terminalen Elektronenakzeptor der Atmung. Im Unterschied zu den Tieren benötigen sie jedoch gelöste organische Substanzen (DOM). Diese Bakterien leisten in allen Ökosystemen den größten Teil des Abbaues der organischen Substanzen. In Gewässern, die nicht durch allochthone Zufuhr gelöster organischer Substanzen belastet sind, müssen sie mit vergleichsweise niedrigen Konzentrationen an niedrigmolekularem, leicht abbaubarem, organischen Kohlenstoff (einige mg/l) auskommen. Solche Bakterien sind in der Regel klein, wachsen schlecht oder gar nicht auf Nährböden und werden gelegentlich mit den Begriffen *autogen, oligocarbophil* oder *oligotroph* bezeichnet. Im Gegensatz dazu werden die in organisch belasteten und an hohe Kohlenstoffangebote angepaßten Bakterien als *zymogen, polycarbophil* oder *eutroph* bezeichnet. Sie sind in der Regel deutlich größer als die autogenen Bakterien.

Anaerobe, heterotrophe Bakterien. Beim Fehlen von Sauerstoff können Bakterien auftreten, die sauerstoffreiche Verbindungen (Nitrat, Sulfat) als terminalen Elektronenakzeptor an Stelle des Sauerstoffs benutzen *(anaerobe Atmung)*.

Nitratatmung. Bakterien reduzieren das Nitrat in mehreren Schritten entweder zu Stickstoff *(Denitrifikation)* oder zu Ammonium *(Nitratammonifikation)*. Organische Substanzen werden vollständig zu Wasser und Kohlendioxid abgebaut. Der Energiegewinn ist dabei nur um 10% geringer als bei der Sauerstoffatmung.

Sulfatatmung. Bei der Sulfatatmung wird Sulfat zu Schwefelwasserstoff oder intermediären Produkten (Schwefel, Thiosulfat) reduziert. Im Gegensatz zur Nitratatmung kommt es zu keiner vollständigen Oxidation der organischen Substanzen, meist bleibt Essigsäure als Endprodukt übrig. Wenn Sulfatatmer zusätzlich Hydrogenasen haben (z.B. *Desulfovibrio*), können sie wie Knallgasbakterien H2 anstelle von organischer Substanz als Elektronendonator und Energiequelle benützen. Sie entsprechen

dann dem Ernährungstyp „chemolithoheterotroph".

Gärung. Fehlen Sauerstoff und die Elektronenakzeptoren der anaeroben Atmung, dann ist ein weiterer Abbau durch Bakterien oder Pilze auf dem Weg der Gärung möglich. Dabei werden zunächst durch Hydrolyse monomere organische Substanzen (Einfachzucker, Aminosäure, Fettsäuren) gebildet, die dann in einen oxidierten und einen reduzierten Teil gespalten werden. Das oxidierte Endprodukt ist CO_2, als reduzierte Endprodukte treten Alkohole, organische Säuren und extrem reduzierte gasförmige Komponenten (CH_4, H_2, H_2S, NH_4) auf. Der Energiegewinn der Gärung ist im Vergleich zur Sauerstoff- und zur Nitratatmung nur gering. Bei Sauerstoffatmung werden aus einem Mol Glucose 2802 kJ gewonnen, bei Vergärung zu Alkohol 67 kJ, bei Vergärung zu Milchsäure 111 kJ.

Methanogene Bakterien. Sie sind streng anaerobe Gärer und bilden organische Säuren, Alkohole, Wasserstoff und CO_2 zu Methan um. Kommt dieses Methan durch Diffusion oder Durchmischungsprozesse mit Sauerstoff in Kontakt, kann es als Energiequelle, Elektronendonator und Kohlenstoffquelle von aeroben Bakterien genutzt werden, die auf C_1-Verbindungen (Methan, Methanol, Methylamin, Formaldehyd, Ameisensäure) spezialisiert sind *(methylotrophe Bakterien)*.

2.5 Mykoplankton

Pilze sind zeitweilig wichtige Saprophyten oder Parasiten im Plankton

Pilze (Abb. 2.13) gehören zu den langjährig vernachlässigten Gruppen im

Abb. 2.13. A *Zoophagus insidians* (Oomycetes, Peronosporales) mit Beutetieren; **B** Lebenszyklus eines parasitischen Chytridiomyceten: 1 Infektion, 2 unreifes Sporangium, 3 reifes Sporangium, 4 Entlassung der Zoosporen, 5 Zoosporen, 6 Gametangien, 7 Gametangiogamie, 8 Dauerspore

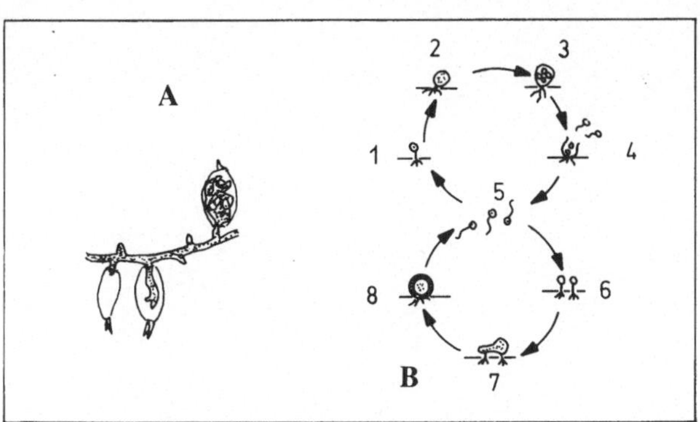

Plankton. Da sie in den meisten Sammelwerken über planktische Organismen nicht enthalten sind, wird hier auf das Werk von Sparrow (1960) als weiterführende Lektüre verwiesen.

Planktische Pilze sind heterotrophe Organismen, die sich entweder *saprophytisch* (von abgestorbenem organischen Material) oder *parasitisch* von lebendenden Planktern ernähren. Diese Parasiten leben *endo-* oder *epibiontisch,* d.h. in oder auf ihren Wirten, die sie mit Rhizoiden aussaugen. Da der Wirt in der Regel getötet wird und fast seine gesamte Biomasse vom Parasiten aufgezehrt wird, ist es eigentlich besser von einem Räuber-Beute-Verhältnis als von Parasitismus zu sprechen.

Der Stamm Myxomycota (Schleimpilze) ist im Plankton nicht vertreten.

Stärker vertreten ist hingegen der Stamm *Oomycota* (Algenpilze), so z.B. *Zoophagus insidians,* der auf fädigen Grünalgen wächst. Von seinen Langhyphen gehen Kurzhyphen aus, an denen Rotatorien festkleben, die dann vom Pilz ausgesaugt werden.

Die Echten Pilze (Stamm *Eumycota*) werden im Plankton vor allem durch die Klasse *Chytridiomycetes* vertreten. Unter ihnen befinden sich zahlreiche sehr wirtspezifische „Parasiten" deren einzellige Thalli auf planktische Algen wachsen. Die Infektion erfolgt durch eingeißelige Zoosporen, die frei im Wasser schwimmen. Ein bekanntes Wirt-Parasit-Paar sind u.a. die Kieselalge *Asterionella formosa* und der Chytridiomycet *Rhizophydium planktonicum.* Viele parasitische Chytridiomyceten sind streng artspezifisch in der Auswahl ihres Wirtes.

Die Klasse der *Ascomycetes* (Schlauchpilze) wird nur durch ihre einfachsten Vertreter, die Familie *Sacharomycetaceae* (Hefen) im Plankton vertreten. Hefen treten vor allem in Gewässern auf, die stark durch gelöste organische Substanzen belastet sind.

3 Voraussetzungen der planktischen Lebensweise

EINFÜHRUNG

Plankter sind allseitig von Wasser umgeben. Damit unterscheiden sie sich von den meisten anderen Organismen, die an Phasengrenzen leben. Terrestrische Organismen leben an der Grenze zwischen dem Boden und der Atmosphäre; benthische Organismen an der Grenze zwischen dem Sediment und der Wasserphase; Bodenorganismen haben mit der festen Bodenmatrix, mit dem Bodenwasser und der Bodenluft Kontakt. Die Besonderheit der Plankter hat zwei Konsequenzen: Erstens sind sie nicht gegen die Einwirkungen der Schwerkraft geschützt und müssen daher entweder die Fähigkeit zum Schweben oder zum Schwimmen haben. Zweitens müssen sie ihren gesamten Stoffaustausch mit demselben Medium durchführen. Besonders für Plankter, die auf die Diffusion gelöster Substanzen angewiesen sind (Bakterien, Algen), führt dies zu einer Begrenzung der Körpergrößen.

3.1 Sinken und Schweben

3.1.1 Die Dichte der Plankter

Plankter sind leichter oder schwerer als Wasser

Dichte der einzelnen Biomassekomponenten. Normalerweise sind Organismen schwerer als Wasser. Proteine haben eine Dichte von ca. 1,3 g · ml^{-1}, Kohlenhydrate von ca. 1,6 g · ml^{-1} und Nukleinsäuren von ca. 1,7 g · ml^{-1}. Lipide (minimal 0,86 g · ml^{-1}) und die Gasvakuolen der Blaualgen (0,12 g · ml^{-1}) sind leichter als Wasser. Mineralische Komponenten, wie Kalkinkrustierungen, Polyphosphate und die Kieselschalen der Diatomeen sind besonders schwer (2,5 bis 3 g · ml^{-1}). Da ein Großteil der Frischmasse jedoch aus Wasser besteht, ist die Dichte der Organismen der des Wassers wesentlich ähnlicher, als es die Dichte der einzelnen Komponenten der Trockenmasse ist. Plankter ohne schwere mineralische Komponenten haben meist Dichten von 1,02 bis 1,05 g · ml^{-1}, Kieselalgen erreichen Dichten bis zu etwa 1,3 g · ml^{-1}, während durch Lipidanreicherung oder Gaseinschlüsse auch Dichten <1 g · ml^{-1} erreicht werden können (Abb. 3.1).

Dichteregulation durch Ionen. Meeresplankter können ihre Dichte innerhalb gewisser Grenzen auch durch den selektiven Ausschluß oder die selektive Anreicherung von in ihrem Körperwasser gelösten Ionen steuern. Während der osmotische Wert der Meeresplankter mit dem Umgebungswasser übereinstimmt

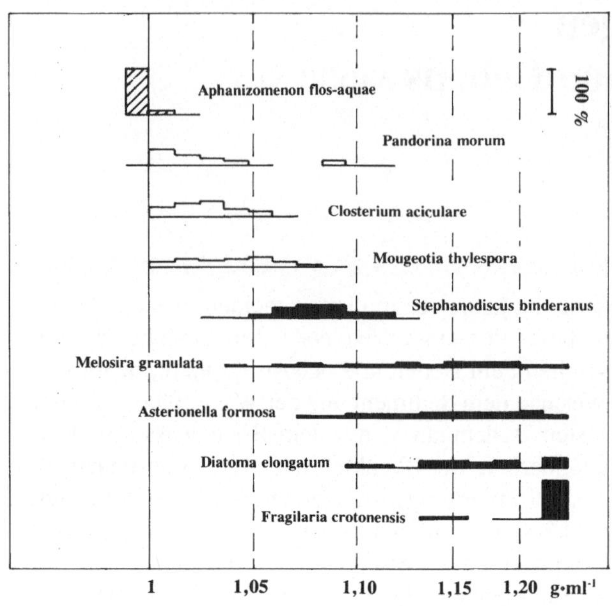

Abb. 3.1. Dichte von Phytoplanktern des Bodensees am 17.8.1984, bestimmt durch Zentrifugation in einem nichtlinearen Percoll-Gradienten, Häufigkeitsverteilung der Dichten innerhalb der einzelnen Arten. (Sommer, unveröffentlicht)

(isotonische Lebensweise), muß die Ionenzusammensetzung nicht übereinstimmen. Unter den Kationen nimmt die Dichte in der Reihenfolge Ammonium-Natrium-Kalium-Kalzium-Magnesium zu, unter den wichtigsten Anionen ist das Sulfat schwerer als das Chlorid. Vor allem durch die Ersetzung des Natriums durch Ammonium kann die Dichte des Körperwassers deutlich unter die Dichte des Meereswassers (1,026 bei 3,5 % Salinität und 20 °C) sinken und so bei besonders wasserreichen Planktern (z.B. Phytoplankter mit großer Vakuole) auch zu einer Gesamtdichte unterhalb der Dichte des Mediums führen. Süßwasserplankter haben diese Möglichkeit nicht, da der geringe Ionengehalt des Süßwassers keinen nennenswerten Einfluß auf dessen Dichte hat.

Auftrieb und Sinken. Plankter, die schwerer als Wasser sind, haben die Tendenz im Wasser zu sinken, da die Schwerkraft den Auftrieb überwiegt. Bei leichteren Planktern überwiegt der Auftrieb, sie haben die Tendenz, im Wasser aufzusteigen. Sowohl das Sinken als auch das Auftreiben würden letztendlich zu einer Entfernung aus ihrem Lebensraum führen und sind so der Beibehaltung einer planktischen Lebensweise entgegengesetzt.

Manche Plankter können ihre Dichte durch Gas- und Lipideinschlüsse regulieren

Während die Veränderung des Ionengehalts nur sehr beschränkte Möglichkeiten bietet, die Dichte planktischer Organismen einer aktiven physiologischen Kontrolle zu unterwerfen, sind Gas- und Lipideinschlüsse ein hervorragendes Mittel der Dichteregulation. Den Gas- und Lipideinschlüssen kommt dabei die Rolle eines Auftriebsmittels zu, während polymere Kohlenwasserstoffe häufig die Rolle des Ballasts spielen.

Blaualgen. Ein besonders eindrucksvolles Beispiel der Dichteregulation sind die *Gasvakuolen* der Blaualgen. In geschichteten Gewässern bilden sich in der Regel gegensinnige Gradienten des Lichtes und der verfügbaren Pflanzennährstoffe aus. Während die Lichtintensität mit der Tiefe abnimmt, werden Pflanzennährstoffe (meist P oder N) in den lichtreichen Oberflächenschichten häufig bis unter die Nachweisgrenze aufgezehrt, während sie unterhalb der der

Oberflächenschicht oft noch in großen Konzentrationen vorliegen. Blaualgen mit Gasvakuolen können beide Lebensräume für sich ausnutzen. Bei Nährstoffmangel werden sie schwerer als Wasser und sinken ab, bei Lichtmangel werden sie leichter als Wasser und treiben auf. Die leichte Komponente ihrer Körpermasse sind dabei die Gasvakuolen, das sind Ansammlungen kleiner, gasgefüllter Vesikel, die von sehr steifen und daher druckfesten Membranen umschlos-

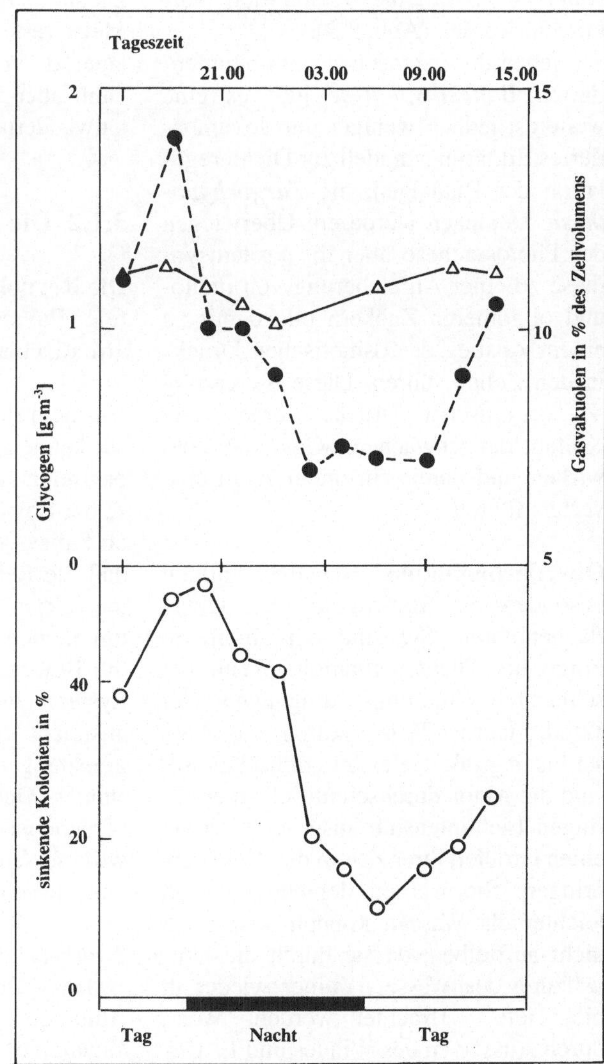

Abb. 3.2. Tagesperiodische Veränderungen im Glycogen-Gehalt *(volle Kreise),* im Anteil der Gasvakuolen am Zellvolumen *(offene Dreiecke)* und im Anteil der absinkenden Kolonien *(offene Kreise)* in einer Oberflächenprobe von *Microcystis aeruginosa* im Vinkeveen, Niederlande, 7–8. 9. 1988. (Modif. nach Ibelings et al. 1991)

sen sind. Der **Ballast** wird durch dichte, wasserarme Körner aus Polysacchariden (Glykogen) gebildet. Glykogen entsteht als Überschußprodukt der Photosynthese, wenn Nährstoffmangel bei gleichzeitigem, reichlichem Lichtangebot die Weiterverarbeitung der primären Photosyntheseprodukte zu Proteinen verhindert. Sinken auf diese Art beschwerte Blaualgen ab, führt die Kombination aus Lichtmangel und Nährstoffreichtum zu einem Abbau der Kohlenhydrate, da diese einerseits für die Proteinsynthese und andererseits für die Respiration verbraucht werden (Abb. 3.2).

Neben der inzwischen gut dokumentierten **Ballasthypothese** gibt es eine weiteres, jedoch weniger gut dokumentiertes Erklärungsmodell zur Dichteregulation der Blaualgen, die **Turgorhypothese.** Demnach würde ein Überwiegen der Photosynthese über die Proteinsynthese zu einer Anreicherung von mono- und oligomeren Zuckern und damit zu einem Anstieg des osmotischen Drucks in den Zellen führen. Diese Steigerung des osmotischen Drucks würde einen Kollaps der schwächeren Gasvesikel bewirken und damit zu einem Auftriebsverlust führen.

Oberflächenblüten. Blaualgen bilden besonders in Binnengewässern Oberflächenblüten. Sie sind eine indirekte Folge der Dichteregulation. Wenn bei schlechten Witterungsbedingungen (viel Wind, niedrige Temperaturen) das Wasser bis in große Tiefen durchmischt wird, sind die Algen durchschnittlich einer geringen Lichtintensität ausgesetzt, da sie einen Großteil ihrer Zeit in der Tiefe verbringen. Sie werden dementsprechend leichter als Wasser, können aber noch nicht auftreiben, da sie durch die Umwälzung des Wassers immer wieder in die Tiefe verfrachtet werden. Wenn durch Aussetzen des Windes und Erwär-

mung der Wasseroberfläche die Durchmischung zum Stillstand kommt, treiben die Blaualgen plötzlich auf und bilden mitunter dichte Beläge auf der Wasseroberfläche.

Dichteregulation im Zooplankton. Ein eindrucksvolles tierisches Beispiel für Dichteregulation ist die **Larve der Büschelmücke** (*Chaoborus* sp.). Sie verfügt über zwei Paar an das Tracheensystem angeschlossene, kontrahierbare Schwimmblasen und kann damit ihre Dichte exakt der des Wassers anpassen. Meist verharrt sie, regungslos auf Beute lauernd, in einer konstanten Tiefe, sie kann aber auch tagesperiodische Vertikalwanderungen ausführen.

3.1.2 Die Viskosität des Wassers

Die Reynolds-Zahl ist ein fundamentaler Parameter für die Biologie aquatischer Organismen

Aus dem Einführungsunterricht der Physik kennen wir die Annahme der friktionsfreien Bewegung. Klassische Gesetze der Bewegungslehre, wie das des freien Falles, gehen von der Annahme aus, daß die Reibung zwischen dem bewegten Körper und dem umgebenden Medium keinen nennenswerten Einfluß auf die Bewegung hat. In einem derartigen System gilt, daß ein einmaliger Impuls ausreicht, um einen Körper in eine unbegrenzte, geradlinige Bewegung mit konstanter Geschwindigkeit zu versetzen (Trägheitsprinzip). Die konstante Einwirkung einer Kraft führt hingegen zu einer beschleunigten Bewegung. Friktionsfreie Systeme sind somit von der **Trägheit** bestimmt.

Das Gegenteil eines trägheitsbestimmten Systems wäre ein von der **Viskosität** bestimmtes System, in dem die

Reibung des umgebenden Mediums den Effekt der Trägheit vollständig aufhebt und die konstante Einwirkung einer Kraft nötig wäre, um eine Bewegung mit konstanter Geschwindigkeit zu bewirken. Tatsächliche Bewegungen fester Körper in flüssigen oder gasförmigen Medien befinden sich auf einem Kontinuum zwischen diesen beiden Polen. Die Position auf diesem Kontinuum kann durch die **Reynolds-Zahl (Re)** ausgedrückt werden. Sie ist eine dimensionslose Zahl, die das Verhältnis zwischen den in einem System wirkenden Trägheitskräften und den viskosen Kräften ausdrückt.

Berechnung der Reynolds-Zahl. Die Reynoldszahl hängt von der Geschwindigkeit und der Größe eines im Wasser bewegten Partikels sowie von der Viskosität des Wassers ab.

$$Re = \frac{2\,r \cdot v \cdot \rho}{\eta} \qquad \text{(Formel 3.1)}$$

r ist dabei der Radius eines in einer Flüssigkeit bewegten Körpers (m), v seine Bewegungsgeschwindigkeit (m $\cdot$ s^{-1}), ρ die Dichte der Flüssigkeit (kg $\cdot$ m^{-3}) und η ihre dynamische Viskosität (kg$\cdot$m$^{-1}\cdot$s^{-1}). Diese beträgt für Wasser bei 20 °C ca. $1\cdot10^{-3}$ und bei 0 °C ca. $1{,}8\cdot10^{-3}$ kg$\cdot$m$^{-1}\cdot$s^{-1}.

Laminare und turbulente Wasserbewegung. Bei kleinen Reynolds-Zahlen

Tabelle 3.1. Reynolds-Zahl verschiedener im Wasser sich bewegender Organismen

Bewegungsart	Re
Schwimmender Wal	10^8
Schwimmender Hering	10^5
Flüchtender Wasserfloh	10^2
Schwimmender Ciliat	10^{-1}
Sinkende, große Kieselalge (75 µm)	10^{-2}
Wasserstrom durch Zooplanktion-Filter	10^{-3}
Begeißeltes Bakterium	10^{-4}

($\ll$1) wird der bewegte Körper laminar, d.h. von parallelen Stromlinien, umflossen, bei größeren Reynolds-Zahlen wird er turbulent umflossen. Es kommt dabei nur auf die relative Bewegung zwischen umströmten Körper und umgebender Flüssigkeit an und nicht darauf, ob der Festkörper oder die Flüssigkeit oder beide in Bewegung sind.

Wasser ist für Plankter ein zähes Medium

Wegen der Abweichungen von der Kugelgestalt ist es meistens unmöglich, die Reynolds-Zahl exakt zu berechnen. Dies ist auch nicht nötig, da die für die Biologie der Organismen wichtigen Unterschiede bereits durch die Angabe von Größenordnungen erkennbar sind (Tabelle 3.1).

Unterschiede zwischen Phyto- und Zooplankton. Aus den Werten in Tab. 3.1 ergibt sich, daß das Phytoplankton und insbesondere das Bakterioplankton in einer überwiegend von der Viskosität bestimmten Umwelt leben. Für Zooplankter ergibt sich ein etwas komplizierteres Bild: Die Schwimmbewegungen zumindest der größeren Zooplankter sind bereits von Trägheitskräften dominiert, für wichtige Lebensfunktionen, insbesondere für die Filtration von Futterpartikeln, gelten jedoch niedrige Reynoldzahlen.

Bei niedrigen Reynolds-Zahlen verursacht die Ausbildung von Grenzschichten Probleme für Plankter

Die Bedeutung niedriger Reynolds-Zahlen kann man sich am besten veranschaulichen, wenn man sich extrem langsame Bewegungen in einer zähen

Flüssigkeit, z.B. Honig, vorstellt. Ein Schwimmer, der sich mit weniger als $1\,cm \cdot min^{-1}$ in Honig bewegt, würde etwa einem begeißelten Bakterium oder einem kleinen Phytoplankter entsprechen (Purcell 1977). Ein derartig bewegter Körper wird nicht nur von laminaren an Stelle von turbulenten Stromlinien umflossen, er schleppt auch den größten Teil der umgebenden Flüssigkeit mit sich herum, da sich eine Grenzschicht mit körperwärts abnehmenden Strömungsgeschwindigkeiten ausbildet. Die unmittelbar am Körper haftende Flüssigkeit wird nur sehr langsam ausgetauscht. Im Gegensatz dazu wird ein Schwimmer mit großer Reynoldszahl immer von neuem Wasser umspült.

Bewegung und Stoffaustausch. Für Organismen, die sich durch die Aufnahme gelöster Moleküle ernähren, wirkt sich das Fehlen einer ständigen Erneuerung des umgebenden Wassers nachteilig aus. Die Grenzschicht verarmt an Nährstoffen und kann nur durch Diffusion wieder aufgefüllt werden. Die Sinkgeschwindigkeit von Phytoplanktern und Bakterien wirkt sich daher kaum zugunsten einer Verbesserung der Nährstoffversorgung aus. Eine Kieselalge mit $10\,\mu m$ Durchmesser sinkt typischerweise mit einer Sinkgeschwindigkeit von ca. $10\,\mu m \cdot s^{-1}$, sie erreicht dadurch lediglich eine ca. 10%ige Verbesserung ihrer Nährstoffversorgung gegenüber einer unbewegten Alge. Eine gleich große Grünalge, die typischerweise etwa 4- bis 5mal so langsam sinkt, oder eine Kieselalge mit nur $5\,\mu m$ Durchmesser erreichen praktisch überhaupt keine Verbesserung ihrer Nährstoffversorgung (<1%). Lediglich die Eigenbeweglichkeit der Flagellaten hat eine gewisse, wenn auch sehr begrenzte Bedeutung, da bereits kleine Flagellaten Schwimmgeschwindigkeiten von ca. $100\,\mu m \cdot s^{-1}$ erreichen.

Dadurch verbessert ein Flagellat von $1\,\mu m$ Durchmesser seine Nährstoffversorgung um 5%, ein $5\,\mu m$-Flagellat um ca. 30% und ein $10\,\mu m$-Flagellat um ca. 50%.

Die Bewegung von Planktern gegenüber dem umgebenden Wasser ist jedoch dann wichtig, wenn sich die Konzentrationen im Umgebungswasser erhöhen. Dann wird auch der Konzentrationsgradient zwischen dem Umgebungswasser und der Grenzschicht steiler und damit nimmt die Diffusionsgeschwindigkeit in die Grenzschicht zu.

Probleme für Filtrierer. Der Filtrationsapparat von filtrierenden Zooplanktern besteht meist aus Borstenkämmen, bei denen die parallelen Feinborsten *(Setulae)* Stärken und intersetulare Abstände im μm-Bereich haben. Das bedeutet, daß sich die Grenzschichten der einzelnen Borsten überlappen und somit praktisch kein Wasserdurchsatz durch das Filter möglich wäre, wenn nicht entsprechender Druck erzeugt und ein seitliches Ausweichen des Wasserstromes ausgeschlossen würde. Nachdem längere Zeit darüber Unklarheit herrschte, konnte für filtrierende Cladoceren gezeigt werden, daß diese Voraussetzungen tatsächlich erfüllt sind. Der notwendige *Filtrationsdruck* beträgt bei Wasserflöhen (*Daphnia* spp.) weniger als 0,5 mbar und der dafür benötigte Energieaufwand ca. 5% des Gesamtmetabolismus (Brendelberger et al. 1986). Wir sprechen bei herbivoren Cladoceren daher zu Recht von „Filtrierern". Copepoden, deren „Filterapparate" sich nicht in geschlossenen Kammern, sondern im offenen Wasser bewegen, können jedoch nicht als Filtrierer angesehen werden. Ihre „Filterapparate" dienen eher als Fächer, die einen Wasserstrom zum Mund erzeugen.

3.1.3 Die Sedimentation der Plankter

Große und schwere Plankter sinken schneller

Berechnung der Sinkgeschwindigkeit. Partikel, die in einer vorherrschend viskosen Umwelt leben, erreichen praktisch sofort ihre endgültige Sink- oder Aufsteigegeschwindigkeit, bei der sich die antreibende Kraft der Gravitation und die bremsende Kraft der Reibung die Waage halten. Bei laminaren Strömungen um den sinkenden Partikel läßt sich die Sinkgeschwindigkeit *(v)* nach dem *Stokeschen Gesetz* beschreiben. Es handelt sich dabei um eine relative Geschwindigkeit gegenüber dem umgebenden Wasserkörper bzw. um eine absolute Sinkgeschwindigkeit im unbewegten Wasser. Bei einer Reynolds-Zahl von 0,5 beträgt die Abweichung vom Stokeschen Gesetz lediglich 10%, bei Re < 0,1 sind praktisch keine Abweichungen mehr gegeben. Deshalb läßt sich das Stokesche Gesetz auf nahezu alle Phytoplankter und alle Bakterien anwenden. Bei Zooplanktern mit größeren Reynolds-Zahlen spielt das Sinken im Vergleich zu den Schwimmbewegungen eine vernachlässigbare Rolle.

$$v = \frac{2\,g \cdot r^2\,(\rho' - \rho)}{9\,\eta} \qquad \textbf{(Formel 3.2)}$$

In dieser Form gilt es für Kugeln, wobei *v* die Sinkgeschwindigkeit (m · s^{-1}) ist, g die Erdbeschleunigung (9,8 m · s^{-2}), *r* der Radius, ρ' die Dichte des sinkenden Körpers (kg · m^{-3}), ρ die Dichte des Wassers und η die dynamische Viskosität des Wassers (kg · m^{-1} · s^{-1}). Bei Abweichungen von der Kugelform muß nach *Ostwald* noch ein dimensionsloser Parameter für den Formwiderstand (ϕ) eingefügt werden:

$$v = \frac{2\,g \cdot r^2\,(\rho' - \rho)}{9\,\eta \cdot \phi} \qquad \textbf{(Formel 3.3)}$$

Der Formwiderstand bestimmt, um wieviel langsamer ein Körper sinkt als eine Kugel gleichen Volumens.

Bedeutung von Größe, Formwiderstand und Dichte. Aus der Stokeschen Gleichung geht hervor, daß Plankter dann schnell sinken, wenn sie groß sind (*r* groß), wenn sie schwer sind (ρ' groß) und wenn sie einen geringen Formwiderstand (ϕ) haben. Besonders empfindlich reagiert die Sinkgeschwindigkeit wegen der quadratischen Abhängigkeit auf Änderungen des Radius und auf Änderungen der Dichte, da *v* nicht von der Dichte der Plankter als solcher, sondern vom *„Übergewicht"* ($\rho' - \rho$) abhängt. Eine Erhöhung der Dichte von 1,02 auf 1,20 g · ml^{-1} (+18%) würde bei einer Dichte des Wassers von 1,0 g · ml^{-1} eine Verzehnfachung der Sinkgeschwindigkeit nach sich ziehen.

Gemessene Sinkgeschwindigkeiten. Bisher wurden nur die Sinkgeschwidigkeiten relativ großer Phytoplankter experimentell untersucht. Sie betragen für die große Kieselalge *Coscinodiscus wailesii* (*r* ca. 75 µm) ca. 9 m · d^{-1}, für mittelgroße Kieselalgen (*Asterionella, Synedra, Fragilaria, Stephanodiscus rotula* etc.) um 1 m · d^{-1}, für große Grünalgen (*Staurastrum, Pediastrum* etc.) einige dm · d^{-1}, für kleine Kieselalgen (*Stephanodiscus parvus* etc.) einige cm · d^{-1}. Die Sinkgeschwindigkeiten kleiner, unverkieselter Algen sowie von Bakterien sind noch wesentlich geringer.

Die Schwebefähigkeit ist eine wesentliche Voraussetzung des Lebens im Plankton

Das Absinken derjenigen Plankter, die zu keinen Schwimmbewegungen befähigt sind, tendiert dazu, photosynthetische Plankter aus der oberflächennahen Zone mit ausreichendem Lichtangebot zu entfernen. Plankter, die sich von photosynthetischen Organismen ernähren, würden aus der Zone entfernt werden, in der ihr Futter wächst. Es besteht daher ein starker **Selektionsdruck** zugunsten der Minimierung des Sinkgeschwindigkeit. Der Größe, die Dichte und der Formwiderstand stehen als Anpassungsmerkmale zur Verfügung.

Größe. Die Größen der unbeweglichen Plankter (meist Bakterien und Phytoplankton) variieren zwischen ca. 0,3 μm und einigen mm, d.h. über 4 Zehnerpotenzen. Dementsprechend würde der Größeneffekt alleine bereits eine Variationsbreite der Sinkgeschwindigkeiten von 8 Zehnerpotenzen nach sich ziehen. Die quadratische Zunahme der Sinkgeschwindigkeit mit dem Radius ist sicherlich ein Hauptgrund für die obere Grenze der Körpergröße unbeweglicher Phytoplankter.

Dichte. Phytoplankter, die größer als 1 mm sind, sind meistens gallertige Kolonien, deren Volumen überwiegend aus **Gallerte** besteht. Gallerten sind Gele, die überwiegend aus Wasser bestehen und von einem Netzwerk hydrophiler Polysaccharide zusammengehalten werden. Sie unterscheiden sich in ihrer Dichte kaum vom Wasser und setzen das Übergewicht deutlich gegenüber einer nicht von Gallerte umhüllten Zelle herab. Allerdings vergrößert die Gallerte gleichzeitig den Radius des suspendierten Partikels. Effektiver als durch Gallerte kann die Sinkgeschwindigkeit durch **Gasvakuolen** und **Lipide** gesenkt werden (vgl. Kap. 3.1.3). Sinkt die Dichte eines Plankters unter die des Wassers wird die „Sinkgeschwindigkeit" negativ, d.h. der Plankter treibt auf. Es ist keineswegs erstaunlich, daß unter den größten Phytoplanktern vor allem koloniebildende Blaualgen vertreten sind, die sowohl über eine Gallerte als auch über Gasvakuolen verfügen. Solche Kolonien können sogar eine Größe von mehreren cm

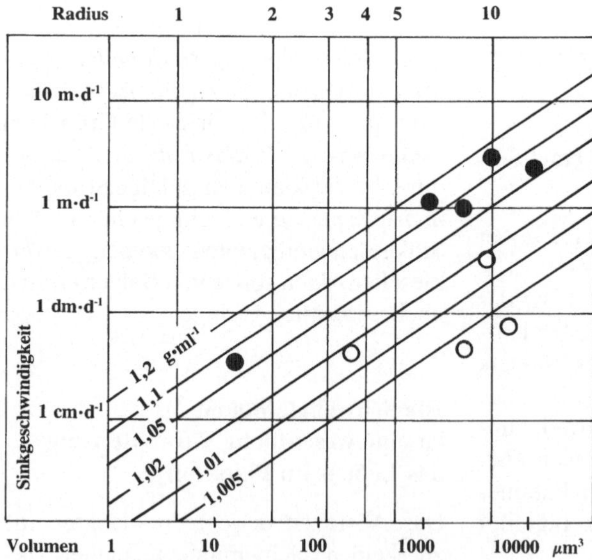

Abb. 3.3. Abhängigkeit der berechneten Sinkgeschwindigkeit von der Größe (Radius und Volumen) und der Dichte eines kugelförmigen Plankters im Süßwasser. Gemessene Werte von Kieselalgen (○) und unverkieselten Algen (●) sind auf das Kolonievolumen bezogen. (Originalzeichnung, nach Daten aus Reynolds 1984 und Sommer 1984)

erreichen. Abgesehen von den Fällen, in denen Plankter leichter als Wasser werden, führt die Größenvariabilität des Planktons zu einer größeren Variationsbreite der Sinkgeschwindigkeiten als die Dichtevariabilität (Abb. 3.3).

Formwiderstand. Im Sinne des Formwiderstands wurden komplizierte Morphologien (Fortsätze, Borsten, Stacheln, komplexe Koloniegestalten) früher fast ausschließlich als Schwebemechanismen gedeutet. Wegen der geringen Reynoldszahlen haben rauhe Oberflächen, Warzen und Dornen keinen nennenswerten Effekt. Wichtiger sind Abweichungen von der Kugelgestalt. Der Formwiderstand einer Kugel beträgt definitionsgemäß 1. Langgestreckte, einfache Körper mit einem Länge : Durchmesserverhältnis von 4 : 1 haben einen Formwiderstand von ca. 1,3; lange Nadeln, wie die Kieselalge *Synedra* (l:d = 15:1) erreichen einen Formwiderstand von 4. Die einzelne, stabförmige Zelle der Kieselalge *Asterionella formosa* hat einen Formwiderstand von 2,5, während die sternförmige, meistens aus 8 Zellen bestehende Kolonie einen Formwiderstand von 3,9 (alle Werte aus Reynolds 1984) hat *(Fallschirmeffekt)*. Da die mit der 8zelligen Kolonie volumensgleiche Kugel jedoch gleichzeitig einen doppelt so großen Radius hat wie das sphärische Äquivalent der Einzelzelle, überwiegt der Größeneffekt den Fallschirmeffekt.

Die genannten Beispiele zeigen, daß die Möglichkeiten, die Sinkgeschwindigkeit durch den Formwiderstand zu senken, eng begrenzt und gegenüber den Auswirkungen von Größe und Dichte wenig bedeutend sind. Es ist daher heute üblich, komplexe Morphologien, Fortsätze und die Bildung großer Kolonieverbände nicht als Schutz vor dem Absinken, sondern als Schutz vor dem Fraß durch Zooplankter zu deuten (vgl. 8.2).

Die turbulente Durchmischung des Wassers hält sinkende Plankter in den oberflächennahen Schichten

Das Stokesche Gesetz gilt für die Sinkgeschwindigkeit im ruhigen Wasser. Tatsächlich wird das Wasser jedoch durch die Einwirkung des Windes häufig in turbulenter Durchmischung gehalten. Diese Durchmischung kann entweder bis zum Grund des Wassers oder bis zu einer *Sprungschicht* reichen, unterhalb derer dichteres Tiefenwasser nicht mehr in die Durchmischung des leichteren Oberflächenwassers einbezogen wird (vgl. Kap. 4.2). Die Sedimentationsverluste des Planktons der durchmischten Zone hängen nun von der Tiefe der durchmischten Schicht (z_m) und von der Sinkgeschwindigkeit (v) ab.

Berechnung der Sinkverluste. Bei fehlender Durchmischung sinken alle Indi-

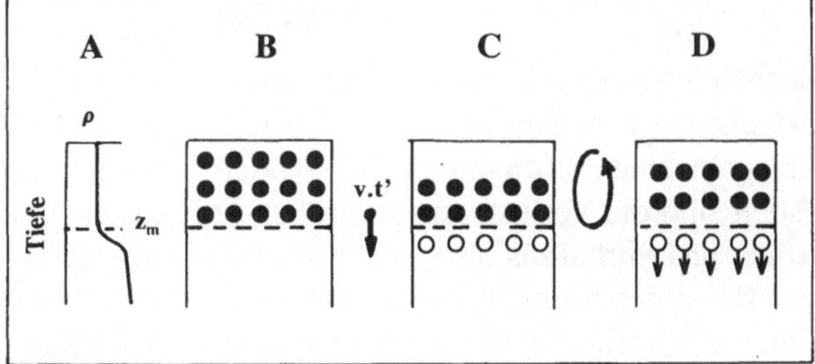

Abb. 3.4. Sinkverluste bei einer Sinkgeschwindigkeit von v und einer Durchmischungstiefe von z_m: **A** Dichtegradient des Wassers, **B** Verteilung der Partikel nach einer Durchmischung der Oberflächenzone, **C** Verteilung nach einer Ruheperiode t', $v \cdot t'$ ist die im Ruheintervall zurückgelegte Strecke, **D** Verteilung nach einer erneuten Durchmischung

viduen innerhalb des Zeitintervalls t' um die Distanz $v \cdot t'$. Ein Teil der ursprünglich in einer Wasserschicht vorhandenen Individuen (N_0) wird am Ende des Zeitintervalls unter die Untergrenze abgesunken sein, ein Teil wird oberhalb verblieben sein (Abb. 3.4). Bei ursprünglich homogener Verteilung beträgt die Zahl der am Ende des Intervalls in der Oberflächenschicht verbliebenen Individuen:

$$N_t = N_0 - \frac{N_0 \cdot v \cdot t'}{z_m} \qquad \text{(Formel 3.4)}$$

Kommt es am Ende des Ruheintervalls zu einer Durchmischung, werden die N_t Individuen wieder gleichmäßig in der Wasserschicht verteilt. Nur wenn $v \cdot t' > z_m$ kommt es zu einer vollständigen Entleerung der Schicht. Für die Berechnung der *Sedimentationsverluste* über längere Zeiträume lassen sich zwei extreme Szenarien erstellen. Bei *Windstille* beträgt das Zeitintervall t' ca. einen Tag, da nur die nächtliche Abkühlung zu einer konvektiven Durchmischung führt. Wenn es zu keinem Wachstum und zu keinen anderen Verlusten kommt, beträgt die Zahl der nach t Tagen verbleibenden Individuen (N_t):

$$N_t = N_0 \left(1 - \frac{v}{z_m}\right)^t \qquad \text{(Formel 3.5)}$$

Unter *Windeinwirkung* kommt es zur dauernden Durchmischung. Das Ruheintervall t' tendiert gegen 0 und die Zahl der Durchmischungsereignisse pro Tag tendiert gegen unendlich.

In diesem Fall gilt

$$N_t = N_0 \, e^{-v \cdot t / z_m} \qquad \text{(Formel 3.6)}$$

Tatsächlich liegen die Sinkverluste meist zwischen den beiden in Formel 3.5 und 3.6 gemachten Annahmen. In beiden Fällen sind die Verluste um so größer, je größer das Verhältnis $v \cdot z_m$ ist. Kieselalgen mit einer Sinkgeschwindigkeit von 1 m $\cdot$ d^{-1} verlieren bei 2 m Durchmi-

schungstiefe nach dem voll durchmischten Modell 39,4% und nach dem einmal durchmischten Modell 50% ihrer Population pro Tag. Da diese Verluste durch Wachstum ausgeglichen werden müssen, wenn eine Population Bestand haben soll, ist es nicht verwunderlich, wenn schnell sinkende Plankter überwiegend auf Situationen mit großer Durchmischungstiefe beschränkt sind, während geringe Durchmischungstiefen zugunsten kleiner oder zugunsten eigenbeweglicher Plankter selektieren.

3.2 Schwimmen

Schwimmen ist schneller als Sinken

Fast alle Zooplankter, begeißelte Phytoplankter und begeißelte Bakterien sind zur aktiven Bewegung im Wasser befähigt. Die Schwimmfähigkeit dieser Plankter reicht nicht aus, um gegen horizontale Wasserverfrachtungen anschwimmen zu können. Das ist der definitionsgemäße Unterschied zum Nekton. Da Wasserströmungen jedoch verschieden stark sein können, ist die Abgrenzung zwischen Plankton und Nekton unscharf.

Bakterien und Phytoplankton. In jedem Fall reichen die Schwimmgeschwindigkeiten bei weitem aus, um das Absinken zu kompensieren. Die Schwimmgeschwindigkeiten eines begeißelten Bakteriums von ca. 2 µm betragen ca. 30 µm $\cdot$ s^{-1}, während die Sinkgeschwindigkeit etwa 0,1 µm $\cdot$ s^{-1} beträgt. Die Schwimmgeschwindigkeiten begeißelter Phytoplankter liegen zwischen 75 und 1500 µm $\cdot$ s^{-1} und zeigen eine schwach zunehmende Tendenz mit dem Radius des sphärischen Äquivalents ($v = 186r^{0,26}$; v in µm $\cdot$ s^{-1}; r in µm; nach

Sommer 1988). Obwohl die Sinkgeschwindigkeiten mit dem Quadrat des Radius zunehmen, sind sie selbst für die größten Phytoflagellaten noch um mehr als eine Zehnerpotenz kleiner als die Schwimmgeschwindigkeiten.

Zooplankton. Zooplankter erreichen besonders bei schnellen Fluchtbewegungen hohe Geschwindigkeiten. So erreicht das Rädertier *Polyarthra* (ca. 250 µm groß) eine Geschwindigkeit von bis zu 50 mm · s^{-1}. Aber auch die Dauergeschwindigkeiten überschreiten stets die Sinkgeschwindigkeiten.

Energiebedarf. Für alle Gruppen des Planktons gilt, daß die energetischen Kosten der Lokomotion nur wenige Prozent des gesamten Metabolismus ausmachen.

Schwimmbewegungen sind häufig orientiert

Da Schwimmbewegungen der Plankter nicht nur der Flucht dienen, müssen sie sich in ihrer Umwelt orientieren können. Als orientierende Reize kommen dabei vor allem die *Schwerkraft, chemische Gradienten* und das *Licht* in Frage.

Geotaxis. Eine Orientierung im Schwerefeld wird als Geotaxis bezeichnet. Zur Vermeidung der Sedimentation kommt es dabei vor allem auf die Bewegung entgegen der Schwerkraft *(negative Geotaxis)* an. Geotaxis ist auch ohne entsprechende Sinnesorgane möglich. Es genügt, wenn durch ungleiche Verteilung der schweren und der leichten Biomassekomponenten der Schwerpunkt gegenüber dem geometrischen Mittelpunkt verschoben ist. Ein einfaches Beispiel dafür sind die frisch aus Dauerstadien (Cysten) geschlüpften Zellen des Dinoflagellaten *Ceratium hirundinella*.

Die meist im Herbst gebildeten Cysten sind groß und schwer und sinken auf den Gewässerboden ab. Die erste im Frühjahr keimende Zellgeneration („Proceratium") hat im Hinterende der Zellen Stärke (schwerer als Wasser) und im Vorderende Lipide (leichter als Wasser) eingelagert. Dadurch richten sich die Zellen auf und der Geißelschlag führt automatisch zu einem nach oben gerichteten Schwimmen.

Chemotaxis. Die Orientierung in chemischen Gradienten wird als Chemotaxis bezeichnet. Wenn sich ein Organismus in die Richtung höhere Konzentrationen bewegt, sprechen wir von *positiver Chemotaxis,* im umgekehrten Fall von *negativer Chemotaxis.* Die Orientierung in chemischen Gradienten ist besonders für diejenigen Organismen wichtig, die sich durch die Diffusion gelöster Substanzen ernähren. Plankter mit kleinen Reynolds-Zahlen schleppen zwar das unmittelbar an ihnen haftende Wasser zum größten Teil mit sich herum, sie können jedoch durch das Aufsuchen höherer Konzentrationen den Konzentrationsgradienten zwischen dem Haftwasser und dem Umgebungswasser erhöhen und damit die Diffusion beschleunigen. Die Chemotaxis eignet sich nur für die *kleinräumige Orientierung,* da großräumige Konzentrationsunterschiede von Planktern nicht erfaßt werden können.

Phototaxis. Der wichtigste Reiz für die *großräumige Orientierung* von Planktern ist das Licht. Bewegung zum Licht und damit nach oben wird als *positive Phototaxis* bezeichnet, Bewegung vom Licht weg als *negative Phototaxis.* Lichtrezeptoren sind im Plankton weit verbreitet und selbst bei einfachsten Flagellaten zu finden. Die Phototaxis ist der wesentlichste Mechanismus der vertikalen Orientierung schwimmfähiger Plankter. Sie dient nicht nur der Einhaltung einer bevorzugten Aufenthaltstiefe sondern auch der Orientierung *periodischer Wanderungsbewegungen.*

Phototaxis ist nicht auf photosynthetische Organismen beschränkt sondern auch im Zooplankton häufig anzutreffen. Dabei sind es nicht bestimmte Lichtintensitäten, die ökologische Bedeutung für die Zooplankter haben, sondern andere Umweltfaktoren, die mit der Tiefe korreliert sind. Es gilt für alle Formen der Taxis, daß der orientierende Reiz nicht identisch mit einem aufzusuchenden oder zu vermeidenden Umweltfaktor sein muß.

Die Vertikalwanderung dient der Nutzung gegenläufiger Gradienten in den Lebensbedingungen der Plankter

Der normale Verlauf vertikaler Gradienten (vgl. Kap. 4.2) in stehenden Gewässern kann dazu führen, daß wesentliche Voraussetzungen des Überlebens und Wachstums von Planktern räumlich separiert sind. Die Lichtintensität nimmt immer mit der Tiefe ab, während die Konzentration gelöster Pflanzennährstoffe meistens mit der Tiefe zunimmt. Das Futterangebot für herbivore Zooplankter nimmt mit der Tiefe ab, gleichzeitig erhöht sich nahe der Oberfläche jedoch das Risiko, von optisch orientierten Räubern entdeckt und gefressen zu werden. Da in thermisch geschichteten Gewässern auch die Temperatur mit der Tiefe abnimmt, nehmen auch metabolische Raten mit der Tiefe ab.

Phytoplankton suchen am Tag lichtreiche Zonen auf

Ungeordnete Zerstreuung in der Nacht. Die Vertikalwanderung von be-

weglichen Phytoplanktern kann durch zwei Typen beschrieben werden. Phytoplankter können sich während des Tages in der Nähe einer bevorzugten Lichtintensität konzentrieren und in der Nacht in Abwesenheit des orientierenden Lichtreizes zerstreuen. Dieser Wanderungstyp ist besonders dann zu erwarten, wenn vertikale Nährstoffgradienten schwach ausgeprägt sind oder jedenfalls auch in der Zone optimaler Lichtintensitäten ausreichende Konzentrationen vorhanden sind. Diese Situation ist zum Beispiel bei den Flagellaten *Rhodomonas lens* und *Rhodomonas minuta* im Bodensee während des Frühjahrs gegeben (Sommer 1982).

Gezielte Abwärtswanderung am Abend. Bei starker Nährstoffzehrung in der lichtreichen Oberflächenschicht kann es auch dazu kommen, daß am Abend mehr oder weniger die gesamte Population in die Tiefe wandert. Das in Abb. 3.5 gezeigte Beispiel von *Volvox* sp. stellt mit 18 m einen Weltrekord in der *Wanderungsamplitude* von Phytoplanktern dar. Natürlich hängt die Wanderungsamplitude stark vom Ausmaß der vertikalen Umweltgradienten ab; die für eine bestimmte Art maximal erreichbare Amplitude hängt jedoch auch von der Größe der Individuen ab ($A = 3,106r^{0,40}$; A und r in µm; nach Sommer 1988).

Das des Zooplanktons sucht oft während des Tages dunkle Tiefenwasserschichten auf

Standardtyp. Der häufigste und schon lange bekannte Typ der Vertikalwanderung des Zooplanktons ist dem Wanderungsverlauf von *Volvox* entgegengesetzt. Zooplankter konzentrieren sich häufig nachts nahe der Oberfläche,

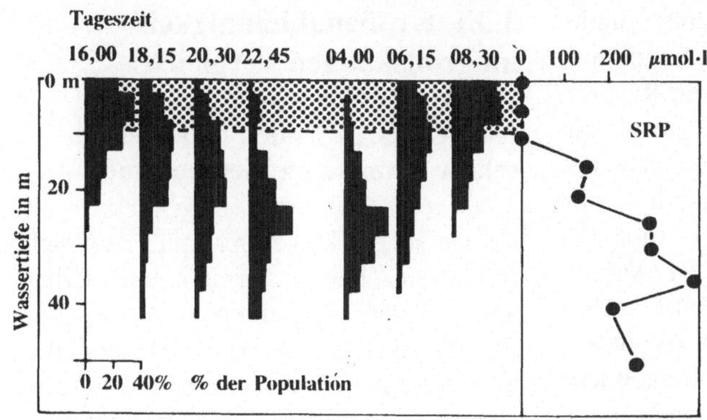

Abb. 3.5. Vertikalwanderung des koloniebildenden Phytoflagellaten *Volvox* sp. im Cahora Bassa Stausee (Mosambik, Afrika) am 1.-2.3.1983 : Schwarze *Blockdiagramme* Vertikalverteilung der Volvoxpoulation; *schattierte Fläche* Zone, in der Photosynthese möglich ist; *Vertikalprofil rechts* Konzentration des gelösten, reaktiven Phosphats *(SRP)*. (Nach Abb. 1 aus Sommer und Gliwicz 1986)

während sie sich tagsüber in der Tiefe aufhalten (Abb. 3.6). Allerdings wurde auch schon das umgekehrte Muster beobachtet. Die Wanderungsamplituden der Zooplankter sind in der Regel wesentlich größer als die der Phytoplankter und können im Meer mehrere hundert Meter erreichen. Für die Auslösung der Abwärtswanderung am Abend und der Aufwärtswanderung am morgen sind nicht absolute Lichtintensitäten (I) sondern die **relative Veränderung der Lichtintensität ($\Delta I/I$)** ausschlaggebend. Die relative Veränderung ist abends und morgens am schnellsten.

Neben dem Tagesrhythmus treten häufig auch *ontogenetische Verschiebungen* im Wanderungsverhalten auf. Juvenile Stadien halten sich dabei mit oder ohne circadiane Wanderungsbewegungen meist in oberflächennäheren Schichten auf, während adulte Individuen entweder am Tag tiefer absteigen oder ihren gesamten Wanderungszyklus in größeren Tiefen durchführen.

So bewegen sich die jüngeren Copepodid-Stadien des marinen Copepoden *Calanus cristatus* in den obersten 200 m der Wassersäule, während die adulten Individuen in einem Tiefenbereich zwischen 500 und 2000 m wandern (Sekiguchi 1975, zitiert nach Raymont 1983).

Erklärungsversuche. Während der Vorteil der Vertikalwanderung von Phytoplanktern mit den gegenläufigen Gradienten essentieller Nahrungsressourcen (Licht und mineralische Nährstoffe) leicht erklärt werden kann, war der Nutzen des Abwärtswandern des Zooplanktons am Tage lange Zeit umstritten (Lampert 1992). Die Hypothese des *me-*

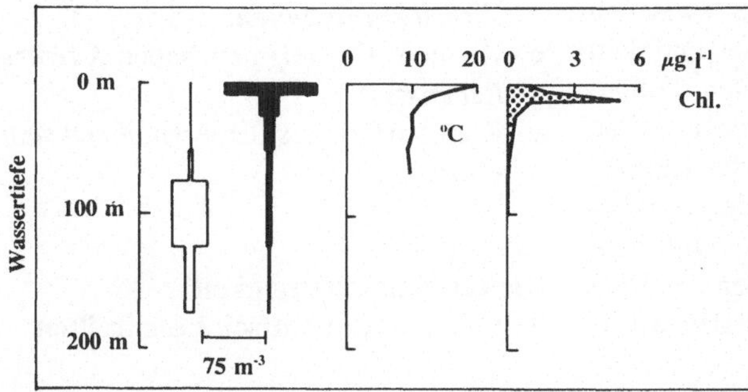

Abb. 3.6. Vertikalwanderung des marinen Copepoden *Calanus pacificus* am 5.–6. 8. 1986 in der Dabob Bay. *Weißes Blockdiagramm* Vertikalverteilung am Mittag; schwarzes Blockdiagramm Vertikalverteilung um Mitternacht; *Vertikalprofile* Temperatur und Futterangebot, gemessen als Chlorophyllkonzentration. (Nach Abb. 3 aus Frost 1988)

tabolischen Vorteils nahm unter anderem an, daß die niedrigeren Temperaturen in der Tiefe zu niedrigeren Respirationsverlusten führen. Da jedoch gleichzeitig auch aufbauende metabolische Raten und Entwicklungsgeschwindigkeiten (z.B. Entwicklung der Eier) mit der Temperatur abnehmen und der Aufenthalt in der Tiefe mit einem Futterverlust verbunden ist, scheint diese Hypothese wenig plausibel. Bis jetzt fehlt auch jede physiologische Evidenz für einen metabolischen Vorteil. Im Gegensatz dazu ist die Hypothese der *Räubervermeidung* inzwischen gut abgesichert (vgl. Kap. 8.2.1). Demnach würde der Tagesaufenthalt in der Tiefe vor optisch orientierten Räubern schützen und in der Dunkelheit der Nacht relativ ungefährdetes Fressen in der futterreichen Oberflächenschicht möglich sein.

3.3 Körpergröße und Stoffwechsel

Es ist kein Zufall, daß die meisten Plankter klein sind

Kleine Organismen sind keine maßstabgetreuen Modelle großer Organismen. Die Körpergröße ist vielmehr ein fundamentales Merkmal, das entscheidende Bedeutung für viele biologische Funktionen und Fähigkeiten eines Organismus hat. Bereits das Beispiel der Reynolds-Zahl machte klar, daß zwischen dem Schwimmen eines Fisches und dem Schwimmen eines Flagellaten fundamentale Unterschiede bestehen. Eine ähnlich große Rolle spielte die Körpergröße bei der Berechnung der Sinkgeschwindigkeit. In diesem Abschnitt geht es um die Relationen zwischen der Körpergröße und der Intensität des Stoffwechsels.

3.3.1 Größenabhängigkeit im großskaligen Vergleich

Kleinere Organismen haben einen relativ schnelleren Metabolismus

Es ist schon lange bekannt, daß sich Bakterien schneller vermehren als Ciliaten. Ciliaten vermehren sich schneller als Wasserflöhe, Wasserflöhe schneller als Fische und Fische schneller als Wale. Natürlich sind auch Gegenbeispiele bekannt: Cladoceren der Gattung *Daphnia* vermehren sich in der Regel deutlich schneller als etwas kleinere Copepoden der Gattung *Diaptomus*.

Charakteristisch für den allgemeinen Trend ist ein drastischer Größenunterschied zwischen den verglichenen Organismen, der mehrere Zehnerpotenzen in den dreidimensionalen Maßen Masse und Volumen umfaßt. Für die Gegenbeispiele ist es hingegen typisch, daß der Größenunterschied in den dreidimensinalen Maßen weniger als eine Zehnerpotenz beträgt.

Der allgemeine Trend zeigt sich bei einer Reihe direkt oder indirekt voneinander abhängiger biologischer Funktionen und Leistungen:

- Kleinere Organismen konsumieren in der Zeiteinheit *mehr Nahrung pro Körpermasse.*
- Kleinere Organismen haben *höhere Respirationsraten pro Körpermasse.*
- Kleinere Organismen haben *kürzere Entwicklungszeiten.*
- Kleinere Organismen haben *kürzere Lebenszeiten.*
- Kleinere Organismen *vermehren sich schneller.*

Die Größenabhängigkeit läßt sich mathematisch beschreiben

Abb. 3.7. Zusammenhang zwischen Respirationsrate und Körpermasse (Frischmasse) von Tieren in doppelt logarithmischer Darstellung; Einzeller und Poikilotherme bei 20 °C, Homäotherme bei Körpertemperatur. Für die Bewertung der Streuung ist zu beachten, daß eine Skaleneinheit 3 Zehnerpotenzen umfaßt. Die *Ausschnittvergrößerung* stellt Einzeller von 10 bis 100 ng dar. (Originalzeichnung nach Daten aus Peters 1983)

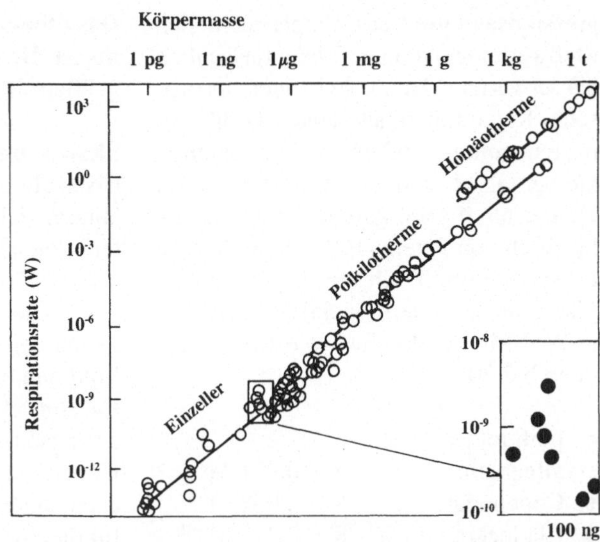

Wenn sich beim Vergleich von Organismen sehr unterschiedlicher Größe eindeutige Trends herauskristallisieren (Abb. 3.7), dann liegt es nahe, nach einer mathematischen Beschreibung dieses Trends zu suchen. Diese kann durch eine Regressionsanalyse erfolgen, bei der die Körpermasse als unabhängige Variable und die jeweilige physiologische Leistung als abhängige Variable behandelt werden (Peters 1983). Auch eine unzureichende Standardisierung der in vielen verschiedenen Laboratorien gemessenen Originaldaten wirkt sich bei solchen Analysen, die im Extremfall von den Bakterien bis zu den Walen reichen, nicht mehr aus.

Allerdings wäre es ein Mißverständinis, die erhaltenen Regressionslinien wie Eichkurven zu verwenden. Sie eignen sich nicht dafür, konkrete Prognosen für bestimmte Organismen zu machen. Die Streuung um die durchschnittlichen Trends beträgt etwa eine Zehnerpotenz. Das heißt, daß in diesem Zusammenhang Organismen, die sich in ihren linearen Abmessungen um den Faktor 2 unterscheiden, als ungefähr gleich groß anzusehen sind und man Unterschiede in ihren metabolischen Raten direkt messen muß.

Allgemeine Formeln zur Größenabhängigkeit. Bei der Angabe von Stoffwechselraten (z.B. Respirationrate, Assimilationsrate, Exkretionsrate, Syntheserate eines bestimmten Produkts) ist es wichtig zwischen „absoluten" und „relativen" (synonym: „spezifischen") Raten zu unterscheiden. Absolute Raten sind Maße der Bildung oder des Verbrauchs eines Stoffes pro Zeiteinheit durch ein einzelnes Individuum unabhängig von seiner Größe. Allgemein wird die Abhängigkeit *absoluter metabolischer Raten (R)* von der Körpermasse eines Individuums *(M)* mit der „allometrischen" Formel beschrieben:

$$R = a \cdot M^b \text{ oder}$$
$$\log R = \log a + b \cdot \log M \quad \textbf{(Formel 3.7)}$$

Dividiert man die absolute metabolische Rate durch die Körpermasse so reultiert eine *spezifische metabolische Rate (R/M)*. Definitionsgemäß gilt:

$$R/M = a \cdot M^{(b-1)} \quad \textbf{(Formel 3.8)}$$

Die Werte für a und b werden durch Regressionsanalyse aus experimentellen Meßwerten gewonnen. Wenn tatsächlich der erwartete Trend sinkender spezifischer Raten mit zunehmender Größe zutreffen sollte, müßten der Exponent *b* kleiner als 1 und der Exponent *(b–1)* kleiner als 0 sein. Aus den zahlreichen, im Buch von Peters (1983) angeführten Beispielen greife ich nur einige, für das Plankton besonders wichtige heraus (R in W; M in kg; durchwegs Respirationsraten bei 20 °C):

- poikilotherme Tiere,
  allgemein: $R = 0,071\ M^{0.76}$
- Copepoda: $R = 0,058\ M^{0.67}$
- Cladocera : $R = 0,216\ M^{0.81}$
- Scyphozoa: $R = 0,00018\ M^{0.15}$
- Algen: $R = 1,24\ M^{0.90}$

Bei Analysen, die sich über alle Organismen oder über sehr große Gruppen (alle Protozoen, alle poikilothermen und alle homäothermen Tiere, etc.) erstrecken, liegt der Wert des Exponenten b aus Formel 3.7 bei 0,75.

Die Streuung um den Gesamttrend ist nicht nur zufälliges „Rauschen", sie enthält auch wichtige Informationen für den physiologischen und ökologischen Vergleich verschiedener Organismengruppen. Einige Beispiele können den oben angeführten Formeln entnommen werden: Während die Exponenten für Copepoden und Cladoceren noch relativ nahe beim Gesamttrend liegen, weichen Scyphozoen und Algen stark ab. Bei Scyphozoen beträgt b nur 0,15, d.h. die Gesamtrespirationsraten des Individuums nehmen noch viel langsamer mit der Körpergröße zu, als es das A:V-Verhältnis erwarten ließe. Bei Algen hingegen nimmt die Respirationsrate fast linear mit der Körpergröße zu. Daraus folgt, daß die größenbedingte Abnahme der spezifischen Respirationsraten von Algen nur schwach ausgeprägt ist (b – 1 = –0,1).

Das Oberflächen : Volumensverhältnis ist die gängige Erklärung größenabhängiger Trends

Skalenabhängigkeit. Wenn ein geometrisch ähnlicher Körper größer wird, verändern sich seine Flächen mit der zweiten Potenz und sein Volumen mit der dritten Potenz der linearen Abmessungen. Die Masse verändert sich bei gleichbleibender Dichte linear mit dem Volumen bzw. mit der dritten Potenz der linearen Abmessungen. Für den Stoffaustausch eines Organismus mit seiner Umgebung sind im wesentlichen Flächen maßgeblich: die Körperoberfläche für die Stoffaufnahme von Bakterien und Algen, die Fläche des Filtrationsapparates für die Freßraten filtrierender Tiere, die innere Oberfläche des Darmes für die Assimilation von Futter, die Oberflächen von Kiemen oder Lungen für die Atmung etc. Mit zunehmender Größe nimmt bei geometrischer Ähnlichkeit das *Oberflächen : Volumensverhältnis* mit der dritten Wurzel des Volumens bzw. der Masse ab ($A{:}V = c \cdot V^{1/3}$).

Morphologische Kompensation. Bei geometrischer Ähnlichkeit würde die durchschnittliche Stoffversorgung der Körpermasse auch mit der dritten Wurzel des Volumens abnehmen. Dementsprechend müßte dann der Exponent (b – 1) für die Größenabhängigkeit spezifischer metabolischer Raten –0.33 statt –0,25 betragen. Tatsächlich wird diese Tendenz jedoch partiell dadurch kompensiert, daß verschieden große Organismen normalerweise nicht geometrisch ähnlich sind. Je größer Organismen sind, desto häufiger werden Abweichungen von der Kugelgestalt und desto stärker wird die Tendenz, durch komplexe Morphologien die Oberfläche zu vergrößern. Pflanzen tendieren dabei stärker zur Vergrößung der äußeren und Tie-

Abb. 3.8. Abhängigkeit des Oberflachen-Volums-Verhältnisses *(A:V)* von Phytoplanktern von der Körperlänge (größte lineare Dimension) in doppelt logarithmischer Darstellung. *Dreiecke* gallertige Kolonien; *volle Kreise* alle anderen Morphologien. Die *diagonale Linie* gilt für Kugeln. (Nach Abb. 7 aus Reynolds 1984)

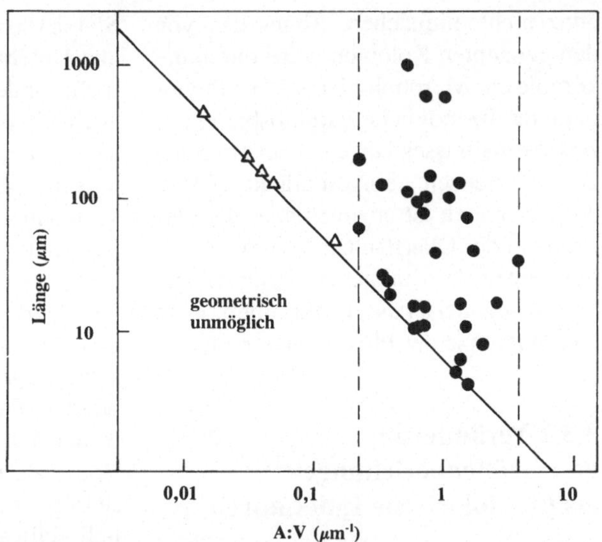

re zur Vergrößerung der inneren Oberflächen.

Auch im Phytoplankton nimmt die Tendenz zu komplexen, oberflächenvergrößernden Formen zu, wie man sie z.B. bei den großen Dinoflagellaten und den Desmidiaceen finden kann. Allerdings gibt es auch große, kugelförmige Kolonien (*Microcystis flos-aquae*, *Phaeocystis globosa*, *Volvox* etc.), die diese Ten-

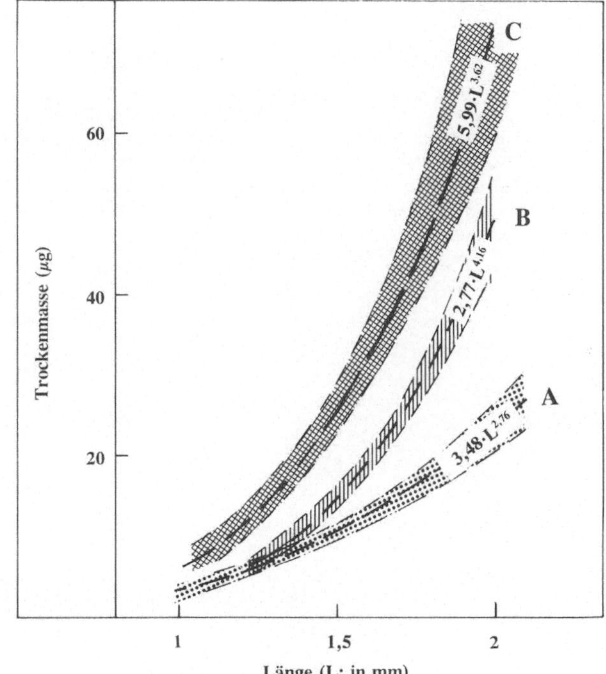

Abb. 3.9. Länge-Masse-Beziehung für *Daphnia hyalina* im Bodensee am 11. 1. 1981 (A Sestonkonzentration ca. 0,35 µg · l⁻¹ Trockenmasse), am 24. 6. 1981 (B Seston ca. 0,65 µg · l⁻¹) und am 18.5.1981 (C Seston ca. 3 mg · l⁻¹) mit 95 % Vertrauensbereichen. (Modifiziert nach Geller u. Müller 1985)

denz nicht mitmachen. Abgesehen von den genannten Kolonien, wird durch die komplexen Morphologien großer Phytoplankter die mögliche Variatiosbreite des A:V-Verhältnisses von ca. 3 auf etwa $1^1/_2$ Zehnerpotenzen eingeschränkt (Abb. 3.8). Dennoch ist anzunehmen, daß das Problem der Oberflächen-Volumensrelation neben der Sinkgeschwindigkeit ein entscheidender Faktor für die obere Größengrenze der Phytoplankter ist.

3.3.2 Veränderung von Größenbeziehungen als physiologische Indikatoren

Ging es im vorigen Abschnitte darum, möglichst allgemeine Größenbeziehungen aufzustellen, die möglichst viele Taxa mit einschließen, kommen wir nun zu einer wesentlich detaillierteren Betrachtung: Ein Teil der großen Streuung um die oben genannten Gesamttrends ist nicht auf Meßfehler, auf unzureichende Standardisierung oder auf zwischenartliche Unterschiede zurückzuführen. Vielmehr ändern sich Größenbeziehungen auch für einzelne Arten als Folge physiologischer Umstellungen.

Ein einfaches Beispiel dafür sind Verschiebungen der Länge-Massenrelation bei unterschiedlichem Ernährungszustand. Die jahreszeitlichen Veränderungen in dieser Beziehung können bei Zooplanktern als einfacher Indikator für Verschiebungen im Futterangebot benutzt werden (Geller u. Müller 1985). So zeigte der Wasserfloh *Daphnia hyalina* im Bodensee während der Winterphase bei sehr geringem Futterangebot eine deutlich schwächere Zunahme der Körpermasse mit der Länge als in Zeiten besseren Futterangebots (Abb. 3.9). Daß dieser Unterschied nicht nur auf die Temperatur zurückzuführen ist, zeigt der Vergleich zwischen den Kurven im Mai (hohes Futterangebot) und im Juni (niedriges Futterangebot).

4 Die physikalische Umwelt

EINFÜHRUNG

Alles Leben ist im Wasser entstanden. Noch heute besteht die Biomasse aller Organismen zum überwiegenden Teil aus Wasser. Die physikalischen Eigenschaften des Wassers sind daher von fundamentaler Bedeutung für alle Lebensprozesse. Für Plankter sind neben den physikalische Eigenschaften des Wassers auch die physikalischen Eigenschaften der Gewässer von großer Bedeutung. Diese können durch die Interaktion zwischen den Eigenschaften des Wassers mit der Beckenmorphologie, der Strahlung und dem Wind erklärt werden. Die kausale Erklärung der physikalischen Gewässereigenschaften ist der Gegenstand der physikalischen Ozeanographie und der physikalischen Limnologie. Hier soll nur ein minimaler Abriß dieser Wissensgebiete präsentiert werden, gerade in dem Ausmaß, wie es für das Verständnis der Biologie und Ökologie des Planktons nötig ist. Für eine weitergehende Lektüre verweise ich auf die einschlägigen Lehrbücher. Besonders umfassend und detailreich sind Hutchinson (1957) und Hill (1962).

4.1 Thermische und mechanische Eigenschaften des Wassers

Wasser ist eine Flüssigkeit mit extremen Eigenschaften

Wasser zeichnet sich durch eine Reihe von extremen Eigenschaften aus, die es deutlich von anderen Flüssigkeiten unterscheiden.

● **Viskosität.** Wasser hat die niedrigste Viskosität aller Flüssigkeiten (10^{-3} kg · m^{-1} · s^{-1}). Trotz dieser relativen Dünnflüssigkeit ist Wasser dennoch für kleine Organismen ein zähes Medium (vgl. Kap. 3.1.2).

● **Oberflächenspannung.** Nach Quecksilber hat Wasser die höchste Oberflächenspannung. Die hohe Oberflächenspannung ermöglicht es, daß sich an der Oberfläche des Wassers eine eigene Lebensgemeinschaft von Organismen ausgebildet hat, die nicht in das Wasser einsinken, obwohl sie schwerer sind *(Neuston)*.

● **Spezifische Wärme.** Thermisch gesehen ist Wasser eine überaus träge Flüssigkeit. Um 1 kg Wasser von von 15 auf 16 °C zu erwärmen, ist ein Energieaufwand von 4,8186 kJ nötig. Das ist die höchste spezifische Wärme aller Flüssigkeiten mit Ausnahme von flüssigem Ammoniak und Wasserstoff. Es dauert daher lange, Wasser zu erwärmen, ebenso wird Wärme vom Wasser nur langsam wieder abgegeben. Kurzfristige Temperaturschwankungen der Umgebung werden daher abgepuffert. Große Wasserkörper wirken sich sogar dämpfend auf das Klima ihrer Umgebung aus. Die Tendenz des Wassers, Temperaturschwankungen zu dämpfen, wird durch die latente Energie der Phasenübergänge zwischen den verschiedenen Aggregatzuständen noch verstärkt. Die latente Verdampfungsenergie ($2,25 \cdot 10^6$ J $\cdot$ kg^{-1}) ist die höchste von allen Flüssigkeiten und die latente Schmelzenergie ($3,33 \cdot 10^5$ J $\cdot$ kg^{-1}) ist nach Ammoniak die zweithöchste.

● **Wärmeleitung.** Wasser hat zwar von allen Flüssigkeiten die schnellste Wärmeleitung, dennoch spielt die molekulare Diffusion im Vergleich zu Mischungsvorgängen und zur Wärmestrahlung keine Rolle. Bei einer Temperaturdifferenz von 1 °C beträgt der Wärmefluß durch einen Würfel von 1 cm Kantenlänge lediglich 0,00569 J $\cdot$ s^{-1}. Käme es im Gewässer nur zu einem Wärmetransport durch molekulare Diffusion, sollte die Wärme im wesentlichen da bleiben, wo sie absorbiert wurde, z.B. an der sonnenbeschienenen Oberfläche.

Die meisten Gewässer sind thermisch gemäßigte Lebensräume

Bereich der Wassertemperaturen. Die thermische Trägheit des Wassers ist ein wichtiger Faktor für das Leben von aquatischen Organismen. Sie sind langsameren und geringeren Temperaturschwankungen ausgesetzt als terrestrische Organismen. Jahreszeitliche Temperaturänderungen sind geringer, kontinuierlicher und vorhersagbarer als in terrestrischen Lebensräumen. Tageszeitliche Schwankungen erreichen nur in besonders flachen Gewässern ein nennenswertes Ausmaß. Während die bisher gemessenen Lufttemperaturen auf der Erdoberfläche einen Bereich von −70 bis +58 °C umfassen, treten in vulkanisch unbeeinflußten Gewässern nur Temperaturen zwischen −1,9 und ca. +40 °C auf. Für einzelne Gewässer ist die Schwankungsbreite meist wesentlich geringer.

Temperaturresistenz der Organismen. Die Fähigkeit, extreme Temperaturen zu ertragen, spielt daher nur eine geringe Rolle in der Verbreitung von Planktern. Lediglich in geothermisch beeinflußten Gewässern ist die Hitzeresistenz wichtig. Thermophile Bakterien können Temperaturen bis 90 °C ertragen, thermophile Blaualgen ertragen maximal 75 °C und eukaryote Plankter maximal 50 °C.

Physiologische Rolle. Innerhalb der letalen Grenzen ist die Temperatur jedoch von großer physiologischer Bedeutung, da sie entscheidenden Einfluß auf die Geschwindigkeit chemischer Reaktionen und damit auch auf die Geschwindigkeit aller biochemischen und physiologischen Prozesse hat. Im Bereich biologisch realistischer Temperaturen kann dieser Zusammenhang annähernd mit der *Van't Hoffschen Regel* beschrieben werden. Eine Temperaturerhöhung um 10 °C bewirkt eine Erhöhung der Reaktionsgeschwindigkeit um einen Faktor (Q_{10}) von 1,4 bis 4.

Bei physiologischen Prozessen nehmen die Leistungen allerdings oberhalb eines Temperaturoptimums wieder ab. Das liegt daran, daß Enzyme nur innerhalb eines bestimmten Temperaturbereichs stabil sind und viele physiologische Prozesse aus mehreren Reaktionsschritten zusammengesetzt sind. Haben diese einen unterschiedlichen Q_{10}, so kann es außerhalb des Optimalbereichs zu starken Ungleichgewichten kommen.

Die Dichteanomalie unterscheidet das Süßwasser vom Salzwasser

Die Dichte des Wassers hängt sowohl von der Temperatur als auch vom Gehalt an gelösten Substanzen ab. Während reines Wasser bei 20 °C eine Dichte von $0,9982\,g \cdot ml^{-1}$ hat, hat Meerwasser mit einem Salzgehalt von 3,5% bei dieser Temperatur eine Dichte von $1,026\,g \cdot ml^{-1}$.

Zunehmender Gehalt des Wassers an gelösten Substanzen erhöht nicht nur die Dichte, er verändert auch die Temperaturabhängigkeit der Dichte und den Gefrier- bzw. Schmelzpunkt. In jedem Fall ist das Eis leichter als das flüssige Wasser. Reines Wasser wird nach dem Schmelzen bei steigender Temperatur zunächst schwerer und erreicht sein *Dichtemaximum* bei 4 °C. Bei weiter steigenden Temperaturen verhält sich Wasser wie die meisten Flüssigkeiten und wird leichter. Der Dichteunterschied pro Temperatureinheit wird mit zunehmenden Temperaturen immer größer. Das Auftreten eines Dichtemaximums bei Temperaturen über dem Gefrierpunkt wird als *Dichteanomalie* bezeichnet.

Bei steigenden Konzentrationen gelöster Substanzen sinkt sowohl die Temperatur der höchsten Dichte als auch der Gefrierpunkt. Die Herabsetzung des Dichtemaximums erfolgt dabei schneller als die Herabsetzung des Gefrierpunktes. Bei einem Salzgehalt von 2,47% (ca. 70%iges Meereswasser) fallen der Gefrierpunkt und der Punkt der maximalen Dichte zusammen (Abb. 4.1). Wasser mit einem höheren Salzgehalt hat keine Dichteanomalie und wird bei allen Temperaturen über dem Gefrierpunkt mit zunehmenden Temperaturen leichter.

4.2 Das Strahlungsklima der Gewässer

Die Einstrahlung auf die Gewässeroberfläche hängt von Sonne und Atmosphäre ab

Die Sonnenstrahlung ist die wichtigste primäre Energiequelle, sowohl für der Wärmehaushalt der Gewässer als auch für biologische Produktionsprozesse.

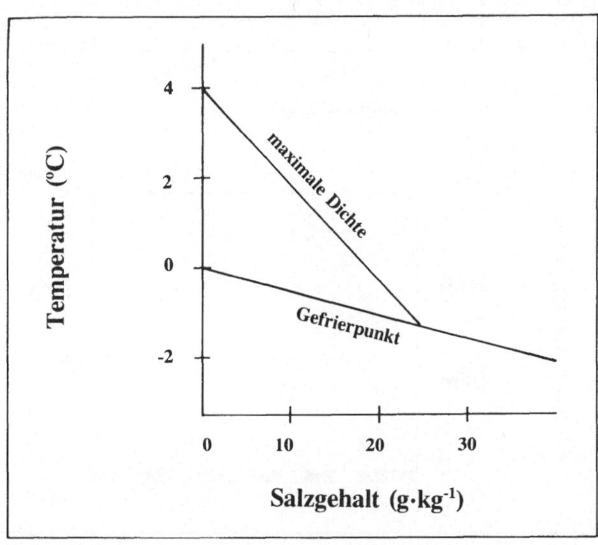

Abb. 4.1. Abhängigkeit des Gefrierpunktes und der Temperatur der höchsten Dichte vom Salzgehalt des Wassers

Der von der Sonne ausgesandte Strom elektromagnetischer Wellen umfaßt Wellenlängen von 100 bis 3000 nm (Ultraviolett, sichtbares Licht, Infrarot). Der sichtbare Teil des Lichtspektrums (380 bis 750 nm) stimmt auch annähernd mit dem photosynthetischen wirksamen Teil überein. Das Energiemaximum des Sonnenlichts liegt im grünen Bereich. Die Atmosphäre verändert die spektrale Zusammensetzung des Sonnenlichts: O_3 absorbiert im UV- und Blaubereich, O_2, CO_2 und H_2O absorbieren im roten und infraroten Bereich. Außerdem findet eine Reflektion an den Wolken statt.

Wieviel Sonnenlicht die Erdoberfläche erreicht, hängt sowohl von der Bewölkung als auch vom Sonnenstand ab. Je steiler die Sonne am Himmel steht, um so geringer ist der Weg des Lichtes durch die Atmosphäre zur Erdoberfläche. Deshalb nimmt die Gesamtmenge der jährlichen Einstrahlung mit der geographische Breite ab. Gleichzeitig nimmt die Jahresamplitude der täglichen Einstrahlung und der Tageslänge mit der geographischen Breite zu (Abb. 4.2).

Die Lichtintensität kann energetisch oder als Photonenfluß gemessen werden

Licht kann zwar sowohl als *Energie* als auch als *Photonenfluß* gemessen werden. Da der Energiegehalt der Photonen (Lichtquanten) nicht einheitlich ist, sondern mit der Frequenz linear zunimmt, können für Mischlicht beide Maßeinheiten nur ungefähr ineinander umgerechnet werden.

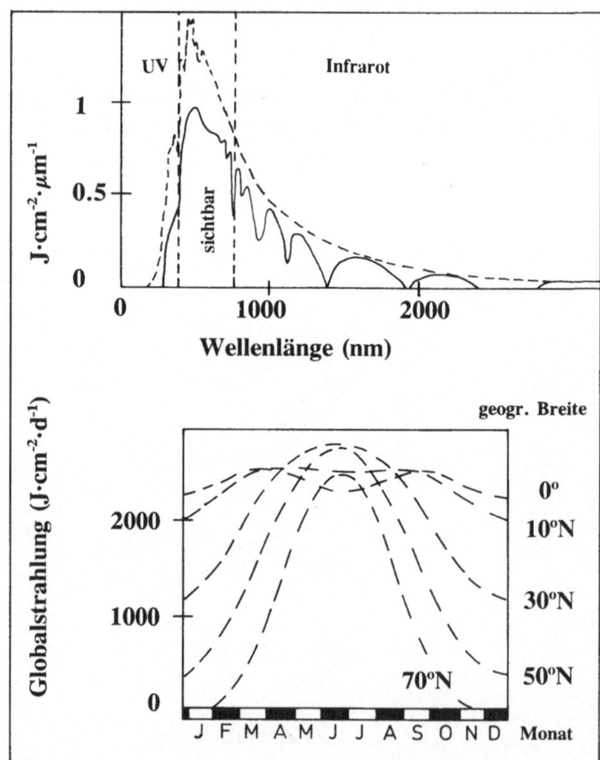

Abb. 4.2. Spektralverteilung der Energie der Sonnenstrahlung (– – –: auf die Atmosphäre eintreffende Srahlung; _________: Strahlung am Erdboden) und Jahresgang der täglichen Globalstrahlung an wolkenlosen Tagen in Abhängigkeit von der geographischen Breite

Strahlungsenergie. Die Einheit der Energie ist 1 J (Joule) = 1 W · s (Wattsekunde) = 0,2388 cal (Kalorien)

Die pro Zeiteinheit auf eine Fläche auftreffende Lichtenergie hat die Dimension $J \cdot m^{-2} \cdot s^{-1} = W \cdot m^{-2}$

Photonenflußdichte. Die Einheit der Photonenmenge ist
1 E (Einstein) = 1 mol Quanten = 6,022 · 10²³ Quanten

Die Photonenflußdichte hat die Dimension $E \cdot m^{-2} \cdot s^{-1}$.

Umrechnung. Für den photosynthetisch wirksamen Teil des Spektrums (400 bis 700 nm) gilt die ungefähre Umrechnung: 1 E entspricht ca. 0,2–0,25 J.

Beleuchtungsstärke. Gelegentlich findet man noch die veraltete Einheit lx (Lux) für die „Beleuchtungsstärke". Folgende ungefähre Umrechnungen gelten:
Bei 10° Sonnenhöhe:
$1 W \cdot m^{-2}$ = ca. 95 lx
bei 50° Sonnenhöhe:
$1 W \cdot m^{-2}$ = ca. 120 lx
bei bedecktem Himmel:
$1 W \cdot m^{-2}$ = ca. 140 lx

Im Gewässer nimmt das Licht mit der Tiefe ab

Lichtattenuation. Innerhalb eines Gewässers führt eine Reihe von Prozessen zu einer Abschwächung (Attenuation) des Lichts. An der Oberfläche wird ein geringer Teil wieder *reflektiert.* Der Anteil des reflektierten Lichts hängt vom Einfallswinkel und von der Oberflächenbeschaffenheit des Wassers ab. In Mitteleuropa beträgt der Reflektionsverlust bei glatter Oberfläche im Sommer ca. 3%, im Winter ca. 14%. Wellen mit starker Schaumbildung können diesen Wert auf ca. 30–40 % erhöhen.

Innerhalb des Wasserkörpers kommt es zu einer *Absorption* durch das Wasser und seine gelösten und partikulären Inhaltsstoffe. An Partikeln kommt es außerdem zu einer *Beugung* der Lichtstrahlen, die die Länge des von den Strahlen im Wasser zurückgelegten Lichts erhöht. Dadurch wird die Absorption weiter erhöht. Von den Inhaltsstoffen des Wassers sind vor allem gelöste organische Substanzen (Humussubstanzen, „Gelbstoff") sowie die in den Phytoplanktern enthaltenen photosynthetischen Pigmente (insbesondere das Chlorophyll) wichtig. Humussubstanzen sind für rotes und gelbes Licht besonders durchlässig, Chlorophyll für grünes Licht. Reines Wasser ist in dicken Schichten blau, humusreiches Wasser gelb bis braun und chlorophyllreiches Wasser grün. Andere photosynthetische Pigmente können die Farbe des Wassers jedoch verschieben. Eine Rotfärbung entsteht durch Phycoerythrin (in manchen Blaualgen, Dinoflagellaten und Cryptophyceae). Olivgrüne bis braune Farbtöne entstehen durch verschiedene Mischungsverhältnisse von Chlorophyll, Karotinen und Xanthophyllen.

Lambert-Beersches Gesetz. Innerhalb eines homogenen Wasserkörpers nimmt die Intensität *monochromatischen Lichts* (nur eine Wellenlänge) bei gleichen Strecken um den selben Anteil ab. Das heißt, wenn die Lichtintensität auf einer Strecke von 1 m um die Hälfte vermindert wird, so sind nach 2 m nur mehr ein Viertel und nach 3 m nur mehr ein Achtel der ursprünglichen Lichtintensität vorhanden. Mathematisch lautet der Zusammenhang:

$$I_z = I_0 \cdot e^{-k \cdot z} \qquad \textbf{(Formel 4.1)}$$

I_0: Oberflächenintensität (eigentlich: unmittelbar unter der Oberfläche, nach Abzug der Reflektionsverluste)

I_z: Intensität in der Tiefe z [m]
k: vertikaler Attenuationskoeffizient [m^{-1}]

Berechnung des Attenuationskoeffizienten. k läßt sich aus den Lichtintensitäten aufeinanderfolgender Tiefen berechnen:

$$k = \frac{\ln I_1 - \ln I_2}{z_2 - z_1} \qquad \textbf{(Formel 4.2)}$$

Einschränkung. Streng genommen gilt das Lambert-Beer'sche Gesetz nur für monochromatisches Licht. Bei *Mischlicht* verschiebt sich die spektrale Zusammensetzung mit der Tiefe, da der Anteil derjenigen Wellenlängen, die einen niedrigen Attenuationskoeffizienten haben, mit der Tiefe zunimmt (Abb. 4.3). Der Gesamtattenuationskoeffizient von Mischlicht müßte demnach in einem homogenen Wasserkörper mit der Tiefe abnehmen. Dennoch wird dieser Effekt in der Praxis meistens vernachlässigt, ebenso wie geringfügige vertikale Inhomogenitäten in der Verteilung von Wasserinhaltsstoffen.

Lichtprofil. Aus dem Lambert-Beer'schen Gesetz folgt ein charakteristisches *vertikales Lichtprofil* (Abb. 4.4) mit exponentieller Abnahme der Lichtintensität mit der Tiefe. Bei logarithmischer Auftragung der Lichtintensität und linearer Auftragung der Tiefe entspricht das einem linearem Abfall von log I. Werden vertikale Inhomogenitäten nur als Zufallsstreuung betrachtet, kann der Attenuationskoeffizient auch aus einer linearen Regressionsanalyse nach dem Muster

$$\ln I_z = \ln I_0 - k \cdot z \qquad \textbf{(Formel 4.3)}$$

berechnet werden.

Auch vertikale Inhomogenität in der Verteilung von Wasserinhaltsstoffen ändert nichts daran, daß die Lichtintensität mit der Tiefe abnimmt. Daraus folgt, daß lichtabhängige biologische Prozesse nur bis zu einer bestimmten Tiefe möglich sind. Die Photosynthese des Phytoplanktons erfordert ca. 1 bis 10 W $\cdot$ m^{-2}, die Auslösung der Phototaxis planktischer Crustaceen erfordert 10^{-7} bis 10^{-6} W $\cdot$ m^{-2}, die Lichtwahrnehmung von Tiefseefischen erfordert 10^{-11} W $\cdot$ m^{-2}. Die Tiefe, in der diese Anforderungen noch erfüllt sind, hängen von der Oberflächeneinstrahlung und der Transparenz des Wassers ab (Abb. 4.5).

Sichttiefe. Eine einfache Methode, die Transparenz des Wassers zu bestimmen, ist die *Secchi-Scheibe*. Dabei handelt es sich um eine weiße Scheibe, die so tief ins Wasser abgesenkt wird, bis sie für

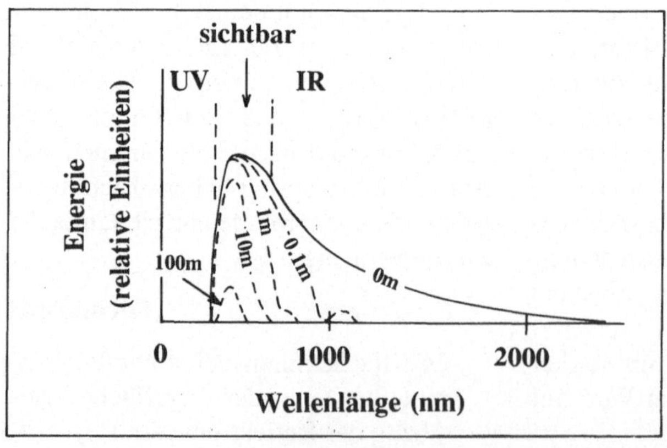

Abb. 4.3. Einengung des Lichtspektrums im Ozean

Abb. 4.4. Vertikales Lichtprofil (*links* linear, *rechts* logarithmisch) bei einem Attenuationskoeffizienten von 0,2 m^{-1}

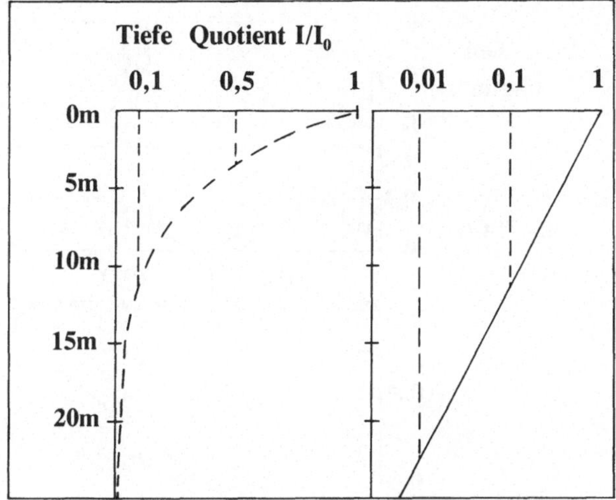

das Auge des Betrachters unsichtbar wird. Die so bestimmte Sichttiefe *(z$_s$)* kann zwischen wenigen cm (dichte Blaualgenblüten) und etwa 70 m (Antarktisches Meer im Winter) liegen. Als sehr grobe Faustregel für Gewässer ohne starke Humusfärbung kann angenommen werden:

$$z_s = \frac{1,5}{k}$$ (Formel 4.4)

Euphotische Zone. Aus Formel 4.4 ergibt sich, daß in der dreifachen Sichttiefe noch etwa 1% der Oberflächeneinstrahlung vorhanden sind. Dies kann als ungefährer Anhaltspunkt für die untere Grenze der Wasserschicht mit aktiver Photosynthese (euphotische Zone) genommen werden. Eine exaktere Berechnung ist aus dem vertikalen Attenuationskoeffizienten möglich:

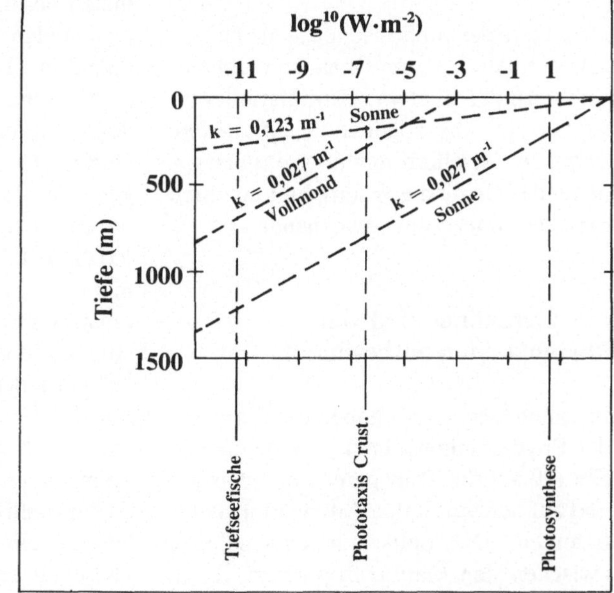

Abb. 4.5. Logarithmische Tiefenprofile des Lichts im Vergleich zu den Mindestansprüchen biologischer Prozesse (Photsynthese des Phytoplanktons, Phototaxis der Zooplankter, Lichtwahrnehmung der Tiefseefische). k = 0,027 m^{-1} gilt für klares ozeanisches Wasser, k = 0,123 m^{-1} für klares Wasser in Küstenmeeren

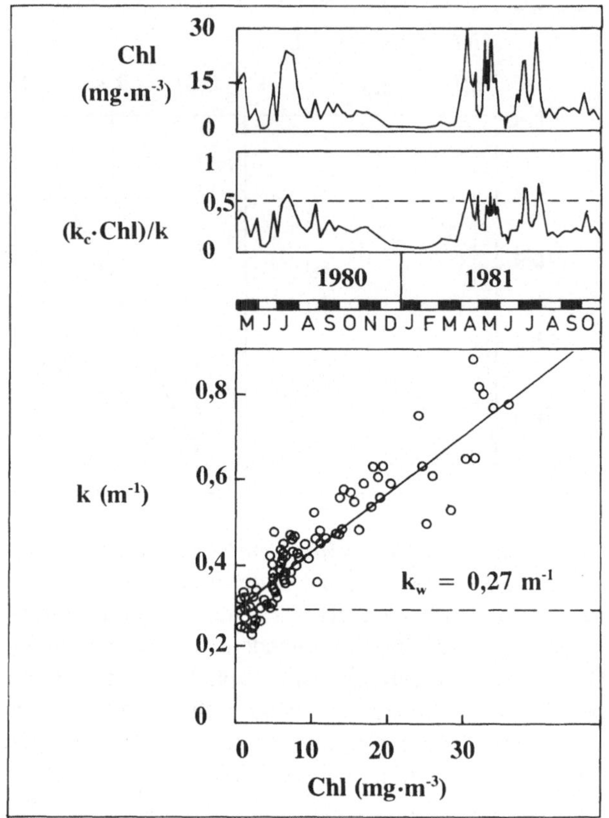

Abb. 4.6. Chlorophyllabhängigkeit der Lichtattenuation im Bodensee (Mai 1980 bis Oktober 1981). *Oben* Zeitreihe der Chlorophyllkonzentration in der euphotischen Zone, *Mitte* Anteil der Attenuation durch das Chlorophyll an der Gesamtattenuation, *unten* Regression Attenuationskoeffizient : Chlorophyll. (Nach Abb. 1 u. 3 aus Tilzer 1983)

$$z_{eu} = \frac{4,605}{k} \qquad \textbf{(Formel 4.5)}$$

Die Stärke der euphotischen Zone beträgt selbst in den klarsten Ozeanen nicht wesentlich mehr als etwa 200m. Darunter erstreckt sich die sogenannte *aphotische Zone,* in der allerdings noch immer genügend Licht für die Wahrnehmung durch tierische Sinnesorgane vorhanden ist.

Das Lichtklima wird vom Phytoplankton mitbestimmt

In vielen Gewässern haben die Pigmente der Phytoplankter einen entscheidenden Einfluß auf die Transparenz des Wassers und auf den vertikalen Attenuationskoeffizienten. Die optischen Unterschiede zwischen den klaren, tropischen Teilen der Ozeane und den relativ undurchsichtigen borealen Meeren und Auftriebsgebieten beruhen im wesentlichen auf Unterschieden in der Dichte des Phytoplanktons. In flachen Küstenmeeren und in Binnengewässern kann der Einfluß des Planktons jedoch stark von suspendierten, mineralischen Partikeln überlagert sein. Extrem planktonarme Ozeane haben Attenuationskoeffizienten von 0,025 bis 0,03 m⁻¹. Binnengewässer sind nicht so klar. Während in extrem planktonarmen Seen (z.B. Lake Tahoe, USA) Attenuationskoeffizienten von ca. 0,05 m⁻¹ gefunden werden, kann der Attenuationskoeffizient in dichten Blaualgenblüten (z.B. Nakuru-See, Kenya) Werte von 10 m⁻¹ überschreiten.

Im mäßig planktonreichen **Bodensee** besteht ein eine deutliche Koppelung zwischen der Transparenz des Wassers

und dem Jahresgang der Phytoplanktonbiomasse, gemessen als Chlorophyllkonzentration (Abb. 4.6). Eine Regressionsanalyse zeigt einen linearen Zusammenhang zwischen k und der Chlorophyllkonzentration: $k = 0,015$ Chl (mg $\cdot$ m^{-3})
$+ 0,27$.

Der Wert 0,27 m^{-1} kann dabei als
„Hintergrundattenuation" (k_w) aufgefaßt werden, d.h. als Jahresmittel des Attenuationskoeffizienten von Bodensee-
wasser ohne Phytoplankton, aber mit allen anderen Inhaltsstoffen. Der Wert von
0,015 m^{-1}/mg Chl $\cdot$ m^{-3} kann als Jahresmittel des *spezifischen Attenuationskoeffizienten* (k_c) des Chlorophylls im Bodensee aufgefaßt werden. Derartige Berechnungen sind nur möglich, wenn k_w
keine zu starken Jahresschwankungen
erfährt. Diese Werte können nicht auf
andere Gewässer übertragen werden.
Während der Biomasseminima (ca. 0,3
mg Chl $\cdot$ m^{-3}) beträgt k im Bodensee ca.
0,2 m^{-1}, während der Maxima (ca. 30
mg Chl $\cdot$ m^{-3}) ca. 0,8 m^{-1}.

Ca. 80% der jahreszeitlichen Schwankungen in der Lichtattenuation im Bodensee können durch die Schwankungen
der Algenbiomasse erklärt werden.

Die Auswirkungen des Phytoplanktons auf das Lichtklima lassen sich als
negative Rückkoppelung deuten. Je
mehr Phytoplankton sich nahe der Oberfläche entwickelt, desto weniger tief
kann das Licht eindringen und desto
schlechter werden die Wachstumsbedingungen in der Tiefe. In Gewässern mit
hohen Phytoplanktonkonzentrationen
kann das Phytoplankton nur in geringe
Tiefen vordringen, in Gewässern mit
niedrigen Konzentrationen kann es in
größere Tiefen vordringen. Die Gesamtbiomassen pro Fläche unterscheiden sich
daher zwischen planktonarmen und
planktonreichen Gewässern weniger
stark als die Planktonkonzentrationen in
den oberflächennahen Schichten.

**Der Lichtgenuß der Plankter
hängt auch von der vertikalen
Durchmischung ab**

Aktiv bewegliche Plankter können ihre
Position im vertikalen Lichtgradienten
selbst bestimmen, solange die Turbulenzen im Wasserkörper nicht zu stark sind.
Unbewegliche Plankter und Plankter mit
zu schwachen Schwimmbewegungen
werden vom umgebenden Wasser mittransportiert. Sie machen daher auch
vertikale Wasserbewegungen mit und
sind somit einer Veränderung ihrer Position im Lichtgradienten ausgesetzt. Um
die *mittlere Lichtintensität in einer
durchmischten Wasserschicht (I_{mix})* zu
berechnen, muß das Lamber-Beer'sche
Gesetz über das durchmischte Tiefenin-
tervall integriert werden und das Integral
der Lichtintensität duch die Schichtstär-
ke dividiert werden. Für durchmischte
Oberflächenschichten gilt:

$$I_{mix} = I_0 \left(\frac{1 - e^{-k \cdot z_{mix}}}{k \cdot z_{mix}} \right) \qquad \text{(Formel 4.6)}$$

wobei zmix die Durchmischungstiefe ist.
Bei durchmischten Zonen, die unterhalb
der Oberfläche beginnen, genügt es, die
Lichtintensität am oberen Rand der
Durchmischungszone als I_0 einzusetzen.

4.3. Die Schichtung der Gewässer

4.3.1 Thermische Schichtung

**In chemisch homogenen Wasser-
körpern ist die Schichtung
temperaturabhängig**

Die wichtigste Quelle der Erwärmung
der Gewässer ist die infrarote Strahlung.
Da infrarotes Licht von Wasser stark absorbiert wird, dringt es nur wenig in die

Tiefe vor. In absolut ruhigem Wasser müßte daher das Vertikalprofil der Temperatur dieselbe Gestalt wie Strahlungsprofile haben, d.h. eine exponentielle Abnahme mit der Tiefe aufweisen. Die molekulare Diffusion alleine würde nur zu einem äußerst langsamen Temperaturausgleich führen und spielt keine nennenswerte Rolle. Entscheidend für den *vertikalen Temperaturausgleich* sind die kinetischer Energie von Wind und Strömungen und das Auftreten von Konvektionsströmungen.

Erwärmungsphase. Während der Erwärmungsphase eines Gewässers spielt die Konvektion nur bei Temperaturen unterhalb des Dichtemaximums eine Rolle. Für Wassertemperaturen oberhalb des Dichtemaximums gilt, daß die durch die Strahlung erzeugte Temperaturverteilung mechanisch stabil ist. Wärmeres Wasser mit geringerer Dichte schwimmt auf kälterem Wasser mit höherer Dichte. Die Schwerkraft kann daher keine Durchmischung bewirken, da die Dichteschichtung der Temperaturschichtung entspricht. Zur Durchmischung bedarf es der Einwirkung *kinetischer Energie* durch Wind, Strömungen und Gezeiten.

Charakteristischer Stockwerksbau. Der Wind erzeugt an der Oberfläche Turbulenzen, die sich in die Tiefe fortpflanzen. Der Dichtegradient setzt der Durchmischung durch die kinetische Energie einen Widerstand entgegen. Je stärker die vertikalen Dichteunterschiede sind, desto mehr kinetische Energie wird benötigt, um einen Wasserkörper zu durchmischen. Die durch den Wind induzierten Turbulenzen reichen daher nur bis in eine gewisse Tiefe. Oberhalb dieser Tiefe wird das Wasser durchmischt und erhält eine mehr oder weniger einheitliche Temperatur und Dichte. In Seen wird diese warme, leichte *Oberflächen-*

schicht als *Epilimnion* bezeichnet. Unterhalb der durchmischten Oberflächenschicht bildet sich ein steiler Temperatur- und Dichtegradient (*Thermokline, Pyknokline, Sprungschicht*, in Seen: *Metalimnion*) aus. Je steiler der Dichtegradient in der Sprungschicht ist, desto weniger kann diese durch windbedingte Turbulenzen angegriffen werden. Die Temperaturabnahme unterhalb der Sprungschicht ist wiederum mehr graduell und weniger abrupt. In Seen wird diese *kalte Tiefenzone* als *Hypolimnion* bezeichnet (Abb. 4.7).

Innerhalb der Oberflächenschicht kann sich durch weitere Erwärmung ein sekundärer Temperaturgradient ausbilden. In Verbindung mit der Einwirkung des Windes kommt es dann zu einem verkleinerten Abbild des dreistufigen Grundtyps der Schichtung. Auf diese Weise können sich *multiple Sprungschichten* ausbilden.

Wenn diese sekundäre Schichtung innerhalb der Oberflächenschicht nur gering ausgeprägt ist, unterliegt sie einem diurnalen *Rhythmus.* Am Tag wird die Schichtung aufgebaut, in der Nacht kühlt das Oberflächenwasser ab und wird dadurch schwerer als das darunterliegende Wasser. Es sinkt dadurch ab und verdrängt leichteres Wasser nach oben. Dabei kommt es zur Durchmischung. Diesen Vorgang nennt man *Konvektion.* In windarmen Schönwetterperioden tritt eine vollständige Homothermie der Oberflächenschicht meist nur in der Nacht auf.

Abkühlungsphase. Während der Abkühlungsphase eines Gewässers wird Wärme von der Oberfläche an die Atmosphäre abgegeben. Die jahreszeitliche Abkühlung des Oberflächenwassers löst eine *konvektive Durchmischung* aus, die wegen der stärkeren Abkühlung viel tiefer reicht als die nächtliche Konvekti-

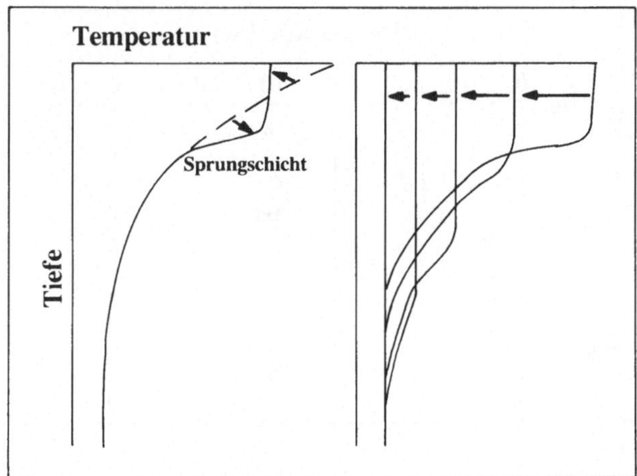

Abb. 4.7. *Links* Aufbau der thermischen Schichtung im Frühjahr (*unterbrochene Linie* strahlungsabhängiges Temperaturprofil, *volle Linie* Umformung durch den Wind), *rechts* Abbau der thermischen Schichtung im Herbst

on während der Sommerschichtung. Sie führt zu einer Abkühlung der Oberflächenschicht, zu einem zunehmenden Tieferlegen der Sprungschicht und zu einer Abnahme des Dichtegradienten in der Sprungschicht. Die Auswirkungen der Konvektion können durch Windeinwirkung beträchtlich beschleunigt werden. Letzendlich wird bei fortschreitender Abkühlung die thermische Schichtung völlig abgebaut. bei homothermen Verhältnissen kann der Wind eine **Vollzirkulation** des Gewässers bewirken.

Inverse Schichtung. Im Süßwasser kann sich aufgrund der Dichteanomalie eine inverse Schichtung ausbilden, bei der leichteres Wasser <4 °C auf schwererem Wasser schwimmt. Da die Dichteunterschiede in diesem Temperaturbereich jedoch sehr klein sind, wird eine inverse Schichtung erst dann stabil, wenn sie durch Eisbildung von der Einwirkung des Windes abgeschirmt wird.

Permanente Thermokline in den Ozeanen. Da die Ozeane der tropischen und gemäßigten Zone im Winter nicht bis zum Gefrierpunkt abkühlen, aber aus den polaren Bereichen kaltes und schwe-

res Wasser in die Becken eindringt, kommt es zur Ausbildung einer permanenten Thermokline. Diese erstreckt sich von etwa 60° N bis 60° S und liegt in den gemäßigten Zonen in etwa 500 bis 1000 m Tiefe. Oberhalb der permanenten Thermokline bildet sich in den gemäßigten Zonen das charakteristische jahreszeitliche Grundmuster des Wechsels von Schichtung und Zirkulation aus. Die saisonale Thermokline baut sich im Frühjahr auf und liegt im Sommer bei einigen 10 m Tiefe, während im Herbst die Durchmischungstiefe einige 100 m erreicht, bis die permanente Thermokline erreicht wird. In den Tropen bewirkt das Fehlen eines Winters, daß die „saisonale" Thermokline „permanent" wird und in 100 bis 200 m Tiefe mit der permanenten Thermokline verschmilzt (Abb. 4.8).

4.3.2. Chemische Schichtung

Chemische Schichtungen können die thermische Schichtung überlagern

Die Dichte des Wassers wird nicht nur von der Temperatur, sondern auch vom Gehalt an gelösten Inhaltsstoffen bestimmt. Deshalb kann wärmeres, aber

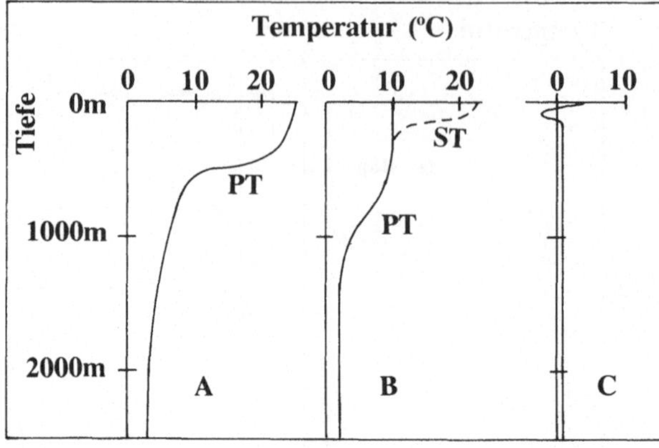

Abb. 4.8. Thermische Schichtung in den Ozeanen: *A* tropische Ozeane, *B* gemäßigte Ozeane (*volle Linie* Winterschichtung, *unterbrochene Linie* Sommerschichtung), *C* polare Ozeane; *PT* permanente Thermokline, *ST* saisonale Thermokline

salzreicheres Wasser schwerer sein als kälteres Wasser.

Eisschmelze im Meer. Chemisch bedingte Schichtungen treten zum Beispiel bei der Eisschmelze im Meer auf. Bei seiner Bildung gibt das Eis Salze an das umgebende Wasser ab und hat daher einen geringeren Salzgehalt als das Meerwasser. Bei der Eisschmelze bildet sich dann salzarmes, leichtes Wasser, das auf dem salzreicheren Wasser aufschwimmt. Allerdings reicht die Windenergie aus, um diese Schichtung im Laufe des Frühlings oder Sommers abzubauen. Andernfalls würden sich in den polaren Meeren permanente Deckschichten aus Süßwasser bilden.

Laterales Eindringen von schwererem Wasser. Ein charakteristisches Beispiel für chemische Schichtung ist auch die Ostsee. Durch starke Süßwasserzuflüsse ist sie gegenüber den Weltmeeren stark verdünnt. Andererseits dringt durch die Meerengen zwische Dänemark und Schweden salzreicheres Nordseewasser ein, das sich in den tiefen Bereichen der Ostsee sammelt und eine chemische Schichtung bewirkt.

Meromixis. In Binnengewässern kann chemische Schichtung durch salzreiche Quellen oder, in küstennahen Seen,

durch das laterale Eindringen von Meerwasser bewirkt werden. Wenn das Tiefenwasser so schwer wird, daß es überhaupt nicht mehr in die saisonalen Durchmischungsprozesse einbezogen wird, spricht man von meromiktischen Gewässern. Der von der Durchmischung ausgeschlossene Tiefenwasserbereich wird als ***Monimolimnion*** bezeichnet. Die in das saisonale Durchmischungsmuster einbezogene Wasserschicht wird als ***Mixolimnion*** bezeichnet.

Meromixis kann auch biogen sein. Wenn in besonders tiefen oder windgeschützten Gewässern in mehreren milden Wintern hintereinander die Vollzirkulation ausfällt, kann die aus biologischen Abbauprozessen resultierende Akkumulation von gelösten Substanzen so stark sein, daß eine weitere Durchmischung nicht mehr möglich ist.

4.3.3 Schichtungtypen

Das saisonale Muster von Durchmischung und Zirkulation ist ein wichtiges Merkmal von Gewässern

Besonders in der Limnologie ist es seit langer Zeit üblich, Gewässer nach dem Durchmischungstyp einzuteilen. Diese

Typologie läßt sich mit einigen Modifikationen auch auf die Meere ausdehnen.

● **Amiktisch** sind Gewässer, die nie durchmischt werden, z.B. die permanent eisbedeckten Seen der Antarktis.

● **Kalt monomiktisch** sind Gewässer, die nur in der kalten Jahreszeit geschichtet sind. Bei Seen wird diese Schichtung durch die Eisdecke bewirkt, bei Meeren auch durch die Salzarmut des Schmelzwassers. Die einzige saisonale Zirkulation findet im Sommer statt, der zu kurz ist, um eine thermische Schichtung aufzubauen. Kalt monomiktische Gewässer sind für *subpolare und für Hochgebirgszonen* charakteristisch.

● **Dimiktisch** sind Gewässer, die sowohl während der Eisbedeckung als auch im Sommer geschichtet sind und ihre Zirkulationsphasen im Herbst (nach dem Abbau der Sommerschichtung) und im Frühjahr (nach der Eisschmelze bzw. bei Einmischung des Schmelzwassers) haben. Sie treten in den *borealen und kaltgemäßigten Zonen* auf.

● *Warm monomiktische* Gewässer haben keine Eisbedeckung im Winter, die einzige Zirkulationsphase liegt im Winter, ansonsten ist der sommerliche Schichtungstyp ausgebildet. Der warm-monomiktische Zirkulationstyp ist für *subtropische Gewässer* und für *große Gewässer der gemäßigten Zone* charakteristisch.

● In **oligomiktischen** Gewässern kommt es wegen zu geringer winterlicher Abkühlung oder wegen zu geringer Windexposition nicht in jedem Jahr zur Vollzirkulation. In solchen Gewässern kann sich verhältnismäßig leicht eine biogene Meromixis ausbilden.

● In **polymiktischen** Gewässern bildet sich keine stabile saisonale Schichtung aus. Vollzirkulationen treten unregelmäßig häufig bis täglich auf. Dazu kommt es einerseits in *Flachgewässern,* in denen die Windenergie auch bei sommerlicher Erwärmung ausreicht, um eine Durchmischung bis zum Grund zu bewirken. Andererseits tritt dieser Typ in *tropischen Klimaten* auf, wenn die Tagesamplitude der Temperatur stärker ist als die Jahresamplitude. Dann bildet sich am Tag eine thermische Schichtung aus, während es in der Nacht zur konvektiven Durchmischung kommt.

4.4 Strömungen

Wind und Erdrotation bewirken horizontale Strömungen

Der Wind bewirkt nicht nur eine vertikale Durchmischung des Wassers, er bewirkt auch eine horizontale Verfrachtung. Da es am leeseitigen Ende eines Gewässers nicht zu einer beliebig hohen Aufschichtung des Wassers kommen kann, müssen sich Gegenströmungen ausbilden, die in der Tiefe oder in windstillen Zonen einen Rücktransport des Wassers bewirken. Neben dem Wind haben noch Trägheit des Wassers gegenüber der Erdrotation, die Morphologie der Gewässerbecken und größere Zuflüsse gestaltenden Einfluß auf die Strömungsmuster. Insbesondere im Meer haben sich einigermaßen regelmäßige Strömungsmuster herausgebildet (Abb. 4.8)

Zu den Grundmustern der Meeresströmungen gehören Wirbel in den zentralen Becken der Ozeane. Auf der Nordhalbkugel verlaufen diese Wirbel im Uhrzeigersinn, auf der Südhalbkugel gegen den Uhrzeigersinn. Im Äquatorialbereich herrschen O-W-Ströme, denen

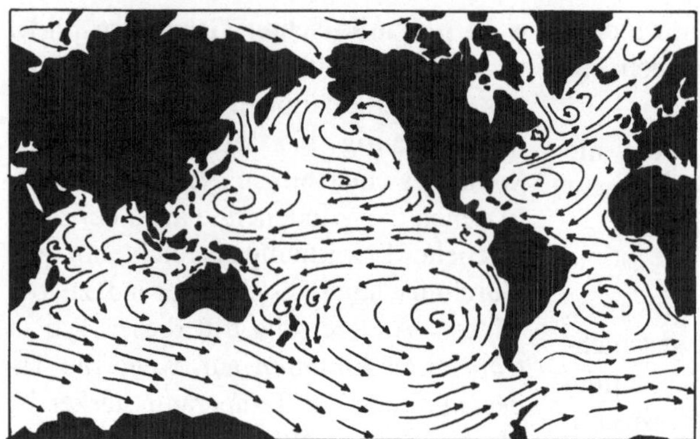

Abb. 4.9. Strömungsmuster der Weltmeere

im Pazifik allerdings ein W-O-Gegenstrom gegenübersteht. Zwischen den Südspitzen der südhemisphärischen Kontinente und der Antarktis herrscht eine W-O-Strömung.

Die Meeresströmungen bewirken nicht nur einen Transport von Planktern, sie sind auch für die Lebensbedingungen von großer Bedeutung, da sie Wasser über weite Strecken transportieren und dabei zu physikalischen und chemischen Wassereigenschaften führen, wie sie unter lokalen Bedingungen nicht entstehen würden.

So bewirkt der *Golfstrom,* der warmes tropisches Wasser aus dem Golf von Mexiko nach Nord- und Westeuropa transportiert, daß sowohl die Wasser- als auch die Lufttemperaturen an der europäischen Atlantikküste wesentlich wärmer sind als in vergleichbaren Breiten der amerikanischen Atlantikküste.

Ein Gegenbeispiel dazu sind *Auftriebsgebiete.* Sie entstehen durch einigermaßen permanente ablandige Winde, die die warme Oberflächenschicht in der Windrichtung wegtreiben. Zum Ausgleich strömt kaltes Tiefenwasser nach oben. Die Temperaturen solcher Auftriebsgebiete sind deshalb niedriger, als es nach der geographischen Breite zu erwarten wäre. Da das Tiefenwasser der Ozeane im allgemeinen nährstoffreicher ist als das Oberflächenwasser, sind die Auftriebsgebiete auch ungewöhnlich nährstoffreich und deshalb plankton- und fischreich. Bekannte Beispiele dafür sind der *Humboldtstrom* and der SW-Küste Südamerikas und der *Benguelastrom* an der SW-Küste Afrikas.

5 Die chemische Umwelt

EINFÜHRUNG

Das Wasser ist nicht nur das physikalische Medium, in dem die Plankter suspendiert sind, es ist auch ein starkes Lösungsmittel für polare Substanzen. Die gelösten Inhaltsstoffe des Wassers sind eine grundlegende Voraussetzung für den Aufbau einer planktischen Lebensgemeinschaft. Für die autotrophen Plankter sind das im Wasser gelöste Kohlendioxid und die gelösten Salze die Basis ihrer Ernährung. Viele heterotrophe Plankter sind auf den gelösten Sauerstoff angewiesen, heterotrophe Bakterien ernähren sich von gelösten, organischen Substanzen. Der Gesamtgehalt gelöster Salze entscheidet über den osmotischen Druck, dem die Plankter ausgesetzt sind. Manche Inhaltsstoffe des Wassers können physiologische Funktionen schädigen oder zum Stillstand bringen.

In diesem Abschnitt geht es vor allem um die chemischen Lebensbedingungen für die Plankter. Die Mechanismen, die zu einem bestimmten Chemismus des Wassers führen, werden nur in minimaler Form behandelt. Für ein vertieftes Studium der Wasserchemie eignen sich besonders die Bücher von Stumm und Morgan (1970) und Morel (1983)

5.1 Gelöste Gase

5.1.2 Löslichkeit im Wasser

Gewässer tauschen Gase mit der Atmosphäre aus

Henry'sches Gesetz. Gase werden über die Oberfläche zwischen der Atmosphäre und dem Gewässer ausgetauscht. Wenn im Wasser keine zehrenden oder freisetzenden chemischen oder biologischen Prozesse stattfinden, stellt sich im Wasser eine *Gleichgewichtskonzentration* (C_S) ein, die im wesentlichen vom Partialdruck des betreffenden Gases in der Atmosphäre und der Temperatur abhängt:

$$C_S = K_S \cdot P_t \qquad \text{(Formel 5.1)}$$

K_S: Löslichkeitskoeffizient für bestimmte Bedingungen (z.B. Temperatur)

P_t: Partialduck eines Gases in der Atmosphäre (z.B. 0,21 für Sauerstoff unter Normalbedingungen).

Relative Sättigung. Die aktuelle Gaskonzentration kann prozentual auf den Gleichgewichtswert bezogen werden ($C/C_S \cdot 100\%$). Dieses Verhältnis wird als relative Sättigung bezeichnet. Ist die aktuelle Konzentration höher als C_S, wird gelöstes Gas an die Atmosphäre abgegeben, ist sie niedriger, wird das Gas aus der Atmosphäre aufgenommen. Dieser Austausch kann jedoch nur über die Wasseroberfläche stattfinden. Wasserkörper, die durch die vertikale Schichtung vom Atmosphärenkontakt ausgeschlossen sind, können daher auch langfristig eine von C_S abweichende Konzentration haben. Eine Abgabe durch das Ausperlen von Gasblasen findet nur bei extremen Übersättigungen statt.

Bereits eine Temperaturänderung kann zu Änderungen der relativen Sättigung führen. Bei Normaldruck und 20 °C beträgt die Sättigungskonzentration des Sauerstoffs 9,09 mg · l⁻¹. Erhöht sich die Temperatur durch Sonneneinstrahlung auf 22 °C und kann der Sauerstoff nicht abgegeben werden, so steigt der Sättigungswert auf 104%, da die Sättigungskonzentration bei 22 °C nur 8,74 mg · l⁻¹ beträgt.

Bedeutung der Zirkulation. Für den Gashaushalt des Wassers unterhalb der Thermokline sind die jahreszeitlichen Zirkulationsereignisse von entscheidender Bedeutung. Dann kommt auch das Tiefenwasser mit der Atmosphäre in Kontakt und kann seinen Gehalt an gelösten Gasen den Gleichgewichtsbedingungen annähern. Bei starken Abweichungen von C_S reicht die Kontaktzeit mit der Atmosphäre jedoch oft nicht zur vollständigen Herstellung des Gleichgewichts aus.

5.1.2 Biologische Umsetzungen

Auch in Oberflächenschichten kann es zu zeitweiligen Abweichungen der aktuellen Gaskonzentration von der Gleichgewichtskonzentration kommen. Das ist stets dann der Fall, wenn biologische oder chemische Prozesse, die ein Gas freisetzen („Quellen") oder zehren („Senken"), schneller sind, als die Herstellung des Gleichgewichts mit der Atmosphäre.

Sauerstoff wird durch die Photosynthese freigesetzt und die Respiration gezehrt

Quellen und Senken. Die Quelle des Sauerstoffs ist die *Photosynthese* durch Blaualgen und Pflanzen. Sie ist nicht nur ein zusätzlicher Input, der das atmosphärische Sauerstoffangebot ergänzt, sondern sie ist die ursprüngliche Quelle allen Sauerstoffs auf der Erde, der sich in geologischen Zeiträumen akkumuliert hat. Die wichtigste Senke ist die *Respiration* durch alle Arten von Organismen, daneben spielen chemischen Oxidationen und der Sauerstoffverbrauch durch chemolithotrophe Prozesse eine gewisse Rolle. Ein Überwiegen der Photosynthese kann zu Sauerstoffsättigungen bis ca. 250% führen, ein Überwiegen respiratorischer Prozesse kann im Tiefenwasser sogar zum vollständigen Verbrauch von Sauerstoff führen. Dabei spielt nicht nur die Respiration im freien Wasser, sondern auch die Respiration im Sediment eine wesentliche Rolle, das tieferen Wasserschichten den Sauerstoff entziehen kann.

Vertikalprofil. Da respiratorische Sauerstoffverluste in der Tiefe nicht durch Photosynthese und Austausch mit der Atmosphäre ausgeglichen werden können, nehmen die Sauerstoffkonzentrationen in der Regel mit der Tiefe ab. Findet die maximale Photosynthese etwas unterhalb der Oberfläche statt (Lichthemmung), kann es lokale Maxima in einigen Metern Tiefe geben. Die Steilheit der vertikalen Sauerstoffabnahme hängt stark von der Produktion planktischer Biomasse in der euphotischen Zone ab (Abb. 5.1). Wird viel organische Substanz gebildet, kann viel in tiefere Zonen absinken und steht dort für die Respiration heterotropher Organismen zur Verfügung. Die Sauerstoffzehrung in der Tiefe

Abb. 5.1. Sauerstoffprofile während der Sommerschichtung: Königssee, 5. 7. 1980 (oligotroph, nahezu orthograd); Bieler See, 11. 10. 1976 (eutroph, heterogrades Profil mit einem Minimum durch intensive Zehrungsprozesse in mittlerer Tiefe); Plußsee, 4. 9. 1989 (sehr eutroph, klinogrades Profil). (Nach Abb. 3.10 aus Lampert u. Sommer 1993)

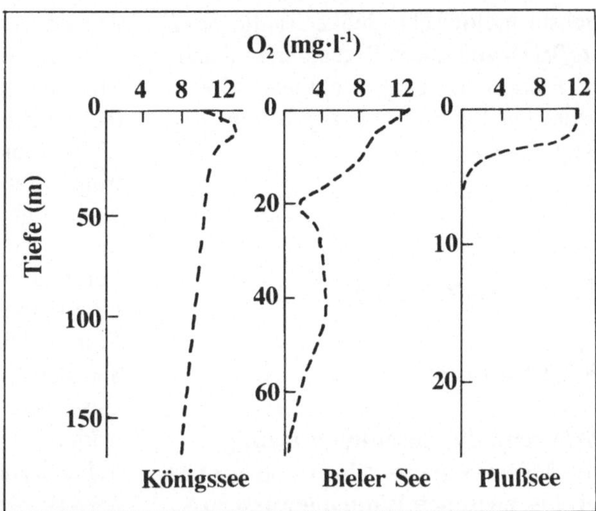

wird daher stark sein und der vertikale Konzentrationsgradient steil *(klinogrades Sauerstoffprofil).* Umgekehrt kommt es bei geringer Produktion in der euphotischen Zone zu einer geringen Sauerstoffzehrung in der Tiefe und einem entsprechend flachen Gradienten *(orthogrades Sauerstoffprofil).* Profile mit Sauerstoffminima (lokale Zehrungsprozesse) oder -maxima (tiefliegende Algenmaxima) in mittlerer Tiefe werden als heterograd bezeichnet.

Das Kohlendioxid
wird durch die Photosynthese gezehrt
und die Respiration freigesetzt

Quellen und Senken. Das Kohlendioxid wird im wesentlichen durch die *Photosynthese,* aber auch durch Chemosynthese gezehrt. Die wichtigste Quelle ist die normale *Respiration* mit Sauerstoff als Oxidationsmittel, daneben spielen die Nitratatmung, die Sulfatatmung und Gärungsprozesse eine wesentliche Rolle.

Kalk-Kohlensäure-Gleichgewicht. Neben den biologischen Prozessen ist für den Kohlendioxidhaushalt die Hydratisierung zu Kohlensäure und deren Dissoziation zu Bikarbonat und Karbonat (*„Kalk - Kohlensäure - Gleichgewicht"*, vgl. Kap. 5.4) von ausschlaggebender Bedeutung. Aufgrund dieser Umsetzungen kann das Wasser mehr Kohlendioxid aufnehmen, als nach dem Henry'schen Gesetz möglich wäre.

Das Methan
entstammt Gärungsprozessen

Das Methan im Wasser stammt aus Gärungsprozessen, die überwiegend im Sediment stattfinden. Methan wird hauptsächlich an die Atmosphäre abgegeben und kaum aufgenommen.

Stickstofffixierung und Denitrifikation
beinflussen unter Umständen
die Stickstoffkonzentration

Der molekulare Stickstoff ist in einem wesentlich geringeren Maß an biologischen Umsetzungen beteiligt als Sauerstoff und Kohlendioxid. Seine wesentlichste biologische Senke ist die *Stickstoffixierung* durch Blaualgen und andere Bakterien, seine wichtigste biologische Quelle die *Denitrifikation* (vgl. Kap. 2.4.4).

5.2 Gelöste Salze

5.2.1 Salinität

Während die Zusammensetzung des Meereswassers relativ konstant ist, gibt es zwischen Binnengewässern große Unterschiede

Salinität. Der Gesamtgehalt an gelösten Salzen wird als Salinität bezeichnet. Die Salinität des durchschnittlichen Meereswassers beträgt ca. 35 $g \cdot l^{-1}$ (3,5%), während die durchschnittliche Salinität der Binnengewässer 120 $mg \cdot l^{-1}$ beträgt. Einzelne Binnengewässer können jedoch stark von diesem Mittelwert abweichen, manche Salzseen haben sogar eine wesentlich höhere Salinität als das Meer.

Meerwasser. Die Salinität der Meere schwankt zwischen 3,2 (Nördliches Eismeer) und 3,9% (östliches Mittelmeer). Wasser mit einer Salinität von weniger als 2,8 % wird als Brackwasser bezeichnet. Hohe Salzgehalte sind für Meeresgebiete charakteristisch, in denen die Evaporation (Verdunstung) den Zufluß von Süßwasser überwiegt (warme Meere), während niedrige Salzgehalte durch ein Überwiegen des Zustroms von Süßwasser entstehen. In abgetrennten Meeresbecken mit starkem Süßwassereinfluß (z.B. Ostsee) werden die Salzgehalte der offenen Meere weit unterschritten. Im Bottnischen Meerbusen kann man den Salzgehalt des Wassers nicht mehr schmecken.

Zusammensetzung des Meersalzes. Die relative Zusammensetzung des Meersalzes ist weitgehend konstant. Unter den Anionen überwiegt eindeutig das Chlorid und unter den Kationen das Natrium (Tabelle 5.1). Im CO_2-Gleichgewicht mit der Atmosphäre beträgt der pH-Wert ca. 8,1 bis 8,3, bei hoher CO_2-Zehrung durch Photosynthese ist eine kurzfristige Steigerung auf 8,5 möglich. Während die übrigen Ionen überwiegend aus der Lösung und Verwitterung von Gesteinen der Erdkruste stammen, stammt das Chlorid aus HCl-haltigen vulkanischen Gasen.

Süßwasser. Das Süßwasser ist in seiner Zusammensetzung wesentlich variabler als das Meerwasser. Seine Zusammensetzung resultiert aus den Wechselwirkungen zwischen dem Niederschlag und der Verwitterung der Gesteine. Im Regenwasser überwiegen, wenn auch bei sehr niedrigen Konzentrationen (Salinität um 7 $mg \cdot l^{-1}$) die selben Ionen wie im Seewasser, das Chlorid und das Natrium. Da einwertige Kationen (Natrium, Kalium) leicht löslich sind, sind sie aus der Lithosphäre bereits weitgehend ausgewaschen und werden bei der Bildung des Süßwassers durch Verwitterung kaum noch gegenüber dem Regen angereichert. Die Verwitterung führt vor allem zu einer Anreicherung der zweiwertigen Kationen (Kalzium, Magnesium) und des Bikarbonats.

Weichwasser. In Gebieten mit hohem Niederschlag und verwitterungsresistenten Gesteinen (vor allem saure, kristalline Gesteine wie Granit und Gneis) bildet sich Weichwasser, das in seiner Zusammensetzung noch stark vom Regenwasser bestimmt ist. Der Elektrolytgehalt ist niedrig (Salinität meist unter 50 $mg \cdot l^{-1}$), unter den Kationen gilt die Konzentrationsrangfolge $[Ca^{2+}] > [Na^+] > [Mg^{2+}] >$

Tabelle 5.1. Durchschnittliche Konzentration (Gewichtsprozent und Millimol) der wichtigsten Ionen des Meerwassers. Die angeführten Ionen machen zusammen 99,9% der Gesamtsalinität aus

Anionen	%	$mmol \cdot l^{-1}$	Kationen	%	$mmol \cdot l^{-1}$
Cl^-	1,8980	535,36	Na^+	1,0556	459,16
SO_4^{2-}	0,2649	27,57	Mg^{2+}	0,1272	52,32
HCO_3^-	0,0140	2,295	Ca^{2+}	0,0400	9,98
Br^-	0,0065	0,813	K^+	0,0380	9,72
$H_2BO_3^-$	0,0026	0,428	Sr^{2+}	0,0013	0,148
F^-	0,0001	0,018			

$[K^+]$ (manchmal dominiert auch das Natrium), unter den Anionen gilt $[Cl^-] > [SO_4^{2-}] > [HCO_3^-]$. Der pH-Wert ist durch gelöstes CO_2 meist niedriger als 7, die Pufferung ist schwach.

Hartwasser. Es entstehet in Gebieten mit mäßigem Niederschlag und leicht verwitterndem Gestein (z.B. Sedimentgesteine). Der Elektrolytgehalt ist höher, unter den Kationen gilt die Rangfolge $[Ca^{2+}] > [Mg^{2+}] > [Na^+] > [K^+]$ und unter den Anionen $[HCO_3^-] > [SO_4^{2-}] > [Cl^-]$. Wegen der Pufferwirkung des Kohlensäuresystems (vgl. Kap. 5.4) sind Hartwässer leicht alkalisch.

Salzseen. Sie entstehen in ariden (trockenen) Zonen durch Eindampfen des Wassers der Zuflüsse. Dabei kommt es zu einer teilweisen Fällung der zweiwertigen Kationen und einem Überwiegen des Natriums. Nach den dominanten Anionen unterscheidet man *Sodassen* (Karbonat dominant), *Sulfatseen* und *Chloridseen.*

Süßwasser- und Salzwasserplankter unterscheiden sich fundamental in ihrer Osmoregulation

Meeresplankter. Die Salinität ist vor allem wegen der osmotischen Auswirkungen auf die Organismen wichtig. Die Meeresplankter sind gegenüber dem umgebenden Medium *isotonisch,* d.h. ihre Körperflüssigkeit hat den selben osmotischen Wert wie das umgebende Medium. Da das Meereswasser in seiner Zusammensetzung konstant ist, besteht keine Notwendigkeit einer Osmoregulation, der osmotische Wert im Organismus folgt dem osmotischen Wert außerhalb. Meeresplankter sind *poikilosmotisch.* Das Fehlen einer Osmoregulation bedeutet jedoch nicht das Fehlen einer *Ionenregulation.* Die Meeresplankter können sehr wohl bestimmte Ionen anreichern und andere ausschließen, so daß die Gesamt-Ionenstärke gleich bleibt.

Hypertonische Regulatoren. Die Salinität des Süßwassers ist zu gering, als daß eine Aufrechterhaltung der Lebensprozesse bei isotonischen Körperflüssigkeiten möglich wäre. Süßwasserplankter sind daher hypertonische Regulatoren. Das heißt, sie sind in der Lage, den *osmotischen Druck ihrer Körperflüssigkeit über dem des Mediums* zu halten. Dabei haben sie meist keinen perfekt konstanten Regulationspegel (homäosmotisch), sondern der osmotische Druck im Organismus steigt langsam mit dem Außendruck an. So hat die Hämolymphe des salztolerantesten Wasserflohs *Daphnia magna* im extremen Weichwasser einen Ionenstärke von ca. 60–70 $mmol \cdot l^{-1}$, diese steigt langsam mit der Ionenstärke des Mediums an und paßt sich bei ca. 120 $mmol \cdot l^{-1}$ (etwa

22%iges Meerwasser) dem Medium völlig an. Die meisten Süßwasserplankter können dann nicht mehr überleben.

Hypertonische Körperflüssigkeiten bewirken, daß ständig Wasser in den Organismus einströmt. Dieses Wasser muß aus dem Körper entfernt werden, gleichzeitig muß der Verlust von Ionen an das umgebende Medium verhindert werden. Beides kostet Energie, deshalb weisen Plankter des Süßwassers deutlich niedrigere Wachstumsleistungen auf als gleichgroße und ansonsten vergleichbare Plankter des Meeres.

Hypotonische Regulatoren. Sie halten ihr *Regulationniveau unter dem des Mediums* und sind unter den Organismen anzutreffen, die vom Süßwasser aus Lebensräume mit Salzwasser besiedelt haben. Das sind unter anderem die Knochenfische des Meeres. Unter den Planktern ist vor allem der Salinenkrebs *Artemia salina* bekannt, der in vielen Salzsseen das wichtigste Tier ist und sogar Salinen bis zur Löslichkeitsgrenze des Natriumchlorids besiedelt.

Verbreitungsgrenze. Wegen der fundamentalen Unterschiede in der Osmoregulation ist die Süßwasser-Salzwassergrenze eine der wichtigsten Verbreitungsgrenzen vieler Organismen. Aufgrund der hohen Salinitätsschwankungen hat sich in Flußmündungen ein Minimum der Artenzahl vieler höherer Taxa bei einer Durchschnittssalinität von 0,5–0,7% ausgebildet.

5.2.2 Biogene Elemente

Wichtige biogene Elemente sind nur in geringen Konzentrationen vorhanden

Die ursprüngliche Produktion der Körpersubstanz von Organismen (Biomasse) aus anorganischen Bestandteilen, die *Primärproduktion,* wird in den meisten Gewässern überwiegend vom Phytoplankton (inkl. Cyanobakterien) geleistet. Die Primärproduktion durch autotrophe Bakterien und durch Pflanzen des Gewässerbodens spielt meistens eine untergeordnete Rolle. Die für die Primärproduktion benötigten Elemente müssen aus der gelösten Phase entnommen werden. Deshalb führt die Primärproduktion zu einer Herabsetzung der gelösten Konzentration biogener Elemente.

Überschußelemente. Die *Biomasse* der Plankter unterscheidet sich in ihrer Zusammensetzung wesentlich von der Zusammensetzung der im Wasser gelösten Substanzen. Die häufigsten Elemente in der Biomasse, *Kohlenstoff, Sauerstoff* und *Wasserstoff* stehen in praktisch unerschöpflichen Mengen zur Verfügung. Der Wasserstoff entstammt dem Wasser, der Kohlenstoff und der Sauerstoff dem CO_2 oder HCO_3^- Ion. Da CO_2 aus der Atmosphäre in das Oberflächenwasser nachgeliefert werden kann, steht es ebenfalls praktisch unbegrenzt zur Verfügung. Wenn bei hohem pH-Wert CO_2 zu Bikarbonat (vgl. Kap. 5.4) wird, können zwar einige obligate Kohlendioxidverwerter unter den Phytoplanktern Probleme mit der CO_2-Versorgung haben, dem Aufbau von Biomasse insgesamt ist dadurch jedoch keine Grenze gesetzt.

Potentielle Mangelelmente. Bereits beim *Stickstoff,* dem vierthäufigsten Element in der Biomasse, sind die Verhältnisse anders. Zwar liegt im Wasser ein großer (um 10 mg $\cdot$ l^{-1}), aus der Atmosphäre erneuerbarer Vorrat an N_2 vor, dieser kann jedoch nur von stickstofffixierenden Prokaryoten genutzt werden. Die Stickstoffixierung (vgl. Kap. 6.2.2) ist jedoch an bestimmte hydrophysikalische Bedingungen gebunden und kann keineswegs jederzeit und überall im Pelagial der Gewässer stattfinden. Die hauptsächlichen Stickstoffquellen der Primärproduktion sind das *Nitrat* und das *Ammonium.* Ihre Konzentration in den Weltmeeren beträgt meist unter 40 μmol $\cdot$ l^{-1}, bei lokalen Verschmutzungen und in Binnengewässern sind auch wesentlich höhere Werte möglich. Bei intensiver Primärproduktion kann die Konzentration des gebundenen Stickstoffs unter die Nachweisgrenze sinken.

Nach C, O, H und N sind noch die Elemente S, P, K, Ca, Mg, Na und Cl mit meist mehr als 0,1 % in der Trockenmasse der Organismen vertreten. Die Elemente S, K, Ca, Mg, Na und Cl sind dabei so meistens so reichlich im Wasser vorhanden, daß sich eine Zehrung durch Einbau in die Biomasse kaum nachweisen läßt. Anders verhält es sich mit dem *Phosphor,* der im Wasser und in biologischen Verbindungen als freies Orthophosphat-Ion oder als Phosphorsäureester vorliegt. Durch Verwitterung wird verhältnismäßig wenig Phosphor frei, unter oxidativen Verhältnissen wird Phosphor auch noch mit Eisen gefällt. Die Konzentrationen in aeroben Wasserkörpern sind daher gering. In den Weltmeeren betragen sie meist unter 3 μmol $\cdot$ l^{-1}. Ähnlich wie der Stickstoff kann der Phosphor bis unter die Nachweisgrenze gezehrt werden.

Eine Sonderstellung unter den biogenen Elementen nimmt das *Silizium* ein. Es wird nur von einem Teil der Organismen in nennenswerten Mengen benötigt (z.B. Diatomeen, Silicoflagellaten, Synurophyceen, Radiolarien). Insbesondere die *Kieselalgen* benötigen jedoch große Mengen davon. Die maximalen Konzentrationen in den Weltmeeren betragen ca. 180 μmol $\cdot$ l^{-1}, eine Zehrung bis unter die Nachweisgrenze ist ebenfalls möglich.

Daneben gibt es noch eine Reihe weiterer essentieller Elemente, die nur in sehr kleiner Konzentration ($\ll$0,1%) in der Biomasse enthalten sind, die *Spurenelemente* Fe, Mn, Cu, Zn, B, Mo, V, Co und Si für nicht verkieselte Organismen. Sie sind teilweise in extrem niedrigen Konzentrationen im Wasser vorhanden und können daher ähnlich wie N und P zu Mangelsubstanzen werden. Insbesondere beim Eisen scheint das der Fall zu sein. In höheren Konzentrationen können viele Spurenelemente giftig sein.

5.3. Gelöste organische Substanzen

Gelöste organische Substanzen sind Nahrung für Bakterien und Komplexbildner für Spurenelemente

Das Wasser enthält eine Fülle gelöster organischer Substanzen, die entweder aus der *Exkretion* lebender Organismen, der *Autolyse* abgestorbener Organismen und dem *mikrobiellen Abbau* im Gewässer selbst oder aus dem allochthonen Eintrag von außen stammen. Im allgemeinen ist die Konzentration des *DOC* (dissolved organic carbon = gelöster, organischer Kohlenstoff) höher als die Konzentration des *POC* (particulate organic carbon = partikulärer, organischer Kohlenstoff = Biomasse plus Detritus). In klaren, humusarmen Gewässern beträgt die DOC-Konzentration unter 25 mg $\cdot$ l^{-1}, in humusfarbigen Gewässern können die Konzentrationen wesentlich höher sein.

Zusammensetzung des DOC. Die Zusammensetzung des DOC ist äußerst komplex und kann wohl nie vollständig aufgeklärt werden. Niedrigmolekulare Komponenten des DOC (Zucker, organische Säuren, Alkohole) werden schnell von Bakterien und anderen Mikroorganismen aufgezehrt und sind deshalb nur in geringen Konzentrationen (meist unter 10 µg · l^{-1}) vorhanden, wenn man von lokalen Verschmutzungsquellen (z.B. Abwassereinleitungen) absieht. Gelöste Polysaccharide treten in höheren Konzentrationen auf als mono- und oligomere Substanzen.

Der überwiegende Teil des DOC ist der aquatische *„Humus"*, ein Gemisch aus Fulvosäuren, Humussäuren und Huminstoffen, das als Endprodukt des Abbaues pflanzlicher Substanz autochthonen und allochthonen Urpungs übrig bleibt. In Gewässern mit hohen Ca-Konzentrationen (Meerwasser, Hartwasser) wird der Humus durch Kalziumionen gefällt, so daß es zu keiner Gelb- oder Braunfärbung des Wassers kommt. Im Weichwasser kommt es nicht oder nur in geringerem Ausmaß zur Fällung, deshalb kann sich der Humus u.U. akkumulieren und die charakteristische Verfärbung dieser Gewässer herbeiführen.

Komplexbildung. Die wichtigste wasserchemische Funktion hochmolekularer, organischer Substanzen liegt in der Fähigkeit zur Komplexbildung. Viele Spurenelemente haben eine geringe Löslichkeit im Wasser und würden ohne Komplexbildung gefällt werden. In Anwesenheit von aquatischem Humus werden sie jedoch komplexiert, während nur ein geringer Teil als freies Ion im Wasser verbleibt. Zehren Organismen freie Ionen, so kann aus den Komplexen eine Nachlieferung in den Pool der freien Ionen stattfinden. Die Gesamtkonzentrationen vieler Spurenmetalle im Wasser sind daher wesentlich höher, als es nach ihrer Löslichkeit zu erwarten wäre.

5.4 pH-Wert und Puffersysteme

Das Kohlensäuresystem ist das wichtigste Puffersystem

Dissoziation der Kohlensäure. Löst sich Kohlendioxid im Wasser, so wird ein kleiner Teil (<1%) reversibel zu Kohlensäure hydratisiert:

$$\bullet \quad H_2O + CO_2 \longrightarrow H_2CO_3$$

Diese dissoziiert zu Bikarbonat und Wasserstoffionen:

$$\bullet \quad H_2CO_3 \longrightarrow HCO_3^- + H^+$$

Das Bikarbonat kann weiter zu Karbonat und Wasserstoffionen dissoziieren:

$$\bullet \quad HCO_3^- \longrightarrow CO_3^{2-} + H^+$$

Der Dissoziationzustand der Kohlensäure ist pH-abhängig. Bei niedrigem pH-Wert (viele freie Protonen) verschiebt sich das Gleichgewicht auf die linke Seite der Dissoziationsgleichungen, d.h. Protonen werden gezehrt. Liegen wenige freie Protonen vor (hoher pH-Wert) verschiebt sich das Gleichgewicht auf die rechte Seite der Dissoziationsgleichungen, d.h. Protonen werden freigesetzt. Die reversible Dissoziation der Kohlensäure wirkt daher stabilisierend auf den pH-Wert, d.h. als Puffer. Die Pufferkapazität des Wassers gegenüber Säuren wird als *Alkalinität* bezeichnet. Wenn das Kohlensäuresystem der dominante Puffer ist, wie in den meisten Gewässern, läßt sie sich wie folgt berechnen:

$$\bullet \quad \text{Alk (in mval} \cdot l^{-1}) = HCO_3^- + 2\,CO_3^{2-} + OH^- - H^+$$

Die relative Verteilung der verschiedenen anorganischen C-Verbindungen ist pH-abhängig (Abb. 5.2). Im sauren Bereich dominieren Kohlendioxid und Kohlensäure, bei pH 8 liegt fast nur Bi-

Abb. 5.2. pH-Abhängigkeit der Gleichgewichtsverteilung der verschiedenen Dissoziationszustände des DIC (gelöster anorganischer Kohlenstoff) in % vom DIC. – – – Kohlendioxid und Kohlensäure, ·········· Bikarbonat, _._._._._. Karbonat

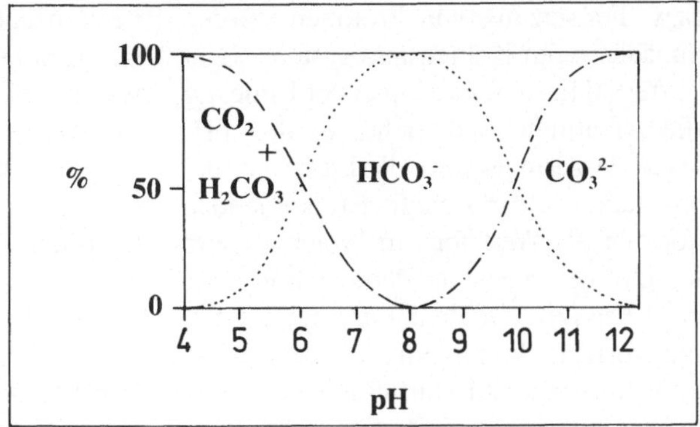

karbonat vor und über pH 12 fast nur Karbonat.

Interaktion mit Erdalkalien. Die Gesamtkonzentration von gelöstem, anorganischen Kohlenstoff (**DIC** = dissolved inorganic carbon) wiederum hängt von der Konzentration der gelösten Erdalkalien, im Süßwasser insbesondere vom **Kalzium,** ab. Die Kohlensäure bildet mit ihnen Salze, die dem Gleichgewicht entzogen sind. Dadurch kann weitere Kohlensäure gebildet werden und eine entsprechende Menge CO_2 aus der Luft nachdiffundieren. Je mehr Kalzium und je mehr Magnesium im Wasser enthalten sind, um so mehr DIC kann im Wasser sein. Deshalb sind das Meerwasser und Hartwässer stark gepuffert, während Weichwässer nur schwach gepuffert sind.

Zwischen den schwer löslichen Karbonaten und den leicht löslichen Bikarbonaten besteht ein chemisches Gleichgewicht:

- $Ca(HCO_3)_2 \longrightarrow CaCO_3 + H_2CO_3$

Bei Entzug von Kohlensäure duch die Photosynthese verschiebt sich das Gleichgewicht auf die rechte Seite der Gleichung. Dadurch wird mehr vom schwer löslichen Kalziumkarbonat gebildet. Bei hohen Kalziumkonzentrationen kann es deshalb zur Fällung des schwer löslichen Kalziumkarbonats kommen (biogene Entkalkung).

Das Plankton kann den pH-Wert beeinflussen

Im wesentlichen können sich drei biologische Prozesse signifikant auf den pH-Wert auswirken: die **Photosynthese,** die **Respiration** und die **Stickstoffassimilation.**

Photosynthese und Respiration. Ihre Auswirkungen sind wegen des Kohlensäuregleichgewichts selbst pH-abhängig. Je nach der vorherrschenden DIC-Form kann man folgende Summenformeln schreiben:

- $6\,CO_2 + 6\,H_2O \longrightarrow C_6H_{12}O_6 + 6\,O_2$

oder:

- $6\,HCO_3^- + 6\,H^+ \longrightarrow C_6H_{12}O_6 + 6\,O_2$

Liegt nur oder fast nur Kohlendioxid (pH < 6,3) vor, haben Photosynthese und Respiration keine Auswirkungen auf den pH-Wert. Liegt fast nur Bikarbonat vor (pH > 8) wird bei der Photosynthese pro Atom Kohlenstoff ein Proton gezehrt. Bei der Respiration wird umgekehrt ein Proton freigesetzt. Bei circumneutralen pH-Werten werden entsprechend weniger Protonen umgesetzt. Die Zehrung bzw. Freisetzung von Protonen werden zunächst vom Kohlensäuresystem abgepuffert, d.h. sie wirken in erster Linie auf die Alkalinität und nicht auf den pH-Wert. Je geringer die Alkalinität ist, desto stärker setzen sich die Effekte jedoch auf den pH-Wert fort. In Weichwässern kann er bei intensiver Photosynthese bis ca. 12 steigen. Da dann nur noch Karbonat vorliegt, kommt die Photosynthese zum Stillstand. In Hartwässern kann es bei besonders hohen Photosyntheseraten zu kurzfristigen Auslenkungen des pH-Wertes kommen, wenn die Zehrung von Protonen schneller ist als die Einstellung des chemischen Gleichgewichts im Kohlensäuresystem.

Stickstoffassimilation. Die Auswirkungen der Stickstoffassimilation hängen davon ab, ob *Nitrat* oder *Ammonium* als Stickstoffquelle genutzt wird. Bei der Aufnahme von NH^{4+}-Ionen werden zum Ladungsausgleich H^+-Ionen an das Medium abgegeben, bei Aufnahme von NO_3^--Ionen werden OH^--Ionen an das Medium abgegeben. Natürlich gilt das Prinzip des Ladungsausgleichs auch für die Aufnahme aller anderen Ionen durch autotrophe Plankter, diese fallen jedoch quantitativ im Vergleich zum Stickstoff nicht ins Gewicht. Da die Stickstoffassimilation im Schnitt nur $^1/_{10}$ bis $^1/_5$ der Kohlenstoffassimilation beträgt, ist auch die Stickstoffassimilation nur bei niedrigen pH-Werten von entscheidender Bedeutung für den Protonenhaushalt des Wassers.

**Der pH-Wert
hat weitreichende wasserchemische
und biologische Konsequenzen**

In vielen Fällen, in denen biologische Auswirkungen des pH-Wertes beobachtet werden, ist nicht so sehr die Proto-

nenkonzentration selbst ausschlaggebend, sondern sind es die indirekten wasserchemischen Auswirkungen des pH-Wertes.

Viele Organismen können nur bei bestimmten pH-Werten leben oder sich fortpflanzen. Sowohl bei sehr hohen als auch bei sehr niedrigen pH-Werten nimmt die Artenzahl deutlich ab.

Direkte Auswirkungen. Direkte Auswirkungen des pH-Wertes ergeben sich u.a. dadurch, daß die meisten Enzyme nur bei bestimmten pH-Werten optimal funktionieren. Die Organismen versuchen ihren inneren pH-Wert möglichst in diesem Bereich zu halten. Das wird um so schwieriger und energetisch aufwendiger, je weiter sich der pH-Wert des Mediums davon entfernt. Der notwendige Ladungsausgleich führt dann zu zunehmenden Ungleichgewichten im Ionenhaushalt.

So benötigt das in der Photosynthese wichtige Enzym RuBP-Carboxylase der Blaualge *Coccochloris peniocystis* einen pH-Wert von 7,5 bis 7,8, um optimal zu arbeiten. Dennoch zeigt die Alge in einem breiten Bereich von pH 7 bis 10 optimale Photosyntheseleistungen. Bei einem externen pH von 5,25 kommt es zu eiem vollständigen Stillstand der Photosynthese, da dann der zelluläre pH auf 6,6 sinkt (Coleman u. Coleman 1981).

Indirekte Auswirkungen. Unter den indirekten Auswirkungen des pH-Wertes wurden die Verschiebungen zwischen den verschiedenen Dissoziatiationzuständen im *Kohlensäuresystem* schon behandelt. Phytoplankter, die nur CO_2 verwerten können, sind dadurch auf pH-Werte unter etwa 8 beschränkt. Dies gilt z.B. für viele Kieselalgen des Süßwassers. Aber auch Bikarbonatverwerter (z.B. viele Blaualgen des Süßwassers, fast alle Meeresalgen) haben bei der Verwertung von HCO_3^- meist eine niedrigere Photosyntheseleistung. Bei pH-Werten über ca. 11 bis 12 ist überhaupt keine Photosynthese mehr möglich.

Ein weiteres Problem bei hohen pH-Werten ist die Verschiebung von ungiftigen Ammonium-Ionen (NH_4^+) zu giftigem **Ammoniak** (NH_3). Bei pH < 8 liegt das Gesamtammonium fast ausschließlich als Ammonium vor, bei pH > 10,5 fast auschließlich als Ammoniak. Treffen hohe Gesamtammoniumkonzentrationen mit hohen pH-Werten zusammen, kann es zu einem Absterben der Tiere, insbesondere zu Fischsterben führen. Das tritt vor allem bei hohen Photosyntheseraten in schwach gepufferten und stark abwasserbelasteten Gewässern auf.

Der pH-Wert ist von entscheidender Bedeutung für die Löslichkeit und Speziation (Verteilung auf verschiedene Dissoziations- und Komplexierungszustände) von Metallen. Besonders wichtig ist dabei das **Aluminium,** das wegen seiner ubiquitären Verbreitung in Silikatmineralien eines der häufigsten Elemente der Erdkruste ist und im Einzugsgebiet der Gewässer in unerschöpflichen Mengen zur Verfügung steht. Die Verwitterung von Silikatmineralien und und die nachfolgende Speziation der Al-Ionen kann wie folgt beschrieben werden:

- $Al_2Si_2O_5(OH)_4 + 6\ H^+ \longrightarrow 2\ Al^{3+}$
  $+ 2\ H_4SiO_4 + H_2O$

- $Al(OH)_3 + H^+ \longrightarrow Al(OH)^{2+} + H_2O$

- $Al(OH)^{2+} + H^+ \longrightarrow Al(OH)^{2+} + H_2O$

- $Al(OH)^{2+} + H^+ \longrightarrow Al^{3+} + H_2O$

Protonen fördern also die Verwitterung von aluminiumhaltigen Silikaten und verschieben innerhalb des Gesamtpools der gelösten Aluminium-Ionen die chemischen Gleichgewichte zu den stärker geladenen Ionen. Diese werden zunehmend giftiger, während elementares und

mineralisch gebundenes Aluminium ungiftig sind. Im sauren Milieu nimmt also mit abnehmendem pH sowohl die Gesamtkonzentration des Aluminiums als auch der Anteil des besonders giftigen Al^{3+}-Ions zu. Der zunehmende Ausfall von Arten bei zunehmender Versauerung von schwach gepufferten Gewässern dürfte zum größten Teil auf die Toxizität des Aluminiums zurückzuführen sein.

5.5. Redox-Reaktionen

Viele biologische und chemische Reaktionen in Gewässern sind Redox-Reaktionen.

Bei Redox-Reaktionen findet ein Elektronentransfer statt. Der **Elektronenakzeptor** wird als **Oxidationsmittel** bezeichnet, der **Elektronendonator** als **Reduktionsmittel.** Bei der Redox-Reaktion wird dann aus dem urprünglichen Reduktionsmittel ein Oxidationsmittel und umgekehrt.

Auch die Photosynthese und die Respiration können als Redox-Reaktionen aufgefaßt werden. Bei der Photosynthese ist das CO_2 das Oxidations- und das H_2O das Reduktionsmittel. Die Oxidationsstufe des Kohlenstoffs wird von +IV auf 0 herabgesetzt, und die produzierte organische Substanz wird zum Reduktionsmittel, während O_2 der terminal Elektronenakzeptor ist.

Auch eine Reihe anderer biogener Elemente (z.B. N, S, Fe, nicht jedoch P und Si) unterliegen bei biologischen Umsetzungen einer Veränderung ihrer Oxidationsstufe. (Abb. 5.3, Tabelle 5.2).

Redoxpotential. Je reduzierter das Milieu insgesamt ist, um so mehr verschieben sich Reaktionsgleichgewichte auf die Seite der niedrigeren Oxidationsstu-

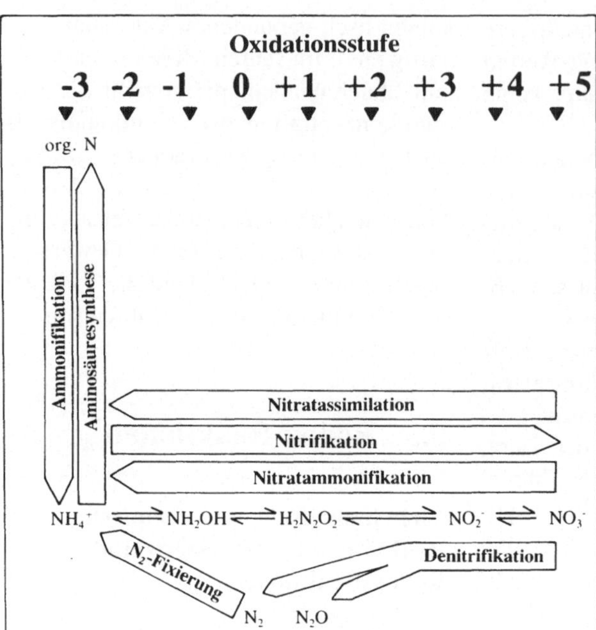

Abb. 5.3. Veränderungen der Oxidationsstufen des Stickstoffs bei biochemischen Umsetzungen

fen. Das theoretische Redoxpotential (E_7) einer gesättigten Sauerstofflösung bei pH 7 und 25 °C beträgt 0,8 V. Dieser Wert gilt jedoch nur im chemischen Gleichgewicht und bei vollständiger Reversibilität aller Reaktionen. Da gleichzeitig immer reduzierende Substanzen anwesend sind und die Einstellung des Redoxgleichgewichts langsamer ist als z.B. die Photosynthese, werden auch in sauerstoffreichen Gewässern nur Redox-

potentiale von 0,4–0,6 V erreicht. Bei einer Absenkung des Sauerstoffgehaltes sinkt das Redoxpotential zunächst nur langsam, bei sehr niedrigen Sauerstoffgehalten machen sich jedoch die reduzierenden Substanzen bemerkbar. Im anaeroben Teil von Gewässern sind vor allem das Eisen, der Schwefelwasserstoff und organische Stoffe wichtig. Im freien Wasser werden selten Redoxpotentiale von 0 V unterschritten, im Po-

Tabelle 5.2. Oxidationsstufen wichtiger biogener Elemente

Oxidationsstufe: Verbindungen bzw. Ionen

C(+IV):	CO_2, HCO_3^-, CO_3^{2-}
C(0):	C, CH_2O
C(–IV):	CH_4
N(+V):	NO_3^-
N(+III):	NO_2^-
N(O):	N_2
S(+VI):	SO_4^{2-}
S(O):	S_2
S(–II):	H_2S
Fe(+III):	Fe^{3+}
Fe(+II):	Fe^{2+}

Tabelle 5.3. Redoxpotentiale des Übergangs zwischen den Oxidationstufen bei wichtigen Redoxpaaren

Redoxpaar	Redoxpotential (E_7) V	entspricht O_2 mg · l^{-1}
Nitrat-Nitrit	0,45–0,40	4,0
Nitrit-Ammonium	0,40–0,35	0,4
Fe(+III)–Fe(+II)	0,30–0,20	0,1
Sulfat-Sulfid	0,10–0,06	0,0

renwasser des Sediments können –0,2 V erreicht werden. Die Übergänge zwischen den verschiedenen Oxidationsstufen der biogenen Elemente finden bei unterschiedlichen Redoxpotentialen statt (Tabelle 5.3).

Die Reduktion und Oxidation des *Eisens* hat wichtige Folgewirkungen für den *Phosphor.* Oxidiertes Eisen (oberhalb $E_7 = 0{,}3$ V dominant) hat ein niedriges Löslichkeitsprodukt mit Phosphor und tendiert dazu, den Phosphor zu fällen. Geht bei niedrigem Redoxpotential das Fe^{3+} jedoch in Fe^{2+} über, können Eisen und Phosphor wieder in Lösung gehen. Bei einem weiteren Sinken des Redoxpotentials bildet sich jedoch aus Schwefel *Sulfid,* das mit dem Eisen wieder unlösliches, schwarzes Eisensulfid bildet. Während die erste Reaktion auch im anaeroben Tiefenwasser eine Rolle spielen kann, kommt die zweite fast nur im Sediment vor.

5.6 Die raum-zeitliche Verteilung gelöster Substanzen

Die Vertikalprofile und die zeitliche Verteilung gelöster, biogener Substanzen hängen vom Phytoplankton ab

Verteilung von Pflanzennährstoffen. Die Vertikalverteilung und die jahres-

zeitlichen Veränderungen von gelösten Konzentrationen geben bereits oft einen ersten Hinweis auf die biologische Rolle gelöster Substanzen. Wegen des dominanten Anteils der Photosynthese an der Primärproduktion findet die Transformation anorganischer, gelöster Substanzen in biologische Partikel überwiegend in den oberen, lichtreichen Wasserschichten und während der lichtreichen Jahreszeiten statt. Heterotrophe Prozesse, inklusive der Atmung der autotrophen Plankter selbst, führen natürlich letztendlich zu einer Freisetzung der in die Biomasse eingebauten Substanzen. Da jedoch ein Teil der produzierten Biomasse durch Sedimentation ins Tiefenwasser exportiert wird und die produzierte Biomasse nicht sofort wieder abgebaut wird, führt die Primärproduktion zu charakteristischen lokalen und zeitlichen Minima derjenigen gelösten Substanzen, die von den Primärproduzenten aufgenommen werden. Das kann deutlich an den *Vertikalprofilen von Pflanzennährstoffen* (Abb. 5.4) erkannt werden. Eine kombinierte raum-zeitliche Darstellung *(Isoplethendiagramm)* der Konzentrationen des gelösten Phosphors im warm-monomiktischen Bodensee (Abb. 5.5) zeigt, daß diese Zehrung im Oberflächenbereich nur während der Vegetationsperiode stattfindet. Im Winter sorgt die vertikale Zirkulation für eine Homogenisierung der Konzentrationen auf hohem Niveau.

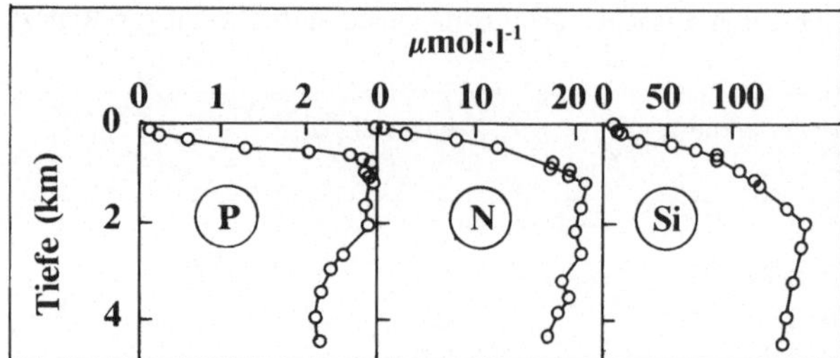

Abb. 5.4. Vertikalprofile des gelösten Phosphats, Nitrats und Silikats im Pazifik bei 21 °N, 170 °W. (Nach Broecker 1974)

Verteilung von Photosyntheseprodukten. Umgekehrt verhalten sich Substanzen, die vom Phytoplankton abgegeben werden, insbesondere der *Sauerstoff* (Abb. 5.6). Hohe Konzentrationen treten in Oberflächennähe während der Vegetationsperiode auf; im Tiefenwasser kommt es im Laufe der geschichteten Phase durch den Abbau sedimentierten, organischen Materials zu einer zunehmenden Zehrung. Ähnlich wie der Sauerstoff müßten auch diejenigen organischen Substanzen verteilt sein, die vom Phytoplankton während der Photosynthese freigesetzt werden, z.B. Glykolat.

Diese Grundmuster können durch lateralen Transport von Wassermassen überformt werden. Das gilt insbesondere für das Meer, aber auch für kalte Flüße, die sich während der Stagnationsphase in tieferen Zonen eines Sees einschichten.

Auftriebswasser, wie zum Beispiel im Humboldt-Strom, kann Nährstoffe aus der Tiefe an die Oberfläche transportieren.

Konservative und Überschußsubstanzen zeigen keine an die Photosynthese gebundenen Verteilungsmuster

Gelöste Substanzen, deren Verteilungsmuster keinen Bezug zu biologischen

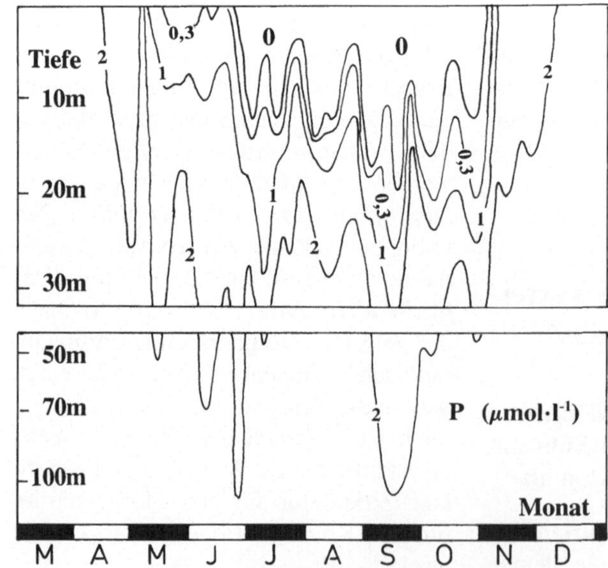

Abb. 5.5. Zeit-Tiefendiagramm (Isoplethendiagramm) der Konzentrationen des gelösten, reaktiven Phosphats im Bodensee-Überlinger See 1979. (Nach Abb. 5 aus Stabel u. Tilzer 1981)

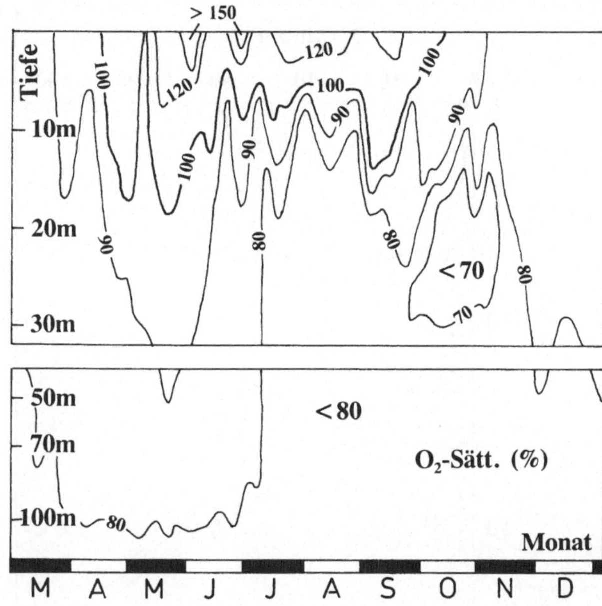

Abb. 5.6. Zeit-Tiefendiagramm der Sauerstoffsättigung im Bodensee-Überlinger See 1979. (Nach Abb. 2 aus Stabel u. Tilzer 1981)

Prozessen hat, werden häufig als *konservative Substanzen* bezeichnet. Im eigentlichen Sinn trifft diese Bezeichnung jedoch nur für die Substanzen zu, die nicht in die Biomasse inkorporiert werden. Unter den häufigen Elementen trifft das auf vergleichsweise wenige zu, z.B. auf das Aluminium. Wichtiger als die konservativen Elemente sensu stricto sind die *Überschußelemente.* Sie werden zwar in die Biomasse aufgenommen werden, ihre Konzentration in der Umwelt ist jedoch so hoch, daß die biologische Zehrung vernachläßigbar klein ist. Das extremste Beispiel von Überschußelementen sind das Natrium und das Chlor im Meer. Sie sind zwar in der Biomasse der Meeresorganismen vorhanden (teilweise selektiv vermindert gegenüber dem Meerwasser), ein biologischer Einfluß auf ihre gelöste Konzentration ist jedoch absolut vernachlässigbar. Ähnlich, wenn auch nicht so extrem sind die Verhältnisse beim Kalzium, Magnesium und Kalium in den meisten Gewässern. In stark gepufferten Gewässern mit mäßiger Primärproduktion kann das

auch für den anorganischen Kohlenstoff gelten. Der Schwefel ist zwar auch in vielen Gewässern in großem Überschuß vorhanden, wegen des Wechsels der Oxidationstufe zeigen jedoch die einzelnen Schwefelverbindungen in Gewässern mit Redoxgradienten einen deutlichen Bezug zu biologischen Prozessen.

Konservative und Überschußelemente eignen sich häufig als *Marker* für Wässer unterschiedlichen geographischen oder geologischen Ursprungs. Da ihre Konzentrationen nicht durch biologische Prozesse beeinflußt werden, erlauben Konzentrationsmessungen eine Zuordnung zu bestimmten Wasserkörpern bzw. geben Aufschluß über Mischungsverhältnisse.

Die Verteilung von Substanzen kann von Redox-Gradienten abhängen

Da das Redoxpotential über die Verteilung zwischen den verschiedenen Oxidationsstufen einiger Elemente entscheidet, bilden sich in Gewässern mit dau-

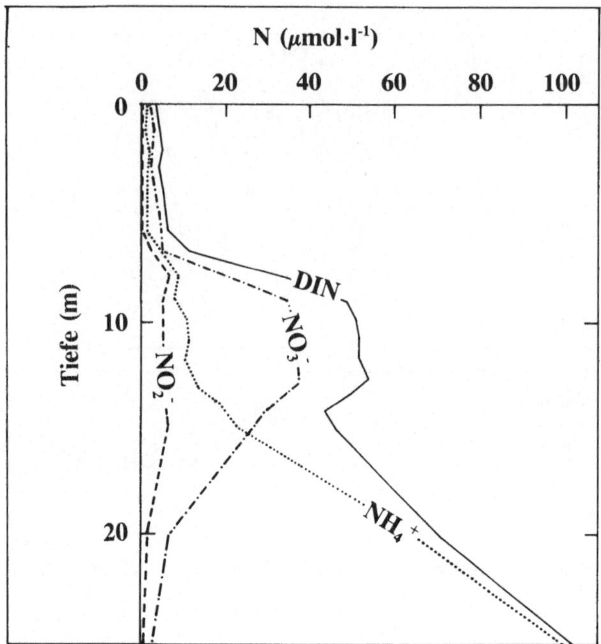

Abb. 5.7. Sommerliche Vertikalverteilung der anorg. Stickstoffionen im Plußsee. (Sommer, unveröffentlicht)

ernd oder saisonal anaerobem Tiefenwasser *charakteristische Verteilungsmuster* der verschiedenen Oxidationsstufen aus. Ein Beispiel dafür sind die verschiedenen Stickstoffionen (Abb. 5.7). Während der Vegetationsperiode zeigt der anorganische Gesamtstickstoff die charakteristische Vertikalverteilung eines Pflanzennährstoffes: Zehrung in der Oberflächenschicht und Zunahme mit der Tiefe. Das *Nitrat* hat ein lokales Maximum in der Zone, wo nur mehr wenig Photosynthese stattfindet, aber noch relativ viel Sauerstoff (>4 mg · l^{-1}) vorhanden ist, darunter nimmt es ab. Das *Nitrit* hat sein Maximum etwas tiefer, nimmt dann aber auch mit der Tiefe ab, während das *Ammonium* mit der Tiefe stetig zunimmt.

6 Die Ernährung der Plankter

EINFÜHRUNG

Diese Kapitel nimmt eine zentrale Stellung im gesamten Buch ein. Bereits bei der Darstellung des physikalischen und des chemischen Lebensraumes waren Vorgriffe auf die Ernährung der Plankter nötig. Ohne den Stoffwechsel der Plankter, der die Aufzehrung von Nahrungsressourcen und die Abgabe von Endprodukten an die Umwelt beinhaltet, wären weder die räumliche noch die zeitliche Verteilung vieler Inhaltsstoffe des Wassers erklärbar. Selbst die vertikale Verteilung des photosynthetisch nutzbaren Lichts hängt zu einem großen Teil von der Zehrung durch phototrophe Plankter ab. In noch stärkerem Maß werden die folgenden Kapitel auf Nahrungsbeziehungen aufbauen. Weder das Wachstum von Populationen noch die Interaktionen zwischen Populationen (Konkurrenz, Räuber-Beute-Beziehungen usw.) noch der Beitrag des Planktons zu lokalen und globalen Stoffkreisläufen lassen sich ohne Bezug zu seiner Ernährung erklären. Letztendlich sind die meisten Umweltbezüge der Organismen in der Notwendigkeit zur Ernährung und den daraus resultierenden Aktivitäten begründet.

6.1 Allgemeine Merkmale der Beziehung Nahrung–Konsument

6.1.1 Produktion, Nahrung und Ressourcen

Organismen sind offene Systeme

Anabolismus und Katabolismus. Zur Aufrechterhaltung ihrer Lebensfunktionen benötigen Organismen einen dauernden Durchfluß von Energie und Substanzen. Sie müssen Energie und Stoffe ihrer Umwelt entziehen und geben sie auch wieder an ihre Umwelt ab. Die *Produktion* eines Organismus ist dabei der Aufbau der eigenen Körpermasse aus aufgenommenen Fremdmaterialien (anabolische Prozesse) unter Verwendung von Energie. Die für den *Anabolismus* (Baustoffwechsel) benötigte Energie entstammt entweder der photo- oder chemotrophen Energiefixierung oder dem heterotrophen Abbau organischer Substanzen (Atmung, Gärung). Zusätzlich benötigen Organismen Energie für ihren *Katabolismus* (Betriebsstoffwechsel), z.B. für mechanische Arbeit, Osmoregulation, Ionenregulation etc. Dieser Energiebedarf wird aus katabolischen Reaktionen gedeckt. In der Energie- und Stoffbilanz eines Organismus ist der Katabolismus ein *„interner" Verlustprozeß*, der streng von „externen" Verlusten (Fraß, mechanische Schädigung) unterschieden werden muß. Da Anabolismus und Katabolismus gleichzeitig stattfinden, ist die zeitliche Veränderung der *Biomasse* auch beim Fehlen externer Verluste das *Nettoergebnis* beider Prozesse. Wenn externe Verluste ausgeschlossen werden können, entspricht die zeitliche Veränderung der **Biomasse** der Nettoproduktion. Der Begriff **Bruttoproduktion** bezeichnet dagegen die gedachte, aber niemals realisierte Produktion unter Ausschluß katabolischer Verluste.

Primär- und Sekundärproduktion. Die ursprüngliche Bildung organischer Substanz aus anorganischen Bestandteilen durch **autotrophe Organismen** wird als **Primärproduktion** bezeichnet. Die Produktion **heterotropher Organismen** ist hingegen keine Neubildung, sondern ein Umbau von organischen Substanzen und wird als **Sekundärproduktion** bezeichnet.

Die Nahrung ist die energetische und stoffliche Basis des Anabolismus

Ressourcen. Während mit der Nahrung die Energieträger und Substanzen bezeichnet werden, die ein Organismus für seinen Anabolismus konsumieren muß, ist der verwandte Begriff **Ressourcen** weiter definiert. Unter Ressourcen versteht man alle konsumierbaren Umweltfaktoren, die ein Organismus für seine Existenz, sein Wachstum und seine Fortpflanzung benötigt. Neben der **Nahrung** gehören u.a. noch die **Oxidationsmittel für den Katabolismus** (Sauerstoff, Nitrat, Sulfat) und – im Plankton irrelevant – der **Raum** für sessile und territoriale Organismen zu den Ressourcen.

Wachstum. Der Begriff **Wachstum** wird mehrdeutig gebraucht. Einserseits bezeichnet er das Wachstum des einzelnen Individuums **(somatisches Wachstum),** andererseits die Zunahme der Individuenzahl einer Population **(Populationswachstum).** Da bei Planktern häufig die Biomasse anstelle der Individuenzahl

bestimmt wird, kann man auch vom Biomassewachstum einer Population sprechen.

6.1.2 Substituierbarkeit

Biogene Elemente sind nicht substituierbar

Essentielle Ressourcen. Autotrophe Organismen nehmen biogene Elemente in Form von gelösten Gasen und Ionen auf, als Energieträger dient das Licht oder exergonische chemische Reaktionen. Ein Ion enthält nur ein biogenes Element. In Ihrer biochemischen Funktion können sich die biogenen Elemente jedoch nicht ersetzen, d.h. ein Mangel in der Phosphorversorgung kann nicht durch einen erhöhten Konsum von Stickstoff kompensiert werden. In jedem Fall muß daher ein autotropher Organismus alle Nährelemente einzeln aufnehmen, ein einzelnes Nährelement ist daher eine **essentielle Ressource.**

Substuierbare Ressourcen. Lediglich Ionen, die dasselbe Nährelement enthalten (z.B. Nitrat und Ammonium als Stickstoffquellen) können einander im Prinzip ersetzen, sind also **substituierbare Ressourcen.** Allerdings ist nicht jeder Phytoplankter in der Lage, alle Ionen die dasselbe Nährelement enthalten zu verwerten.

Die Ressourcen der Tiere sind substituierbar

Das Futter der Tiere (andere Organismen oder Detritus) hat im Gegensatz zu den Nährionen der Pflanzen **Paketcharakter.** Es ist Energieträger, enthält Kohlenhydrate, Lipide, Proteine, Vitamine und meist alle essentiellen Elemente. Andere

Futterorganismen mögen eine andere relative Zusammensetzung haben, sie enthalten jedoch in der Regel auch alle essentiellen Komponenten. Solche Nahrungspakete können einander daher im Prinzip ersetzen.

6.1.3 Funktionelle Reaktion

**Die funktionelle Reaktion
ist ein Maß der Fähigkeit,
sich Nahrung zu verschaffen**

Sättigung. Die Nahrung eines Organismus kann in der Umwelt überreichlich oder im Mangel vorhanden sein. Ist sie im Überschuß vorhanden, richtet sich die *Konsumrate* nach der maximalen Fähigkeit, Nahrung aufzunehmen und zu verwerten. Eine Steigerung des Nahrungsangebots wird zu keiner Steigerung der Konsumrate führen. Wir sprechen daher von Sättigung. Die Konsumrate unter Sättigungsbedingungen wird als *maximale Konsumrate (v_{max})* bezeichnet. Sie ist nicht notwendigerweise eine art- bzw. genotypspezifische Konstante, sondern kann durchaus von abiotischen Randbedingungen (z.B. Temperatur) abhängen.

Limitation. Ist das Nahrungsangebot zu niedrig, um einen Nahrungskonsum mit v_{max} zu ermöglichen, wird die Konsumrate vom Nahrungsangebot (Dichte der Beute, Konzentration von Nährionen etc.) begrenzt. Unter Nahrungslimitation führt eine Veränderung des Angebots zu einer Veränderung der Konsumrate.

Grundtypen der funktionellen Reaktion. Je nach der Form dieser Abhängigkeit und des Überganges zwischen Limitation und Sättigung werden nach Holling (1959) verschiedene Grundtypen der funktionellen Reaktion („functional response") unterschieden (Abb. 6.1).

Typ I wird durch eine lineare Zunahme im Limitationsbereich und einen abrupten Übergang in ein Sättigungsplateau charakterisisiert. Bei Typ II nimmt die Steigung des limitierten Abschnitts der Reaktionskurve mit dem Nahrungsangebot ab und der Übergang zwischen Limitation und Sättigung erfolgt graduell. Bei Typ III nimmt die Konsumrate bei niedrigem Nahrungsangebot nur

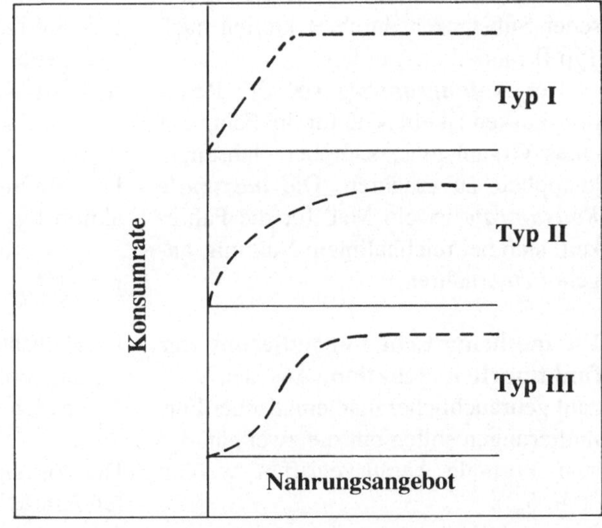

Abb. 6.1. Die drei Grundtypen der funktionellen Reaktion

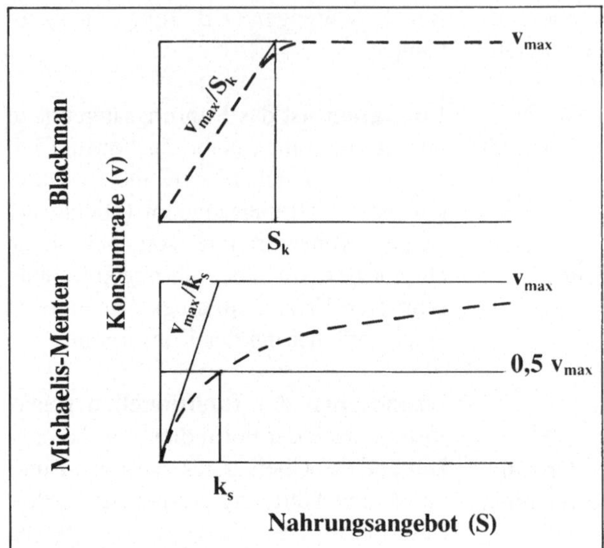

Abb. 6.2. Das Blackman- und das Michaelis-Menten-Modell der funktionellen Reaktion. v_{max} maximale Konsumrate, S_k Sättigungskoeffizient, k_s Halbsättigungskonstante

schwach zu, danach wird die Reaktionskurve steiler, um dann bei hohem Nahrungsangebot wieder flacher zu werden und kontinuierlich in das Sättigungsplateau überzugehen.

Im Plankton spielt der Typ III keine Rolle. Der Zusammenhang zwischen dem Lichtangebot und der Photosynthese des Phytoplanktons sowie die Ernährung des Zooplanktons werden meistens nach Typ I modelliert, während die Aufnahme mineralischer Nährstoffe durch Phytoplankter und die aufnahme organischer Substanzen durch Bakterien nach Typ II modelliert werden.

Der *Anfangsanstieg (α)* der Reaktionskurven ist ein Maß für die Fähigkeit eines Organismus, sich bei Nahrungsknappheit zu ernähren. Die *maximale Konsumrate* ist ein Maß für die Fähigkeit, sich bei reichhaltigem Nahrungsangebot zu ernähren.

Die mathematische Formulierung der funktionellen Reaktion. Aus der Vielzahl gebräuchlicher mathematischer Formulierungen sollen nur die zwei gängigsten Formeln herausgegriffen werden Abb. 6.2).

Die **Blackman-Formel** für Reaktionstyp I:

$$\text{für } S < S_k: v = S \cdot \alpha;$$
$$\text{für } S > S_K: v = v_{max} \qquad \textbf{(Formel 6.1)}$$

v: Konsumrate (Nahrung konsumiert pro Zeit und Individuum oder pro Einheit Biomasse des Konsumenten)

v_{max}: maximale Konsumrate

S: Nahrungsangebot (Individuendichte oder Masse der Nahrung pro Fläche oder Raum)

S_k: Sättigungsgrenze des Nahrungsangebots

α: Anfangsanstieg der Blackman-Kurve

Die **Michaelis-Menten-Formel** für Reaktionstyp II:

$$v = \frac{v_{max} \cdot S}{S + k_m} \qquad \textbf{(Formel 6.2)}$$

k_m: Halbsättigungskonstante, Nahrungsangebot, bei dem die Hälfte von v_{max} erreicht wird.

Der Anfangsanstieg der Michaelis-Menten-Kurve bei S = 0 beträgt:

$$\alpha = \frac{v_{max}}{k_m}$$ **(Formel 6.3)**

Beide Formeln lassen sich unschwer um einen *Schwellenwert* (k_0) ergänzen. Dazu muß nur der Wert S durch ($S - k_0$) ersetzt werden.

6.1.4 Numerische Reaktion

Das Populationswachstum hängt von Nahrungsbedarf und Nahrungserwerb ab

In dem Maß, in dem aufgenommene Nahrung nicht wieder exkretiert oder für den Betriebsstoffwechsel verbraucht wird, wird sie in die Biomasse des Organismus eingebaut. Sie führt also zum Wachstum der individuellen Biomasse *(somatisches Wachstum)*. Bei Prokaryoten und Protisten kommt es in der Folge des Körperwachstums zur Zellteilung, also zur direkten Vermehrung der Individuenzahl *(Populationswachstum)*. Bei höheren Organismen wird ein Teil dieses Biomassezuwachses in die Produktion von Nachkommen investiert. Der Zusammenhang zwischen dem Nahrungsangebot und der Populations-Wachstumsrate wird als numerische Reaktion *(„numerical response")* bezeichnet.

Spezifische Wachstumsraten. Im Prinzip gelten dieselben Reaktionstypen und Formeln wie für die funktionelle Reaktion. An die Stelle der Konsumrate tritt bei Prokaryoten und Protisten und die *spezifische Bruttowachstumsrate (μ)* und bei höheren Organismen die *spezifische Geburtenrate (b)*. Wichtig ist, daß es sich in beiden Fällen um spezifische (per capita) Raten handelt, bei denen die Vermehrungsleistung auf die urprünglich vorhandene Individuenzahl bezogen

wird. Ihre Berechnung wird in Kap. 7.2 erklärt.

Monod-Gleichung. Wenn die Michaelis-Menten-Gleichung auf die numerische Reaktion angewandt wird, heißt sie Monod-Gleichung. Die Halbsättigungskonstante wird in diesem Fall mit dem Symbol k_s bezeichnet:

$$\mu = \frac{\mu_{max} \cdot S}{S + k_s}$$ **(Formel 6.4)**

Schwankungen des Nahrungsangebots. Da zwischen dem Konsum von Nahrung und ihrer Umsetzung in Populationsvermehrung eine Reihe von Zwischenschritten tritt und Zeit vergeht, kann sich die Monod-Formel und jede andere Formel für die numerische Reaktion nur auf ein experimentell konstant gehaltenes Nahrungsangebot oder u.U. auf langfristige Durchschnittswerte des Nahrungsangebots beziehen. Gleiche Durchschnittswerte im Nahrungsangebot sind jedoch nicht immer äquivalent, wenn sich das Ausmaß der Schwankungen stark unterscheidet. Starke Auslenkungen nach unten können zu physiologischen Schädigungen bis zum Hungertod führen. Überdurchschnittliches Nahrungsangebot kann entweder zu Reservebildung genutzt werden oder wegen des Sättigungseffektes bei der funktionellen Reaktion nicht nutzbar sein und somit völlig ohne Konsequenzen bleiben.

Relation zwischen funktioneller und numerischer Reaktion. Es liegt nahe anzunehmen, daß Organismen, die unter bestimmten Bedingungen höhere Konsumraten als andere erzielen, auch höhere Vermehrungsleistungen erbringen. Das muß jedoch nicht der Fall sein, wenn Organismen mit etwas niedrigeren Konsumraten einen deutlich niedrigeren Nahrungsbedarf haben. Der *Nahrungs-*

bedarf für die Vermehrung läßt sich durch den Quotienten aufgenommene Nahrung/produzierte Nachkommen definieren. Er hängt davon ab, wie hoch die Verluste durch den Stoffwechsel sind und wie gut die chemische Zusammensetzung der Nahrung an die Zusammensetzung des eigenen Körpers angepaßt ist. Bei essentiellen Elementen hängt er überwiegend von der Stöchiometrie der Biomasse ab.

Die funktionelle Reaktion läßt sich also nicht direkt, etwa durch einen einheitlichen Umrechnungsfaktor, in die numerische Reaktion transformieren. Im Gegensatz zur funktionellen Reaktion schließt die numerische Reaktion nicht nur die Fähigkeit zum Nahrungserwerb, sondern auch auch den Nahrungsbedarf mit ein.

6.1.5 Interaktionen zwischen verschiedenen Ressourcen

Ressourcenpaare lassen sich nach ihrer Kombinationswirkung klassifizieren

In den Gleichungen zur Beschreibung der funktionellen und der numerischen Reaktion wird vom Angebot eines bestimmten Nahrungstyps ausgegangen. In der Natur sind Organismen meistens mit mehr als einer Ressource konfrontiert. Der der gleichzeitige Einfluß von zwei Ressourcen läßt sich durch einfache, von Tilman (1982) entwickelte ***Isoplethendiagramme*** darstellen. Das Angebot beider Ressourcen wird auf der x- und y-Achse aufgetragen und die Reaktionsrate (Konsumrate oder Wachstumsrate)

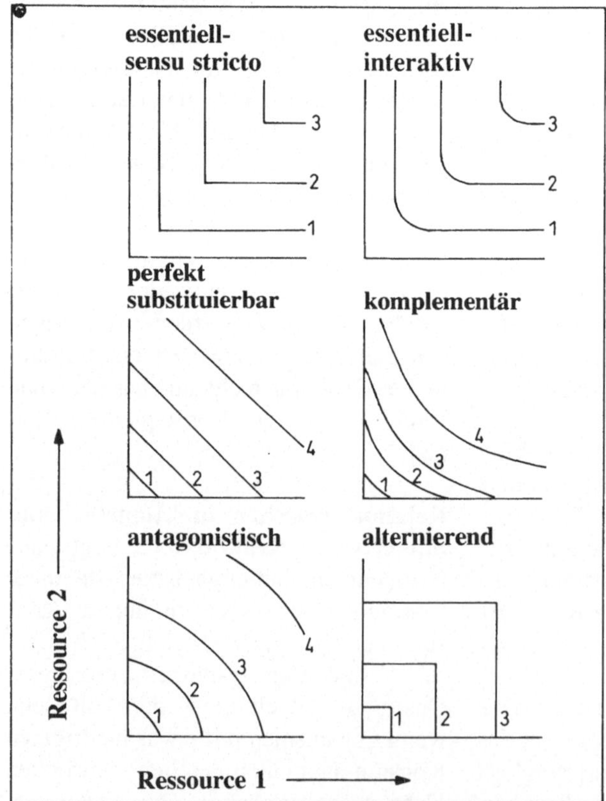

Abb. 6.3. Reaktion der Brutto-Wachstumsrate (Isoplethen, beliebige Einheiten) auf das Angebot von zwei Ressourcen

wird durch Isoplethen dargestellt, d.h. durch Linien, die sich aus Punkten gleicher Reaktionsrate zusammensetzen. Die Gestalt dieser Isoplethen hängt von der Art der Interaktion beider Ressourcen ab (Abb. 6.3).

Essentielle Ressourcen sensu stricto. Handelt es sich um nicht-substituierbare Ressourcen, kommt es beim vollständigen Fehlen einer Ressource zu keinem Populationswachstum. Die Schenkel der Wachstumsisoplethen sind daher achsenparallel. Bei essentiellen Ressourcen sensu stricto wird die Wachstumsrate nur von der Ressource bestimmt, die für sich genommen stärker limitierend wirkt *(Liebig's Prinzip des Minimums)*. Die Wachstumsisoplethen bilden daher zum Ursprung gerichtete rechte Winkel. Das Prinzip des Minimums gilt zum Beispiel für die Interaktion essentieller Nährelemente.

Interaktiv-essentielle Ressourcen. In diesem Fall vermindert der Mangel an einer Ressource auch die Fähigkeit, die andere Ressource zu nutzen. Das könnte zum Beispiel bei der Interaktion zwischen dem Licht und einigen essentiellen Elementen der Fall sein. So sollte die durch N-Mangel verursachte Chlorophyllarmut die Fähigkeit zur Nutzung niedriger Lichtintensitäten beeinträchtigen. In unserem Diagramm zeigt sich das als Abrundung der Winkel der Wachstumsisoplethen.

Perfekt substituierbare Ressourcen. Bei perfekter Substituierbarkeit (z.B. bei biochemisch äquivalenten Futterorganismen) ist ein beliebiger Austausch in einem konstanten Verhältnis möglich. Die Wachstumsisoplethen sind gerade Linien, die beide Achsen schneiden. Die Neigung der Wachstumsisoplethen wird durch das Austauschverhältnis bestimmt.

Komplementäre Ressourcen. Wenn erst die Mischung zweier Futtertypen ein an den biochemischen Bedarf des Konsumenten angepaßtes Futter ergibt, sprechen wir von komplementären Ressourcen. Bei Mischernährung wird relativ weniger von beiden Futtertypen benötigt, um denselben Vermehrungserfolg zu erzielen. Dementsprechend sind die Wachstumsisoplethen zum Ursprung hin durchgebogen.

Antagonistische Ressourcen. Wenn bei gemischter Ernährung niedrigere Wachstumsraten erzielt werden als bei einseitiger Ernährung, liegen antagonistische Ressourcen vor. Hier sind die Wachstumsisoplethen nach außen gewölbt. Das kann dann der Fall sein, wenn der Konsum der einzelnen Futtertypen jeweils andere Anpassungen nötig macht, z.B. Lernverhalten oder Enzyminduktion. Ein Extremfall sind *alternierende Ressourcen,* bei denen immer nur eine von beiden genutzt wird.

Obwohl es gute Gründe für die Annahme aller genannten Interaktionstypen gibt, existieren für das Plankton nur für die beiden Grundtypen „essentiell sensu stricto" und „perfekt substuierbar" gut dokumentierte Beispiele (Abb. 6.4).

6.1.6 Optimierung der Nahrungswahl

Essentielle Ressourcen werden in einem konstanten Verhältnis konsumiert, bei substituierbaren Ressourcen hängt die Nahrungswahl von der Verfügbarkeit ab

Natürlich könnte ein Organismus dann die höchste Wachstumsrate erzielen, wenn er alle Ressourcen mit maximaler

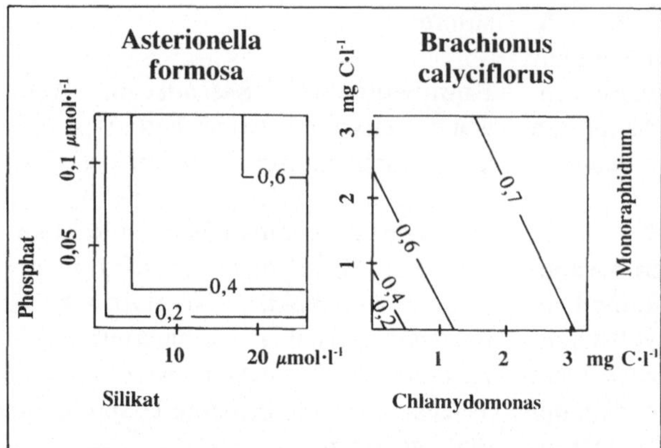

Abb. 6.4. Beispiele für die Abhängigkeit der Bruttowachstumsrate (in d^{-1}) der Kieselalge *Asterionella formosa* auf die Konzentration der essentiellen Ressourcen Si und P (Originalzeichnug, nach Daten aus Tilman 1977) und der Geburtenrate (in d^{-1}) des Rädertiers *Brachionus calycifloreus* vom Angebot der substituierbaren Futteralgen *Chlamydomonas* und *Monoraphidium*. (Originalzeichnung nach Daten aus Rothhaupt 1988a)

Rate konsumieren würde. Dies ist jedoch meistens nicht möglich. Erstens weil die funktionelle Reaktion durch Ressourcenmangel limitiert sein kann, zweitens weil Zeit und Energie, die für das Aufsuchen und Konsumieren der einen Ressource verwendet werden, nicht für das Aufsuchen und Konsumieren der anderen Ressource zur Verfügung stehen. Der in einer gegebenen Umwelt mögliche Maximalkonsum zweier Ressourcen läßt sich in unserem Zwei-Ressourcen-Diagramm als ***Konsumbegrenzungslinie*** einzeichnen (Abb. 6.5).

Gerade Konsumbegrenzungslinien. Wenn gemischter oder einseitiger Konsum gleich schwierig sind, ist die Konsumbegrenzungslinie gerade. Die Neigung der Konsumbegrenzungslinie ist ein Maß für die relative Verfügbarkeit beider Ressourcen.

Konvexe Konsumbegrenzungslinien. Sie zeigen an, daß es leichter ist, eine Mischung beider Ressourcen zu konsumieren als eine alleine. Das ist meistens dann der Fall, wenn die Ressourcen verknappt sind und ein selektives Ernäh-

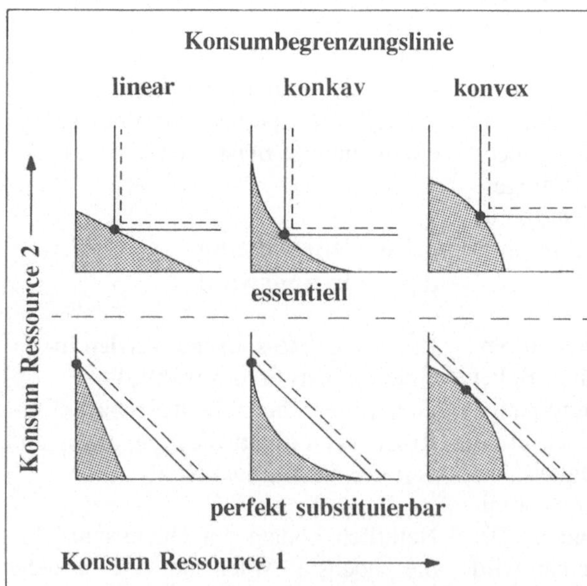

Abb. 6.5. Optimierung des Konsums zweier Ressourcen: *Schattierte Fläche* möglicher Konsum beider Ressourcen; *volle Linie* Isoplethe der maximal erreichbaren Wachstumsrate; *unterbrochene Linie* leicht erhöhte Wachstumsrate, bei gegebener Konsumbegrenzung nicht erreichbar

rungsverhalten die Suchzeit zu stark verlängern würde.

Konkave Konsumbegrenzungslinien. Sie zeigen an, daß Mischkonsum schwieriger ist als einseitiger Konsum. Das kann zum Beispiel durch ein stark geklumptes Auftreten der Ressourcen verursacht werden.

Optimierung der Wachstumsrate. Soll die Wachstumsrate maximiert werden, dann kann der optimale Konsum durch den Berührungspunkt der Konsumbegrenzungslinie mit der höchsten, d.h. am weitesten vom Ursprung entfernten Wachstumsisoplethe ermittelt werden. Natürlich trifft dieses Optimierungsmodell nur dann zu, wenn tatsächlich die Maximierung der Bruttowachstumsrate das Optimierungsziel ist und wenn die Konsumenten auch zur Auswahl in der Lage sind.

Essentielle Ressourcen. Hier ist der optimale Konsum stets ein Konsum in dem Verhältnis, in dem Limitation durch die eine Ressource in Limitation durch die andere Ressource übergeht. Diese *Optimalverhältnis* ist durch die Winkel der Wachstumsisoplethen charakterisiert und hängt nicht von der Gestalt der Konsumbegrenzungslinie ab. Bei interaktiv-essentiellen Ressourcen kann es zu leichten Verschiebungen kommen, wobei der Punkt des optimalen Konsums jedoch stets auf der Rundung der Wachstumsisoplethen liegt.

Perfekt substituierbare Ressourcen. Bei ihnen kommt es zu überraschenden Ergebnissen. Nicht nur bei konkaven, sondern auch bei geraden Konsumbegrenzungslinien besteht der optimale Konsum in der einseitige Auswahl des besser verfügbaren Futters. So können aus ernährungsphysiologisch perfekt substitu-

ierbaren Ressourcen solche werden, die alternierend genutzt werden. Lediglich bei konvexen Konsumbegrenzungslinien, also unter *Ressourcenknappheit,* ist ein gemischter Konsum vorteilhaft. Bei zunehmender Ressourcenknappheit ist daher ein *Übergang von einseitiger zu gemischter Nahrungswahl* zu erwarten.

6.2 Die Ernährung des Phytoplanktons

6.2.1 Photosynthese

Die Vielfalt akzessorischer Pigmente im Phytoplankton verbessert die Nutzung des Lichtspektrums

Reaktionsschritte. Die Photosynthese besteht aus zwei Reaktionsschritten. In der *Lichtreaktion* wird Lichtenergie in gespeicherte chemische Energie (ATP, Photophosphorylierung) umgewandelt und aus der Wasserspaltung Reduktionskraft gewonnen, indem NADP durch den Wasserstoff zu $NADPH_2$ reduziert wird. Sauerstoff wird freigesetzt. In der *Dunkelreaktion* werden die Energie und das Reduktionsmittel zur Reduktion und zum Einbau des CO_2 in die organische Substanz genutzt.

Photosynthetische Pigmente. Für die Fixierung der Lichtenergie werden die photosynthetischen Pigmente benötigt. In den Reaktionszentren der Lichtreaktion befindet sich *Chlorophyll a,* in den Antennensystemen, die Lichtenergie auf die Reaktionszentren übertragen befinden sich daneben je nach taxonomischer Zugehörigkeit auch noch andere Chlorophylle, Karotine, Xanthophylle und Phycobiline. Die Ausstattung mit *akzessorischen Pigmenten* hat große Bedeutung in der Algentaxonomie:

- Cyanophyta: Chl. a, β-Karotin, Mya-xanthin, Zeaxanthin, diverse Phycobiline
- Chlorophyta: Chl. a, Chl. b, α-Karotin, β-Karotin, div. Xanthophylle, aber kein Fucoxanthin
- Euglenophyta: Chl. a, Chl. b, β-Karotin, Diadinoxanthin, Neoxanthin
- Dinophyta: Chl. a, Chl c_2, β-Karotin, Peridinin, Diadinoxanthin, Phycobiline bei einigen Arten
- Cryptophyta: Chl. a, Chl. c_2, α-Karotin, Alloxanthin, Monadoxanthin, Phycobiline bei einigen Taxa
- Chromophyta: Chl. a, Chl. c_1, tw. Chl. c_2, α-Karotin, β-Karotin, Fucoxanthin und div. andere Xanthophylle
- Raphidophyta: Chl. a, Chl. c_2, β-Karotin, Lutein, Violaxanthin

Vielfalt der Pigmente. Abgesehen von den Grünalgen, die in ihrer Pigmentausstattung den höheren Pflanzen entsprechen, ist beim Phytoplankton insgesamt eine größere Vielfalt und Bedeutung der akzessorischen Pigmente als in der terrestrischen Vegetation gegeben. Das zeigt sich bereits in der farblichen Vielfalt. Grüne Farbtöne entstehen durch Chlorophyll-Dominanz und die gelb- oder olivbraune Farbe der Chrysophyceen und der Kieselalgen durch das Vorherrschen des Fucoxanthins, während die verschiedenen Farben der Blaualgen auf verschiedene Mischungsverhältnisse von Chlorophyll, Phycocyanin (blau, bei allen Blaualgen) und Phycoerythrin (rot, bei einigen Blaualgen) zurückgehen.

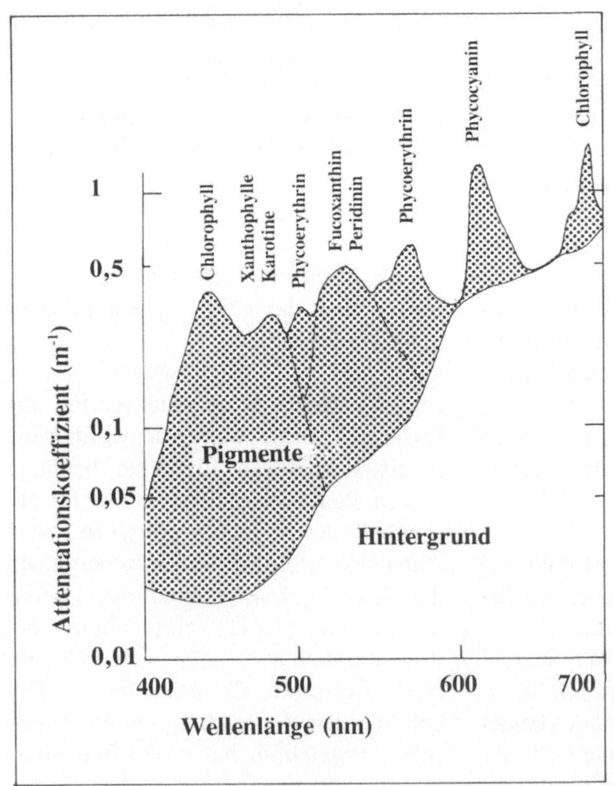

Abb. 6.6. Lichtabsorption im Meer, die Absorptionspeaks der wichtigsten photosynthetischen Pigmente sind auf die Hintergrundabsorption des Wassers aufgesetzt

Die Pigmentvielfalt des Phytoplanktons führt dazu, daß auch Teile des photosynthetisch aktiven Spektrums genutzt werden, in denen das Chlorophyll nur schwach absorbiert, insbesondere im grünen Spektralbereich (Abb. 6.6).

6.2.2 Messung der Photosynthese

Die Photosyntheserate kann als Freisetzung von Sauerstoff gemessen werden

Die Freisetzung von Sauerstoff durch die photosynthetische Lichtreaktion kann zur Messung der Photosyntheserate benutzt werden. Dabei muß jedoch beachtet werden, daß die äquimolare Beziehung zwischen dem gebildeten Sauerstoff und dem fixierten Kohlenstoff, wie sie in der gängigen Summenformel enthalten ist, nur bei der Synthese von Kohlenhydraten gilt:

$$6\ CO_2 + 6\ H_2O = C_6H_{12}O_6 + 6\ O_2$$

Photosynthetischer Quotient. Da Lipide stärker reduziert sind als Kohlenhydrate, steigt der photosynthetische Quotient ($PQ = \Delta O_2/-\Delta CO_2$) bei überwiegender Bildung von Lipiden bis auf ca. 1,4 an. Im allgemeinen treffen photosynthetische Quotienten von ca. 1,1 bis 1,2 zu.

Störung der Messung durch Respiration. Neben der Photosynthese findet stets auch Respiration statt. Da die Respiration, trotz unterschiedlicher biochemischer Mechanismen, die umgekehrte Summenformel wie die Photosynthese hat, interferieren beide Prozesse bei der Messung. Wird eine Phytoplanktonprobe in einem geschlossenen, lichtdurchlässigem Gefäß („Lichtflasche") exponiert, so entspricht die Sauerstoffzunahme der *„Netto-Photosyntheserate"* (NP) , d.h. der Differenz aus photosynthetischer Sauerstoffbildung und respiratorischer Sauerstoffzehrung. Parallel dazu werden Dunkelgefäße exponiert, in denen nur Respiration stattfindet. Unter der vereinfachenden Annahme (Vernachlässigung der Photorespiration), daß die Respirationsraten (R) im Dunkeln und im Hellen identisch sind, kann dann die *„Brutto-Photosyntheserate"* (BP) brechnet werden (NP = BP − R). Bei natürlichen Planktonproben und bei bakterienhaltigen Algenkulturen enthalten die Werte für NP und R jedoch auch die Respiration der heterotrophen Organismen.

Kompensationspunkt. Bei niedrigen Lichtintensitäten kann die Respirationsrate durchaus höher sein als die Brutto-Photosyntheserate. Die Netto-Photosyntheserate wird dann negativ. Die Lichtintensität, bei der die Respiration gerade die Brutto-Photosyntheserate ausgleicht, wird als Kompensationspunkt bezeichnet. Im vertikalen Lichtgradienten der Gewässer entspricht ihm eine *Kompensationsebene.*

Empfindlichkeit. Die Sauerstoffmethode ist vergleichsweise unempfindlich. Es können bestenfalls Konzentrationsunterschiede von ca. 0,1 mg · l^{-1} verläßlich gemessen werden. Wird die Expositionszeit der Hell- und Dunkelflaschen jedoch solange ausgedehnt, daß es zu Konzentrationsveränderungen von mehreren mg · l^{-1} kommt, dann verändern sich die Lebensbedingungen im Vergleich zum uneingeschlossenen Phytoplankton so stark, daß mit starken Artefakten gerechnet werden muß.

Die Photosyntheserate kann als Inkorporation von ^{14}C gemessen werden

Inkorporation. Wenn einer Planktonsuspension mit radioaktivem ^{14}C markiertes

Bikarbonat zugesetzt wird, so verteilt sich zunächst das ^{14}C entsprechend dem Kohlensäuregleichgewicht (vgl. Kap. 5.4) auf die verschiedenen DIC-Species. Es wird dann bei der Photosynthese mit nur geringfügig (5%) geringerer Effizienz aufgenommen als das stabile ^{12}C. Der Einbau von Radioaktivität in die partikulären Phase, die auf geeigneten Filtern aufgefangen werden kann, ist dann ein Maß für die Photosyntheserate:

$$P = \frac{1{,}05 \left(\dfrac{C14_P \cdot C12_W}{C14_W} \right)}{t} \qquad \textbf{(Formel 6.5)}$$

C_P: C in Partikeln
C_W: anorganisches C im Wasser
t: Expositionszeit

Dunkelkorrektur. Da es auch zu einer physikalischen Adsorption von ^{14}C an Partikeln kommt, empfiehlt es sich, zur Korrektur auch eine Dunkelflasche zu exponieren.

Bildung organischer Substanz. Anstelle des Einbaus in Partikel kann auch der Einbau in die organische Substanz gemessen werden. Dazu wird die Probe nach der Exposition angesäuert, damit der DIC ausschließlich als CO_2 vorliegt, das aus dem Wasser ausgeblasen werden kann. Die im Wasser verbleibende Radioaktivität ist ausschließlich in organischen Substanzen enthalten. Damit werden auch gelöste organische Substanzen erfaßt, die von den Phytoplankter exkretiert werden und so den Einbau von Radioaktivität in die Partikeln vermindern.

Bezugsgrößen. Wird die Photosyntheserate auf das Volumen des Wassers bezogen, spricht man von einer ***absoluten Photosyntheserate,*** wird sie auf die Biomasse der Phytoplankter bezogen, spricht man von einer ***spezifischen Photosyntheserate.*** Werden mehrere Photo-

synthesemessungen im Vertikalprofil durchgeführt, kann der Integralwert auch auf die Gewässerfläche bezogen werden.

Empfindlichkeit. Da durche ein höhere Dosierung von ^{14}C die Empfindlichkeit der Methode beliebig gesteigert werden kann, ist sie für geringe Photosyntheseraten wesentlich geeigneter als die Sauerstoffmethode.

Brutto vs. Netto. Im Gegensatz zur Sauerstoffmethode liefert die ^{14}C-Methode einen schlecht definierten Wert zwischen Netto- und Brutto-Photosynthese. Bei kurzer Expositionszeit nähert sich das Ergebnis der Brutto-Photosyntheserate an, da überwiegend Material respiriert wird, das vor der Inkubation mit ^{14}C gebildet wurde. Bei langer Expositionszeit nähert sich der Wert schließlich der Netto-Photosyntheserate, da die Biomasse der Phytoplankter annähernd gleichmäßig durchmarkiert ist. Werden allerdings bevorzugt frische Photosyntheseprodukte respiriert, so nähert sich der Meßwert schnell der Netto-Photosyntheserate an.

Da die vor der Inkubation unmarkierten Phytoplankter keine Radioaktivität verlieren können, ist die Messung negativer Netto-Photosyntheseraten unmöglich. Die ^{14}C-Methode liefert daher keinen Kompensationspunkt.

6.2.3 Lichtabhängigkeit der Photosynthese

Die funktionelle Reaktion auf das Lichtangebot kann durch eine Sättigungskurve beschrieben werden

Die Abhängigkeit der spezifischen Photosyntheserate von der Lichtintensität wird durch die P-I-Kurve beschrieben. Sie entspricht einem ***modifizierten***

Tablelle 6.1. Charakteristische Werte der P-I-Kurven von Phytoplanktern. (Nach Reynolds 1984)

Wert:	häufig:	Extreme:
I_k ($\mu E \cdot m^{-2} \cdot s^{-1}$)	60–100	10– 300
I_h ($\mu E \cdot m^{-2} \cdot s^{-1}$)	200–800	130–1200
P_{max} (mg C $\cdot$ mg Chl$^{-1} \cdot$ h^{-1})	bis 7.5	bis 12
α (mg C $\cdot$ mg Chl$^{-1} \cdot$ E$^{-1} \cdot$ m^2)	6– 18	2– 37

Blackman-Modell (Formel 6.1). Die Modifikation besteht in der ***Lichthemmung*** bei hohen Lichtintensitäten, d.h. in einer Abnahme der Photosytheseraten. Die Lichthemmung wird durch zunehmende Photorespiration und durch teilweise reversible photoxidative Schädigung des Photosyntheseapparats verursacht.

Parameter der P-I-Kurve. Die charakteristischen Werte der P-I-Kurve (Tabelle 6.1) sind die ***Sättigungintensität*** **(I_k)**, d.h. die Lichtintensität, wo der Übergang von Lichtlimitation zu Lichtsättigung stattfindet, ***der Beginn der Lichthemmung (I_h)***, die ***maximale Photosyntheserate (P_{max})***, die bei Lichtsättigung gemessen wird und der ***Anfangsanstieg (α)*** der lichtlimitierten Photosynthese. Alle diese Werte zeigen starke artspezifische Unterschiede und sind teilweise auch durch physiologische Adaptation modifizierbar.

Lichtadaptation. Phytoplankter können sich an niedrige Lichtintensitäten anpassen. Jørgensen (1969) unterschied zwei Typen der Lichtadaptation. Beim ***Chlorella-Typ*** wird unter Schwachlichtbedingungen der Chlorphyllgehalt der Zellen erhöht. Das bewirkt, daß sowohl α als auch P_{max} zunehmen, wenn sie auf die Zellzahl oder Biomasse bezogen werden, aber konstant bleiben, wenn sie auf die Chlorophyllkonzentration bezogen werden. Beim ***Cyclotella-Typ*** kommt es bei Schwachlichtadaptation zu einer Umverteilung des Chlorophylls in die Antennensysteme, dadurch nimmt zwar α zu, aber nicht P_{max}.

Einfluß der Temperatur. Die Höhe von ***P_{max}*** ist ***temperaturabhängig***. Das Temperaturoptimum liegt zwischen ca. 8 °C bei extrem psychrophilen Phytoplanktern des Antarktischen Meeres und 35 °C bei tropischen Grün- und Blaualgen. Unterhalb des Temperaturoptimums gilt ein Q_{10}-Wert von 1,8 bis 2,5, d.h. P_{max} erhöht sich um diesen Faktor bei einer Temperaturzunahme von 10 °C. Im Gegensatz dazu ist der Wert von α über einen weiten Bereich ***temperaturunabhängig***. Nur für den extrem kalten Bereich zwischen −1,9 und +2 °C konnte eine Temperaturabhängigkeit festgestellt werden (Abb. 6.7). Da sich der Wert von I_k aus dem Schnittpunkt des steigenden und des horizontalen Astes der P-I-Kurve ergibt, ist er in jedem Fall auch temperaturabhängig.

6.2.4 Vertikalprofile der Photosynthese

Mißt man die Photosyntheseraten durch Exposition des örtlichen Planktons in verschiedenen Tiefen, so erhält man ein Vertikalprofil der Photosynthese. Seine Gestalt hängt von den jeweils gültigen Parametern der P-I-Kurve, von der ***Oberflächeneinstrahlung*** und von der ***vertikalen Lichtattenuation*** (vgl. Kap.

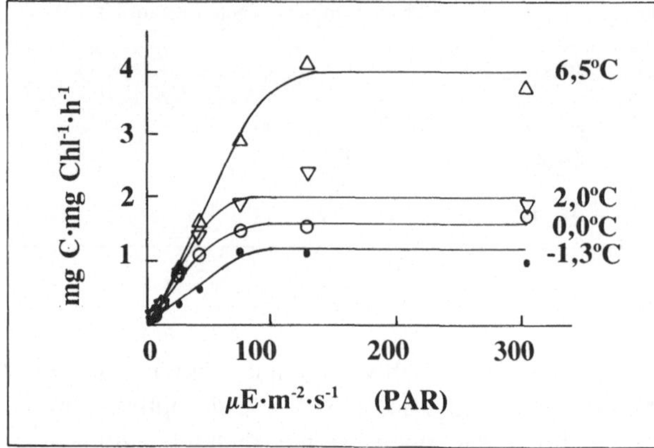

Abb. 6.7. Licht- und Temperaturabhängigkeit der Photosynthese des antarktischen Phytoplanktons. *PAR* photosynthetisch aktive Strahlung. (Nach Abb. 1 aus nach Tilzer et al. 1986)

4.2) ab. Wird die Photosyntheserate nicht auf die Biomasse, sondern auf das Wasservolumen bezogen, dann kann das Grundmuster des Vertikalprofils bei vertikaler Inhomogenität der Planktonverteilung durch lokale Minima oder Maxima der Biomasse etwas modifiziert werden.

Oberflächeneinstrahlung. Die Oberflächeneinstrahlung kann an klaren Sonnentagen bis zu 2000 $\mu E \cdot m^{-2} \cdot s^{-1}$ erreichen, an bewölkten Wintertagen werden in der gemäßigten Zone weniger als 100 $\mu E \cdot m^{-2} \cdot s^{-1}$ erreicht, unter schneebedeckten Eisdecken und in der Polarnacht der hohen Breitengrade herrscht sogar mittags mehr oder weniger Dunkelheit. Die Photosyntheseraten an der Oberfläche können daher, je nach der Oberflächeneinstrahlung, lichtgehemmt, -gesättigt oder -limitiert sein.

Vertikale Zonierung. Im Vertikalprofil ergibt sich dann eine charakteristische Zonierung:

● **Lichthemmung:** Die Zone der Lichthemmung, die bei hohen Einstrahlungen stets gefunden wird, ist allerdings umstritten. Da Lichthemmung nur bei längerer Exposition auftritt, könnte sie ein Artefakt infolge der Einschließung in Flaschen während der Messung sein. Freie Plankter könnten durch die turbulente Durchmischung des Oberflächenwasser häufig genug aus der Zone der Lichthemmung transportiert werden, um davor geschützt zu sein.

● **Lichtsättigung:** Unterhalb der Zone der Lichthemmung schließt sich die Zone der Lichtsättigung an. Da in dieser Zone auch die meiste Biomasse gebildet wird, werden auch die mineralischen Nährstoffe am stärksten gezehrt. Deshalb kann die Höhe von P_{max} unter Umständen durch Nährstofflimitation begrenzt werden.

● **Lichtlimitation:** Unter der Zone der Lichtsättigung beginnt die Zone der Lichtlimitation. Dem exponentiellen Abfall der Lichtintensität mit der Tiefe entspricht ein exponentieller Abfall der Photosyntheseraten.

● **Aphotische Zone:** Wo mit der ^{14}C-Methode keine Photosynthese mehr nachweisbar ist oder mit der O_2-Metho-

Abb. 6.8. Vertikalprofile der absoluten Photosyntheserate *(volle Kreise)* und der Chlorophyllkonzentration *(schattierte Fläche)* in einer Phase zunehmender Biomasse im Bodensee, z_s Secchi-Tiefe, z_{eu} Untergrenze der euphotischen Tiefe. (Nach Abb. 1 aus Tilzer 1984)

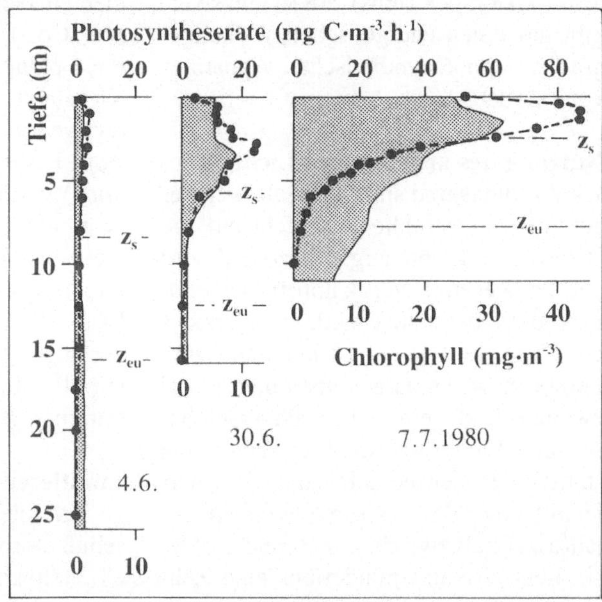

de eine Netto-Photosyntheserate von 0 festgestellt wird, beginnt die aphotische Zone.

Ausdehnung des Photosyntheseprofils. Die Oberflächeneinstrahlung entscheidet, ob das Photosyntheseprofil mit Lichthemmung, -sättigung oder -limitation beginnt. Der Attenuationskoeffizient entscheidet, wie weit sich die verschiedenen Zonen in die Tiefe erstrecken (Abb. 6.8). Wenn der Attenuationskoeffizient weitgehend von der Biomasse des Phytoplanktons abhängt (Gewässer mit geringer mineralischer Trübung), hängt auch die vertikale Ausdehnung des Photosyntheseprofils von der Biomasse ab. Bei **hohen Biomassen** bedeutet das hohe absolute Photosyntheserate pro Volumen in der Zone der Lichtsättigung. Andererseits nimmt aber die Photosyntheserate schnell mit der Tiefe ab (*„gestauchtes"* **Profil**). Bei **niedrigen Biomassen** ist die Photosyntheserate in der Optimaltiefe gering, die Photosynthese erstreckt sich jedoch in große Tiefen (*„gestrecktes"* **Profil**).

6.2.5 Energienutzung der Photosynthese

Nur wenige Prozent der eingestrahlten Lichtenergie werden durch die Photosynthese genutzt

Nutzung des absorbierten Lichts. Die Nutzung der Energie des von den photosynthetischen Pigmenten absorbierten Lichts läßt sich durch den *Ertragskoeffizienten der Quantenausbeute* (*Φ*) charakterisieren. Er gibt an, wieviele Mol Kohlenstoff pro Mol absorbierter Lichtenergie fixiert werden. Er ist unter Lichtlimitation maximal (Φ_{max}), unter Lichtsättigung und -hemmung bleibt ein Teil der absorbierten Lichtenergie ungenutzt. Das biophysikalisch erreichbare Maximum beträgt 0,125 mol C/mol Quanten, tatsächlich werden jedoch unter Lichtlimitation höchstens Werte zwischen 0,03 und 0,09 gemessen (Tilzer 1984). Setzt man nun für 1 mol C das kalorische Äquivalent von 468 kJ und für ein Mol Quanten von 550 nm Wellenlänge (Mitte des PAR-Spektrums) 218 kJ ein, so ergibt das einen energetischen Wirkungsgrad des photosynthetischen Apparates von 6,3–19,3%.

Nutzung des angebotenen Lichts. Dieser Wirkungsgrad sinkt stark ab, wenn er auf die eingestrahlte und nicht auf die absorbierte Lichtenergie bezogen wird und das gesamte Vertikalprofil der Photosynthese betrachtet wird. Denn erstens wird nur ein Teil der Lichtenergie vom Photosyntheseapparat absorbiert und zweitens findet ein Teil der Photosynthese unter Lichtsättigung bzw. -hemmung statt. Im Bodensee schwankt die Energienutzung der Gesamtphotosynthese jahreszeitlich zwischen 0,16 und 1,65%, sie liegt also um mindestens eine Zehnerpotenz unter dem biophysikalisch möglichen Maximum. Auch in anderen Gewässern wurden keine wesentlich höheren Werte gefunden.

6.2.6 Mineralische Nährstoffe

**Mineralische Nährstoffe
sind essentielle Ressourcen**

Nährelemente. Durch die Photosynthese stehen C-H-O-Verbindungen zur Verfügung. Insgesamt machen diese drei Elemente meist über 90% der Trockenmasse der Organismen aus, es sei denn Skelettsubstanzen wie Kalk oder Kieselsäure spielen ein große Rolle. Dennoch müssen zur Bildung der Biomasse weitere Elemente aufgenommen werden. Als *klassische Nährelemente,* die über 0,1% der Biomasse bilden, werden dabei Ca, K, Mg, N, S, P und Cl benötigt. Na ist wegen seiner hohen Konzentration in der Umwelt ebenfalls in signifikanten Mengen in der Biomasse vorhanden, ist aber kein klassisches Nährelement. Neben den klassischen Nährelementen werden noch geringe Mengen von Spurenele-

menten benötigt, z.B. Fe, Mn, Cu, Zn, Mo, Co, B, V. Si ist für unverkieselte Phytoplankter ein Spurenelement, für Kieselalgen, Silicoflagellaten und Synurophyceae aber ist es ein Makronährstoff. Für einige Algenarten (z.B. *Peridinium*) wurde Se als essentielles Spurenelement nachgewiesen. Es ist damit zu rechnen, daß sich mit einer weiteren Verfeinerung der analytischen Methoden die Liste der essentiellen Spurenelemente verlängern wird. Manche Spurenelemente (z.B. Cu, Zn) sind in höheren Konzentrationen giftig.

Limitierende Faktoren. Während einige Nährelemente fast immer im Überschuß vorhanden sind (Ca, K, Mg, S, Cl), können andere die Rolle des limitierenden Faktors spielen, insbesondere N, P und Si für verkieselte Phytoplankter. Daneben können auch noch Spurenelemente limitierend wirken. Insbesondere in den P- und N-reichen, aber algenarmen Gebieten der Weltmeere (Antarktisches Meer, Nordpazifik) wird die Rolle des Eisens als limitierender Faktor diskutiert (Martin et al. 1990).

Als Liebig den Begriff „limitierender Faktor" einführte, meinte er damit die Begrenzung des landwirtschaftlichen Ertrages von Ackerflächen durch biogene Elemente. Verallgemeinert heißt dies *Limitation der Biomasse.* Da die Akkumulation von Biomasse durch Wachstum erreicht wird, ist es naheliegend, wenn auch nicht logisch zwingend, auch eine *Limitation der Wachstumsraten* anzunehmen. Da heute beide Begriffe verwendet werden, sollte man jedoch auf den Unterschied achten.

● **Limitation der Biomasse:** Sie ergibt sich daraus, daß maximal 100% der in einem Lebensraum vorhandenen Menge eines biogenen Elements in die Biomasse eingebaut werden kann und daß jedes essentielle Element einen bestimmten Minimalanteil an der Gesamtbiomasse haben muß. Die maximal erreichbare Biomasse wird dementsprechend nur durch das Element bestimmt, das relativ zu seinem Minimalanteil am wenigsten verfügbar ist (Liebig's Prinzip des Minimums).

● **Limitation der Wachstumsrate:** Eine numerische Reaktion auf einen Mangel an einem Nährelement tritt dann ein, wenn das knappe Element nicht schnell genug aus der Umwelt aufgenommen oder aus inneren Reserven mobilisiert werden kann, um ein Wachstum mit maximaler Rate zu ermöglichen. Auch für die Limitation der Wachstumsrate gilt aufgrund der bisherigen experimentellen Erfahrungen das Prinzip des Minimums (Rhee 1978). Mineralische Nährelemente sind also essentielle Ressourcen sensu stricto.

Manche biologischen Ozeanographen nehmen an, Limitation der Biomasse wäre möglich ohne Limitation der Wachstumsrate. Das könnte theoretisch der Fall sein, wenn Phytoplankter bis zum Erreichen der maximal möglichen Biomasse unlimitiert wüchsen und dann das Wachstum abrupt einstellten. Alle bisherige physiologische Erfahrung spricht jedoch gegen die Existenz eines derartigen Alles-oder-Nichts-Mechanismus.

Die Nährstoffaufnahme erfordert Energie

Aktiver Transport. Um in die Zellen von Phytoplanktern aufgenommen zu werden, muß ein Nährelement in gelöster und transportierbarer, d.h. niedrigmolekularer, Form vorliegen, meist als Ion, seltener als undissoziierte Verbindung (z.B. Kieselsäure). Da die erforderlichen Konzentrationen in den Zellen meist größer sind als im Wasser, kommt eine passive Diffusion in das Zellinnere als Aufnahmemechanismus nicht in Frage. Die Ionen werden vielmehr aktiv durch Enzymsysteme (*„Ionenpumpen"*) gegen ein Konzentrationsgefälle transportiert. Der aktive Ionentransport ist *endotherm,* d.h. er erfordert Energie, die aus der Photosynthese bzw. der Respiration stammen muß. Diffusion ist allerdings für die Nachlieferung von Nährstoffen in das unmittelbar den Zellen anhaftende Wasser wichtig.

Sonderrolle des Nitrats. Beim Nitrat als Stickstoffquelle werden neben der für den Transport benötigten Energie auch noch Energie für die Reduktion auf die Oxidationsstufe des organischen Stickstoff (vgl. Kap. 5.5), und Reduktionsäquivalente ($NADPH_2$ aus der Photosynthese), sowie das Enzym Nitratreduktase benötigt. Wird hingegen Ammonium als Stickstoffquelle genutzt, ist kein weiterer Reduktionsschritt nötig, da sich das Ammonium auf derselben Oxidationsstufe befindet wie der organische Stickstoff.

Stickstofffixierung. Viele Blaualgen nutzen N_2 als Stickstoffquelle. Auch dafür werden Energie und Reduktionsäquivalente benötigt. Das Enzym Nitrogenase ist sauerstoffempfindlich und benötigt anaerobe oder mikroaerobe Bedingungen. Blaualgen der Familie Nostocaceae erzeugen ein sauerstoffarmes Mikromilieu in den Heterocysten, andere Arten (*Trichodesmium, Microcystis*) erzeugen es im Inneren ihrer Kolonien.

6.2.7 Modellierung der Nährstofflimitation

Funktionelle Reaktion, numerische Reaktion und Limitation der Biomasse sind eng miteinander verflochten

Grenzen des Monod-Modells. Die häufig auf die numerische Reaktion des Phytoplanktons angewandte Monod-Gleichung (Formel 6.4) gilt nur unter be-

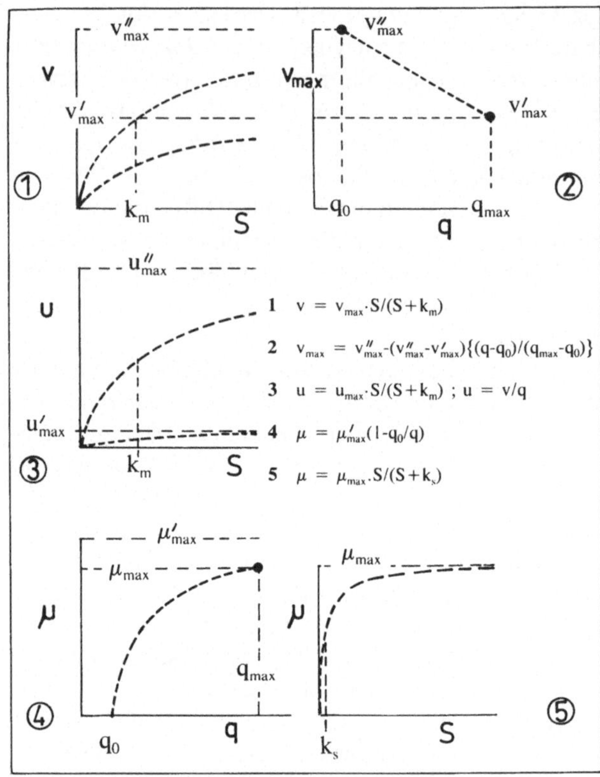

Abb. 6.9. Mathematische Modelle der Nährstofflimitation des Phytoplanktons: **1** Aufnahmerate *(v)* vs. Konzentration in der Umwelt *(S)*; **2** Maximale Aufnahmerate *(v_{max})* vs. Zellquote *(q)*; **3** Wachstumsrate des inkorporierte Nährstoffs *(u)* vs. Konzentration in der Umwelt; **4** Bruttowachstumsrate der Phytoplankter *(μ)* vs. Zellquote *(q)*; **5** Bruttowachstumsrate vs. Konzentration in der Umwelt *(S)*. (Vgl. Gleichungen 6.2, 6.4, 6.6 und 6.7 im Text)

stimmten Bedingungen. Entweder muß die externe Konzentration eines Nährstoffs konstant sein (z.B. in der Chemostatkultur (vgl. Kap. 7.4), oder der betreffende Nährstoff darf nicht in signifikanten Mengen gespeichert werden, sondern muß unmittelbar nach der Aufnahme seine physiologische Rolle wahrnehmen (Si in Kieselalgen). Für alle anderen Fälle muß ein komplexeres Modell gewählt werden (Droop 1983, Morel 1987). In einem solchen Modell ist die Aufnahmerate sowohl eine Funktion der externen Konzentration als auch der intrazellulären Konzentration eines Nährstoffs und die Wachstumsrate eine Funktion der intrazellulären Konzentration (Abb. 6.9).

Funktionelle Reaktion („Aufnahmerate"). Für die funktionelle Reaktion gilt anstelle der einfachen Michaelis-Menten-Kurve (Formel 6.2) eine Schar von Kurven, die man dadurch erhält, daß aus dem Kurvenparameter v_{max} eine Variable wird. Diese Variable ist eine lineare Funktion des Nährstoffgehaltes in der Zelle *(Zellquote, q)*. Ausgehungerte Zellen mit *minimaler Zellquote (q_0)* haben den höchsten Wert für v_{max} *(v_{max}'')* und daher im Vergleich zu besser versorgten Zellen bei allen externen Konzentrationen höhere Aufnahmeraten. Nährstoffgesättigte Zellen mit *maximaler Zellquote (q_{max})* haben den niedrigsten Wert für v_{max} *(v_{max}')*.

$$v_{max} = v''_{max} - (v''_{max} - v'_{max}) \frac{q - q_0}{q_{max} - q_0}$$

(Formel 6.6)

Einstellung der Zellquote. Die Zellquote selbst hängt einerseits von der Aufnahmerate als Input ab, andererseits von der Wachstumsrate der Zellzahl bzw. der Biomasse. Der inkorporierte Nährstoffpool wird bei der Zellteilung auf die Tochterzellen aufgeteilt bzw. in einer zunehmenden Biomasse „verdünnt".

Wird die spezifische Aufnahmerate nicht auf die Zellzahl oder Biomasse bezogen, sondern auf den in den Zellen bereits vorhandenen Nährstoffpool so erhält man eine *„Wachstumsrate" des inkorporierten Nährstoffs (u = v/q)*. Bei Nährstoffen wie P und N ist dann u''_{max} höher als μ_{max}. Daraus folgt, daß bei nährstoffverarmten Zellen, die plötzlich einer erhöhten Konzentration ausgesetzt werden, die Menge des inkorporierten Nährstoffs schneller wächst als Biomasse oder Zellzahl. Die Zellen werden also nährstoffreicher (Erhöhung der Zellquote), aufgelaufene Rückstände in der Nährstoffversorgung können damit ausgeglichen werden bzw. es können *Reserven* für künftige Mangelsituationen angelegt werden.

Numerische Reaktion. Die numerische Reaktion ist unter diesen Bedingungen nicht mehr eine direkte Funktion der externen Nährstoffkonzentration, sondern eine Funktion der Zellquote *(Droop-Gleichung):*

$$\mu = \mu'_{max}\left(1 - \frac{q_0}{q}\right) \qquad \textbf{(Formel 6.7)}$$

Im Gegensatz zur realisierbaren maximalen Bruttowachstumsrate (μ_{max}) der Monod-Gleichung (Formel 6.4) ist *μ_{max}'* eine theoretische maximale Wachstumsrate, die erst bei einer unendlichen Zellquote erreicht wird. Die μ_{max} der Monod-Gleichung erhält man, indem man für q den Wert von q_{max} in die Droop-Gleichung einsetzt.

Relation zur Monod-Formel. Unter konstanter Nährstoffversorgung gilt

auch die Monod-Gleichung. Ihre Parameter erält man durch folgende Transformationen:

$$\mu_{max} = \frac{v'_{max}}{q_{max}} \qquad \textbf{(Formel 6.8)}$$

$$k_s = k_m\,(v'_{max}/v''_{max})\,(q_{min}/q_{max}) \quad \textbf{(Formel 6.9)}$$

Daraus folgt, daß k_s deutlich niedriger ist als k_m. Außerdem gilt, daß μ_{max} mit dem unteren Grenzwert der maximalen Bruttowachstumsrate des inkorporierten Nährstoffs (u'_{max} bei q_{max}) identisch sein muß.

Erreichbare Biomasse. Die maximal erreichbare Biomasse *(B_{max})* läßt sich aus der minimalen Zellquote und der Gesamtmenge des verfügbaren limitierenden Nährstoffs *(S_{tot})* berechnen. Ohne Mortalität gilt:

$$B_{max} = \frac{S_{tot}}{q_0} \qquad \textbf{(Formel 6.10)}$$

Erleiden die Phytoplankter eine Verlustrate, müssen sie diese durch Wachstum ausgleichen um die Biomasse zu halten. Dementsprechend muß eine Wachstumsrate in der Höhe der Verlustrate erzielt werden. Für diese Wachstumsrate läßt sich die nach der Droop-Formel benötigte Zellquote anstelle von q_0 in Formel 6.10 einfügen. Die bei einer gegebenen Verlustrate erreichbare Biomasse (B') beträgt dann:

$$B' = S_{tot}\frac{1 - \dfrac{\mu}{\mu'_{max}}}{q_0} \qquad \textbf{(Formel 6.11)}$$

6.2.8 Nährstofflimitation in situ

Die Diagnose von Nährstofflimitation in situ ist schwierig

Jahrzehntelang galt Nährstofflimitation bei niedrigen Konzentrationen gelöster

Nährstoffe als selbstverständlich. Die zunehmende Elaborierung physiologischer Limitationsmodelle brachte diese Selbstverständlichkeit ins Wanken.

Biomassebildung. Lediglich die Limitation der Biomassebildung ist nach wie vor allgemein anerkannt. Das ist vor allem den Untersuchungen zur *Seeneutrophierung* (vgl. Kap. 9.5) zu verdanken, die keinen Zweifel daran ließen, daß Zunahme von Phytoplanktonbiomasse in eutrophierten Gewässern auf ein zunehmendes Angebot von Nährstoffen, insbesondere Phosphor, zurückzuführen ist. Für die Beurteilung des Potentials zur Biomassebildung ist nicht die gelöste Nährstoffkonzentration sondern die Gesamtmenge (S_{tot} in Formeln 6.10 und 6.11) auschlaggebend, da es für das Gesamtpotential unwichtig ist, wie viel von der vorhandenen Menge bereits in Biomasse umgesetzt wurde und wieviel noch frei zur Verfügung steht.

Limitation der Wachstumsraten. Für die Beurteilung der Limitation der Wachstumsraten sind die gelöste Nährstoffkonzentration und die Zellquote ausschlaggebend. Es kommt also nicht darauf an, wie groß der ursprüngliche Nährstoffpool war, sondern darauf, wieviel noch für weiteres Wachstum als gelöste Nährstoffkonzentration oder als Zellreserve zur Verfügung steht. Die gelöste Konzentration ist leicht meßbar und gilt für alle Phytoplankter in einem Wasserkörper. Die Zellquote kann jedoch für verschiedene Arten verschieden sein, eine Gesamtmessung der Nährstoffgehalts der partikulären organischen Substanz ist stets ein Mischwert, der viele Phytoplanktonarten, heterotrophe Plankter und Detritus umfaßt.

Trotz der meßtechnischen Vorteile gibt es erhebliche Zweifel an der Aussagekraft von gelösten Konzentrationen. Der erste Einwand steht noch auf der Basis des Monod-Modells: In vielen Fällen liegen die P- oder N-Konzentrationen unter der Nachweisgrenze konventioneller, wasserchemischer Methoden. Diese Nachweisgrenzen (ca. 0,03 µmol · l^{-1} für P und 0,1 µmol · l^{-1} für N) liegen jedoch um ein Vielfaches über den k_s-Werten der anspruchslosesten Phytoplanktonarten (Tabelle 6.2).

Tabelle 6.2. Nährstoffansprüche der Phytoplankter. (Nach Kohl und Nicklisch 1988, Lampert und Sommer 1992 und Sommer 1991a)

	häufig	Extreme
PHOSPHOR		
k_s (µmol · l^{-1})	0,02–0,2	0,003–1,83
q_0 (mol P/mol C)	0,0008–0,002	0,0003–0,008
q_{max} (mol P/mol C)	um 0,01	0,008–0,04
STICKSTOFF		
k_s (µmol · l^{-1})	0,30–3,0	0,036–11,6
q_0 (mol N/mol C)	0,02–0,05	0,014–0,18
q_{max} (mol N/mol C)	um 0,15	0,09–0,28
SILIZIUM (Kieselalgen)		
k_s (µmol · l–1)	2–5	0,88–19,3
q_0 (mol Si/mol C)		0,05–0,16
q_{max} (mol Si/mol C)		0,12–0,8

Der zweite Einwand stellt die Anwendbarkeit des Monod-Modells aufgrund der *räumlichen und zeitlichen Heterogenität* des Nährstoffangebots überhaupt in Frage. Goldman et al. (1979) meinten, Zooplankter würden durch ihre Exkretion zu Mikrozonen erhöhter Ammonium- und Phosphatkonzentration führen. Kämen Phytoplankter mit diesen Mikrozonen in Kontakt, würden sie schnell (in Minuten) ihre intrazellulären Pools auffüllen, um von dieser Reserve zehren zu können, wenn sie wieder von extrem nährstoffarmem Wasser umgeben seien. Als Argument für ihre Annahme gaben sie an, daß die stöchiometrische Zusammensetzung von Planktonproben in den oligotrophen Ozeanteilen häufig in der Nähe der *Redfield-Ratio (C:N:P = 106:16:1)* liegt. Dieses Verhältnis liegt nahe bei den q_{max}-Werten für N und P vieler Phytoplankter (Tabelle 6.2). Die Redfield-Ratio stellt sich also beim Fehlen von P- oder N-Limitation ein, das heißt bei μ_{max}, bei Lichtlimitation oder bei Limitation durch andere Faktoren.

Erstaunlicherweise sind die N- und P-Gehalte der partikulären organischen Substanz in nährstoffreicheren Gewässern zu Zeiten hoher Phytoplanktonbiomassen wesentlich niedriger. Im Extremfall wurden C:N-Verhältnisse bis 25:1 und C:P-Verhältnisse bis 750:1 gefunden. Eine saubere Analyse ist jedoch nur möglich, wenn es gelingt, die Zellquote der verschiedenen Phytoplanktonarten nach Anwendung geeigneter Trennverfahren (Größenfraktionierung, Trennung im Dichtegradienten) individuell zu bestimmen und zu den Wachstumsraten in Bezug zu setzen. Derartige Untersuchungen erbrachten eindeutige Befunde für Nährstofflimitation (N,P und Si) und für die Anwendbarkeit der Droop-Gleichung (Formel 6.8) in einigen Seen Schleswig-Holsteins (Sommer 1991a, b, Abb. 6.10).

Allgemeine Trends. Trotz der Lückenhaftigkeit der bisherigen Information lassen sich einige teilweise überraschende Befunde feststellen:

● Es kommt in *eutrophen Systemen zu stärkerer Nährstofflimitation als in oligotrophen Systemen.* Das liegt vermutlich daran, daß in oligotrophen Systemen Arten ohne geeignete Anpassungen an niedrige Nährstoffangebote wegen des ganzjährigen Mangel überhaupt nicht auftreten, während sie in eutrophen Systemen zeitweilig gut wachsen können, dann aber immer wieder in Mangelsituationen geraten.

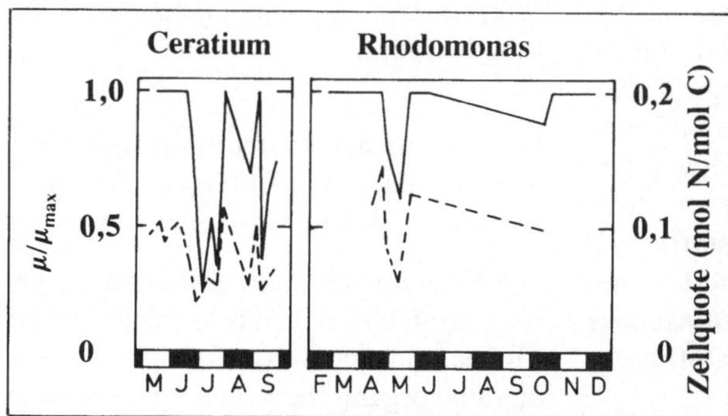

Abb. 6.10. Stickstofflimitation von zwei *Phytoplanktern (Ceratium hirundinella und Rhodomonas minuta)* im Plußsse: - - -: Zellquote des Stickstoffs (mol N/mol C); __: standardisierte Wachstumsrate (μ/μ_{max}) in den Kontrollen ohne Nährstoffanreicherung. Die Standardisierung von μ war nötig, da μ_{max} (Wachstumsrate nach starker Nährstoffanreicherung) jahreszeitlich in Abhängigkeit von Temperatur und Tageslänge schwankte. (Nach Sommer 1991b)

● *N- und P-Limitation* der Wachstumsraten sind episodische Ereignisse (einige Wochen), die immer wieder von Perioden sättigender Nährstoffversorgung unterbrochen werden. Die *Si-Limitation* der Kieselalgen kann in stabil geschichteten Systemen jedoch über die geamte Schichtungsphase anhalten.

● Das *Prinzip des Minimums* gilt nur für *einzelne Arten,* nicht jedoch notwendigerweise für das Gesamtplankton. In vielen limnischen und vermutlich der Mehrheit der marinen Systeme treten verschieden Limitationen gleichzeitig auf, es koexistieren u.U. N-, P- und lichtlimitierte Arten, zusätzlich Si-limitierte Kieselalgen und Phytoplankter mit maximalen Wachstumsraten. Die traditionelle Vorstellung eines Vorherrschens der N-Limitation im Meer und der P-Limitation im Süßwasser ist vereinfacht.

6.3 Die Ernährung des Zooplanktons

6.3.1 Ernährungsweise und Nahrungswahl

Zooplankter sind chemoorgano-heterotrophe Partikelfresser

Zooplankter nehmen partikuläre, organische Nahrung auf. Die Nahrungspartikel sind im Wasser suspendiert und können entweder lebende Organismen (andere Plankter) oder abgestorbene Organismen bzw. Teile davon sein (Detritus). Die partikuläre organische Substanz dient den Zooplanktern als *Kohlenstoffquelle* (Heterotrophie), als *Energiequelle* (Chemotrophie) und als *Reduktionsmittel* (Organotrophie) für ihren Baustoffwechsel.

Substituierbarkeit der Nahrung. Die einzelnen Nahrungspartikel enthalten Kohlenhydrate, Lipide, Proteine und eine Reihe weiterer organischer Verbindungen sowie normalerweise alle für das Zooplankton essentiellen Elemente. Sie sind daher Kombinationspakete, die untereinander substituierbar sind.

Ernährungstypen. Traditionsgemäß unterscheidet man bei Tieren zwischen *Herbivoren* (Pflanzenfressern), *Carnivoren* (Fleischfressern), *Omnivoren* (Allesfressern) und *Detritivoren* (Detritusfressern). Der letzte Begriff ist problematisch, da sich die meisten detritusfressenden Tiere wohl eher von den anhaftenden Mikroorganismen als vom Detritus selbst ernähren.

Unklare Abgrenzung. Im Plankton ist die Abgrenzung dieser Kategorien wesentlich weniger klar als in anderen Lebensgemeinschaften. Viele Zooplankter selektieren eher nach der Größe als nach der funktionellen Zugehörigkeit ihrer Futterorganismen. Da Phytoplankter und Zooplankter sich in ihrer biochemischen Zusammensetzung wesentlich weniger voneinander unterscheiden als terrestrische Tiere und Pflanzen (z.B.: Anteil hochpolymerer Kohlenhydrate wie Zellulose, Protein:Lipid:Kohlenhydrat-Verhältnis) werden auch geringere Unterschiede in der physiologischen Anpassung an tierische und pflanzliche Nahrung benötigt.

Der Modus der Nahrungsaufnahme ist ein wichtigeres Unterscheidungskriterium als die Art des Futters

Die Dichte der Futterpartikel ist zu gering, als daß Zooplankter einfach Wasser trinken und sich durch die darin suspendierten organischen Partikel ernähren könnten. Sie müssen vielmehr ihre Futterpartikel dem Wasser, einer für Plankter zähen Flüssigkeit, entnehmen. Nach der Art der Nahrungsaufnahme unterscheidet man verschiedene Typen:

● *Greifer:* Sie ergreifen ihre Futterpartikel gezielt und einzeln. Die Futterpartikel sind in der Regel relativ groß (mehrere Prozent bis mehr als ein Zehntel der eigenen Körperlänge). Der oft synonym verwendete Begriff „Räuber" drückt eher die Art der Nahrung (lebende Tiere) als die Art des Nahrungserwerbs aus.

● *Leimrutenfänger:* Sie warten auf ein zufälliges Zusammentreffen mit ihrer Beute (z.B. Quallen) und nutzen ebenfalls relativ große Futterpartikel.

● *Strudler:* Strudler erzeugen selbst den Wasserstrom, der ihnen Nahrung zu-
führt. Sie verwerten die im Vergleich zu ihrer Körpergröße kleinsten Partikel (Längenverhälntis etwa von $1:10^4$ bis 10^2).

Das Problem der Filtration. Strudler werden häufig auch als Filtrierer bezeichnet. Allerdings sind nur einige von ihnen echte Filtrierer, d.h. sie entnehmen ihr Futter dem Wasser nach der Art eines Siebes. Das Vorhandensein siebähnlicher Strukturen (Borstenkämme) alleine reicht noch nicht aus, um einen Zooplankter als Filtrierer auszuweisen. Da bei „Maschenweiten" im µm-Bereich Reynolds-Zahlen von ca. 10^{-3} auftreten, muß Druck erzeugt werden, um das Wasser durch siebähnliche Strukturen zu pressen oder zu saugen (vgl. Kap. 3.1.2). Dazu müssen die Filterkämme in einer geschlossenen Kammer operieren (z.B. *Daphnia,* Abb. 6.11) oder einen kompri-

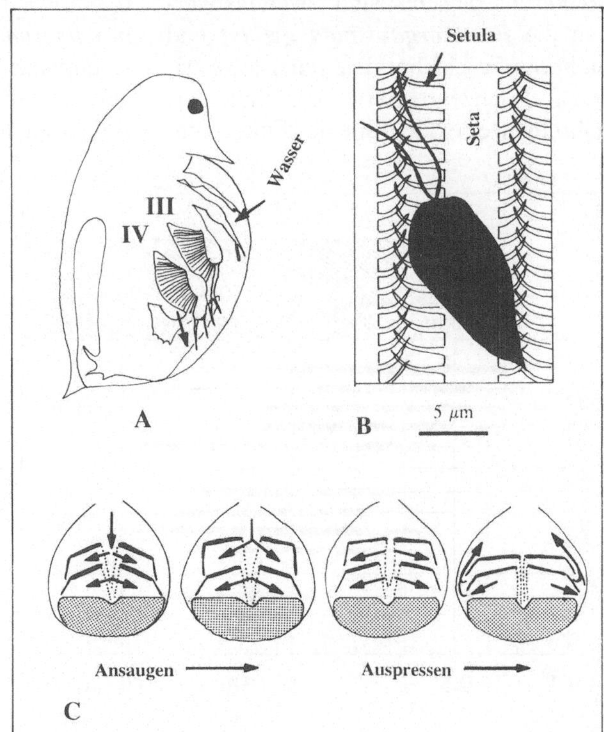

Abb. 6.11. Filtration bei Daphnia: **A** Lage der Filterkämme am 3. und 4. Thorakalbein; **B** Ausschnitt aus dem Filter mit zurückgehaltener Futteralge *(Cryptomonas);* **C** Schema des Filtrationsvorganges, schräger Schnitt im Bereich des 3. und 4. Thorakalbeinpaares

mierbaren Korb bilden (z.B. *Euphausia*). Filterkammartige Strukturen, die sich frei im Wasser bewegen, (z.B. „herbivore" *Copepoden*) erzeugen allenfalls einen geringen Staudruck im Wasser und werden größtenteils seitlich umflossen, da das Wasser ausweichen kann. Bei den Copepoden dienen die Borstenkämme eher dazu, einen Wasserstrom zu den Mundgliedmaßen zu erzeugen, die dann die Futterpartikel ergreifen. Dieses Ergreifen kann durch elektrostatische Anziehung oder klebrige Oberflächenbeschaffenheit erleichtert sein.

Die meisten Zooplankter fressen ihre Futterpartikel zur Gänze auf

Aus dem vollständigen Verzehr der Futterpartikel ergeben sich zwei Konsequenzen. Erstens fressen Zooplankter in der Regel nur *Futterorganismen,* die *kleiner* als sie selbst sind, zweitens werden die *Futterorganismen getötet* und nicht nur beschädigt. Die unter terrestrischen Pflanzenfressern verbreitete Ernährungsweise, nur Teile des Futterorga-

nismus abzubeißen und zu verzehren, ist im Plankton ein seltener Ausnahmefall, z.B. beim Rädertier *Ascomorpha,* das die Hörner des Dinoflagellaten *Ceratium* abbeißen kann.

Das Futterspektrum der Filtrierer ist im wesentlichen durch die Partikelgröße definiert

Filtrierer sind nicht in der Lage, gezielt bestimmte Partikel zu fressen. Die Auswahl der Futterpartikel erfolgt ausschließlich nach mechanischen Gesichtspunkten und ist im wesentlichen größenabhängig (Abb. 6.12).

Untere Größengrenze. Sie ist durch die „Maschenweite" des Filtrationsapparates (*Intersetulardistanz,* Abstand zwischen der Setulae) definiert. Die engsten Maschenweiten betragen etwa 0,2 bis 0,3 µm (Cladoceren: *Diaphanosoma brachyurum, Chydorus sphaericus, Ceriodaphnia quadrangula*) und ermöglichen es, auch die kleinsten aquatischen Bakterien zu filtrieren. Maschenweiten

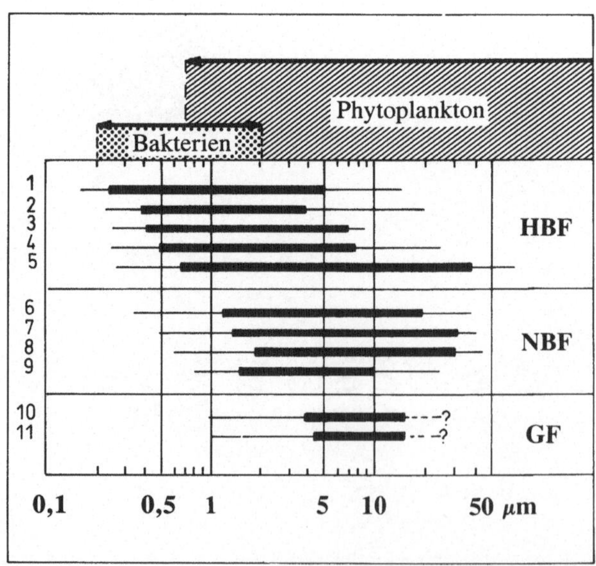

Abb. 6.12. Größenspektrum der Futterpartikel für Cladoceren: *HBF* Hocheffiziente Bakterienfiltrierer: *1 Diaphanosoma brachyurum, 2 Chydorus sphaericus, 3 Ceriodaphnia quadrangula, 4 Daphnia cucculata, 5 Daphnia magna; NBF* Niedrigeffiziente Bakterienfiltrierer: *6 Daphnia galeata, 7 Daphnia pulicaria, 8 Daphnia hyalina, 9 Bosmina coregoni; GF* Grobfiltrierer: *10 Holopedium gibberum, 11 Sida cristallina.* (Nach Abb. 5 aus Geller und Müller 1981)

um 1 µm (die meisten *Daphnia* spp.) reichen, um die meisten der Picophytoplankter sowie besonders große Bakterien zu fressen. Grobmaschige Filtrierer (die Cladoceren *Holopedium gibberum* und *Sida cristallina* sowie große Filtrierer, z.B. *Euphausia*) haben Maschenweiten von mehreren µm und können nur Nano- aber keine Picoplankter filtrieren.

Eine kleine Maschenweite hat den Vorteil, auch die normalerweise besonders häufigen kleinen Futterpartikel nutzen zu können. Sie hat aber den Nachteil, daß der Strömungswiderstand im Filter besonders groß ist, und deshalb nur geringere Wassermengen filtriert werden können als bei grobmaschigen Filtrierern.

Obere Größengrenze. Die obere Größengrenze ist weniger gut definiert und hängt bei langen, dünnen Partikeln auch von der Orientierung im Filtrationsstrom ab. Große Partikel können entweder schon vor dem Eintritt in die Filterkammer ausgeschlossen werden, etwa wenn bei Cladoceren die Spalte zwischen den Carapaxhälften zu schmal ist. Sie können aber auch verworfen werden, wenn sie in den Bereich des Mundes geraten und für die Öffnungsweite der Mandibeln zu groß sind. Da dieses Verwerfen den Fütterungsprozeß insgesamt stört, können einige Cladoceren beim Auftreten von Fadenalgen ihre Carapaxspalte verengen (Gliwicz und Siedlar 1980).

Greifende Zooplankter können ihr Futter nach chemischen Kriterien auswählen

Bietet man Filtrierern Futterpartikel gleicher Größe aber unterschiedlicher Qualität an, so werden sie in dem Verhältnis aufgenommen, in dem sie angeboten werden. Das gilt sogar in dem Extrem-

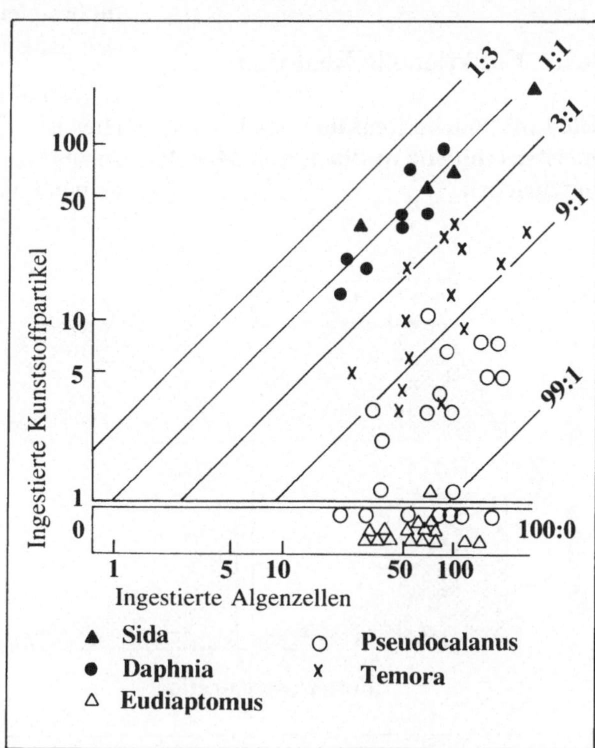

Abb. 6.13. Nahrungswahl von Cladoceren *(Sida cristallina, Daphnia galeata)* und Copepoden *(Eudiaptomus* spp., *Pseudocalanus* sp., *Temora longi cornis)* bei einem 1:1-Angebot von Kunstoffpartikeln und Algenzellen. (Nach Abb. 4 aus deMott 1988)

fall, in dem ein „Futterpartikel" komplett nutzlos ist, z.B. Kunststoffkügelchen. Früher als Filtrierer angesehene „herbivore" Copepoden können jedoch aus einem 1:1-Gemisch von gleich großen Kunststoffpartikeln und Futteralgen selektiv die Algenzellen herausgreifen (Abb. 6.13).

Copepoden erkennen ihr Futter an chemischen Qualitäten („Geschmack"), was sich z.B. dadurch zeigen läßt, daß sie Kunststoffpartikel, die in einer dichten Algenkultur etwas „Algengeschmack" angenommen haben, gegenüber normalen Kunststoffpartikeln bevorzugen. Sie können auch zwischen getöten und lebenden Algen desselben Klons unterscheiden und fressen bevorzugt die lebenden Zellen. In Übereinstimmung mit den theoretischen Überlegungen zur *Optimierung der Nahrungswahl* nimmt ihre Selektivität mit abnehmendem Futterangebot ab.

6.3.2 Funktionelle Reaktion

Die funktionelle Reaktion wird meistens mit einem Blackman-Modell beschrieben

Die *Ingestionsrate (I)* gibt an, wie viel Futter ein Individuum pro Zeiteinheit frißt. Für den Sättigungskoeffizienten Sk wird häufig der Begriff *„incipient limiting level" (ILL)* verwendet. Oberhalb des ILL ist die Ingestionsrate unabhängig vom Futterangebot. Unterhalb des ILL steigt die Ingestionsrate linear mit der Futterdichte an (Abb. 6.14). Das wird dann erreicht, wenn die pro Zeiteinheit „leergefressene" Wassermenge konstant ist. Typische Werte für den ILL von Daphnien liegen zwischen 0,2 und 0,5 mg C $\cdot$ l^{-1} (Lampert 1987).

Messung der Ingestionsrate. Die Ingestionsrate kann entweder durch die Abnahme der Futterkonzentration in der Suspension oder durch die Aufnahme radioaktiv markierten Futters gemessen werden.

● **Abnahme der Futterkonzentration:** Bei dieser Methode wird eine Korrektur für das gleichzeitige Wachstum von Futterorganismen benötigt.

● **Aufnahme von radioaktivem Futter:** Hier ist auf kurze Expositionszeiten zu achten, da ansonsten ingestierte Radioaktivität wieder ausgeschieden wird.

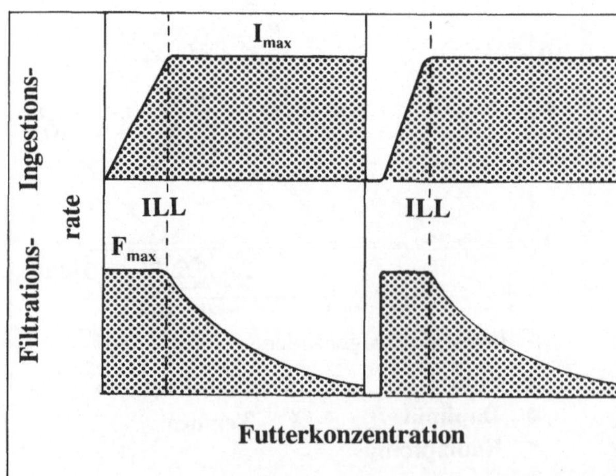

Abb. 6.14. Abhängigkeit der Ingestionsrate und der Filtrationsrate von der Futterkonzentration; *links* ohne Schwellenwert, *rechts* mit Schwellenwert

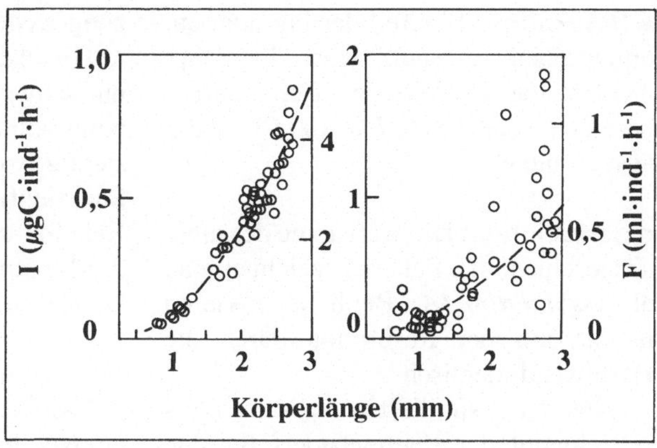

Abb. 6.15. Ingestionsrate (*linke Skala*, in µg C · Ind⁻¹ · h⁻¹) und Filtrationsrate (*rechte Skala*, in ml · Ind⁻¹ · h⁻¹) in Abhängigkeit von der Körpergröße von *Daphnia pulex*. *Links* limitierendes Futterangebot (0,17 mg C · l⁻¹), *rechts* sättigendes Futterangebot (1,5 mg C · l⁻¹). (Nach Abb. 7a aus Geller 1975)

Ein weiterer Unterschied tritt dadurch auf, daß bei der ersten Methode Futterorganismen miterfaßt werden, die beim Fütterungsprozeß getötet aber nicht ingestiert werden (*„sloppy feeding"*).

Die Filtrationsrate nimmt mit der Futterkonzentration ab

Im deutschen Sprachraum wird die pro Zeiteinheit leergefressene Wassermenge als *„Filtrationsrate" (F)* bezeichnet, auch dann, wenn es sich bei dem untersuchten Zooplankter nicht um einen echten Filtrierer handelt. Besser wäre der von einigen englischsprachigen Autoren verwendete Begriff „clearance rate", da er gegenüber dem Mechanismus des Nahrungserwerbs neutral ist. Außerdem wird niemals der echte Wasserdurchsatz durch den Filtrationsapparat bestimmt, es wird vielmehr aus der Ingestionsrate und der Futterkonzentration hochgerechnet, in welchem Volumen das ingestierte Futter suspendiert war.

Die Filtrationsrate ist bei Futterkonzentrationen unterhalb des ILL maximal, danach nimmt sie mit dem Kehrwert der Futterkonzentration ab.

Gelegentlich wird auch ein Schwellenwert der Futterkonzentration für Filtrations- und Ingestionsraten gefunden.

Sein Anpassungswert wird damit erklärt, daß bei niedrigen Futterkonzentrationen der Energieaufwand für das Fressen höher wäre als der Energiegewinn.

Filtrations- und Ingestionsraten sind größenabhängig

Bei Zooplanktern der gleichen Art und bei gleichem Futterangebot nehmen die Ingestions- und Filtrationsraten der Zooplankter in der Regel mit der zweiten bis dritten Potenz der Körperlänge zu (Abb. 6.15). Eine Zunahme mit der zweiten Potenz würde bei geometrischer Ähnlichkeit der Zunahme der Filterfläche entsprechen, eine Zunahme mit der dritten Potenz würde der Zunahme der Körpermasse entsprechen.

6.3.3. Assimilation und Produktion

Nur ein Teil des ingestierten Futters wird zum Wachstum genutzt

Im Gegensatz zu autotrophen Organismen bilden Tiere keine organische Substanz neu, sondern bauen organische Substanz nur um. Die ingestierte Substanz wird auf eine Reihe von Prozessen aufgeteilt:

● **Defäkation:** Ein Teil der ingestierten, organischen Substanz wird überhaupt nicht in das Gewebe des Tieres aufgenommen, sondern als *Faeces (F)* wieder ausgeschieden.

● **Assimilation:** Die Aufnahme des nicht ausgeschiedenen Futters bezeichnet man als *Assimilation (A).* Bei höheren Tieren ist sie mit der Resorption durch die Darmwand identisch.

Aus der assimilierten Nahrung müssen sowohl der Energiebedarf für den Stoffwechsel als auch der Stoff- und Energiebedarf für das Wachstum gedeckt werden.

● **Respiration:** Die für alle Lebensprozesse benötigte Energie wird meist durch die *Respiration (R),* seltener durch die Vergärung organischer Substanzen gewonnen, d.h. die Energiebeschaffung führt zu einem Verlust an assimilierter Substanz.

● **Exkretion:** Bei metabolischen Umsetzungen entstehen nicht verwertbare organische Abfallprodukte, die durch *Exkretion (E)* aus dem Körper entfernt werden müssen.

● **Produktion:** Respiration und Exkretion sind also metabolische Verluste, die bewirken, daß die *Produktion (P)* eigener Körpersubstanz hinter der Assimilation zurückbleibt.

$$A = I - F \qquad \text{(Formel 6.12)}$$

$$P = A - R - E \qquad \text{(Formel 6.13)}$$

Produktionsmessung. Die Produktion läßt sich als Zunahme der Körpermasse von Individuen messen. Die Respiration ließe sich theoretisch durch die Freisetzung von CO_2 und die Zehrung von O_2 messen. Praktisch ist die CO_2-Freiset-

zung wegen des komplexen Kohlensäure-Gleichgewichtssystems im Wasser nur schwer zu messen. Bei der Umrechnung von Sauerstoffwerten muß berücksichtigt werden, daß die in der üblichen Summenformel angegebene äquimolare Relation zwischen O_2 und CO_2 nur bei der Veratmung von Kohlenhydraten gilt. Der *respiratorische Quotient* (RQ = mol CO_2/mol O_2) kann bei der überwiegenden Veratmung von Lipiden bis auf ca. 0,7 sinken. Exkretion und Defäkation können bei Zooplanktern kaum direkt gemessen werden, es sei denn, sie bilden stabile Kotballen wie marine Copepoden. Die Assimilationsrate kann als Einbaurate von ^{14}C in das Gewebe gemessen werden, wenn eine Korrektur für ausgeschiedenes ^{14}C vorgenommen wird (Peters 1984).

Energienutzung. Die Effizienz der Energienutzung läßt sich durch verschiedene Quotienten ausdrücken:

● **Assimilationseffizienz (AQ):** Sie gibt an, wie viel vom ingestierten Futter assimiliert wird:

$$AQ = \frac{A}{I} \qquad \text{(Formel 6.14)}$$

● **Brutto-Wirkungsgrad (K_1):** Er gibt an, wie viel von der ingestierten Energie für die Produktion genutzt wird:

$$K_1 = \frac{P}{I} \qquad \text{(Formel 6.15)}$$

● **Netto-Wirkungsgrad (K_2):** Er gibt an, wie viel von der assimilierten in die Produktion fließt:

$$K_2 = \frac{P}{A} \qquad \text{(Formel 6.16)}$$

Brutto-Wirkungsgrad. Er hängt stark von der Verdaulichkeit des Futters ab und ist deshalb sehr variabel. Vor allem Filtrierer nehmen neben lebenden Futterpartikeln oft viel Detritus auf, der hohe Anteile unverdaulicher Makromoleküle (z.B. Zellulose) enthält. Lebende Phytoplankter mit einer Gallerthülle sind häufig ebenfalls unverdaulich und müssen ausgeschieden werden. K_1 liegt unter natürlichen Bedingungen häufig zwischen 0,05 und 0,2, kann aber unter Laborbedingungen bei Fütterung mit Reinkulturen gut verwertbarer Futterorganismen höher sein. Neben der Futterqualität ist auch das ontogenetische Entwicklungsstadium der Zooplankter wichtig für den Bruttowirkungsgrad (Abb. 6.16).

Netto-Wirkungsgrad. Der Netto-Wirkungsgrad hängt ebenfalls von der Qualität des Futters ab und kann im Idealfall bis zu 0,7 betragen. Unter Freilandbedingungen sind Werte zwischen 0,3 und 0,4 realistisch.

Die Produktionsmessung im Freiland benötigt indirekte Methoden

Unter Freilandbedingungen ist es unmöglich, die Entwicklung einzelner Individuen zu verfolgen und ihre Massenzunahme zu messen. Die Biomassenzunahme von Populationen hingegen wäre eine Unterschätzung ihrer Produktionsleistung, da zwischen den Probennahmen Individuen gefressen werden oder aus anderen Gründen sterben (weiterführende Literatur: Downing und Rigler 1984).

Kohorten-Analyse. Eine verhältnismäßig einfache Produktionsschätzung ist dann möglich, wenn Klassen von Tieren, die ungefähr gleichzeitig geboren worden sind *(Kohorten)* verfolgt werden können. Die Produktionsberechnung beruht darauf, daß innerhalb eines Zeitintervalls die Tiere einer Kohorte wachsen, aber gleichzeitig in ihrer Zahl abnehmen. Die Produktion einer Kohorte (P_k) im Zeitintervall t_1 bis t_2 bestünde dann aus dem Produkt der mittleren Massenzunahme der Individuen (M_2-M_1) im Probenintervall und der mittleren Individuendichte (N) der Kohorte innerhalb des Probenintervalls. Bei exponentiellen Veränderungen der Individuendichte muß der geometrische Mittelwert eingesetzt werden.

$$P_k = \frac{(M_2 - M_1)\,(\sqrt{N_1 \cdot N_2})}{t_2 - t_1} \quad \textbf{(Formel 6.17)}$$

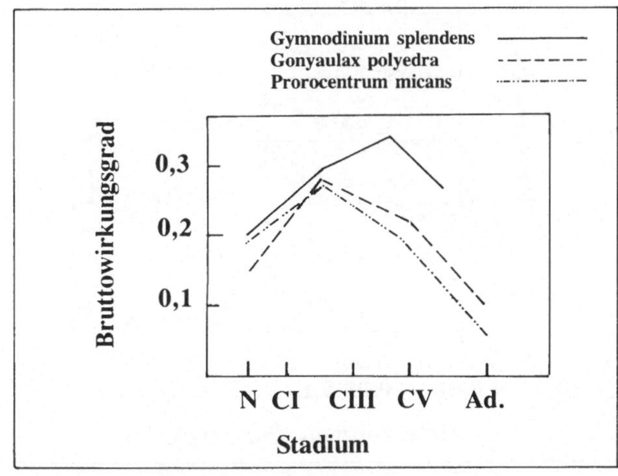

Abb. 6.16. Bruttowirkungsgrad der Nahrungsverwertung verschiedener Entwicklungsstadien (*N* Nauplius, *C* Copepodid, *Ad* Adult) des marinen Copepoden *Calanus helgolandicus* bei Fütterung mit verschiedenen Dinoflagellaten. (Nach Paffenhöfer 1976)

Die Gesamtproduktion einer Population wird dann durch die Summe der Produktion der einzelnen Kohorten berechnet.

Ausnutzung der Größenverteilung. Kohorten lassen sich allerdings nur dann verfolgen, wenn die Geburten innerhalb einer Population synchronisiert sind, z.B. einmal oder wenige Male im Jahr. Bei vielen Zooplanktern finden Geburten jedoch laufend statt *(kontinuierliche Reproduktion)*. In diesem Fall kann man die einzelnen Individuen keiner Geburtszeit zuordnen und nicht ihr Alter bestimmen. Anstelle von Altersstadien können wir nur die Größen- bzw. Massenverteilung innerhalb einer Population analysieren. Es ist jedoch nicht möglich, festzustellen, welcher Größen- bzw. Massenklasse die Individuen bei früheren Probennahmen angehört haben. Dazu ist es nötig, experimentell zu bestimmen, wie lange es dauert, bis ein Individuum von einer Massenklasse in die

nächsthöhere wächst. Daraus läßt sich eine tägliche Massenzunahme für Individuen einer bestimmten Massenklasse berechnen. Diese lassen sich für die gesamte Population aufsummieren. Die Grenze dieser Methode liegt darin, daß die tägliche Massenzunahme einer bestimmten Massenklasse von einer Reihe von Umweltfaktoren abhängig ist und der experimentelle Aufwand zur Erfassung aller wichtigen Einflußgrößen sehr hoch wird, wenn diese Methode unter variablen Umweltbedingungen angewandt werden soll.

Für die Produktion werden Minimalkonzentrationen der Nahrung benötigt

Tiere müssen auch dann atmen, wenn der Energiegewinn durch die Assimilation kleiner ist als der Energieverlust durch die Atmung. Das Tier muß also

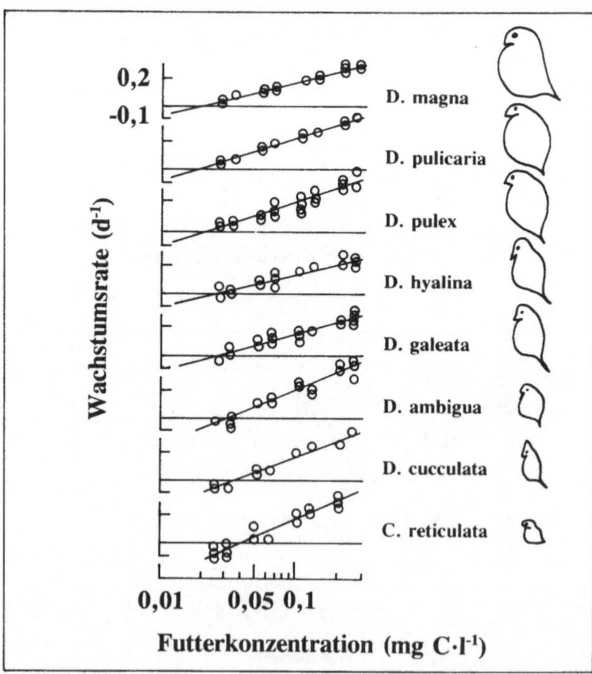

Abb. 6.17. Somatische Wachstumsrate von unterschiedlich großer Cladoceren der Gattungen *Daphnia* und *Ceriodiaphnia* in Abhängigkeit von der Futterkonzentration. (Nach Gliwicz 1990)

von seiner Körpersubstanz zehren, es kommt zu einem negativen Wachstum der Körpermasse. Daraus resultiert ein **Schwellenwert** der Nahrungskonzentration, der ähnlich wie der Kompensationspunkt bei der Photosynthese-Licht-Beziehung angibt, bei welcher Nahrungskonzentration die Assimilationsrate und die Rate der metabolischen Verluste (Respiration und Exkretion) gleich hoch sind.

Eine vergleichende Untersuchung verschiedener Vertreter der nahe verwandten Cladocerengattungen *Daphnia* und *Ceriodaphnia* zeigte, daß dieser Schwellenwert mit zunehmender Körpergröße abnimmt (Abb. 6.17). Wenn sich dieser Befund auf andere Zooplanktontaxa verallgemeinern ließe, so hieße daß, daß größere Tiere resistenter gegen Hungerbedingungen sind.

6.3.4 Numerische Reaktion

Die Vermehrung der Zooplankter kann nahrungslimitiert sein

Körper- vs. Fortpflanzungsproduktion. Vor Erreichen der Geschlechtsreife wird die gesamte Produktion eines Tieres in *somatisches Wachstum* investiert. Nach Erreichen der *Geschlechtsreife* wird ein Teil davon in die *Bildung von Nachkommen* investiert. Die Aufteilung zwischen Körper- und Fortpflanzungsproduktion ist ein wesentliches Merkmal der *„Lebenszyklusstrategie"* eines Organismus und wird von der natürlichen Selektion optimiert. Es gibt Zooplankter, die zeitlebens wachsen und nur einen Teil ihrer Energie in die Produktion von Nachkommen investieren, während andere mit Erreichen der Geschlechtsreife ihr Wachstum einstellen und nur noch Eier produzieren (Copepoden).

Geburtenrate. Die Geburtenrate eines Zooplankters hängt einerseits von der Häufigkeit der Eiablage und andererseits von der Zahl der Eier pro Gelege ab. Die Entwicklungsdauer von Eiern und damit der Abstand zwischen den einzelnen Gelegen hängt von der Temperatur ab, oder aber der Zeitpunkt der Anlage von Eiern ist jahreszeitlich festgelegt. Demgegenüber hängt die Zahl pro Gelege in Form einer Sättigungsfunktion vom Nahrungsnagebot ab.

Quantität und Qualität des Futters. Meistens wird das Nahrungsangebot als partikuläre organische **Kohlenstoffkonzentration** (z.B. mg POC · l^{-1}) oder in Energieäquivalenten angegeben. Tatsächlich ist der Zusammenhang zwischen der Geburtenrate und einem Summenmaß für das Futter nur so lange einheitlich, so lange die Qualität der Nahrungspartikel gleich bleibt. Jede Verminderung der Ingestierbarkeit, des Brutto- und des Netto-Wirkungsgrades gegenüber dem „Idealfutter" vermindert natürlich auch die Geburtenrate. So zeigte das Rädertier *Brachionus calyciflorus* bei verschiedenen Phytoplanktonarten deutlichunterschiedliche Populations-Wachstumsraten bei gleichem Kohlenstoffangebot (Abb. 6.18). Im Fall der Grünalge *Chlorella minutissima* (2 µm) führte die geringe Zellgröße zu einer verminderten Ingestierbarkeit, während mit der Kieselalge *Cyclotella meneghiniana* (um 10 µm) optimales Wachstum erzielt wurde. Für den geringeren Wachstumserfolg bei den annähernd gleich großen Grünalgen dürfte entweder die unverdauliche Zellulose in der Zellwand oder eine ungünstigere biochemische Zusammensetzung (weniger Lipide, mehr Kohlenhydrate) verantwortlich gewesen sein.

Limitation durch andere Elemente. Neuerdings ist ein weiterer wichtiger

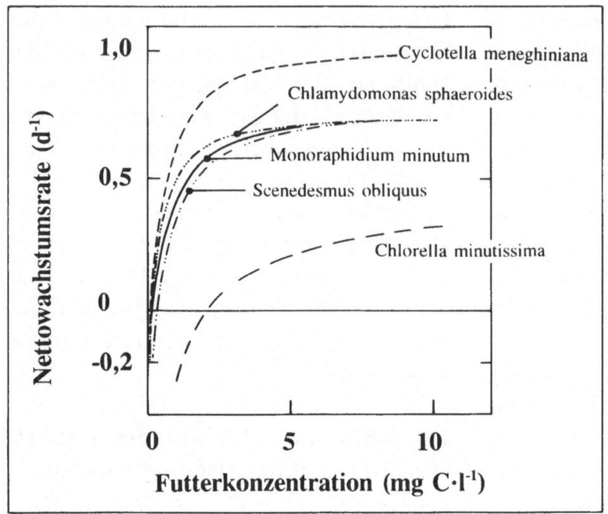

Abb. 6.18. Numerische Reaktion (gemessen als Nettowachstumsrate) des Rädertiers *Brachionus calyciflorus* auf verschiedene Futteralgen. (Nach Abb. 2.20 aus Rothaupt 1988b)

Aspekt der Futterqualität bekannt geworden. Die Vermehrung von Zooplanktern kann auch von anderen biogenen Elementen als von Kohlenstoff limitiert sein. Wenn Phytoplankter nährstofflimitiert wachsen, sinkt bei zunehmender Limitation die Zellquote des limitierenden Nährstoffs ab (Formel 6.7). Zooplankter hingegen haben eine relativ starre stöchiometrische Zusammensetzung. Daher kann es dazu kommen, daß bei niedrigen Zellquoten aber hohem Futterangebot Zooplankter zwar ihre maximale Ingestionsrate erreichen, aber in dem ingestierten Futter zu wenig von einem Nährelement enthalten ist, um damit ihre maximale Wachstumsrate zu erzielen. Das Futter enthält dann überschüssigen Kohlenstoff, der nicht verwertet werden kann. Es kommt also zu einer *Fortpflanzung der Nährstofflimitation* von den Algen auf das Zooplankton.

Bei Daphnien tritt dieser Effekt etwa bei einer Phosphor-Zellquote von <0,005 mol P/mol C auf. Bei einer P-Zellquote unterhalb von 0,001 mol P/mol C werden überhaupt keine Eier mehr gebildet (Abb. 6.19). Allerdings

treten derartig niedrige Zellquoten in der Natur nur episodisch und als Extremereignisse auf (vgl. Kap. 6.2.8).

6.4 Die Ernährung des Bakterioplanktons

6.4.1 Photosynthese (unter Ausschluß der Cyanobakterien)

Photosynthetische Bakterien sind auf den oberen Rand sauerstofffreier Schichten beschränkt

Anoxygene Photosynthese. Im Gegensatz zur oxygenen Photosynthese der Blaualgen, Algen und höheren Pflanzen verwendet die anoxygene Photosynthese der grünen und der Purpurbakterien nicht Wasser, sondern Schwefelwasserstoff oder Wasserstoff als Elektronendonator. Ansonsten sind die grundsätzlichen Ressourcen identisch: CO_2 als Kohlenstoffquelle und Licht als Energiequelle. Die anoxygene Photosynthese ist die stammesgeschichtlich ältere Form der

Abb. 6.19. Abhängigkeit der Geburtenrate von *Daphnia galeata* vom P-Gehalt der Futteralge *Scenedesmus acutus*. (Originalzeichnung nach Daten aus Sommer 1992)

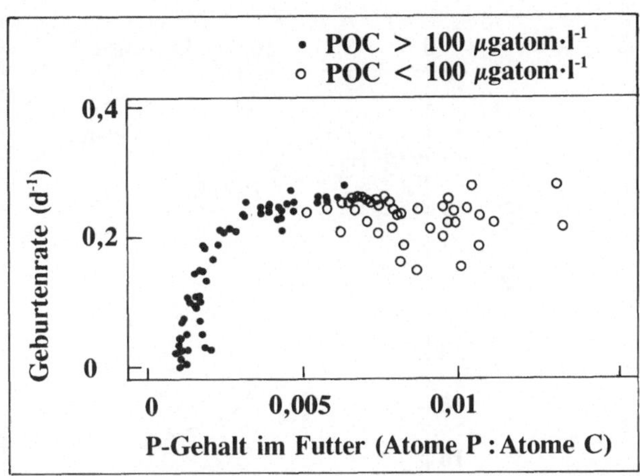

Photosynthese. Unter den reduzierenden Bedingungen der frühen Erde waren in der gesamten Hydrosphäre Schwefelwasserstoff und Licht gleichzeitig vorhanden.

Räumliche Eingrenzung unter rezenten Bedingungen. Im Gefolge der Evolution der oxygenen Photosynthese kam es jedoch zur Entwicklung einer oxidierenden Atmosphäre und Hydrosphäre. In Anwesenheit von Sauerstoff werden jedoch H_2S und H_2 sowohl biologisch als auch chemisch oxidiert und aufgezehrt. Da Sauerstoff durch die Photosynthese gebildet wird, schließen nunmehr die Energiequelle (Licht) und die Reduktionsmittel (H_2S, H_2) der bakteriellen Photosynthese einander tendenziell aus. Die *bakterielle Photosynthese* ist auf jene *enge vertikale Zone* begrenzt, in der einerseits gerade noch genug Licht für die Photosynthese vorhanden ist, in der aber andererseits ein Überwiegen sauerstoffzehrender Prozesse für die Aufrechterhaltung reduzierender Bedingungen sorgt. In Gewässern mit anaerobem Tiefenwasser ist das der obere Rand der sauerstoffreien Schicht (Abb. 6.20).

Quellen der Elektronendonatoren. In den meisten Gewässern werden H_2S und H_2 durch den anaeroben Abbau organischer Substanzen gebildet. Ebenso können die reduzierenden Bedingungen, unter denen H_2S und H_2 erhalten bleiben, im allgemeinen nur durch den Abbau von organischem Material aufrecht erhalten werden. Die bakterielle Photosynthese ist daher auf eine *vorangegangene Primärproduktion* außerhalb des unmittelbaren Lebensraums der photosynthetischen Bakterien angewiesen. Der *Import* in den Lebensraum der Bakterien kann entweder durch Sedimentation autochthon entstandenen Materials aus dem sauerstoffhaltigen Oberflächenwasser oder durch alochthonen Eintrag von außerhalb des Gewässers erfolgen. Eine Ausnahme stellen vulkanische H_2S-Quellen *(Solfataren)* dar. In diesem Fall kommt es lokal zu Bedingungen, die denen der frühen Erde ähnlich sind und unter denen eine „unabhängige" bakterielle Primärproduktion möglich ist.

Photosynthetische Bakterien müssen mit wenig Licht auskommen

Sättigungskoeffizienten. Der Lebensraum photosynthetischer Bakterien befindet sich unterhalb des Lebensraumes der Phytoplankter. Sie sind damit auf das

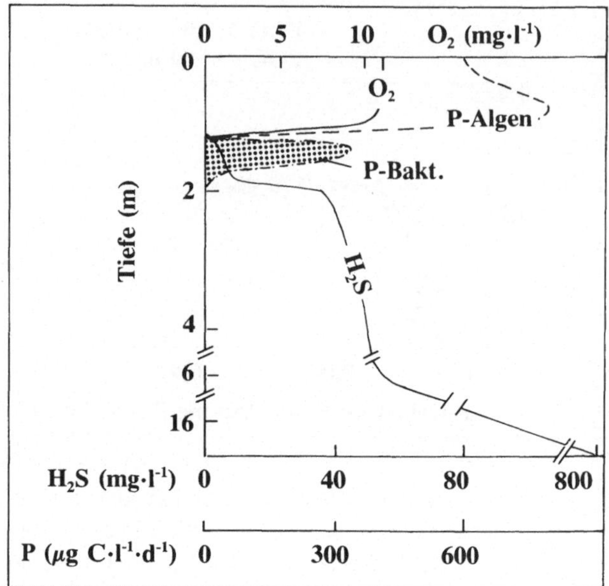

Abb. 6.20. Vertikalverteilung des Sauerstoffs, des Schwefelwasserstoffs, der bakteriellen *(P-Bakt.)* und der Algenphotosynthese *(P-Algen)* im Juli 1971 im See Wesovoje. (Nach Abb. 10 aus Kusnetzow 1977)

Restlicht angewiesen, das durch die phytoplanktonhaltigen Wasserschichten eindringen kann. *Purpurbakterien* haben Sättigungskoeffizienten (I_k, vgl. Kap. 6.2.3) von 25–70 µE · m⁻² · s⁻¹, die üblicherweise darunter eingeschichteten *grünen Schwefelbakterien* hingegen von 20–25 µE · m⁻² · s⁻¹. Diese Werte sind mit schwachlichtspezialisierten Algen vergleichbar. Sie liegen jedoch nicht niedriger als die Sättigungskoeffizienten der extremsten Schwachlichtspezialisten unter den Phytoplanktern.

Spektrale Optima. Wichtiger noch als die I_k-Werte sind die gegenüber den Phytoplanktern verschobenen spektralen Optima: 700 bis 750 nm für die grünen Schwefelbakterien und >800 nm für die Purpurbakterien (Abb. 6.21). In diesen Bereichen absorbiert das Phytoplankton nur schwach.

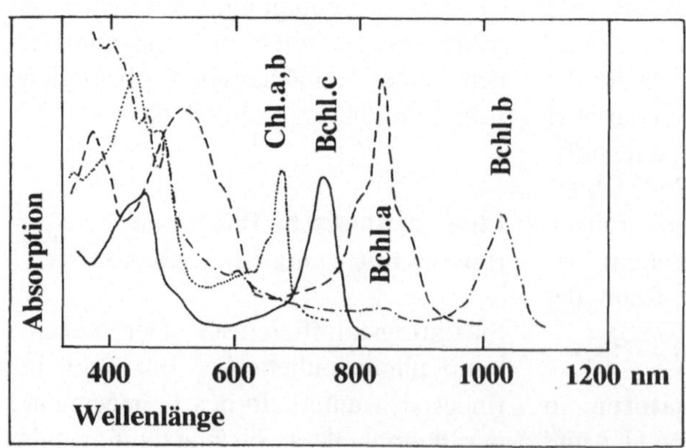

Abb. 6.21. In-vivo Absorptionsspekteren der Grünalge *Chlorella* (Chlorophyll a und b), des grünen Schwefelbakteriums *Chlorobium limicola* (Bacteriochlorophyll c) und der Purpurbakterien *Chromatium okenii* (Bacterionchlorophyll a) und *Thiocapsa pfennigii* (Bacteriochlorophyll b). (Nach Pfennig 1989)

6.4.2 Chemosynthese

Chemolithoautotrophe Bakterien nutzen anorganische Redox-Reaktionen als Energiequelle des Anabolismus

Für die Energiegewinnung der Chemosynthese werden anorganische Reduktionmittel (Elektronendonator) sowie Oxidationsmittel benötigt. Als Elektronendonatoren können die niedrigen Oxidationsstufen der folgenden Elemente dienen:

- **Wasserstoff:** H_2
- **Kohlenstoff:** CO
- **Schwefel:** S_2, S^{2-}, $S_2O_3^{2-}$, SO_3^{2-}
- **Stickstoff:** NH_4^+, NO^{2-}
- **Eisen:** Fe^{2+}
- **Mangan:** Mn^{2+}

Als Oxidationsmittel kommen neben dem Sauerstoff auch oxidierte Stickstoffverbindungen (inbesondere Nitrat), oxidierte Schwefelverbindungen (inbesondere Sulfat) und Kohlendioxid in Frage. Verbindungen mittlerer Oxidationsstufe (z.B. Thiosulfat) können sowohl als Oxidations- als auch als Reduktionsmittel eingesetzt werden. Außerdem können manche chemolithoautotrophen Bakterien ihre Energie auch aus der Disproportionierung (Vergärung) von Verbindungen mittlerer Oxidationsstufe gewinnen. Im folgenden sind einige chemolithotrophe Reaktionen genannt:

- **Sauerstoff als Elektronenakzeptor:**
$$NH_4^+ + 3/2\ O_2 = NO_2^- + 2\ H^+ + H_2O$$

- **Nitrat als Elektronenakzeptor:**
$$5\ S^{2-} + 8\ NO_3^- + 8\ H^+ = 5\ SO_4^{2-} + 4\ N_2 + 4\ H_2O$$

- **Sulfat als Elektronenakzeptor:**
$$4\ H_2 + SO_4^{2-} = S^{2-} + 4\ H_2O$$

- **Kohlendioxid als Elektronenakzeptor:**
$$4\ H_2 + CO_2 = CH_4 + 2\ H_2O$$

- **Disproportionierung:**
$$S_2O_3^{2-} + H_2O = SO_4^{2-} + H_2S$$

Die Vertikalverteilung der Chemosynthetiker hängt von der Verteilung der Elektronendonatoren und -akzeptoren ab

Quellen der Elektronendonatoren. Die wesentlichsten natürlichen Quellen der reduzierten Ausgangssubstanzen sind einerseits *vulkanische Gase* (Wasserstoff, Kohlenmonoxid, reduzierte Schwefelverbindungen) und andererseits der *anaerobe Abbau organischer Substanzen* (Wasserstoff, Kohlenmonoxid, reduzierte Schwefel- und Stickstoffverbindungen). Wasserstoff und Ammonium werden allerdings nicht nur im anaeroben Milieu bereitgestellt. Ammonium wird durch die *Exkretion von Tieren* in das aerobe Wasser abgegeben, Wasserstoff entsteht auch als *Abfallprodukt der N2-Fixierung* von Blaualgen. Zusätzliche Inputs reduzierter Substanzen kommen aus *industriellen und häuslichen Abgasen,* aus *Kläranlagen,* der *Landwirtschaft* und aus dem Sickerwasser *sulfidischer Erzlagerstätten.*

Beschränkung auf Grenzzonen. Da die reduzierten Substrate der chemosynthetischen Organismen auch spontan oxidieren können, kommt die Chemosynthese vor allem in Grenzzonen zum Tragen, wo von oben Oxidationsmittel und von unten Reduktionsmittel nachdiffundieren. In Gewässern mit durchgehend sauerstoffhaltigem Wasser sind das die *Sediment-Wasser-Grenze* oder die obersten Millimimeter des Sediments. In Gewässern mit anaerobem Tiefenwasser ist

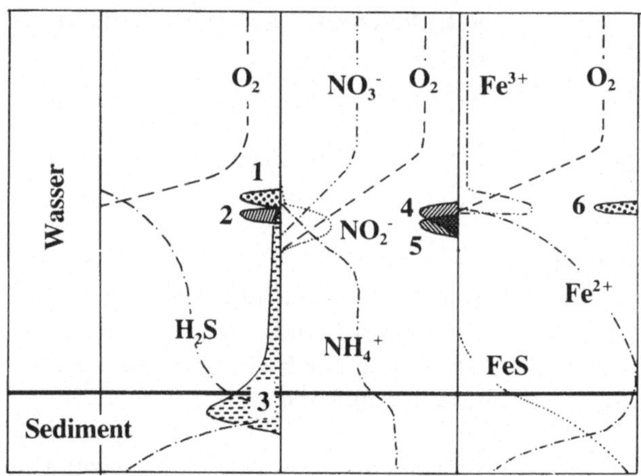

Abb. 6.22. Idealisierte Vertikalverteilung der Oxidationsstufen von S, N und Fe sowie der davon abhängigen Bakteriengruppen in einem Gewässer mit anaerober Tiefenzone: 1 sulfidoxidierende Chemotrophe (z.B. *Thiobacillus*); 2 phototrophe Schwefelbakterien (z.B. *Chromatium*); 3 sulfatreduzierende Heterotrophe (z.B. *Desulfovibrio*); 4 nitritoxidierende Chemotrophe (z.B. *Nitrobacter*); 5 ammoniumoxidierend Chemotrophe (z.B. *Nitrosomonas*); 6 eisenoxidierende Chemotrophe (z.B. *Ferrobacillus*)

das die chemische Sprungschicht *(Chemokline)*. Da die Konzentrationensgradienten im Sediment oder an der Sediment-Wasser-Grenze viel steiler sind als im freien Wasser, spielen chemosynthetische Organismen im Benthos auch eine wesentlich größere Rolle als im Plankton.

Schwefeloxidation. Wegen der Konkurrenz mit der spontanen Oxidiation sind vor allem *schwefeloxidierende Bakterien* eng an Grenzschichten gebunden. Schwefelwasserstoff wird von Sauerstoff schnell oxidiert, bei Sauerstoffsättigung und 20 °C beträgt die Halbwertszeit von H_2S nur etwa 1 Stunde (Kuenen und Bos 1989). Um der anorganischen Oxidation zuvorzukommen, müssen H_2S-oxidierende Bakterien daher bereits niedrige O_2- und H_2S-Konzentrationen verwerten können. Tatsächlich betragen die Halbsättigungskonstanten (k_m) für O_2 und H_2S oft <1 μmol · l⁻¹.

Nitrifikation. Demgegenüber haben *nitrifizierende Bakterien* etwas höhere Sauerstoffansprüche (k_m = 10–20 μmol · l⁻¹, um ca. 2% Sättigung). Da Ammonium auch in aeroben Wasserschichten durch die Exkretion von Zooplanktern

bereitgestellt wird, kann es auch in voll aerobem Wasser zur Nitrifikation kommen. In der euphotischen Zone müssen nitrifizierende Bakterien mit der Stickstoffassimilation des Phytoplanktons konkurrieren. Außerdem weden viele Nitritoxidierer durch Licht gehemmt.

6.4.3 Heterotrophie

Meistens eignen sich die Michaelis-Menten- und die Monod-Formel für die Beschreibung der Nahrungslimitation

Die *Aufnahme* nutzbarer gelöster Substanzen durch Bakterien läßt sich mit häufig mit der *Michaelis-Menten-Gleichung* (Formel 6.2) beschreiben. Auch die *numerische Reaktion* ist meistens einfach darstellbar. Bei der bakteriellen Ernährung durch DOC (gelöster organischer Kohlenstoff) entsprechen Substrataufnahme minus Respiration dem Biomassewachstum. Da darüberhinaus das Populationswachstum durch einfache Zweiteilung an das Biomassewachstum gekoppelt ist, ist die Anwendung der *Monod-Gleichung* (Formel 6.4) auf das kohlenstofflimitierte Wachstum von

Bakterien meist unproblematisch. Es bedarf im Gegensatz zum P- oder N-limitierten Wachstum der Algen nicht der einschränkenden Annahme konstanter Substratversorgung.

Die Halbsättigungskonstanten niedrigmolekularer Substanzen liegen im μg-Bereich

Die k_m-Werte natürlicher Gewässerbakterien für monomere organische Substanzen liegen im selben Bereich wie die natürlichen Konzentrationen, d.h. zwischen etwa 2 und 50 µg · l^{-1} (Overbeck 1975, Simon 1985). Daraus ließe sich auf eine Kohlenstofflimitation natürlicher Bakterienpopulationen schließen. Tatsächlich sind die Verhältnisse jedoch wesentlich komplizierter. Unter natürlichen Bedingungen liegt ein äußerst komplexes Gemisch verschiedenster Substanzen vor, dessen quantitative und qualitative Zusammensetzung sich wohl nie vollständig aufklären lassen wird. Viele von ihnen sind als substituierbare Ressourcen nutzbar, wenn auch mit unterschiedlicher Effizienz. Andererseits sind k_m-Werte nur für wenige Substanzen (einfache Zucker, Acetat, Aminosäuren) und meist nur aus Ein-Substrat-Versuchen bekannt.

Exoenzyme ermöglichen die partielle Nutzung polymerer Substanzen

Wegen der schnellen Zehrung durch Bakterien sind monomere und oligomere Substanzen meist nur in geringen Konzentrationen (oft <10 µg · l^{-1}, vgl. Kap. 5.3) im Wasser vorhanden. Polymere Substanzen, die in wesentlich höheren Konzentrationen (mg-Bereich) vorliegen, können aber nicht durch Osmose aus dem Medium aufgenommen werden. Die leichter spaltbaren Polymere können jedoch dadurch nutzbar gemacht werden, daß Bakterien Enzyme ins Wasser abgeben, die monomere Komponenten abspalten (Abb. 6.23).

Heterotrophe Bakterien können Phosphor-autotroph sein

Ursprünglich wurde angenommen, heterotrophe Bakterien würden als Remineralisierer mineralische Nährstoffe durch den Abbau organischen Materials teilweise für sich gewinnen und teilweise freisetzen. Inzwischen hat sich jedoch herausgestellt, daß Bakterien als Konkurrenten des Phytoplanktons anorganischen Phosphor aus der gelösten Phase aufnehmen (Bratbak und Thingstad 1985). Häufig haben Bakterien sogar ei-

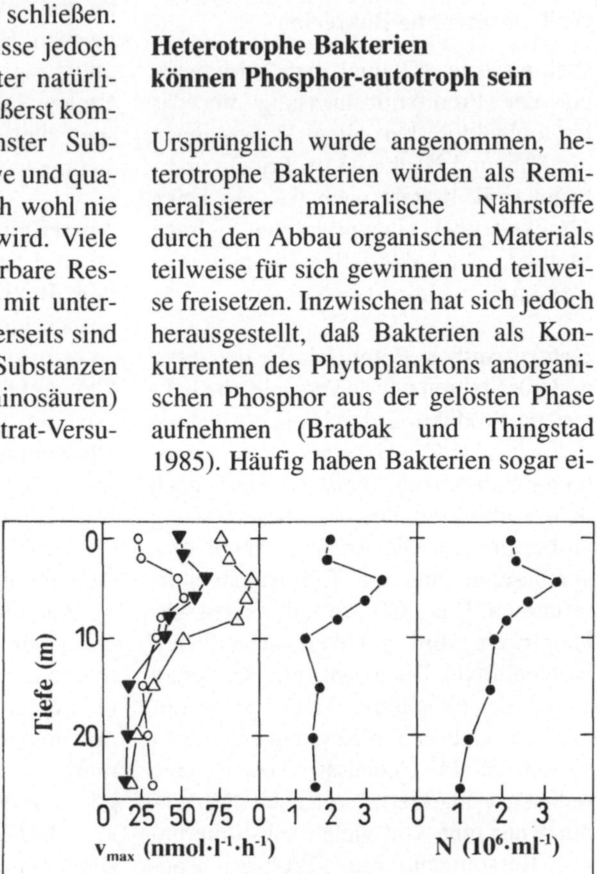

Abb. 6.23. Vertikalverteilung der potentiellen Aktivität von Exoenzymen (gemessen als v_{max}), der bakteriellen Produktion (Thymidinmethode) und der bakteriellen Zellzahl im Plußsee im Juli 1988. Symbole der Enzyme: *Kreise* β-Glykosidase; *weiße Dreiecke* Aminopeptidase; *schwarze Dreiecke* alkalische Phosphatase. (Nach Abb. 1 aus Chrost 1991)

nen größeren Anteil an der Phosphatzehrung als Phytoplankter. Im allgemeinen haben Bakterien eine höhere Aufnahmeaffinität (v_{max}/k_m; vgl. Formel 6.3) als Algen, aber gleichzeitig eine niedrigere maximale Aufnahmerate, einen höheren zellulären Bedarf (q_0 höher; vgl. Formel 6.7) und eine geringere zelluläre Speicherkapazität. Bakterien sind daher bei bei einem gleichmäßigen Angebot niedriger Konzentrationen bevorzugt, während Algen von kurzfristigen Konzentrationserhöhungen, z.B. durch die Exkretion von Zooplanktern profitieren (Rothhaupt und Güde 1992).

Es gibt noch keine unumstrittene Methode der Produktionsmessung für heterotrophe Bakterien

Während die ^{14}C- und die O_2-Methode bei der Produktionsmessung für das Phytoplankton bei allen Diskussionen um Vor- und Nachteile im Prinzip anerkannt sind, besteht nach wie vor keine Einigkeit über eine prinzipiell richtige Methode der bakteriellen Produktiomsmessung.

Heterotrophes Potential. In den 60er und 70er Jahren wurde versucht, die bakterielle Produktion durch die Aufnahme radioaktiv (^{14}C, ^{3}H) markierter, monomerer Substanzen (meist Glucose) nach dem Vorbild der Photosynthesemessung zu bestimmen. Die Analogie zur Photosynthesemessung mit $^{14}CO_2$ ist jedoch irreführend. Das $^{14}CO_2$ verteilt sich in Abhängigkeit vom pH-Wert schnell auf Kohlendioxid, Bikarbonat und Karbonat, so daß der radioaktive Tracer proportional zum natürlichen Ressourcenangebot verteilt ist. Im Gegensatz dazu ist eine radioaktiv markierte organische Verbindung nur eine von vielen substituierbaren Ressourcen. Eine Produktionsberechnung wäre nur möglich, wenn alle

substituierbaren Ressourcen mit der gleichen Effizienz aufgenommen würden und ihre Gesamtkonzentration bestimmbar wäre. Da dies nicht der Fall ist, ist die Aufnahmerate von Modellsubstraten lediglich ein Anhaltspunkt dafür, was die Bakterien leisten könnten. Deshalb wird diese Methode heute als „heterotrophes Potential" bezeichnet.

Thymidin-Methode. Um diese Schwierigkeiten zu umgehen, werden heute anstelle allgemeiner C-Quellen Verbindungen verwendet, die zwar nur in geringen Konzentrationen benötigt werden, deren Aufnahme aber in einem konstanten Verhältnis zur Biomasseneubildung stehen soll. Insbesondere hat sich dabei ^{3}H-markiertes Thymidin bewährt, eine der organischen Basen in der DNA (Fuhrman und Azam 1982). De-novo Synthese und Umbau des Modellsubstrats müssen in speziellen Korrekturverfahren berücksichtigt werden (Riemann und Bell 1990).

Ausschlußexperimente. Eine Alternative sind Experimente, in denen Verluste von Bakterien durch Bakterienfresser ausgeschlossen werden. Da diese stets >1 µm groß sind, Bakterien aber meist kleiner, können sie durch einfache Filtration mit 1 µm-Filtern entfernt werden. Die Zunahme der Bakterienbiomasse unter Ausschluß der Freßfeinde dient dann als Maß der Produktion. Güde (1986) fand damit Produktionsraten, die gut mit der Thymidinmethode übereinstimmten.

Bakterielle Wachstumsraten, die mit der Thymidin- oder mit der Ausschlußmethode bestimmt werden, liegen selten über einer Verdopplung pro Tag. Da den maximalen Wachstumsraten in Kulturen meistens Verdopplungszeiten von wenigen Stunden entsprechen, liegt es nahe, eine *Kohlenstofflimitation* der meisten Bakterienpopulationen in organisch unverschmutzten Gewässern anzunehmen.

7 Populationen

EINFÜHRUNG

Der Begriff Population stammt aus der Genetik und wird als Gruppe von Individuen definiert, die eine *reale Fortpflanzungsgemeinschaft* und damit einen gemeinsamen Genpool bilden. Bei einer Population handelt es sich also um jene Angehörigen einer (genetisch definierten) Art, die nicht durch geographische Barrieren voneinander isoliert sind. Die genetische Artdefinition ist jedoch auf Organismen ohne sexuelle Fortpflanzung oder mit sporadischer Sexualität nicht anwendbar. Fehlende oder seltene Sexualität sind im Plankton weit verbreitet. Deshalb muß auch der Begriff Population in der Planktonkunde anders definiert werden. Eine *pragmatische Definition,* die dem tatsächlichen Gebrauch in der Planktonkunde entspricht, könnte lauten:

Eine Population ist die Gesamtheit der Individuen einer Art innerhalb eines Gewässers oder innerhalb eines Wasserkörpers, der sich nur wenig mit anderen Wasserkörpern mischt.

Wichtig für eine Population ist ihre *relative Geschlossenheit,* d.h. Import und Export von Individuen können zwar stattfinden, sie sind jedoch quantitativ weniger wichtig als die lokalen Prozesse von Vermehrung und Mortalität. Besiedeln Individuen derselben Art benachbarte Wasserkörper mit geringem gegenseitigen Austausch, so ist es meistens schwer abzugrenzen, ob es sich um Subpopulauionen ein und derselben Population handelt oder um selbständige Populationen, die wegen des gelegentlichen Austauschs zu einer gemeinsamen *„Metapopulation"* zusammengefaßt werden.

7.1 Die Populationsgröße und ihre Variabilität

Planktonpopulationen sind extrem individuenreich

Während Populationsgenetiker häufig an der *absoluten Individuenzahl* einer Population interessiert sind, sind Ökologen eher an der Dichte (Individuenzahl pro Oberfläche oder Volumen eines Wasserkörpers) interessiert *(Abundanz).* Die unteren Nachweisgrenzen der Abundanz von Planktern liegen bei 1–10 Ind · ml^{-1} (Utermöhl-Methode) oder 0,1–1 Ind · m^{-3} (Planktonnetze). Allenfalls bei Makro- und Megaplanktern sind niedrigere Nachweisgrenzen möglich. Daraus folgt, daß nachweisbare Plankter selbst in kleinen Gewässern mit Individuenzahlen von 10^x auftreten. Ökologische Probleme, die aus kleinen Populationsgrößen resultieren (genetische Drift, Aussterben durch Zufallsereignisse etc.), sind daher bei Planktern nicht untersuchbar. Strenggenommen ist es auch nie möglich, die Abwesenheit einer Art in einem Gewässer festzustellen.

Die vertikale Verteilung von Planktonpopulationen folgt Umweltgradienten

Abgesehen von gut durchmischten Flachwässern findet man im Vertikalprofil stets ausgeprägte Abundanzunterschiede. Das liegt daran, daß sich die Bedingungen für Ernährung, Wachstum und Mortalität in den verschiedenen Tiefen unterscheiden. Die Vertikalverteilung des Wachstums von Phytoplanktern hängt vom vertikalen Photosyntheseprofil und von der Vertikalverteilung von Nährstoffen ab. Durchmischungsprozesse führen dazu, daß das Vertikalprofil der Abundanz weniger scharf ausgeprägt ist als das Vertikalprofil des Wachstums. Bei großen und schweren Planktern kann die Sedimentation dazu führen, daß das *Abundanzmaximum* unterhalb des Wachstumsmaximums liegt. Aktive Wanderung hingegen (vgl. Kap. 3.2) kann zu besonders scharf ausgeprägten Maxima in der Optimaltiefe führen. Die Vertikalverteilung und -wanderung der Zooplankter sind in der Regel ein Kompromiß zwischen der Suche nach optimalen Ressourcendichten (meist in der euphotischen Zone) und der bestmöglichen Sicherheit vor Räuberdruck (meist in der aphotischen Zone).

Die horizontale Verteilung der Plankter ist nicht homogen

Horizontale Umweltgradienten sind in Gewässern wesentlich schwächer ausge-
prägt als vertikale Gradienten. Die horizontalen Konzentrationsunterschiede pro Meter sind fast immer viel geringer als die vertikalen. Häufig scheinen Gewässer über große Flächen horizontal sehr homogen zu sein. Die räumliche Verteilung von Organismen in einer scheinbar homogenen Umwelt kann drei Grundtypen entsprechen (Abb. 7.1):

● **Zufällige Verteilung:** Wenn Organismen zufällig verteilt sind, verteilt sich die Anzahl der Individuen in kleinen Teilproben entsprechen einer *Poisson-Verteilung.* Der Quotient aus der Varianz (Summe der Quadrate des Differenz zum Mittelwert) und dem Mittelwert beträgt dann etwa 1. Mittlere Abstände sind zwischen den benachbarten Individuen sind häufig, extrem große oder extrem kleine Abstände selten. Eine Zufallsverteilung ist charakteristisch für die kleinräumige Verteilung von Partikeln, die passiv durch turbulente Strömung bewegt werden.

● **Geklumpte Verteilung:** Ein geklumpte Verteilung (*„Patchiness“*) ist dadurch charakterisiert, daß der Quotient Varianz: Mittelwert der Individualabstände und der Individuenzahlen pro Teilprobe deutlich größer ist als 1. Innerhalb der lokalen Abundanzverdichtungen (Schwärme, „Wolken“) treten gehäuft geringe Abstände auf, zwischen den einzelnen Planktonwolken bestehen größere Abstände. Eine geklumpte Verteilung entsteht entweder durch *aktives Schwarmverhalten* oder durch *physika-*

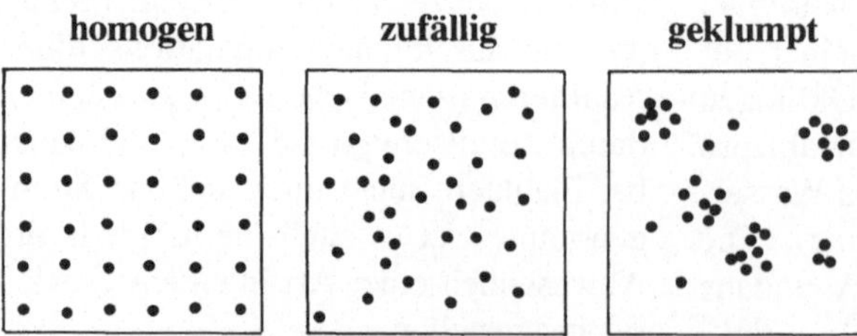

Abb. 7.1. Grundtypen der räumlichen Verteilung von Organismen

lische Partikelsortierung. Diese Sortierung resultiert aus den Wechselwirkungen zwischen Strömungen und dem Sinken bzw. Auftrieb von Planktern (meist Phytoplanktern). Partikel mit starkem positivem Auftrieb werden selektiv an Konvergenzen abwärtsgerichteter Strömungen (*„downwelling"*) angereichert, stark sinkende Partikel an Konvergenzen aufwärts gerichteter Srömungen (*„upwelling"*). Stark auftreibende Partikel (z.B. Oberflächenblüten von Blaualgen) werden am leeseitigen Ende von Gewässern und sinkende Partikel am luvseitigen Ende zusammengetrieben (Abb.7.2).

● **Homogene Verteilung:** Sie ist dadurch charakterisiert, daß der Quotient Varianz:Mittelwert signifikant <1 ist. Sie ensteht durch Verhaltensweisen, die die Individualabstände homogenisieren (Territorialität, Konkurrenz um Raum) und spielt im Plankton keine große Rolle. Allenfalls innerhalb von Schwärmen kann es zu einer homogenen Verteilung kommen.

● **Komplexe Verteilungen:** Die verschiedenen Verteilungstypen können mehrfach ineinander verschachtelt auftreten. So kann innerhalb eines Planktonschwarmes eine homogene oder zufällige Verteilung der Individuen herrschen, während die in Schwärmen organisierten Individuen großräumig geklumpt verteilt sind. Die Schwärme selbst können entweder zufällig verteilt

oder zu Schwärmen höherer Ordnung geklumpt sein.

Bedeutung der Patchiness. Die Patchiness des Planktons hat sich in den letzten Jahrzehnten zu einem selbständigen, stark mathematisierten Forschungszweig entwickelt (Platt und Denman 1980). Dennoch sind horizontale Abundanzinhomogenitäten nur bei Zooplanktern mit aktiver Schwarmbildung von auschlaggebender Wichtigkeit. Bei Phytoplanktern betragen die lokalen Abundanzmaxima selten mehr als das Doppelte oder Dreifache der lokalen Abundanzminima. Räumliche Abundanzunterschiede im Vertikalprofil und zeitliche Unterschiede von Woche zu Woche sind meistens wesentlich größer. Lediglich lokale Aggregationen von Oberflächenblüten auftreibender Blaualgen können ein ähnlich starkes Ausmaß von Heterogenität herbeiführen wie die aktive Bildung von Schwärmen.

Die Abundanzen der Plankter unterliegen starken Veränderungen in der Zeit

Typen der Abundanzänderung. Die Abundanz von Populationen kann mehr oder weniger zufällig um ein bestimmtes Niveau schwanken (*„Fluktuationen"*), sie kann regelmäßigen, zyklischen Schwankungen (*„Oszillationen"*) unterworfen sein, sie kann konstant bleiben,

Abb. 7.2. Entstehung von Planktonpatchiness durch hydromechanische Partikelsortierung; *volle Kreise* sinkende Partikel; *offene Kreise* auftreibende Partikel; **A** Verteilung in Langmuir-Spiralen (windparallele Strömungswalzen an der Oberfläche von Gewässern); **B** Verteilung in einem Seebecken

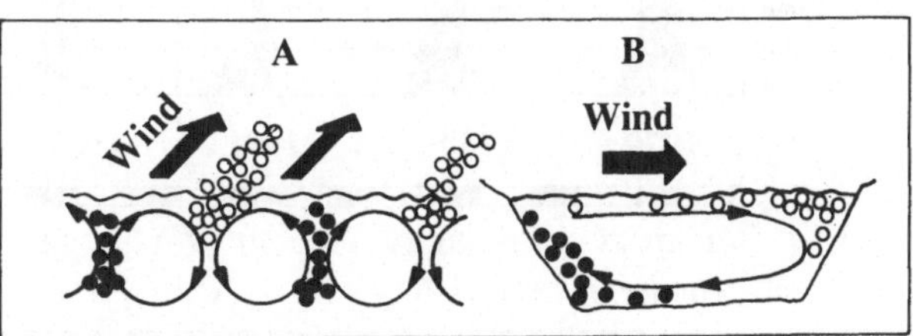

sie kann einen gerichtet Trend (Abnahme oder Zunahme) zeigen, oder es kann zu gelegentlichen Massenentfaltungen bei ansonsten geringen Abundanzen kommen. Die verschiedenen Grundmuster können auch kombiniert sein. So können Oszillationen mit einer gerichteten Durchschnittstendenz (aufwärts oder abwärts) auftreten. Fast stets ist das Grundmuster einer Zeitreihe von einem „Zufallsrauschen" überlagert. Dieses Rauschen resultiert einerseits aus der horizontalen Heterogenität in der Verteilung von Populationen und der daraus resultierenden Fehleinschätzung der „wahren Abundanz" (Stichprobenfehler), andererseits aber auch aus unregelmäßigen, kurzfristigen Schwankungen der physikalischen Umweltbedingungen (Lichteinstrahlung, Temperatur, Wasserströmungen, Schichtung etc.).

Das Grundmuster einer Zeitreihe kann nur bei ausreichend häufiger und ausreichend langer Probennahme erfaßt werden. So kann sich eine kurzfristige Zunahme bei längerer Beobachtung als Teil eines Zyklus erweisen.

Saisonalität. Da die Lebensdauer vieler Plankter weniger als ein Jahr beträgt, kommt es insbesondere in den gemäßigten und polaren Breiten zu einer ausgeprägten Saisonalität der Abundanz (Abb. 7.3). Bei Phytoplanktern und schnellwüchsigen Zooplanktern (Rotatorien, Cladoceren) umfassen die jahreszeitlichen Abundanzschwankungen oft mehr als 3 Zehnerpotenzen, bei planktischen Bakterien beträgt die jahreszeitliche Schwankungsbreite innerhalb eines Gewässers selten mehr als eine Zehnerpotenz.

Bedeutung der Probendichte. In eutrophen (nährstoffreichen) Gewässern sind die zeitlichen Abundanzschwankungen in der Regel größer als in oligotrophen Gewässern. Für das Phytoplankton eutropher Gewässer gelten folgende Faustregeln für die minimale zeitliche Probendichte:

● realistische Erfassung von Extremwerten (z.B. Jahresmaxima): 3mal pro Woche bis täglich,

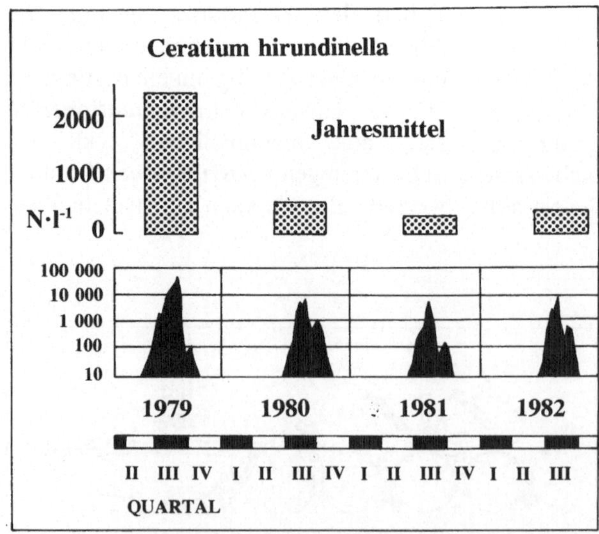

Abb. 7.3. Saisonale Abundanzveränderungen (logarithmische Skala) und mittelfristige Veränderungen des Jahresmittel (lineare Skala) der Abundanz des Dinoflagellaten *Ceratium hirundinella* im Bodensee

● Erfassung des Grundmusters der Saisonalität: 14tägig bis wöchentlich,

● realistische Erfassung von Mittelwerten für Jahreszeiten: 14tägig,

● realistische Erfassung von Jahresmittelwerten: monatlich bis 14tägig.

Da das übliche Probenintervall selten weniger als eine Woche beträgt, sollte die Analyse langjähriger Trends nicht auf Extremwerten, sondern auf Mittelwerten (Jahresmittel oder Jahreszeitenmittel) beruhen.

Die Änderung der Abundanz resultiert aus vermehrenden und vermindernden Prozessen

Aus der zeitlichen Veränderung der Abundanz kann nicht direkt auf die zugrunde liegenden Prozesse geschlossen werden. Ein langsames Populationswachstum kann daraus resultieren, daß nur wenig Vermehrung und noch weniger Verluste stattfinden. Es kann aber auch sein, daß sich die Individuen sehr schnell vermehren, aber fast ebenso viele Individuen pro Zeiteinheit verloren gehen.

Zuwachsprozesse. Der wichtigste vermehrende Prozeß ist die *Reproduktion,* d.h. die Geburt neuer Individuen bei Mehrzellern oder die Zellteilung bei Protisten. In abgeschlossenen Populationen ist die Reproduktion der einzige vermehrende Prozeß, in offenen Populationen kommt noch der *Import* von außen hinzu. Dieser kann entweder durch aktive *Immigration* oder durch physikalische *Verfrachtung* erfolgen. Import in eine Zielpopulation bedeutet gleichzeitig auch Verlust aus einer Ausgangspopulation. Gehören beide zu einer gemeinsa-

men „Metapopulation", so tauchen weder Import noch Export in der Gesamtbilanz dieser Metapopulation auf. Das gilt zu Beispiel dann, wenn sich Wasserkörper mit unterschiedlicher Abundanz mischen.

Verlustprozesse. Der wichtigste Verlustprozeß einer Population ist das Absterben von Individuen, die *Mortalität.* Dabei kann es sich um den bei Vielzellern unvermeidlichen Alterstod handeln, um den Tod durch Freßfeinde, Ressourcenmangel (Hungertod), Krankheit oder letale physikalische oder chemische Umweltbedingungen. Der *Export* von Individuen kann aktiv als *Emmigration* oder passiv als Verfrachtung erfolgen, insbesondere durch den Ausfluß von Gewässern. Bei unbeweglichen Phytoplanktern ist die *Sedimentation* aus der euphotischen Zone eine wesentliche Teilkomponente des Exports.

7.2 Die mathematische Beschreibung des Populationswachstums

7.2.1 Populationswachstum mit konstanter Rate

Die Wachstumsrate ist ein Maß der spezifischen Wachstumsleistung von Populationen

Netto- und Bruttowachstum. Der Begriff der Wachstumsrate von Populationen wurde bereits in Abschnitt 6.1.4 im Zusammenhang mit der numerischen Reaktion auf Ressourcen eingeführt. Leider ist seine Verwendung nicht ganz einheitlich, so daß zunächst eine terminologische Klärung erfolgen muß. Der Unterschied zwischen Körper- und Populationswachstum ist meist aus dem Zusammenhang klar genug, um in der Literatur auf entsprechende Zusätze (somatische Wachstumsrate, Populationwachstumsrate) zu verzichten. Tierökologen beziehen den Begriff Wachstumsrate *(r)* meistens auf das *Nettowachstum,* d.h. die direkt beobachtbare zeitliche Veränderung der Abundanz. Da bei Protisten kein „natürlicher" Alterstod auftritt, fällt in ausreichend mit Ressourcen versorgten Algen- und Bakterienklulturen das Nettowachstum mit der Reproduktion *(Bruttowachstum)* zusammen. Wenn Mikrobiologen von „Wachstumsrate" sprechen, meinen sie daher meistens die *Reproduktionsrate* (syn.: *Bruttowachtumsrate, µ*). Das entsprechende Gegenstück in zoologischer Terminologie wäre die *Geburtenrate (b).*

Spezifische Wachstumsrate. Heutzutage bezeichnet Begriff Wachstumsrate meistens eine *relative* (synonym: *spezifische, per-capita-*)Wachstumsrate. Damit wird nicht die absolute Veränderung der Individuendichte in der Zeit sondern die Veränderung der Individuendichte pro Individuendichte angegeben. Dadurch wird die Wachstumsrate ein Maß für den durchschnittlichen Beitrag eines Individuums zum Wachstum einer Population. Die Zunahme von 1 auf 2 Individuen wird also durch dieselbe Wachstumsrate ausgedrückt, wie die Zunahme von 1000 auf 2000 Individuen. Die *spezifische Nettowachstumsrate* ist definiert als:

$$r = \frac{dN}{dt} \cdot \frac{1}{N} \qquad \textbf{(Formel 7.1)}$$

(t: Zeit, N: Individuendichte pro Fläche oder Volumen). Sie hat die Dimension t^{-1}.

Die spezifische Bruttowachstumsrate könnte nach dieser Formel nur berechnet werden, wenn keine Verluste stattfinden

(z.B. in Kulturen von Bakterien und Protisten).

Vermehrung und Verluste. Mehrzeller erzeugen im Laufe ihres Lebens eine Reihe von Nachkommen und sterben schließlich selbst. Einzeller pflanzen sich durch Teilung fort und sind daher potentiell unsterblich. Deshalb haben sich zwei verschiedene Terminologien für die Einzelkomponenten der Populationdynamik eingebürgert. Für Populationen ohne Import und Export gilt:

● In zoologischer Terminologie:

$$r = b - d \qquad \textbf{(Formel 7.2)}$$

wobei *b* die Geburtenrate und *d* die *Todesrate* (synonym: Mortalität) ist (Dimension: t^{-1}). r kann positiv (wachsende Population) oder negativ (abnehmende Population) sein, b und d können nur positiv sein.

● In mikrobiologisch-phytoplanktologischer Terminologie:

$$r = \mu - \lambda \qquad \textbf{(Formel 7.3)}$$

wobei µ die Bruttowachstumsrate und λ die Verlustrate ist. Sie setzt sich aus aus einer Reihe von Komponenten zusammen, darunter γ *(Grazingrate),* σ *(Sedimentationsrate),* δ *(physiologische Mortalität,* d.h. Tod ohne sichtbare Einwirkung von Freßfeinden), π *(Mortalität durch Parasiten)* etc.

Populationswachstum mit langfristig konstanter Rate führt zu einer immer steileren Zunahme der Abundanz

Exponentielles Wachstum. Sind Todesfälle und Geburten zufällig über die Zeit verteilt, so folgt das Populationswachstum einer Exponentialkurve (Abb. 7.4).

$$N_2 = N_1 \cdot e^{r(t_2 - t_1)} \qquad \textbf{(Formel 7.4)}$$

Abb. 7.4. Exponentielles *(glatte Kurve)* und geometrisches Wachstum *(Treppenkurve)* mit einer Verdopplung *(links)* bzw. einer Halbierung *(rechts)* pro Tag. *Oben* lineare Darstellung der Abundanz; *unten* logarithmische Darstellung der Abundanz. *r* Nettowachstumsrate bei exponentiellem Wachstum, *R* Nettowachstumsrate bei geometrischem Wachstumsrate

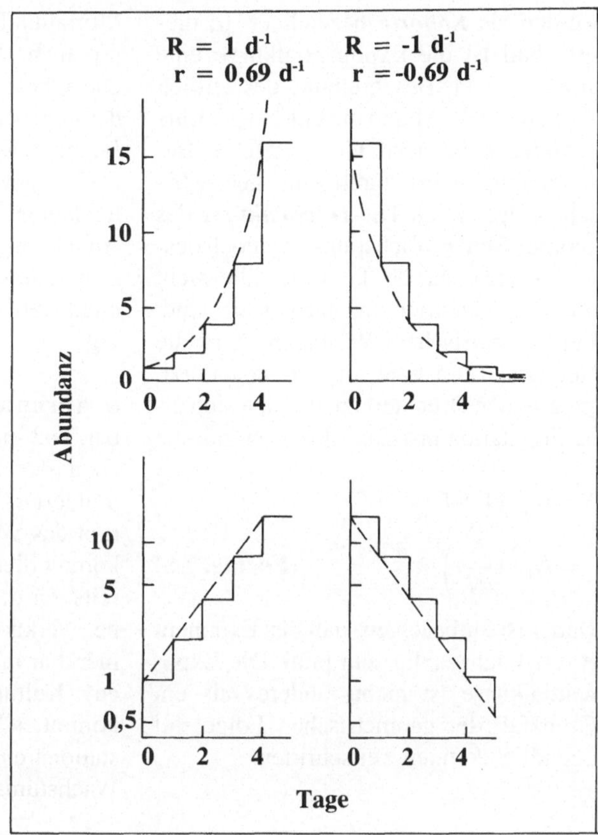

N_1 ist dabei die Abundanz zum Zeitpunkt t_1, N_2 zum Zeitpunkt t_2 und e die Euler'sche Zahl (Basis des natürlichen Logarithmus = 2.718...).

Ist r positiv, so strebt die Exponentialkurve gegen unendlich. Ist r negativ so strebt sie gegen null. Theoretisch wird eine Abundanz von null erst nach unendlich langer Zeit erreicht, praktisch ist dies jedoch keine Garantie gegen das Aussterben einer schrumpfenden Population. Denn erstens können Individuenzahlen nur ganzzahlige Werte annehmen, und zweitens können bereits bei Werten über 1 (bei obligat sexuellen Organismen >2) Zufallereignisse zur Auslöschung einer Population führen.

Vor allem bei Einzellern wird häufig die ***Verdoppelungszeit*** als anschauliches Maß der Wachstumsintensität angegeben. Das ist diejenige Zeit, die von einer Population benötigt wird, um ihre Abundanz zu verdoppeln. Da der natürliche Logarithmus von 2 ca. 0.69 beträgt, bedeutet eine Nettowachstumsrate von 0,69 d⁻¹ eine Verdoppelung pro Tag und ein r von –0,69 d⁻¹ eine Halbierung pro Tag. Die Verdopplungszeit einer wachsenden Population beträgt ca. 0,69/r.

Geometrisches Wachstum. Das Wachstum einer Population erfolgt nicht immer kontinuierlich. Es gibt Plankter, z.B. langlebige Copepoden, die ihre Eier einmal oder mehrmals im Jahr synchronisiert abgeben. Das Populationswachstum erfolgt daher in diskreten Schüben. Die Angehörigen eines Geburtszeitpunktes werden als **Kohorte** bezeichnet. In diesem Fall ist die Exponentialkurve eine unzureichende Beschreibung des zeitlich Verlaufs der Abundanzänderung. Eine bessere, wenn auch nicht perfekte Beschreibung, wird durch eine geometrische Folge erzielt. Die **Treppenkurve** des geometrischen Wachstums ist jedoch deswegen ungenau, da die Todesfälle nicht mit den Geburten synchronisiert sind. Bei geometrischem Wachstum wird die Nettowachstumsrate mit **R** abgekürzt, sie gibt den Bruchteil an, um den sich eine Population pro Zeitschritt verändert:

$$N = N_1 \cdot (1 + R)^{(t_x - t_1)}$$

$$= N_1 \cdot \left(\frac{N_2}{N_1}\right)^{(t_x - t_1)} \qquad \textbf{(Formel 7.5)}$$

Dabei ist zu beachten, daß der Exponent $(t_x - t_1)$ ganzzahlig sein muß. Die Exponentialkurve ist nichts anderes als ein Grenzfall der geometrischen Folge mit unendlich kleinen Zeitschritten.

7.2.2. Begrenzung des Wachstums

Exponentielles und geometrisches Wachstum müssen Grenzen haben

Arten, deren Nettowachstumsrate stets negativ ist, können nicht existieren. Jede Art muß unter bestimmten Bedingungen in der Lage sein, mehr Nachkommen zu produzieren als Individuen sterben. Aus der Geometrie der Exponentialkurve und der geometrischen Folge ergibt sich, daß selbst die am langsamsten wachsende Art irgendwann ihren Lebensraum vollständig überfüllen würde, da beide Kurven gegen unendlich streben. Tatsächlich setzt jedoch die Verfügbarkeit von Ressourcen eine Obergrenze der Besiedlungsdichte. Jede Erhöhung der Mortalität, z.B. durch Räuber, setzt diese Obergrenze herab, da zum Ausgleich der

Mortalität höhere Geburtenraten und damit mehr Ressourcen benötigt werden. Die Obergrenze wird als **Kapazität** (in der englischsprachigen Literatur *„carrying capacity"*) bezeichnet.

Es gibt mehrere theoretische Möglichkeiten, wie das Wachstum bei Annäherung an die Kapazität begrenzt sein kann: abrupt, dichteunabhängig, dichteabhängig und locker dichteabhängig.

● **Abrupte Begrenzung:** Es ist denkbar, daß eine Population bis zum Erreichen der Kapazitätsgrenze mit unverminderter Rate zunimmt und dann abrupt das Wachstum einstellt. Tatsächlich kommt dies kaum jemals vor, da sich bereits vor dem Erreichen der Kapazität eine Verknappung der Ressourcen bemerkbar macht. Selbst in mortalitätsfreien Kulturen von Mikroorganismen kommt es bereits vor dem Erreichen der stationären Phase zu einem Absinken der Wachstumsrate.

● **Dichteunabhängige Begrenzung:** Exponentiell wachsende Populationen können vor der Erreichung der Kapazität durch äußere Ereignisse dezimiert werden, die nichts mit einer Ressourcenverknappung zu tun haben. Solche Ereignisse haben für die betroffenen Populationen den Charakter von „Katastrophen". Weder ihre Enstehung noch ihre Auswirkungen hängen von der Populationsdichte ab. Es können plötzliche Veränderungen in den physikalischen Umweltbedingungen (Temperatur, Schichtung, Auswaschung durch Hochwässer, Trockenfallen eines Gewässers) oder chemische Störungen (Vergiftung, plötzliche Anaerobie) sein. Eine konsistente Begrenzung der Populationsdichten unterhalb der Kapazität durch dichteunabhängige Faktoren ist nur dann möglich, wenn solche Störfälle häufig genug auftreten, um jedesmal vor dem Erreichen der Kapazität zu wirken. Man kann auch davon sprechen, daß in diesem Fall die Länge der ungestörten Intervalle zum limitierenden Faktor wird. Da derartige Katastrophen meistens zufällig auftreten, ist eine Regulation auf einem konstanten Populationsniveau unmöglich.

● **Dichteabhängige Regulation:** Bei zunehmender Dichte kommt es zu einer Verknappung der Ressourcen; Parasiten und Krankheitserreger haben in dichteren Populationen höhere Verbreitungschancen; dichtere Populationen werden für Räuber zunehmend attraktiv. Alle diese Mechanismen bewirken, daß eine zunehmende Dichte zu einer abnehmenden Nettowachstumsrate führt, weil entweder die Geburtenrate abnimmt oder die Todesrate zunimmt oder beides zutrifft. Bei aktiv beweglichen Organismen kann auch die Emigration zu einer Dichteregulation führen.

Da in diesen Fällen eine *negative Rückkopplung* zwischen der Populationsdichte und der Wachstumsrate besteht, kann man von einer echten Regulation sprechen. Die Abundanz wird in der Nähe der Kapazität gehalten. Überschreitet N die Kapazität *(K),* wird r negativ, N nimmt ab. Umgekehrt ist r positiv, solange N < K. r wird um so größer, je weiter N von K entfernt ist. Die einfachste mathematische Beschreibung einer dichteabhängigen Regulation ist die

logistische Wachstumskurve, die eine lineare Rückkopplung annimmt (Abb. 7.5):

$$r = r_{max}\left(1 - \frac{N}{K}\right) \qquad \textbf{(Formel 7.6)}$$

In integrierter Form lautet sie:

$$N_t = \frac{K}{1 + \dfrac{K - N_0}{N_0} \cdot e^{-r_{max} \cdot t}} \qquad \textbf{(Formel 7.7)}$$

Aus dem s-förmigen Verlauf der logistischen Wachstumskurve geht hervor, daß die höchste absolute Abundanzunahme bei N = K/2 stattfindet. Die logistische Kurve nimmt an, daß die negative Rückkopplung bereits bei kleinen Abundanzen wirksam wird. Das ist nur dann zu erwarten, wenn die potentiell limitierenden Ressourcen so knapp sind, daß es bereits bei einer minimalen Abundanz zur Ressourcenlimitation kommt. In ressourcenreichen Lebensräumen müßte man einen Schwellenwert der Abundanz annehmen, ab dem es zu einer Verminderung der Wachstumsrate kommt.

● **Locker dichteabhängige Regulation** (engl.: „density vague regulation"): Sie besteht dann, wenn erst in der Nähe der Kapazität r gegen null gedrückt wird, bei niedrigen Abundanzen (deutlich unter K) jedoch kein deterministischer Zusammenhang zwischen r und N besteht. In diesem Bereich überwiegen dichteunabhängige Faktoren (z.B. physikalische

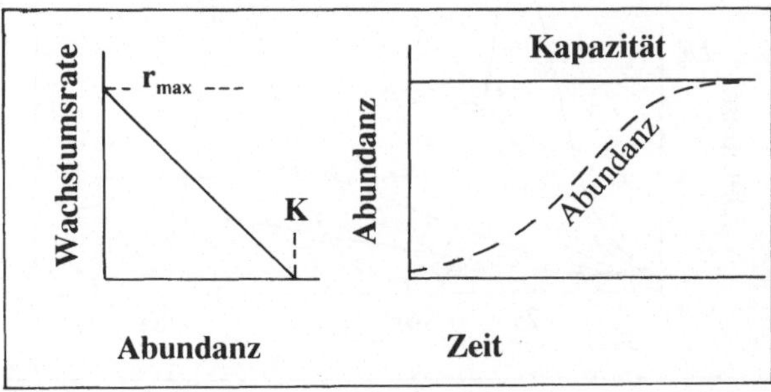

Abb. 7.5. Die logistische Wachstumsfunktion: *links* Dichteabhängigkeit der Nettowachstumsrate; *rechts* Zeitverlauf der Abundanz. *K Kapazität, r_{max}* maximale Nettowachstumsrate

Bedingungen) im Vergleich zur Ressourcenlimitation und führen zu einer zunehmenden Streuung der Werte für r, je niedriger N ist. Unter natürlichen Bedingungen dürfte diese Form der Regulation häufig anzutreffen sein.

Zeitverzögerungen können zu einer Überschreitung der Kapazität und zu oszillierenden Abundanzen führen

Die Reproduktionsrate von Organismen reagiert nicht immer sofort auf die aktuellen Umweltbedingungen. Wieviele Eier angelegt werden, hängt meistens vom Ernährungszustand der Mutterorganismen ab. Dieser wird bei Organismen mit schnellem Metabolismus mehr oder weniger das aktuelle Ressourcenangebot widerspiegeln. Bei Organismen mit langsamen Metabolismus oder bedeutender Reservebildung spielt jedoch auch die Nahrungsversorgung in der Vergangenheit eine wichtige Rolle. Die Entwicklungsdauer der Eier selbst führt zu einer weiteren Verzögerung. Wenn inzwischen die Zehrung der Ressourcen weiter fortschreitet, können dann mehr Nachkommen geboren werden, als zum Zeitpunkt ihrer Geburt ernährt werden können. In die logistische Wachstumsgleichung kann zur Berücksichtigung

dieses Effekts eine *Verzögerungszeit (τ)* eingefügt werden:

$$r = r_{max} \left(1 - \frac{N_{t-\tau}}{K} \right) \qquad \textbf{(Formel 7.8)}$$

N kann solange über K hinaus zunehmen, bis $N_{t-\tau}$ den Wert von K überschreitet. Dann beginnt die Abundanz wieder abzunehmen. Ob es danach zu einem Einlaufen ins Gleichgewicht, zu gedämpften oder zu ungedämpften Oszillationen kommt, hängt vom dimensionslosen Produkt aus r_{max} und der Verzögerungszeit ab:

● $r_{max} \cdot \tau < 1/e$ (ca. 0,368): Einlaufen ins Gleichgewicht,

● **1/e bis π/2** (ca. 1,57): gedämpfte Schwingungen,

● **über** π/2: ungedämpfte Schwingungen mit konstanter Amplitude und einer Periodenlänge von 4 π (Abb. 7.6). Bei sehr hohen Werten (>2) entstehen lange Wellentäler mit kurzen Peaks. Während der lang anhaltenden Depressionen besteht die Gefahr des Aussterbens durch Zufallsereignisse. Ein hohes Produkt von $r_{max} \cdot \tau$ tritt dann auf, wenn eine hohe maximale Nettowachstumsrate mit langen Eientwicklungszeiten zusammenfällt.

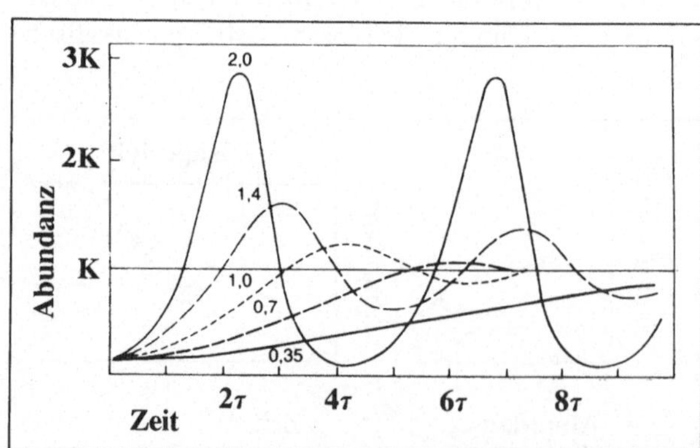

Abb. 7.6. Auswirkung der Verzögerungszeit τ auf das Verhalten der logistischen Wachstumskurve, dargestellt für verschiedene Werte des Produkts $r_{max} \cdot \tau$, Abundanz als Vielfaches der Kapazität *(K)*

Bei diskontinuierlicher Reproduktion kann Dichteabhängigkeit zum Chaos führen

Stufenversion der logistischen Kurve. So wie die exponentielle Wachstumsfunktion für Populationen mit schubweiser Reproduktion durch die Treppenkurve der geometrischen Folge ersetzt werden muß, gibt es auch eine Stufenversion der logistischen Wachstumsgleichung:

$$\frac{\Delta N}{\Delta t} \cdot \frac{1}{N} = R_{max} \left(1 - \frac{N}{K} \right) \qquad \textbf{(Formel 7.9)}$$

wobei Δt nur ein ganzzahliges Vielfaches des Intervalls *(T)* zwischen zwei Wachstumsschüben sein kann. Die Intervallänge hat eine ähnliche Bedeutung wie eine Verzögerungszeit: Die Reproduktionsrate reagiert nicht auf die Bedingungen am Ende des Intervalls, sondern auf die Bedingungen während des gesamten Intervalls. Das Verhalten der Wachstumskurve hängt nun vom Produkt $R_{max} \cdot T$ ab (Abb. 7.7):

● **Einlaufen ins Gleichgewicht:** Beträgt das Produkt $R_{max} \cdot T <1$, so läuft die Population in ein Gleichgewicht ein.

● **Gedämpfte Schwingungen:** Liegt $R_{max} \cdot T$ zwischen 1 und 2 kommt es zu gedämpften Oszillationen.

● **Anhaltende Schwingungen:** Steigt $R_{max} \cdot T$ über 2, so springt nach Überschreiten der Kapazitätsgrenze die Abundanz regelmäßig zwischen einem Wert >K und einem Wert <K hin und her. Beide Werte nähern sich allmählich einem stabilen Grenzwert an. Die beiden Grenzwerte werden als *Attraktoren* bezeichnet.

● **Periodenverdopplung:** Überschreitet das Produkt $R_{max} \cdot T$ den Wert von 2,4495, so bilden sich plötzlich 4 Attraktoren aus, zwischen denen die Abundanz hin und her springt. Dieses Phänomen wird als *Periodenverdopplung* bezeichnet. Bei $R_{max} \cdot T = 2,56$ kommt es abermals zu einer Periodenverdopplung zu nunmehr 8 Attraktoren. Die nächste Periodenverdopplung (16 Attraktoren) tritt bei $R_{max} \cdot T = 2,569$ auf.

● **Chaos:** Bei $R_{max} \cdot T = 2,5699$ kommt es zu einem qualitativen Sprung: Es gibt *unendlich viele Attraktoren,* es kommt zum Chaos (May 1976). Kein Wert in der Zeitreihe wiederholt sich wieder, die Abundanz fluktuiert scheinbar regellos. Ein weiteres Merkmal der chaotischen Dynamik besteht darin, daß geringfügige Unterschiede in den Ausgangsbedingungen (z.B. N_0) zu drastischen Unterschieden in den resultierenden Zeitreihen führen können.

Derartige chaotische Zeitreihen sind dann zu erwarten, wenn *lange Intervalle* zwischen den Reproduktionsschüben und ein *hohes Wachstumspotential* bei

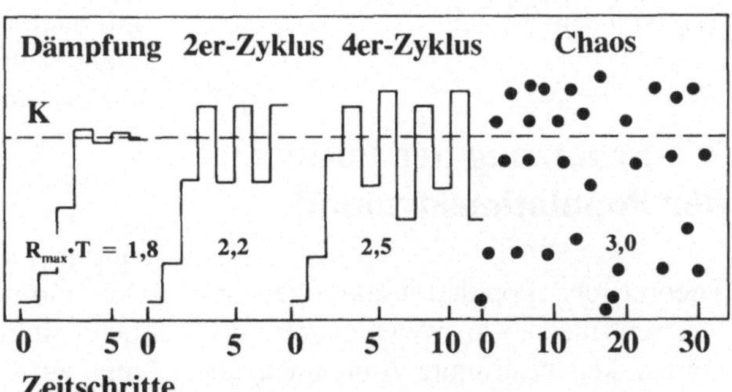

Abb. 7.7. Verhalten der Stufenversion der logistischen Wachstumskurve bei verschiedenen Werten des Produkts $R_{max} \cdot T$

niedrigen Abundanzen (ausgedrückt durch R_{max}) aufeinandertreffen. Organismen mit einmaliger Reproduktion pro Jahr und dem Potential, sich pro Jahr auf mehr als das 3,5699fache (R_{max} + 1) zu vermehren, sollten zu einer chaotischen Dynamik neigen. Dazu gehören nicht nur hohe Eizahlen, sondern auch eine hohe Überlebensrate der Jugendstadien, da es ja nicht um die Geburtenrate, sondern um die Nettowachstumsrate geht.

Generelle Bedeutung des Chaos. Das Auftreten einer chaotischen Dynamik ist von fundamentaler Bedeutung für das Selbstverständnis der Naturwissenschaften. Traditionellerweise galten unregelmäßige Zeitreihen als die Konsequenz von externen Zufallseinflüssen (z.B. Wetter). Dieses und andere Beispiele zeigen jedoch, daß Chaos bei konstanten externen Bedingungen, ohne Zuhilfenahme des Zufalls, aus vergleichsweise einfachen, deterministischen Bildungsgesetzen erzeugt werden kann. Die Empfindlichkeit chaotischer Zeitreihen gegenüber den Startbedingungen stellt auch das experimentelle Prinzip der Reproduzierbarkeit partiell in Frage: In ökologischen Experimenten können die Ausgangsbedingungen nie genau, sondern stets nur ungefähr definiert werden. Wir vertrauen dann darauf, daß nicht nur gleiche Bedingungen zu gleichen Ergebnissen führen, sondern auch ähnliche Bedingungen zu ähnlichen Ergebnissen. Beim Auftreten einer chaotischen Dynamik ist das nicht Fall.

7.3 Schätzung der Parameter der Populationsdynamik

Theoretische Populationsökologen analysieren meist, zu welchen zeitlichen Dynamiken bestimmte Annahmen über

die Parameter der Populationsdynamik führen. Empirische Populationsökologen stehen vor dem umgekehrten Problem. Sie verfügen über mehr oder weniger genau bestimmte Zeitreihen der Abundanz, der Eizahlen etc. aus ihren Beobachtungen natürlicher oder exerimenteller Populationen und wollen Wachstumsraten, Geburtenraten, Todesraten etc. berechnen.

7.3.1 Nettowachstumsrate

Die Nettowachstumsrate kann direkt aus Zeitreihen der Abundanz berechnet werden

Solange innerhalb des Beobachtungsintervalls einigermaßen konstante Wachstumsraten angenommen werden, kann r durch Umformung von Gleichung 7.4 gewonnen werden:

$$r = \frac{\ln N_2 - \ln N_1}{t_2 - t_1} \qquad \textbf{(Formel 7.10)}$$

Bei Wachstum in diskreten Schüben gilt:

$$R = \frac{N_{t+1}}{N_t} - 1 \qquad \textbf{(Formel 7.11)}$$

Bei logarithmischer Transformation der Abundanz und linearer Darstellung der Zeit werden exponentielle und geometrische Funktionen linear. Die Nettowachstumsrate entspricht dann dem Anstieg der halblogarithmisch transformierten Wachstumskurve einer Population. Das gilt auch dann, wenn die Wachstumsrate nicht konstant ist. Änderungen der Wachstumsrate lassen sich dann als Änderungen des Anstiegs erkennen. In jedem Fall gilt: *Die Nettowachstumsrate ist der Differentialquotient des Logarithmus der Abundanz nach der Zeit.* Aus Gründen der mathematischen Einfachheit hat sich der natürliche Logarithmus am besten bewährt. Marine Phytoplanktologen verwenden jedoch immer noch häufig den Logarithmus mit der Basis 2, da dann der numerische Wert von r der Zahl der Verdopplungen pro Zeiteinheit (meist Tag) entspricht.

Die räumliche Heterogenität verursacht Probleme bei der Bestimmung der Nettowachstumsrate

Praktische Schwierigkeiten bei der Bestimmung von r macht die horizontale Heterogenität in der Verteilung des Planktons und der daraus resultierende Stichprobenfehler. Er wirkt sich in Zeitreihen als Streuung um die Zeitreihe der „wahren" Abundanz aus. Praktisch kann eine gute Schätzung von r erreicht werdewn, wenn eine oder mehrere der folgenden Bedingungen erfüllt sind:

● Eine ausreichende Zahl von Parallelproben ermöglicht eine gute Schätzung der wahren Abundanz.

● $\log N_1$ und $\log N_2$ unterscheiden sich wesentlich stärker voneinander als lokale Maxima und Minima.

● Wenn konstantes exponentielles Wachstum über mehrere Probennahmen hinweg anhält, kann r als Anstieg einer Regressionsgeraden $\ln N$ gegen t bestimmt werden.

● Wenn die Wachstumsrate offensichtlich nicht konstant ist, kann die Zeitreihe von $\ln N$ durch Anpassung einer geeigneten Funktion (logistische Kurve, Sinusschwingung, Polynom beliebiger Ordnung etc.) geglättet und r danach als Diffenrentialquotient der geglätteten Kurve bestimmt werden.

Vor allem in marinen Systemen besteht die Gefahr, daß durch die *Advektion* planktonreicheren Wassers ein

Wachstumsprozeß vorgetäuscht wird, wo lediglich ein Transportprozeß stattgefunden hat. Es muß darauf geachtet werden, stets die gleiche Population zu beproben.

7.3.2 Bruttowachstumsrate und Geburtenrate

Mindestens 2 der 3 Glieder der Gleichungen 7.2 und 7.3 müssen direkt bestimmt werden. Das dritte kann bei ausreichend genauer Bestimmung der beiden anderen durch Differenzbildung bestimmt werden. Eine Bestimmung aller drei Glieder ermöglicht es jedoch, zu überprüfen ob die Bilanz tatsächlich aufgeht. Im Plankton haben sich vor allem drei Methoden der direkten Bestimmung der Bruttowachstums- bzw. Geburtenraten bewährt:

● für *Protisten* der *mitotische Index*

● für *Metazoen mit kontinuierlicher Reproduktion* die *„Egg-ratio"*

● für *Organismen mit diskontinuierlicher Reproduktion* die *Kohortenanalyse*

Die Bruttowachstumsrate der Protisten kann aus dem mitotischen Index abgeleitet werden

Zählung der Zellteilungen. In vielen Fällen ist eine direkte, mikroskopische Beobachtung der Zellteilungen möglich. Neben morphologisch distinkten Teilungsstadien kann durch geeignete Färbung der Zellkerne (Karminessigsäure, DAPI) auch die Teilung der Kerne herangezogen werden. Bei einfacher Zweiteilung erhöht sich die Abundanz nach einem Teilungsschritt um die Zahl der

Zellteilungen, bei Vierfachteilungen um das Dreifache der Zahl der Zellteilungen, bei Achtfachteilungen um das Siebenfache etc.:

$$N_2 = N_1 \left(1 + \frac{N_D (Z - 1)}{N_1} \right)$$ **(Formel 7.12)**

wobei N_D die Zahl der Zellteilungen und Z die Zahl der aus einer Teilung hervorgehenden Tochterzellen angibt.

Bedeutung der Teilungszeit. Ein Problem entsteht dadurch, daß die Zahl der Teilungen pro Zeiteinheit (z.B. Tag) nicht ohne weiteres aus Zählungen der Teilungsstadien bestimmbar ist. Wenn zwei Zählungen, die z.B. 1 Stunde auseinander liegen, je 10% Teilungsstadien ergeben, so ist nicht ohne weiteres klar, ob es sich bei der zweiten Probennahme noch um dieselben 10% handelt, oder ob die Teilungsstadien der ersten Probe ihre Teilung bereits abgeschlossen haben und es sich um neue 10% handelt. Um diese Frage zu beantworten, muß die Zeit bestimmt werden, in der ein bestimmtes Teilungsstadium durchlaufen wird („Teilungszeit", t_D).

Bestimmung der Teilungszeit. Die Teilungszeit kann bei synchroner oder teilsynchroner Teilung (Häufung der Teilungen zu bestimmten Tageszeiten) durch direkte Beobachtung bestimmt werden. Wenn ein Teilungsstadium ein morphologisch gut erkennbares Ende hat, muß im Tagesgang eine Zeitreihe des Teilungsstadiums (z.B.: geteilte Kerne in ungeteilter Zelle) und seines Endpunktes (in diesem Fall: beginnende Plasmateilung) aufgestellt werden. Die zeitliche Verschiebung zwischen den beiden Zeitreihen ist dann ein Maß für t_D (Braunwarth u. Sommer 1985; Abb. 7.8). Die Zahl der Zellteilungen pro Tag kann dann bestimmt werden, indem die Fläche unter der Kurve Teilungsstadien gegen Tageszeit integriert und durch t_D dividiert wird. Es gilt:

$$\mu = \ln \left(1 + \frac{N_D (Z - 1)}{N_1} \right)$$ **(Formel 7.13)**

Anwendung auf Prokaryoten. Unter aquatischen Bakteriologen wird die Methode des mitotischen Indices als **FDC** („frequency of dividing cells") bezeichnet. Da bei Prokaryoten Zellteilungen in der Regel zufällig über den Tagesgang verteilt sind, muß die Teilungszeit experimentell bestimmt werden. Dabei ist zu beachten, daß die Teilungszeit von den

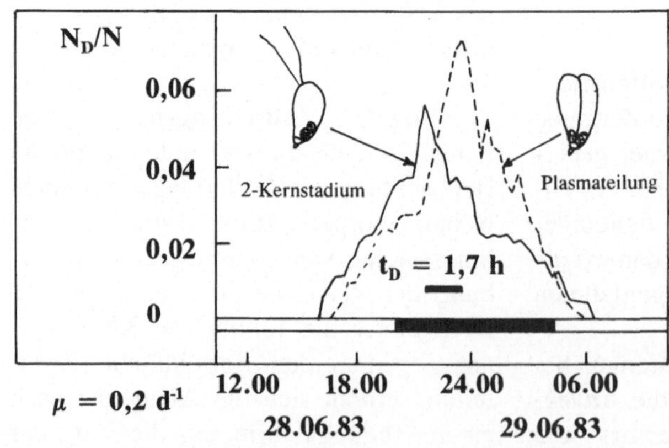

Abb. 7.8. Tagesgang des Anteils der Zellteilungsstadien von *Rodomonas minuta* im Bodensee. Die Berechnung von μ beruht auf dem Zweikernstadium, dessen Ende durch den Beginn der Plasmateilung definiert ist. (Nach Abb. 3 in Braunwarth und Sommer 1985)

Umweltbedingungen, insbesondere der Temperatur, abhängen kann.

Bei Tieren mit kontinuierlicher Reproduktion kann die Geburtenrate aus der „Egg-ratio" berechnet werden

Kontinuierliche Reproduktion tritt dann auf, wenn sich Tiere mehrmals in ihrem Leben fortpflanzen, die Generationen sich überlappen und die Fortpflanzung nicht an bestimmte Jahreszeiten gebunden ist. Im Idealfall sind die Geburten bei unveränderten Umweltbedingungen gleichmäßig über die Zeit verteilt. In den Planktonproben sind dann alle Altersklassen vorhanden, ohne daß man feststellen kann, welche Jungtiere zu welchen adulten gehören. Da es normalerweise keine starre Größen-Altersbeziehung gibt, können sie auch keinem Geburtszeitpunkt zugeordnet werden.

Egg-ratio. Die Berechnung der Geburtenrate wird dadurch ermöglicht, daß die Weibchen vieler Zooplankter ihre Eier mit sich herumtragen. Die mittlere Zahl

der Eier pro Individuum kann daher bestimmt werden. Die Eier werden von den Muttertieren nicht mehr ernährt, ihre Entwicklungsdauer (einige Tage) hängt nur von der Temperatur ab. Für eine Reihe von Zooplanktern liegen bereits experimentell bestimmte Beziehungen zwischen Temperatur und der *Entwicklungszeit der Eier (D)* vor (Abb.7.9). Ohne Mortalität erhöht sich die Abundanz einer Population pro Eientwicklungzeit um die Zahl der Eier. Die relative Zunahme pro Eientwicklungszeit entspricht der *Eizahl pro Individuenzahl („egg-ratio"; E)*. Die Geburtenrate ist daher (Paloheimo 1974):

$$b = \frac{\ln (1 + E)}{D} \qquad \textbf{(Formel 7.14)}$$

Bei Tieren mit schubweiser Reproduktion kann die Geburtenrate aus der Analyse von Kohorten berechnet werden

Wenn Zooplankter sich in Schüben, z.B. einmal oder wenige Male jährlich, fortpflanzen, kann man das Schicksal jeder

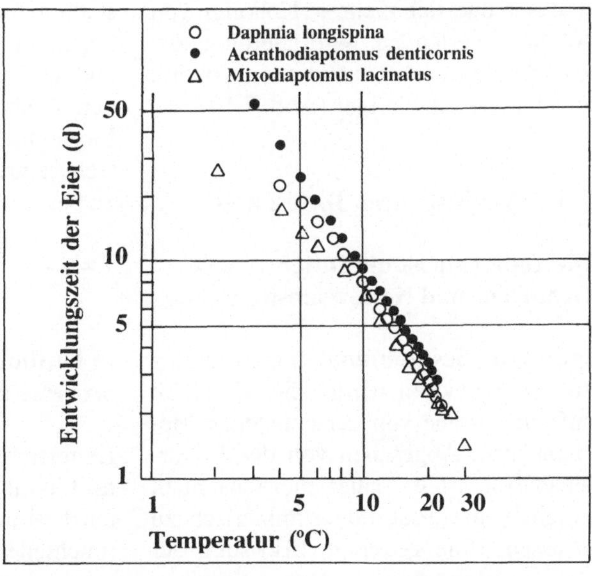

Abb. 7.9. Temperaturabhängigkeit der Eientwicklung bei einigen Zooplanktern des Süßwassers. (Nach Bottrell et al 1976)

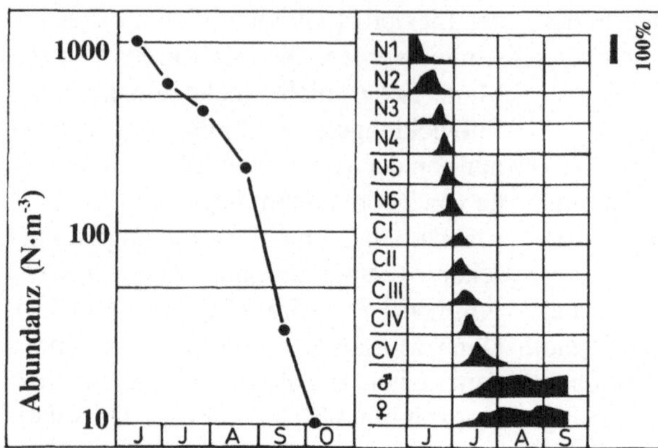

Abb. 7.10. Entwicklung einer Kohorte bei dem einmal im Jahr reproduzierenden Copepoden *Heterocope saliens* im norwegischen See Øvre Heimdalsvatn. Die Nauplien *(N)* schlüpfen im Juni, ab Juli treten Copepodid-Stadien *(C)* auf. *Links* Gesamtabundanz; *rechts* Verteilung auf einzelne Entwicklungsstadien. (Nach Larsson 1978)

Kohorte verfolgen. Da es keine kontinuierliche Altersverteilung gibt, kann man alle Individuen einzelnen Reproduktionsschüben zuordnen. Die Abundanz nimmt bei jedem Reproduktionsschub um die Zahl der Neugeborenen zu. Nachher erfährt eine Kohorte keine weiteren Zuwächse mehr sondern nur noch Verluste. Verfolgt man eine Kohorte weiter, so kann man aus der Abnahme ihrer Abundanz nicht nur die langfristige Mittelwerte der Mortalität sondern auch die Verteilung der Mortalität auf verschiedene Altersstadien analysieren. Wenn adulte Tiere nur mehr langsam wachsen und sich mehrere Kohorten von Adulten überlappen, wird allerdings die Zuordnung zu einer bestimmten Kohorte zunehmend schwieriger (Abb. 7.10).

7.3.3 Verlust- und Todesraten

Die Todesrate ist die Differenz aus Geburten- und Nettowachstumsrate

Indirekte Bestimmung. Im Gegensatz zur Reproduktion beruht die Mortalität auf einer Reihe von verschiedenen Mechanismen. Abgesehen von der Kohortenanalyse ist es daher meistens nicht möglich, die Todesrate summarisch zu erfassen. Eine getrennte Erfassung der einzelnen Komponenten stößt allerdings an Grenzen. Nicht alle Teilkomponenten können einigermaßen zuverlässig erfaßt werden. Häufig ist der Tod durch Freßfeinde eine der wesentlichsten Komponenten. Theoretisch könnte die fraßbedingte Mortalität durch die funktionelle Reaktion der Freßfeinde (vgl. Kap. 6.1.3), ihre Selektivität und ihre Abundanz berechnet werden. Praktisch fehlen die meisten wichtigen Basisdaten: Die Abundanz planktivorer Fische läßt sich nur sehr ungenau bestimmen. Funktionelle Reaktion und Selektivität hängen sowohl von der Art als auch vom Altersstadium der Freßfeinde ab. Basisdaten liegen nur für ausgewählte Freßfeinde und meist nicht für alle Altersstadien vor. Deshalb ist es am einfachsten, die Mortalität aus der Differenz zwischen Geburtenrate und Nettowachstumsrate zu bestimmen:

$$d = r - b \qquad \text{(Formel 7.15)}$$

In bestimmten Fällen können Verlustprozesse direkt analysiert werden

Experimenteller Ausschluß von Mortalitätsfaktoren. Alternativ zur Differenzbestimmung ist es möglich, in experimentellen *Mesokosmen* (durch Folien oder Planktongaze abgetrennte Wasserkörper) bestimmte Mortalitätsfaktoren (z.B. Fraß durch Fische bei Zooplanktern, Fraß durch Zooplankter bei Phytoplanktern) auszuschließen und die Nettowachstumsraten der geschützten Teilpopulation und der ungeschützten Teilpopulation zu vergleichen. Allerdings ist dabei zu beachten, daß veränderte Nettowachstumsraten letztendlich zu veränderten Abundanzen und damit zu veränderten Ressourcenkonzentrationen führen. Die Geburtenraten bzw. Bruttowachstumsraten der manipulierten und der unmanipulierten Teilpopulation werden daher nur kurzfristig gleich sein.

Sedimentationsverluste der Phytoplankter. Wenn die Sinkgeschwindigkeit bekannt ist, kann aus den in Kapitel 3.1 hergeleiteten Formeln 3.5 und 3.6 auch die *Sedimentationsrate* (σ, Dimension: d^{-1}) herleiten:

Bei kontinuierlicher Durchmischer der Oberflächenschicht gilt:

$$\sigma = \frac{v}{z_m} \qquad \textbf{(Formel 7.16)}$$

wobei z_m die Durchmischungstiefe (m) und v die Sinkgeschwindigkeit ($m \cdot d^{-1}$) ist. Bei einmaliger Durchmischung pro Tag gilt:

$$\sigma = \ln\left(1 - \frac{v}{z_m}\right) \qquad \textbf{(Formel 7.17)}$$

Wenn die entsprechenden Basisdaten nicht bekannt sind, können die Sedimentationsverluste auch durch die Exposition von *Sedimentfallen* unterhalb der euphotischen Zone erfaßt werden. Am besten eignen sich dazu zylindrische Gefäße, die mindestens 10 mal so hoch wie breit sind (Bloesch und Burns 1980). Am Boden des Gefäßes kann ein Fixierungsmittel, das schwerer als Wasser ist, eingegeben werden, um so eine Dekomposition der abgesunkenen Zellen während

des Expositionsintervalls zu vermeiden. Die Zahl der aus einer exponentiell wachsenden Population absinkenden und in der Falle aufgefangenen Individuen (N_s) Individuen entspricht dem Integral der in jedem einzelnen Moment abgesunkenen Zellen über die Expositionszeit (t_1 bis t_2):

$$N_s = \int_{t_2}^{t_1} \sigma \cdot N_1 \cdot e^{r(t_2 - t_1)} \cdot dt$$
$$\textbf{(Formel 7.18)}$$

Daraus ergibt sich:

$$\sigma = \frac{N_s \cdot r}{N_1 \, (e^{r(t_2 - t_1)} - 1)} \qquad \textbf{(Formel 7.19)}$$

(Sommer 1984).

Todesrate. Wenn Phytoplankter nach dem Tod eine erkennbare „Leiche" hinterlassen, z.B. die Kieselschalen von Diatomeen, läßt sich auf ähnliche Art auch eine *Todesrate (δ)* für die physiologische Mortalität (incl. Parasitismus) bestimmen. Die Zahl der im Intervall abgestorbenen Individuen (N_d) ist dann die Zahl der in Sedimentfallen aufgefangenen „Leichen" plus die Zunahme der in der euphotischen Zone suspendierten „Leichen". Wenn algenfressende Zooplankter erkennbare „Leichen" ausscheiden (z.B. Halbschalen kleiner Kieselalgen) umfaßt der so bestimmte Wert für δ allerdings auch Grazingverluste mit. Marine Copepoden und andere Crustaceen geben membranumschlossene *Kotballen* oder -schnüre ab, die relativ lange erhalten bleiben und mit Sedimentfallen aufgefangen werden können. Hinterlassen Phytoplankter erkennbare Reste in den Kotballen, ist eine direkte Analyse der Grazingverluste möglich.

Grazingverluste der Phytoplankter. Die *„Filtrationsrate" (F)* der Zooplankter gibt an, wieviel Wasser pro Zeit von einem Indidividuum „leergefressen" wird (vgl. Kap. 6.3.2). Ihre Dimension ist Volumen pro Zeit pro Individuum. Unter konstanten Bedingungen kann vom einzelnen Individuum auf die Gesamtzahl der Individuen derselben Art (Index j) und Altersklasse (Index k) hochgerechnet werden.

Multipliziert man F_{jk} mit der volumetrischen Abundanz dieser Art und Altersklasse $(N_{jk} \cdot l^{-1})$, erhält man ein Maß dafür, welcher Anteil des Wasservolumens pro Zeiteinheit von der Gesamtmenge N_{jk} leergefressen wurde (*partiale Gesamtfiltrationsrate, G_{jk}*, Dimension t^{-1}). Für optimal freßbare Phytoplankter ist das gleichzeitig die Mortalität, die Zooplanktern der definierten Art und Altersklasse zuzuschreiben ist (*partiale Grazingrate, γ_{jk}*). Für Phytoplankter der Art i, die nicht optimal freßbar sind, muß G_{jk} mit dem *Selektivitätskoeffizienten (w_{ijk})* multipliziert werden, um die partiale Grazingrate zu erhalten. Er ist dimensionslos und hat Werte von 0 bis 1. Er gibt an, mit welcher relativen Effizienz eine Phytoplanktonart im Vergleich zum optimalen Futter gefressen wird. Die partiale Grazingrate ist damit das Produkt aus der Filtrationsrate von Zooplanktonindividuen definierter Art und Altersklasse, deren Abundanz und dem jeweils zutreffenden Selektivitätskoeffizienten.

$$\gamma_{ijk} = F_{jk} \cdot N_{jk} \cdot w_{ijk} \qquad \text{(Formel 7.20)}$$

Summiert man nun die partialen Grazingraten über alle Altersklassen der einzelnen Zooplankter und alle Zooplanktonarten auf, so erhält man γ_i, die *Grazingrate,* unter der die Phytoplanktonpopulation i leidet.

$$\gamma_i = \sum_{j=1}^{x} \sum_{k=1}^{x} F_{jk} \cdot N_{jk} \cdot w_{ijk}$$

$$\text{(Formel 7.21)}$$

7.4 Die Bilanz von Reproduktion und Verlusten

7.4.1. Ein Beispiel für eine Populationsbilanz von Phytoplanktern

Versuche, für Populationen Bilanzen ihrer Zuwachs- und Verlustprozesse zu erstellen, sind selten vollständig. Meistens werden einzelne Komponenten nur durch Differenzbestimmung erfaßt oder sehr grob geschätzt. Trotz der großen Ungenauigkeit hat sich jedoch ein verallgemeinerungsfähiges Ergebnis herauskristallisiert: *in den meisten Fällen kommt es auf Reproduktionsraten und Verlustraten gleichzeitig an.* Phasen, in denen einseitig die Reproduktion oder einseitig die Mortalität den Zeitverlauf der Abundanz bestimmen, treten nur kurzfristig und meistens am Anfang der jährlichen Wachstumsperiode auf.

Abb. 7.11 zeigt zwei Bilanzversuche für Phytoplankter im Bodensee (Braunwarth 1988, Sommer 1984, 1987). Beim Flagellaten *Cryptomonas ovata* wurden die Nettowachstumsrate, die Bruttowachstumsrate (mitotischer Index) und die Grazingrate direkt bestimmt. In allen Untersuchungsintervallen bleibt ein großer Rest unerklärter Verluste. Die Bruttowachstumsrate zeigt eine eher geringe Variabilittät, das Auf und Ab der Population wird mehr von der zeitlichen Variabilität der Verluste bestimmt.

Bei der Kieselalge *Fragilaria crotonensis* wurden die Nettowachstumsrate, die Sedimentationsrate und die physiologische Todesrate (überwiegend durch Parasiten verursacht) direkt untersucht. Da die großen, bandförmigen Kolonien (100 µm Breite, mehrere 100 µm Länge) als beinahe unfreßbar gelten, wurde die Grazingrate vernachlässigt. Nur selten treten in der Bilanz unerklärte Verluste

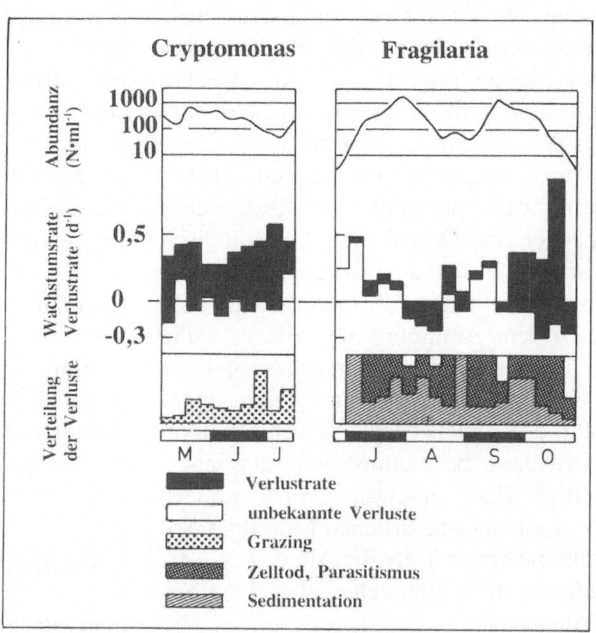

Abb. 7.11. Populationsdynamische Bilanz von *Cryptomonas ovata* und *Fragilaria crotonensis* im Bodensee. *Oben* Veränderung der Abundanz. *Mitte* Bruttowachstumsrate (obere Grenze der schwarzen Fläche), Verlustrate (Breite der schwarzen Fläche), Nettowachstumsrate (unterer Rand der schwarzen Fläche). *Unten* Aufteilung der Verluste auf verschiedene Faktoren

auf. Wegen der zeitweilig extrem starken Si-Limitation (gelöstes Si nicht mehr nachweisbar) kommt es zu wesentlich stärkeren Schwankungen der Bruttowachstumsrate als bei *Cryptomonas*. Interessanterweise reichen zeitweilig sogar extrem hohe Bruttowachstumsraten (Anfang Oktober) nicht aus, um den Bestand der Population gegen starken Parasitenbefall (>90 % der Zellen) zu sichern.

7.4.2 Chemostat und Batch-Kultur als Modelle

Batch-Kultur *(statische Kultur)* und Chemostat *(kontinuierliche Kultur)* sind verbreitete Prinzipien der Kultur von Mikroorganismen, die auch als Modelle für Extremsituationen in der Natur angesehen werden können. In der Batch-Kultur wird der Wachstumsverlauf einer Population fast ausschließlich von der Bruttowachstumsrate bestimmt. In der Chemostatkultur halten Reproduktion

und Verluste einander die Waage, so daß die Abundanz konstant bleibt. Natürliche Systeme befinden sich auf einem Kontinuum zwischen dem ***extremen Ungleichgewicht*** ($\mu \gg \lambda$; r = ca. μ) der Batchkultur und dem ***Fließgleichgewicht*** der Chemostatkultur ($\mu = \lambda$; r = 0).

In der Batch-Kultur dominiert die Bruttowachstumsrate

Impft man ein begrenztes Volumen eines ressourcengesättigten Nährmediums mit einer kleinen Menge *(„Inokulum")* von Bakterien oder Phytoplanktern an, so werden sich diese nach einer kurzen Anpassungszeit mit maximaler Bruttowachstumsrate vermehren. Da der experimentelle Ansatz keine Freßfeinde enthält, kommt es zu keinen Todesfällen. Die Population wird nimmt zunächst mit ihrer maximalen Bruttowachstumsrate exponentiell zu. Mit fortschreitender Aufzehrung der Ressourcen oder Hemmung des Wachstums durch Ausscheidungsstoffe nimmt die Bruttowachstumsrate ab, bis schließlich das Wachstum zum Stillstand kommt („stationäre Phase"). Zu einem Absterben von Organismen kommt es meistens erst später, wenn nach prolongiertem Ressourcenmangel die Organismen physiologisch ernsthaft geschädigt werden. Tritt Ressourcenlimitation sofort oder relativ bald nach dem Animpfen auf, gibt es keine exponentielle Wachstumsphase und der Zeitverlauf der Abundanz gleicht ungefähr der logistischen Wachstumskurve. Wird dasselbe Kulturprinzip auf mehrzellige Tiere angewandt, so kommt es zwar zu einer natürlichen Mortalität, sobald die ersten Tiere die Altersgrenze erreichen, ansonsten gelten aber dieselben Prinzipien:

- Die Populationsdynamik ist *wachstumsgesteuert.*

- Alle relevanten Parameter sind *zeitabhängig.*

- Populationsdichten, Ressourcenkonzentrationen, der Ernährungszustand der Versuchsorganismen (z.B. die Zellquote bei Algen) und Wachstumsraten verändern sich ununterbrochen.

- Physiologische Modelle, die eine Konstanz der Bedingungen annehmen, sind nicht oder nur eingeschränkt anwendbar, z.B. das Monod-Modell für nährstofflimitiertes Algenwachstum (Formel 6.4).

In der Chemostatkultur herrscht ein Fließgleichgewicht zwischen Reproduktion und Verlusten

Aufbau. Bei einem Chemostaten wird frisches Medium kontinuierlich und mit konstanter Rate (**Flußrate; F;**, Dimension $l \cdot d^{-1}$) in eine Kultur mit definiertem **Volumen** (**V;** Dimension l) zudosiert. Im gleichen Ausmaß werden suspendierte Organismen und verbrauchtes Medium durch den Überlauf exportiert. Dieser Export von Organismen simuliert den natürlichen Prozeß der Mortalität. Bei homogener Durchmischung im Kulturgefäß entsprechen Konzentrationen und Abundanzen im Überlauf den Konzentrationen und Abundanzen im Kulturgefäß. Der Quotient aus Flußrate und Volumen (***Durchflußrate; D;*** Dimension d^{-1}) entspricht damit der Verlustrate der experimentellen Population.

Gleichgewichteinstellung. Wenn $D < \mu_{max}$ ist, stellt sich allmählich ein *Fließgleichgewicht („steady-state")* ein, bei dem die Bruttowachstumsrate der Verlustrate entspricht. Die Nettowachstumsrate ist dann Null, die Abundanz konstant. Dieses Fließgleichgewicht ist *selbstregulatorisch.* Wird die Abundanz durch ein Störereignis vermindert, so vermindert sich die Zehrung der Ressourcen durch die nunmehr kleinere Population. Da die Ressourcen ständig erneuert werden, nimmt ihre Konzentration vorübergehend zu. Demzufolge kann μ auch steigen. r wird daher kurzfristig positiv und die Abundanz kann wachsen, bis die zunehmende Ressourcenzehrung μ wieder auf den Wert der Durchflußrate drückt. Eine zufällige Auslenkung der Abundanz nach oben löst den umgekehrten Regulationsmechanimus aus: Mehr Individuen – weniger Ressourcen – geringere Bruttowachstumsrate – Abnahme der Population.

Dem Fließgleichgewicht auf der Populationsebene entspricht ein Fließgleichgewicht auf der Ressourcenebene: Die Veränderung der Konzentration limitierender Ressourcen ergibt sich aus dem Import frischer Ressourcen im Zulauf *(Ausgangskonzentration, S_0)*, dem Konsum durch die Organismen und den Export nichtkonsumierter Ressourcen. Die von den Organismen **konsumierte Ressourcenmenge** *(S_c)* plus die unverbrauchte **Restkonzentration (S)** müssen zusammen S_0 ergeben. Die Biomasse oder Abundanz der Versuchsorganismen kann durch das Produkt des **Ertragskoeffizienten** *(Y,* von „yield coefficient") mit S_c berechnet werden. Bei mineralischen Nährstoffen von Algen entspricht er dem Kehrwert der Zellquote q in Gleichung 6.8. Die unverbrauchte Ressourcenkonzentration S kann durch Umformung der Gleichung 6.4 berechnet werden.

Berechnung. Insgesamt gilt für den Gleichgewichtszustand:

$$D = \frac{F}{V} \qquad \text{(Formel 7.22)}$$

$$\mu = D; \; r = 0 \qquad \text{(Formel 7.23)}$$

$$S = S_0 - S_c \qquad \text{(Formel 7.24)}$$

$$N = S_C \cdot Y = \frac{S_c}{q}$$

$$= S_c \frac{1 - \dfrac{\mu}{\mu'_{max}}}{q_0} \qquad \text{(Formel 7.25)}$$

$$S = \frac{\mu \cdot k_s}{\mu_{max} - \mu} \qquad \text{(Formel 7.26)}$$

Die wesentlichsten Merkmale des Fließgleichgewichs sind:

● Trotz ständigen Ausstauschs der Ressourcen und der Individuen sind alle **statischen Größen** konstant und **zeitunabhängig.**

● Außerdem sind sie **unabhängig von den Ausgangsbedingungen.** Die Gleichgewichtsabundanz hängt nicht von der Größe des Inokulums ab, sondern nur von den physiologischen Ansprüchen und Fähigkeiten der Population und dem Ressourcenangebot.

● Solange eine Ressource limitierend ist, hängt ihre freie Konzentration (S) nicht vom Gesamtangebot (S_0) sondern von der Wachstumskinetik der Organismen und der Turnover-Rate des Systems (Durchflußrate) ab. Die **freie Ressourcenkonzentration** ist damit eine **abhängige Variable** und keine unabhängige Variable.

Natürliche Populationen befinden sich auf einem Kontinuum zwischen dem Batch- und dem Chemostat-Prinzip

Unter natürlichen Bedingungen wird kaum jemals eines der beiden Prinzipien rein vertreten sein. Weder ist jemals die Todes- oder Verlustrate null noch sind sie jemals exakt mit der Bruttowachstums- oder Geburtenrate identisch. Dennoch gibt es charakteristische Annäherungen an beide Endpunkte des Kontinuums.

Frühjahrsblüte. Die Frühjahrsblüte des Phytoplanktons in gemäßigten und polaren Breiten kommt in vielen Beziehungen einer Batch-Kultur nahe. Die ungünstigen Lebensbedingungen des Winters lassen oft nur wenige Phytoplankter und Zooplankter überleben. Mineralische Nährstoffe sind zum Großteil frei in der gelösten Phase vorhanden. Mit der rapiden Verbesserung der Lichtbedingungen im Frühjahr (Einstrahlung, Tageslänge, Eisbruch, Beginn der Schichtung) kann sich das Phytoplankton vor allem in nährstoffreichen Gewässern schnell und allenfalls durch niedrige Temperaturen beschränkt vermehren. Dieser Vermehrung entspricht eine rasche Abnahme der gelösten Nährionen und bei weiterem Wachstum auch eine Ausdünnung der Zellquoten. Da das Zooplankton zu seiner Entfaltung meistens länger braucht, herrscht auch nur ein geringer Grazingdruck. Die Bedingung $r = \mu$ ist daher annähernd erfüllt; während des Beginns der Frühjahrsblüte herrscht somit eine *reproduktionsdominierte Populationsdynamik.* Biomassezunahmen der Algen von einer Verdopplung pro Tag sind keine Seltenheit.

Sommergleichgewicht. Im Gegensatz zu den extremen Ungleichgewichtssituationen im Frühjahr besteht im Sommer in der gemäßigten Zone und manchmal ganzjährig in den Tropen eine Annäherung an das Chemostatprinzip. Das Sommergleichgewicht ist dadurch gekennzeichnet, daß Populationen, die dem Mortalitätsdruck nicht standhalten können, aus dem Plankton eliminiert worden sind. Die überlebenden Phytoplanktonpopulationen haben in der Regel moderat ressourcenlimitierte Bruttowachstumsraten. Ihr Nettowachstum bleibt jedoch weit hinter den Bruttowachstumsraten zurück, da viele der neugebildeten Individuen gefressen werden. Das Auf

und Ab der verschiedenen Populationen wird von relativ subtilen Verschiebungen in der Bilanz Reproduktion – Verluste bestimmt. Auch wenn selten eine richtige Konstanz der Abundanzen zu beobachten ist, kann man annähernd von einer *Gleichgewichtsdynamik* sprechen. Die zeitlichen Veränderungen können durchaus beträchtlich sein, es gilt jedoch generell $r \ll \mu$ (Abb. 7.12).

Während der Sommerschichtung hat das Zooplankton für das Phytoplankton eine doppelte Funktion. Das Grazing wirkt wie der Überlauf des Chemostaten als Mortalitätsfaktor. Andererseits bewirkt die Exkretion von Phosphat und Ammonium eine Nachlieferung von freien Nährstoffen. Eine zusätzliche Zufuhr von Nährstoffen erfolgt durch laterale (Zuflüsse) und vertikale (turbulenter Austausch an der Sprungschicht) Transportprozesse.

7.5 Überwinterung, Ruhe- und Dauerstadien

In Klimazonen mit jahreszeitlichem Wechsel werden die meisten Plankter periodisch mit schlechten oder gar leta-

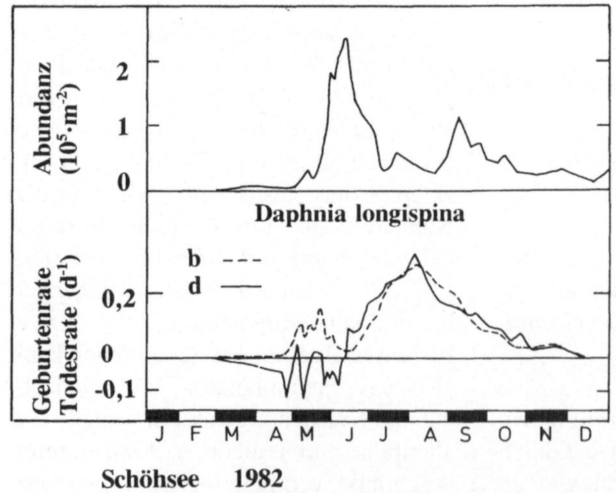

Abb. 7.12. Populationsdynamik von *Daphnia longispina* im Schöhsee. Die negativen Todesraten im Frühling sind ein rechnerisches Artifakt, da d als b − r berechnet wurde und die Rekrutierung von Individuen aus Dauereiern in der Berechnung von b nicht berücksichtigt wurde. Auffällig ist das extreme Ungleichgewicht zwischen b und d bis Mitte Juni und die Annäherung an ein Gleichgewicht danach. (Nach Abb. 1 aus Lampert 1988)

len Umweltbedingungen konfrontiert. In solchen Perioden kann keine positive Nettowachstumsrate mehr erzielt werden, es kommt vielmehr darauf an, daß genügend Individuen überleben, um als Inoculum bei erneut verbesserten Umweltbedingungen zu dienen. Der im Deutschen gebräuchliche Begriff „Überwinterung" ist zu eng, um dieses Phänomen zu beschreiben. Die licht- und futterarme kalte Jahreszeit ist keineswegs die einzige Periode, die überbrückt werden muß. Kleingewässer können in niederschlagsarmen Jahreszeiten trockenfallen. Freßfeinde können zu bestimmten Jahreszeiten einen übermächtigen Druck ausüben. Die Bildung anaerober Tiefenzonen während der Sommerschichtung kann Zooplanktern ihr Refugium vor dem Fraß durch Fische nehmen. Die Anpassung an solche jahreszeitlichen „Flaschenhälse" wird in der englischsprachigen Literatur als *„Perennation"* bezeichnet.

Die einfachste Form der Perennation ist das Überleben bei abnehmenden Populationsdichten

„Versteckte Flora". Viele Plankter haben keine morphologisch oder physiologisch distinkten Dauerstadien. Sie überleben ungünstige, aber nicht letale Bedingungen im wesentlichen dadurch, daß negative Nettowachstumsraten bei großen Populationen nicht zum Aussterben führen. Bei besonderen methodischen Anstrengungen, die Nachweisgrenze für Plankter herabzusetzen, findet man in vielen Fällen auch Individuen derjenigen Arten, die normalerweise als „jahreszeitlich fehlend" eingestuft werden. Vor allem bei Phytoplanktern ist damit zu rechnen, daß unterhalb der Nachweisgrenze eine *„versteckte Flora"* von jahreszeitlich oder permanent seltenen Ar-

ten existiert, die bei regelmäßig oder selten wiederkehrenden günstigen Wachstumsbedingungen zu nachweisbaren Populationsgrößen heranwachsen können (Padisak 1991).

Ertragen von Dunkelperioden. Vor allem bei niedrigen Temperaturen können auch die vegetativen Zellen vieler Phytoplankter lange Dunkelperioden ohne Photosynthese ertragen. Bei Phytoplanktern des offenen Ozeans ohne Dauerstadien beträgt die Überlebensdauer bei Kälte und Dunkelheit meist etwas weniger als ein Jahr (Antia 1976), was in jedem Fall reicht, schlechte Jahreszeiten zu überbrücken. Fakultative Heterotrophie in lichtarmen Perioden dürfte bei diversen Flagellatentaxa eine wichtige Rolle spielen. Im Gegensatz zu prolongierter Dunkelheit ist Anaerobie jedoch für vegetative Phytoplanktonzellen meistens tödlich.

Sedimentation kann eine Überlebensstrategie sein

Bisher habe ich die Sedimentation als Verlustprozeß in der Populationsdynamik dargestellt. Sie kann jedoch auch dazu dienen, einer Population das Überleben zu sichern. Während Kieselalgen häufig das Fehlen von Licht über längere Zeit hinweg ertragen können, wirkt sich die Kombination von hohen Lichtintensitäten und starkem Silikatmangel für eine Reihe von Arten letal aus (Sommer und Stabel 1983). Unter solchen Bedingungen kann das Absinken Kieselalgen in tiefere Wasserschichten transportieren, in denen die für das passive Überleben wichtige Kombination von niedrigen Temperaturen und Dunkelheit herrscht. Bei Silikatmangel im Oberflächenwasser sind häufig erhöhte Sinkgeschindigkeiten gefunden worden, die nach dem Stoke'schen Gesetz (vgl. Kap. 3.1.3) schwer erklärbar sind (*„beschleunigtes Sinken"*, Smayda 1971). Das beschleunigte Sinken kann am ehesten dadurch erklärt werden, daß durch Silikatmangel gestreßte Zellen bzw. Kolonien zu größeren Aggregaten verkleben, sei es durch klebrige organische Ausscheidungen, sei es durch den Zusammenbruch der negativen elektrostatischen Oberflächenladung (Zeta-Potential). Natürlich kann das Absinken eine Population nur dann retten, wenn rechtzeitig wieder Durchmischungsereignisse für einem Rücktransport in die euphotische Zone sorgen.

Dauerstadien der Phytoplankter sind extrem resistent

Neben dem Überleben in vegetativer Form ist bei Phytoplanktern der Binnengewässer und der küstennahen Meeresbereiche auch die Ausbildung von Dauerstadien (je nach Taxon ***Cysten, Akineten*** oder ***Statosporen*** genannt). Dauerstadien sind bei einigen Taxa das Ergebnis von Sexualprozessen (Zygote der Zygnemaphyceae, Statospore bei einigen Chrysophyceae, Cyste bei einigen Dinoflagellaten), bei anderen Taxa werden sie asexuell gebildet (Akineten der Cyanophyta, Dauerzellen und -sporen der Bacillariophyceae, manche Chrysophyceae und Dinophyceae). In den zentralen Bereichen der Ozeane spielen Dauerstadien keine Rolle, da nach dem Absinken unter die permanente Thermokline kaum mehr eine Möglichkeit der Wiederbesiedlung des Oberflächenwassers bestünde.

Resistenz. Ein Vorteil von Dauerstadien gegenüber dem Überleben als vegetative Zelle besteht darin, daß Dauerstadien in der Regel resistenter sind als inaktive vegetative Zellen. So überleben sie in der Regel ***anaerobe Bedingungen,*** wie sie oft an der Sedimentoberfläche herrschen. Die Dauerzellen der Kieselalge *Melosira italica* überleben z.B. mindestens 3 Jahre Anaerobie (Lund 1954). Darüber hinaus sind viele Dauerzellen ***austrocknungsresistent,*** was sowohl dem Überleben in trockenfallenden Gewässern als auch dem Transport von Gewässer zu Gewässer entgegenkommt. Ein weiterer Vorteil ist die ***Langlebigkeit.*** Wenn Dauerzellen mehrere Jahre überleben und jedes Jahr ein Teil auskeimt, gibt es auch dann ein Inokulum, wenn im Jahr davor aufgrund widriger Umstände die Bildung von Dauerzellen ausgefallen ist.

Steuerung der Encystierung. Die Bildung von Dauerzellen kann durch Umweltfaktoren gesteuert werden (***exogene Encystierung***) und erfolgt dann meist pulsartig am Ende der Vegetationsperiode, wie z.B. bei der Cystenbildung der Dinoflagellaten. Der auslösende Reiz (*„proximater Faktor"*, z.B. Tageslänge, Temperatur, Nährstoffmangel) muß nicht unbedingt mit der zu vermeidenden Umweltqualität (*„ultimater Faktor"*) übereinstimmen. Es genügt, daß eine zeitliche Korrelation besteht und der proximate Faktor dem ultimaten Faktor etwas vorauseilt.

Von einer ***endogenen Encystierung*** (z.B. Statosporenbildung bei Chrysophyceae) spricht man dann, wenn die Bildung der Dauerstadien dichteabhängig ist. Entweder erfolgt die Encystierung ab einer gewissen Mindestdichte oder es wird stets ein gewisser Anteil der Reproduktion in die Bildung von Dauerstadien investiert. Das schränkt zwar das Wachstumspotential einer Population ein, gewährleistet aber eine Bildung von Dauerstadien auch in den Jahren, in denen die Schwellenabundanz nicht erreicht wird (Abb. 7.13)

Abb. 7.13. Cystenbildung im Phytoplankton: Endogene Encystierung mit Schwellenwert der Abundanz *(Synura);* endogene Encystierung proportional zur Abundanz *(Mallomonas);* exogene Encystierung am Ende der Vegetationsperiode *(Ceratium).* *(Synura* und *Mallomonas* nach Abb. 2.21 aus Sandgren 1988; *Ceratium* nach unpubl. Daten von Sommer)

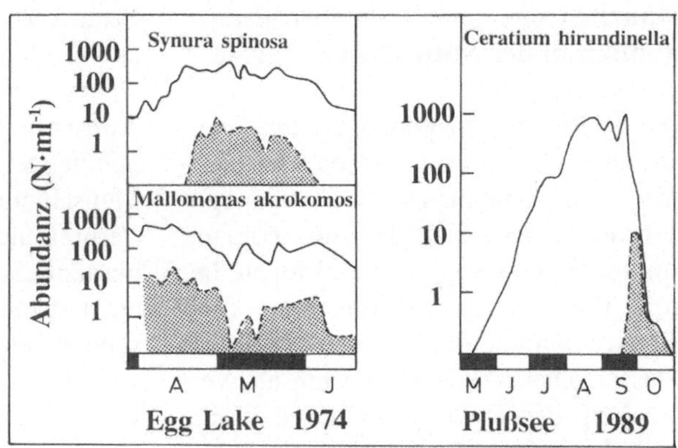

Keimung.

Die Keimung von Dauerstadien wird in der Regel durch Umweltreize (Temperaturanstieg, Photoperiode, Sauerstoffzufuhr durch Vollzirkulation, Resuspension im freien Wasser) ausgelöst und nicht durch das Ablaufen einer „physiologischen Uhr". Allerdings kann eine gewisse Ruhezeit Voraussetzung für die Wiedererlangung der Keimfähigkeit sein. Auch bei den Auslösern der Excystierung kann eine Trennung zwischen proximaten und ultimaten Faktoren bestehen.

Bei überwiegend parthenogenetischen Zooplanktern werden Dauereier sexuell gebildet

Rotatorien und Cladoceren pflanzen sich überwiegend parthenogenetisch fort. Während des größten Teils der Wachstumsperiode trifft man nur Weibchen an. Dadurch, daß alle Individuen der Population an der Produktion von Eiern teilnehmen, können höhere Geburtenraten erzielt werden. Andererseits ist der genetische Austausch innerhalb der Population während der parthenogenetischen Phase unterbrochen.

Unbefruchtete Eier *(Subitaneier)* entwickeln sich sofort weiter und tragen damit unmittelbar zum Wachstum der Population bei. Männchen werden erst am Ende der Wachstumsperiode oder in Hungerphasen (Klarwasserstadien) ausgebildet. Die von Männchen befruchteten Eier werden zu **Dauereiern,** die die Entwicklung unterbrechen und erst nach einiger Zeit wieder keimfähig sind. Da sie eine gewisse Austrocknung vertragen, eignen sie sich nicht nur zur Perennation in einem Gewässer, sondern auch zum Transport zwischen Gewässern. Am Beginn der jährlichen Wachstumsperiode führt die Keimung aus Dauereiern oft zu einer Nettowachstumsrate, die höher als die aus der Zahl der Subitaneier berechnete Geburtenrate ist. Die als Differenz b − r berechnete Todesrate ist dann scheinbar negativ.

Copepoden pflanzen sich obligat sexuell fort. Dennoch gibt es auch hier bei einigen Arten eine Differenzierung zwischen Subitan- und Dauereiern. So schaltet z.B. *Diaptomus sanguineus* in Fischteichen im Frühjahr dann von Subitaneiern auf Dauereier um, wenn die aktive Freßphase der Fische beginnt. Da dieses Verhalten auch nach Entfernung der Fische fortgesetzt wird, muß der Proximatfaktor fischunabhängig sein.

Manche Copepoden haben ein Ruhestadium in der Mitte der Ontogenie

Die Süßwassercopepoden *Cyclops vicinus* und *C. kolensis* machen eine *Diapause* im Sommer. Das vierte Copepodidstadium gräbt sich aktiv ins Sediment ein und bleibt ruhig mehrere Monate liegen. Durch diese Unterbrechung fehlt die Art während des Sommers im freien Wasser. Dieses Verhalten kann als Vermeidung des Fraßdruckes durch Fische erklärt werden. Neuere Versuche haben jedoch auch gezeigt, daß Naupliuslarven dieser Copepoden bei der im Sommer vorherrschenden Zusammensetzung des Phytoplanktons verhungern würden, weshalb eine Verschiebung des Zeitpunktes der Reife ihrer Elterntiere vorteilhaft ist (Santer 1990).

7.6 Verbreitung und Kolonisierung

Plankter werden über große Strecken verfrachtet

Luft- und Landtransport. Für das Vorkommen einer Art in einem Lebensraum ist die langfristige Bilanz aus Reproduktion und Mortalität entscheidend. Zunächst müssen jedoch auch günstige Lebensräume von Vertretern dieser Art besiedelt werden. Diese Kolonisation kann durch passiven Transport oder durch aktive Wanderung erfolgen. Trocknungsresistente Dauerstadien sind für den Luft- und Landtransport von Planktern besonders geeignet. Kleine Phytoplankter und Bakterioplankter können auch als vegetative Zellen in Aerosolen transportiert werden. Wasservögel sind ein weiterer wichtiger und besonders mobiler Transportvektor. Sowohl im Haftwasser als auch im Darmtrakt können Plankter oder deren Dauerstadien verschleppt werden.

Anthropogene Verbreitung. Mit zunehmender Mobilität spielt auch der Mensch eine immer größere Rolle in der Verbreitung von Planktern. Durch Fischbesatzmaßnahmen werden fast immer auch Plankter verschleppt. Die räuberische Cladocerenart *Bytotrephes cederstroemi* wurde Mitte der 80er Jahre wahrscheinlich im Ballastwasser von Schiffen aus Europa nach Amerika verschleppt. Vorher gab es keinen Vertreter dieser Gattung oder andere funktionell ähnliche Zooplankter in den amerikanischen Seen. Seit seiner Ankunft hat sich *Bytotrephes* sehr schnell in den Großen Seen und darüber hinaus verbreitet.

Während *Seen* physikalisch voneinander getrennt sind, also *Inselcharakter* haben, sind die *Meere* ein physikalisch *verbundenes System.* Man sollte daher erwarten, daß biogeographische Verbreitungsgrenzen im limnischen Plankton eine wesentlich größere Rolle spielen als im Meeresplankton. Das ist jedoch kaum der Fall. Rezente Verschleppungen wie beim *Bytotrephes*-Beispiel sind nicht die Regel, sondern eher spektakuläre Ausnahmefälle.

Phytoplankton. Insbesondere das limnische Phytoplankton zeichnet sich durch einen außerordentlichen *Kosmopolitismus* aus. Vergleichbare Seen der nördlichen und der südlichen gemäßigten Zonen (z.B. in Europa und im südlichen Südamerika) unterscheiden sich kaum im Artenbestand ihres Phytoplanktons. Es gibt nur wenige Arten und keine einzige Gattung mit ausschließlich süd-oder nordhemisphärischer Verbreitung.

Im Gegensatz zu den Binnengewässern gibt es deutliche Unterschiede im Artenbestand der kalten südlichen und nördlichen Meere. Etwa 60% der Diatomeenarten (aber keine Gattung) des Antarktischen Meeres gelten als exklusiv südhemisphärisch.

Zooplankton. Beim Zooplankton der Binnengewässer gibt es eine stärkere biogeographische Differenzierung als beim Phytoplankton. Im allgemeinen ist das Zooplankton südhemisphärischer Seen artenärmer als das Zooplankton vergleichbarer nordhemisphärischer Seen. Neben einer Reihe von Arten, die auf eine Hemisphäre beschränkt sind, gibt es eine beinahe exklusiv südhemisphärische Copepodengattung *(Boeckella)*, die allerdings einen Vertreter im mongolisch-ostsibirischen Raum hat.

**Die meisten Plankter
sind Kosmopoliten**

Geringe Bedeutung des Endemismus. Die insgesamt große Mobilität des Planktons zeigt ein Blick auf den für seinen Endemismus berühmten *Baikalsee* (Sibirien). Endemismus ist die Beschränkung eines Taxons auf einen Standort, obwohl es andere Standorte mit ähnlichen Lebensbedingungen gibt.

Der Baikalsee ist mit ca. 20 Millionen Jahren der älteste See der Welt. Die meisten anderen Seen stammen aus der letzten Eiszeit und sind etwa 10 000 bis 20 000 Jahre alt. Da nur wenige Seen die letzte Eiszeit als Seen überlebt haben, haben viele Arten, die vorher weit verbreitet waren, nur auf Reliktstandorten wie dem Baikalsee überleben können. Gleichzeitig ermöglichte die langzeitig kontinuierliche Existenz als See auch zahlreiche Artbildungen an Ort und Stelle.

Während unter den benthischen Taxa oft ein Großteil der Arten endemisch ist, sind innnerhalb der planktischen Gruppen nur wenigen Endemiten zu finden (Tabelle 7.1).

Tabelle 7.1. Gesamte Artenzahl (S), Zahl der endemischen Arten (E) und Prozentanteil der endemischen Arten (%) bei verschiedenen Gruppen planktischer (p) und benthischer (b) Organismen im Baikalsee

	b/p	S	E	%
Phytoplankton	p	150	12	8
Tiere insgesamt.	b+p	1219	708	58
Rotatorien	p	48	5	10,4
Cladoceren	p	10	0	0
calanoide Copepoden	p	1	5	20
harpactoide Copepoden	b	38	43	88
Ostracoden	b	31	33	94
Gammariden	b	239	240	99,6

8 Interaktionen zwischen Populationen

EINFÜHRUNG

Populationen leben nicht alleine in ihrer chemisch-physikalischen Umwelt. Jede Population bewirkt durch den Konsum von Nahrung und durch die Abgabe von Stoffwechselendprodukten mehr oder weniger starke Veränderungen ihrer Umwelt. Damit werden die verschiedenen Populationen füreinander zu wichtigen Umweltfaktoren. Meistens hängen die Wechselwirkungen zwischen Populationen mit dem zentralen Thema „Fressen und gefressen werden" zusammen. Zwei verschiedene Populationen können dieselben Ressourcen beanspruchen, sie sind dann Konkurrenten. Im anderen Fall kann eine Population der anderen als Ressource dienen (Beute) oder sie als Ressource ausbeuten (Räuber). Eine Population kann aber auch die Umwelt zum Nutzen einer anderen modifizieren, ohne selbst einen deutlichen Vorteil oder Nachteil zu haben (Facilitation). Besteht ein wechselseitiger Vorteil spricht man von Symbiose.

Formal lassen sich die verschiedenen Typen der Interaktion zwischen zwei Populationen so definieren. Konkurrenz ist beidseitig negativ (A schadet B, B schadet A); Räuber-Beute-Beziehungen sind einseitig negativ, einseitig positiv (Beute nützt Räuber, Räuber schadet Beute); Facilitation ist einseitig positiv, einseitig neutral (A nutzt B, B hat keine Auswirkung auf A); Symbiose ist beidseitig positiv (A nützt B, B nützt A).

8.1 Konkurrenz

Als Konkurrenz wird die beidseitig negative Interaktion zwischen zwei oder mehreren Population bezeichnet, die dieselben Ressourcen beanspruchen. Die wechselseitige Schädigung kann dabei durch die **Ausbeutung der gemeinsamen Ressourcen („exploitative Konkurrenz")** oder durch **direkte Schädigung (,,Interferenzkonkurrenz")** erfolgen. Als direkte Schädigung kommen die Abgabe hemmender Substanzen **(Antibiose, Allelopathie)** oder die mechanische Schädigung von Konkurrenten in Frage. Die exploitative Konkurrenz zwischen

Planktern zählt zu den theoretisch und experimentell am besten untersuchten ökologischen Interaktionen (Tilman 1982). Im Vergleich dazu hat die experimentelle Untersuchung der Interferenzkonkurrenz in den letzten Jahrzehnten nur geringe Fortschritte gemacht.

Frühe experimentelle und theoretische Ansätze zur Analyse der Konkurrenz waren dem Mechanismus der Konkurrenz gegenüber blind und werden deshalb als **phänomenologisch** bezeichnet. Die phänomenologische Konkurrenzanalyse wird hier nur in dem Maß dargestellt, wie es zur Einführung wichtiger Begriffe (z.B. Exklusionsprinzip) benö-tigt wird. Auf das phänomenologische Konkurrenzmodell nach Lotka und Volterra wird hier verzichtet, da es einerseits durch die Entwicklung der Tilman'schen Theorie überholt ist und andererseits für historisch Interessierte in einer Reihe von verbreiteten Ökologie-Lehrbüchern zu finden ist.

8.1.1 Die phänomenologische Analyse der Konkurrenz

Konkurrenz ohne Einnischung führt zum Ausschluß des unterlegenen Konkurrenten (Exklusionsprinzip)

Gauses Paramecium-Experimente. Bereits in der Frühzeit der experimentellen und theoretischen Populationsökologie wurden Plankter als Modellorganismen verwendet. In den klassischen Konkurrenzexperimenten von Gause (1934) dienten Pantoffeltierchen der Arten *Paramecium aurelia, P. bursaria* und *P. caudatum* als Modellkonkurrenten und eine bakterienhaltige Hefekultur als gemeinsame Ressource. Täglich wurde ein bestimmter Anteil des Kulturvolumens abgeerntet und durch frische Hefesus-

pension ersetzt. Dieses Kulturprinzip entsprach einer schwach diskontinuierlichen Annäherung an das Chemostatprinzip (semikontinuierliche Kultur). Ohne Konkurrenten konnten alle drei Arten unter den gegebenen Kultur- und Ernährungsbedingungen zunächst anwachsen und dann eine stabile Populationen aufrechterhalten. In paarweiser Mischkultur verdrängte *P. aurelia P. caudatum,* während *P. caudatum* und *P. bursaria* koexistieren konnten (Abb. 8.1).

Eine nähere Analyse zeigte, daß sich im Fall der Koexistenz *P. bursaria* von den auf den Boden gesunkenen Hefezellen ernährte, während sich *P. caudatum* von den in Suspension verbliebenen Bakterien ernährte. Die beiden Paramecien-Arten gingen einander also aus dem Wege und vermieden es, Konkurrenten zu werden. Bei den Experimenten mit *P. aurelia* und *P. caudatum* fehlte diese Differenzierung in der Ressourcennutzung.

Aus diesem und ähnlichen Experimenten entwickelte sich das ***Exklusionsprinzip.*** Potentielle Konkurrenten können entweder Konkurrenz vermeiden (*„Einnischung"*), wenn sie dies aber

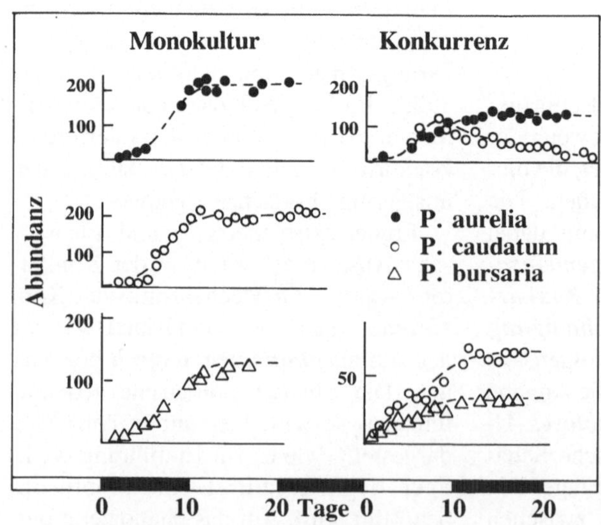

Abb. 8.1. Gauses Konkurrenzexperimente mit *Paramecium* spp., gefüttert mit Hefe. (Originalzeichnung nach Daten aus Gause 1934)

nicht tun, kommt es zum *Ausschluß der unterlegenen Konkurrenten.*

Der Ausschluß unterlegener Konkurrenten benötigt Zeit

Vergangene Konkurrenz. Das Exklusionsprinzip hat zu einer Reihe von Mißverständnissen Anlaß gegeben. Viele Ökologen betrachteten die Koexistenz vermeintlicher Konkurrenten als Nachweis des Fehlens wirksamer Konkurrenz. Sie meinen, im Verlauf der Stammesgeschichte hätte eine Selektion in Richtung Konkurrenzvermeidung stattgefunden, so daß zwischen den heute existierenden Arten keine Konkurrenz mehr stattfinden würde. Die angeblich konkurrenzfreie Ausgestaltung von Lebensgemeinschaften wird mit dem *„ghost of competition past"* („Gespenst vergangener Konkurrenz"; Connell 1980) erklärt. Damit wird einem ökologischen Prozeß, dessen aktuelle Existenz bestritten wird, große evolutionäre Bedeutung zugeschrieben. Ein derartiges Argument verstößt gegen das von Darwin aus der Geologie übernommene *Lyellsche Prinzip,* wonach Prozesse in der geologischen oder stammesgeschichtlichen Vergangenheit nur durch Mechanismen erklärt werden können, deren Wirksamkeit auch heute nachzuweisen ist.

Exklusionszeit. Das Mißverständnis beruht darauf, daß der Zeitbedarf des kompetitiven Ausschlusses nicht berücksichtigt wird. Bereits in Gause's *Paramecium aurelia – P. caudatum*-Experiment kamen die beiden Arten bis zum 16. Tag gemeinsam vor. In diesem Fall entsprach das auch etwa 16 Generationszeiten. Jede Vergrößerung der experimentellen Populationen hätte die *Exklusionszeit* noch weiter verlängert. Es ist leicht vorstellbar, daß sich unter natürlichen Verhältnissen die Rahmenbedingungen bereits vor Ablauf der Exklusionszeit so weit ändern, daß es zu einer Umkehr in der Rangfolge der Konkurrenzfähigkeit kommt.

Konkurrenz und Ähnlichkeit. Ein weiteres Mißverständnis ist die auf Darwin zurückgehende Annahme, Individuen der gleichen Art würden einander die „stärkste Konkurrenz" machen. Es stimmt zwar, daß innerhalb einer Art meistens die größte Übereinstimmung in den Ressourcenansprüchen besteht. Andererseits ist aber auch der Unterschied in der Konkurrenzfähigkeit am geringsten. Damit würde der Auschluß des nur wenig unterlegenen Konkurrenten besonders lange dauern. Außerdem sollten geringfügige Änderungen der Umweltbedingungen gerade zwischen sehr ähnlichen Konkurrenten immer wieder zu einer Umkehr in der Rangfolge führen. Koexistenz ist also auf zwei Arten möglich: *sehr ähnliche Genotypen* koexistieren auf der Basis *langer Exklusionszeiten* und *häufig wechselnden Vorteils. Sehr verschiedene Genotypen* koexistieren auf der Basis von *Konkurrenzvermeidung.* Am unwahrscheinlichsten ist die Koexistenz von Genotypen mittlerer Unterschiedlichkeit mit stark überlappenden Ressourcenansprüchen aber großen Unterschieden in der Konkurrenzfähigkeit.

Hutchinsons „Paradoxon des Planktons" beruht auf der Mißachtung der zeitlichen Dimension der Exklusion

Die Folgen der Verwechslung des Endproduktes „Exklusion" mit dem Prozeß „Konkurrenz" wurde durch Hutchinsons (1961) berühmten Artikel „the paradox of plankton" einem breiten Kreis von

Planktologen bekannt gemacht. Das Paradoxon beruht auf dem scheinbaren Widerspruch zwischen dem Exklusionsprinzip und dem Artenreichtum natürlicher Phytoplanktongemeinschaften. Das Wachstum der Phytoplankter wird in der Regel von nur wenigen Ressourcen (Licht und einige Nährstoffe, meist P oder N für alle und Si für die Kieselalgen) limitiert. Die Phytoplankter beziehen alle Ressourcen aus einem gemeinsamen Pool (gelöste Ionen im Wasser); wegen der turbulenten Durchmischung der Oberflächenschicht besteht auch keine Möglichkeit der Konkurrenzvermeidung durch räumliche Separation. Dennoch koexistieren in den meisten Fällen selbst in kleinen Volumina mehrere 10 bis 100 verschiedene Arten. Die Versuche, das „Paradoxon des Planktons" zu lösen, erwiesen sich wissenschaftsgeschichtlich als äußerst fruchtbar und führten schließlich zu *Tilmans mechanistischer Theorie der Ressourcenkonkurrenz.*

8.1.2 Interferenzkonkurrenz

Das Auftreten von Allelopathie im Phytoplankton ist umstritten

Die Schädigung von Konkurrenten durch Abgabe chemischer Substanzen wird von Botanikern als *Allelopathie* und von Mikrobiologen als *Antibiose* bezeichnet. Seit der Entdeckung des Penicillins, das vom Schimmelpilz *Penicillium* zur Unterdrückung konkurrierender Bakterien ausgeschieden wird, hat es nicht an Versuchen gefehlt, ähnliche Phänomene auch bei Algen nachzuweisen. Plankter haben jedoch es jedoch grundsätzlich schwerer als sessile Organismen, allelopathisch aktiv zu werden. Bei sessilen Organismen verbleiben die aktiven Substanzen in der Nähe des Ausscheiders und können so einen konkurrentenfreien *Hemmhof* erzeugen. Bei Planktern wird die aktive Substanz jedoch durch turbulente Wasserbewegungen schnell verdünnt, so daß das einzelne Individuum kaum einen wirksamen Hemmhof um sich erzeugen kann.

Experimentelle Ansätze, die darauf beruhen, planktische Algen auf Agarplatten oder Filtern künstlich sessil zu machen und dann die Ausbildung von Hemmhöfen rund um kleine Kolonien des Ausscheiders sichtbar zu machen, sind daher bestenfalls geeignet, um *potentielle Allelopathie* zu erkennen. Der Nachweis tatsächlicher Allelopathie kann nur geführt werden, wenn nachgewiesen wird, daß bei natürlichen Abundanzen ausreichend hohe Konzentrationen der wirksamen Substanz hergestellt werden können.

Potentielle Allelopathie wurde in einigen Fällen nachgewiesen. So kann ein Stamm der Blaualge *Anabaena* andere Stämme derselben Gattung sowie andere Blaualgenarten im Agarversuch hemmen. Viso et al. (1987) fanden, daß 9 von 15 untersuchten marinen Kieselalgenarten gegen verschieden Bakterien- und Pilzsstämme allelopathisch aktiv waren.

Naturnähere Versuche arbeiten mit Algensuspensionen anstelle der Hemmhofmethode. Die bisher publizierten Experimente waren jedoch nicht schlüssig. Stets war die Ressourcenzehrung zu wenig kontrolliert worden, um sicherzugehen, daß negative Effekte einer Art auf eine andere Art nicht durch exploitative Konkurrenz verursacht wurden.

Für mechanische Interferenz im Zooplankton existiert ein gut dokumentiertes Beispiel

Es ist schon lange bekannt, daß *Daphnia* spp. und verschiedene herbivore Rotatorien im Freiland oft gegenläufige Abundanzentwicklungen haben. Herbivore Rotatorien haben ein engeres Größenspektrum ihrer Futterpartikel als Daphnien, aber es gibt keinen Größenbereich, den Rotatorien nutzen können, Daphnien aber nicht. In vielen Fällen kann daher die Abnahme der Rotatorien bei gleichzeitiger Zunahme der Daphnien damit erklärt werden, daß die Daphnien die besseren exploitativen Konkurrenten sind. Diese Erklärung ist jedoch dann unmöglich, wenn das Futterangebot so hoch ist, daß keiner der beiden Konkurrenten futterlimitiert ist.

Kompetitive Verdrängung des Rädertiers *Keratella cochlearis* durch *Daphnia galeata mendotae* trat auch in Versuchen auf, in denen darauf geachtet wurde, daß das Futterangebot stets sättigend war (Gilbert u. Stemberger 1985). Die mikroskopische Beobachtung zeigte, daß Daphnien bei ihrem Filtrationsprozeß die Rotatorien gemeinsam mit den Futterpartikeln in die Filtrationskammer einstrudelten. Da die Rotatorien jedoch von den Mundwerkzeugen nicht verarbeitet werden konnten, wurden sie wieder aus der Filtrationskammer entfernt. Dabei wurden sie zum Teil getötet, zum Teil verletzt und zum Teil verloren sie ihre Eier. Während die Daphnien allenfalls eine geringe Verminderung ihrer Filtrationsraten erlitten, führte diese Interaktion zu einer massiven Schädigung der Rotatorien.

8.1.3 Allgemeine Aspekte der exploitativen Konkurrenz

Exploitative Konkurrenz findet nur um limitierende Ressourcen statt

Solange alle Ressourcen im Überschuß vorhanden sind, wirkt sich die Anwesenheit potentiell konkurrierender Populationen nicht negativ auf Ressourcenversorgung, Reproduktion und Wachstum einer Population aus. Erst wenn die Verfügbarkeit der umkämpften Ressourcen so gering ist, daß es zu einer Begrenzung der Wachstumsraten kommt, wirkt sich die Anwesenheit konkurrierender Populationen aus. Im Umkehrschluß muß festgehalten werden: ***Ohne Ressourcenlimitation keine exploitative Konkurrenz.***

Die Zehrung limitierender Ressourcen wirkt sich natürlich nicht nur auf die „gegnerischen" Populationen *(interspezifische Konkurrenz),* sondern auch auf die eigene Population aus *(intraspezifische Konkurrenz).*

Die Fähigkeit, Konkurrenz auszuüben, und die Fähigkeit, der Konkurrenz zu widerstehen, sind nicht dasselbe

Ausübung von Konkurrenz. Treffen Konkurrenten aufeinander, so sind zwei Aspekte ihrer Konkurrenzfähigkeit zu unterscheiden. Der eine Aspekt ist die Fähigkeit, Konkurrenz auszuüben. Im Fall der exploitativen Konkurrenz ist das die Rate, mit der ein Konkurrent die limitierende Ressource aufzehrt. Sie wird durch die *funktionelle Reaktion* (vgl. Kap. 6.1.3) definiert. Wer unter den gegebenen Bedingungen eine höhere Konsumrate erzielt, ist stärker im Ausüben der Konkurrenz und beutet im gegebenen Moment einen höheren Pro-Kopf-Anteil der limitierenden Ressource für sich aus. Diese Fähigkeit kann schnell gemessen werden.

Resistenz gegen Konkurrenz. Der andere Aspekt ist die Fähigkeit, der Konkurrenz zu widerstehen. Im Fall der exploitativen Konkurrenz ist das die Fähigkeit, auch unter konkurrenzbedingtem Ressourcenmangel noch eine möglichst hohe Nettowachstumsrate zu erzielen. Sie wird durch die *numerische Reaktion* (vgl. Kap. 6.1.4) definiert und kann nur durch Untersuchungen über mehrere Generationen hinweg analysiert werden.

Auf lange Sicht ist die Fähigkeit ausschlaggebend, der Konkurrenz zu widerstehen

Arten mit der besseren funktionellen Reaktion können dann verdrängt werden, wenn anspruchslosere Arten eine bessere numerische Reaktion haben. Dabei beutet zwar das einzelne Individuum der ersten Art einen größeren Anteil der umkämpften Ressource aus, es kann diesen größeren Anteil jedoch nicht in besseres Wachstum umsetzen. Wenn sich der andere Konkurrent schneller vermehrt, werden daher auf lange Sicht seine Nachkommen trotz geringerer per-capita-Konsumraten auf Grund der höheren Populationsdichte einen größeren Anteil der umkämpften Ressource für sich gewinnen. Der häufig unternommene Versuch, die Konkurrenzfähigkeit auf der Basis der schnell meßbaren Konsumraten zu definieren, ist daher eine nicht vertretbare Abkürzung.

8.1.4 Tilmans Gleichgewichtstheorie der Ressourcenkonkurrenz (Tilman 1982)

Bei Konkurrenz um eine Ressource setzt sich die Art mit dem niedrigsten Gleichgewichtsbedarf durch

Gleichgewichtskonzentration für eine Art. Tilmans Konkurrenztheorie geht vom Konzept des *Fließgleichgewichts* aus, wie es in der Chemostatkultur (vgl. Kap. 7.4; Formeln 7.22 bis 7.26) verwirklicht ist. Bei konstanter Verlustrate (Mortalität in der Natur, Durchflußrate im Chemostaten) wird die freie, ungenutzte Konzentration der limitierenden Ressource zur abhängigen Variablen (Formel 7.26). Sie ist durch die Abszisse des Schnittpunkts zwischen der Verlustrate und der Reaktionskurve der Bruttowachstums- bzw. Geburtenrate definiert. Bei dieser *Gleichgewichtskonzentration* (*R**, die Abkürzung R anstelle von S in Formel 7.26 soll ausdrücken, daß es um Rssourcen im allgemeinen und nicht nur um Nährstoffe geht) sind Reproduktion und Verluste im Gleichgewicht, die Nettowachstumsrate ist null (Abb. 8.2).

Mehrere Arten, eine Ressource. Besiedeln mehrere Arten einen zunächst unbesiedelten Lebensraum mit einem ur-

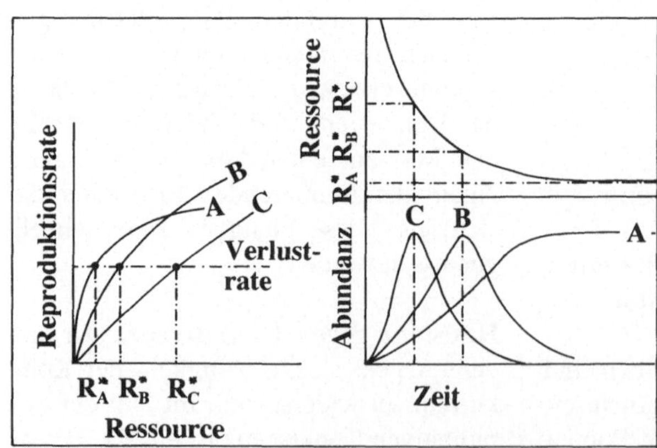

Abb. 8.2. Konkurrenz von drei Arten *(A, B, C)* um einen Ressource. *Links* numerische Reaktion und Bestimmung der Gleichgewichtskonzentration der Ressource *R* (*R**-Wert); *rechts* zeitliche Dynamik der freien Ressourcenkonzentration und Abundanzen der drei Arten

sprünglichen Ressourcenangebot $R_0 >$ R*, dann können zunächst alle Populationen wachsen. Das führt zu einer Abnahme der freien Ressourcenkonzentration R. Erreicht R den Wert R* einer Art, so würde diese Art in Abwesenheit von Konkurrenten in ein Fließgleichgewicht einlaufen. Auslenkungen aus diesem Gleichgewicht würden sich nach dem Chemostatprinzip selbstregulierend wieder einpendeln. Tritt jedoch zusätzlich eine Art auf, die einen niedrigeren R*-Wert hat, so kann diese weiterwachsen und die limitierende Ressource weiter zehren. Arten mit einem höheren R* erzielen dann nur noch eine negative Nettowachstumsrate und werden verdrängt. Dieses Spiel setzt sich solange fort, bis die Art mit dem minimalen R* ihr Gleichgewicht erreicht und alle anderen Arten verdrängt.

Rolle der Verlustrate. Die konkurrierenden Arten müssen nicht unbedingt die gleiche Verlustrate haben. Zwischenartliche Unterschiede in den Verlustraten verschieben natürlich den Wert von R* und damit unter Umständen auch die kompetitive Rangfolge von Arten. *Verlustresistenz* ist somit ein integraler *Bestandteil der Konkurrenzfähigkeit.*

Der Wert *R** ist ein *integrales Maß der Konkurrenzfähigkeit,* in dem die Fähigkeit, eine Ressource zu erwerben, der Bedarf an dieser Ressource und die Fähigkeit, Verluste zu vermeiden, enthalten sind. Er ist der Minimalbedarf an einer Ressource, um unter gegebener Verlustrate und gegebenen physikalischen Randbedingungen eine stabile Population aufrecht zu erhalten.

Abb. 8.3. Konkurrenz der Kieselalgen *Fragilaria crotonensis* und *Tabellaria fenestrata* um Phosphat in Chemostatkultur. *Oben Fragilaria* kann in eine etablierte *Tabellaria*-Kultur eindringen und *Tabellaria* verdrängen; *unten Tabellaria* kann nicht in eine etablierte *Fragilaria*-Kultur eindringen. (Nach Tilman u. Sterner 1984)

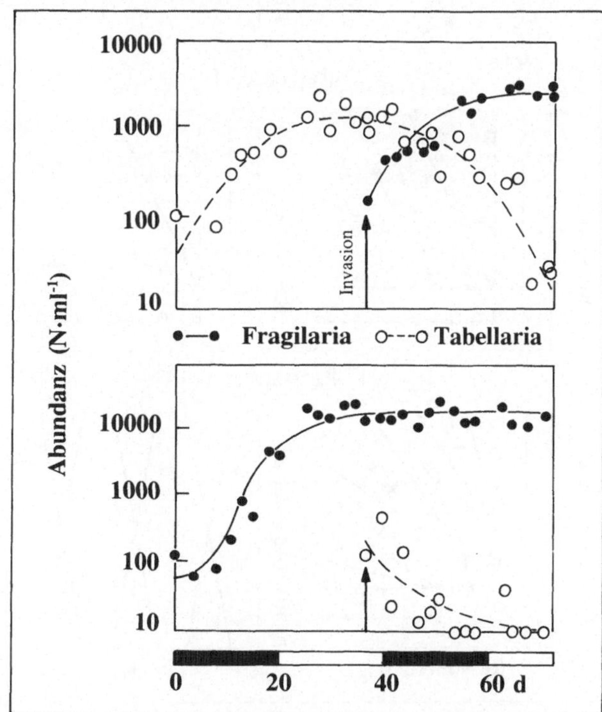

Das langfristige Ergebnis des Konkurrenzkampfes um eine Ressource ist unabhängig von den Startbedingungen

R* hängt von den Eigenschaften einer Art und von den Rahmenbedingungen ab, nicht jedoch von von der Ausgangsabundanz. Eine Art mit niedrigerem R* ist fähig, in ein von einer konkurrenzschwächeren Art numerisch dominiertes System einzudringen und diese letztendlich zu verdrängen. Umgekehrt ist die konkurrenzschwächere Art nicht in der Lage, in ein System einzudringen, in dem die stärkere Art bereits ihre Gleichgewichtsabundanz erreicht hat (Abb. 8.3).

So wie die Anfangsabundanzen für das langfristige Ergebnis des Konkurrenzkampfes ohne Bedeutung sind, so ist auch die absolute Höhe der Ausgangskonzentration der umkämpften Ressource (R_0) für das taxonomische Ergebnis des Konkurrenzkampfes ohne Bedeutung, solange durch Veränderungen von R_0 nicht eine andere Ressource zum limitierenden Faktor wird. R wird sich letztendlich auf den R*-Wert der konkurrenzstärksten Art einpendeln. Da bei höherem R_0 natürlich eine größere Ge-

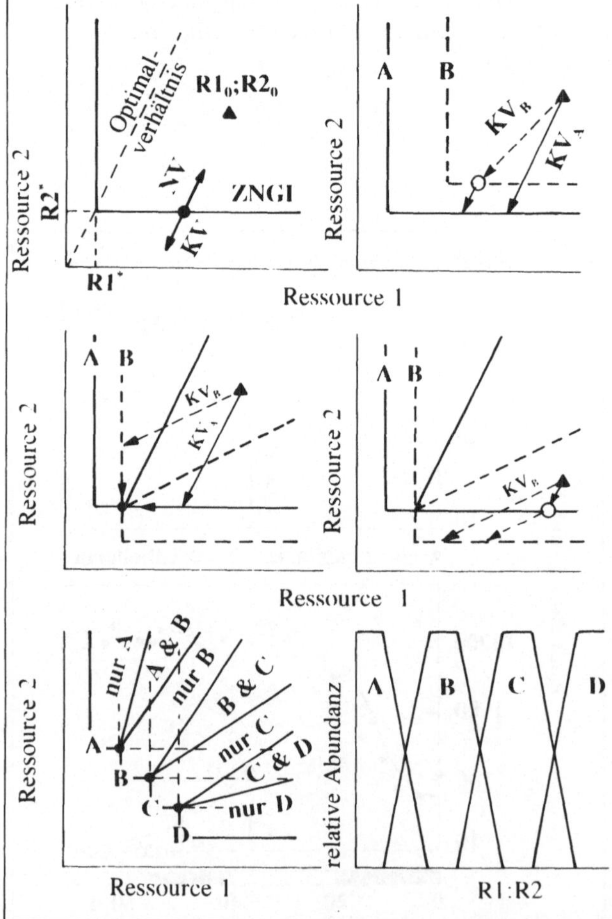

Abb. 8.4. Konkurrenz um zwei essentielle Ressourcen: *Oben links* Konstruktion der ZNGI für eine Art aus R*-Werten für beide Ressourcen sowie des Ein-Arten-zwei-Ressourcen-Gleichgewichtspunkts: *volles Dreieck* Angebotspunkt, KV Konsumvektor, NV Nachschubsvektor. *Oben rechts* Konkurrenz zweier Arten um zwei Ressourcen: Art A verdrängt stets Art B, da ihr Gleichgewichtspunkt in dem Bereich liegt, in dem Art B nicht überleben kann. *Mitte links* Konkurrenz zweier Arten um zwei Ressourcen mit überschneidenden ZNGIs. Wenn der Angebotspunkt im gezeigten Bereich liegt, können beide Arten koexistieren, da keine Art beide Ressourcen so weit absenken kann, daß die andere Art ausgeschlossen wird. *Voller Kreis* Zwei-Arten-zwei-Ressourcen-Gleichgewichtspunkt. *Mitte rechts* Verdrängung von A durch B. *Unten links* Bereiche der Koexistenz und alleinigen Dominanz von 4 Arten *(A, B, C, D)* bei Konkurrenz um zwei Ressourcen. *Unten rechts* relative Abundanz der vier Arten in Abhängigkeit vom Verhältnis der beiden Ressourcen

samtmenge der limitierenden Ressource konsumiert wird, nimmt allerdings auch die Gleichgewichtsabundanz der erfolgreichen Art mit R_0 zu.

Bei Konkurrenz um zwei essentielle Ressourcen entscheidet das Verhältnis beider Ressourcen

Die folgenden Überlegungen sind sehr komplex und am besten durch graphische Darstellung verständlich zu machen (Abb. 8.4). Die verbale Argumentation wird Schritt für Schritt vom einfacheren zum komplexeren aufgebaut:

- Eine Art, zwei Ressourcen

- Zwei Arten, zwei Ressourcen

- Viele Arten, zwei Ressourcen

Eine Art, zwei Ressourcen. Die Konkurrenz um zwei essentielle Ressourcen läß sich mit Hilfe der in Abb. 6.3 entwickelten Zwei-Ressourcen-Diagramme graphisch modellieren (Abb. 8.4). In diesen Diagrammen stellen die beiden Achsen die Ressourcenkonzentration (R1 und R2) dar, während die Bruttowachstumsraten durch Isoplethen dargestellt werden. Unter diesen Isoplethen ist eine von besonderer Bedeutung für die weiteren Überlegungen, die *ZNGI* („Zero-net-growth-isocline" = Linie des Null-Nettowachstums). Das ist diejenige Wachstumsisoplethe, bei der die Bruttowachstumsrate identisch mit der Verlustrate ist. Alle Punkte auf der ZNGI entsprechen kombinierten Konzentrationen beider Ressourcen, die ein Gleichgewicht zwischen Reproduktion und Verlusten ermöglichen. Bei essentiellen Ressourcen ist die Lage des Winkels durch die R*-Koordinaten beider Ressourcen bestimmt, die Schenkel der ZNGI sind achsenparallel.

Die ZNGI teilt das Zwei-Ressourcen-Diagramm in zwei Zonen: Bei kombinierten Konzentrationen im Bereich zwischen der ZNGI und den Achsen kann sich eine Population nicht gegen die herrschende Verlustrate behaupten. Bei kombinierten Konzentrationen jenseits der ZNGI kann die Population wachsen und die Ressourcen so lange zehren, bis ein Punkt auf der ZNGI erreicht ist.

Die Lage dieses *Gleichgewichtspunktes* wird durch zwei Vektoren bestimmt, den Konsumvektor und den Nachschubsvektor (Abb. 8.4). Bei essentiellen Ressourcen führt eine optimale Nahrungswahl (vgl. Kap. 6.1.6) zu einem Konsum im „Optimalverhältnis". Das ist jenes Verhältnis, das durch den Eckpunkt der ZNGI's charakterisiert ist (Übergang von Limitation durch die eine zu Limitation durch die andere Ressource). Der Anstieg des *Konsumvektors* wird somit durch das Verhältnis R2* : R1* definiert. Der *Nachschubvektor* ist stets zum *Angebotspunkt* gerichtet, das heißt, zur kombinierten Ausgangskonzentration (R_0) beider Ressourcen, da bei Beendigung des Ressourcenkonsums die Konzentrationen zu diesem Wert streben würden. Der Zwei-Ressourcen-eine-Art-Gleichgewichtspunkt ist somit jener Punkt auf der ZNGI, auf dem die Richtungen des Konsum- und des Nachschubvektors genau entgegengesetzt sind.

Zwei Arten, zwei Ressourcen. Für die Konkurrenz zweier Arten gilt, daß eine Art dann gewinnt, wenn sie ihren Zwei-Ressourcen-Gleichgewichtspunkt in der Zone hat, in der die andere Art ihre Population nicht aufrecht erhalten kann. Haben die ZNGI's zweier Arten keinen Schnittpunkt, so gewinnt bei jeder Lage des Angebotspunktes die Art, deren ZNGI näher bei den Achsen liegt. Haben die ZNGI's zweier Arten jedoch einen

Schnittpunkt, so kann es je nach Lage des Angebotspunktes zur **Koexistenz** oder zur Verdrängung kommen. Der Koexistenzbereich liegt in einem Sektor, der vom Schnittpunkt der ZNGI's und Grenzlinien mit dem Anstieg der Konsumvektoren beider Arten begrenzt wird. Wenn $R^* \ll R_0$ ist, dann wird dieser Koexistenzbereich annähernd durch die optimalen R1 : R2-Verhältnisse beider Arten begrenzt. Innerhalb des Koexistenzbereichs ist dann jede der beiden Arten von einer anderen Ressource limitiert. Die relative Abundanz der koexistierenden Arten hängt vom Ressourcenverhältnis ab. Die Gleichgewichtskonzentrationen beider Ressourcen liegen auf dem Schnittpunkt der ZNGI's **(Zwei-Arten-Gleichgewichtspunkt).** Liegt der Angebotspunkt außerhalb des Koexistenzbereichs, wird diejenige Art verdrängt, deren ZNGI in diesem Bereich den größeren Achsenabstand hat.

Viele Arten, zwei Ressourcen. Während bei einem bestimmten Verhältnis zweier Ressourcen maximal zwei Arten koexistieren können, können **beliebig viele Arten den Gradienten eines Ressourcenverhältnisses teilen.** Voraussetzung dafür ist, daß die Rangfolgen der Konkurrenzfähigkeit um beide Ressourcen genau umgekehrt sind, d.h. wenn $R1_A^* < R1_B^* < R1_C^*$ ..., muß umgekehrt gelten $R2_A^* > R2_B^* > R2_C^*$ ... Nur in diesem Fall haben zwei benachbarte Arten einen gemeinsamen Gleichgewichtspunkt, der nicht von den ZNGI's einer weiteren Art umschlossen wird.

Auch bei der Konkurrenz um substituierbare Ressourcen ist das Ressourcenverhältnis entscheidend

Die Konkurrenz um substituierbare Ressourcen kann mit derselben graphischen Methode analysiert werden wie die Konkurrenz um essentielle Ressourcen. Allerdings kann keine a-priori-Annahme über die Richtung der Konsumvektoren getroffen werden, da die theoretischen Überlegungen zur Optimierung der Nahrungswahl (vgl. Kap. 6.1.6, Abb. 6.5) mehrere Optionen offenlassen. Die Orientierung der Konsumvektoren muß daher empirisch bestimmt werden.

Im Beispiel von Abb. 8.5 konsumieren beide Arten relativ mehr von der Ressource, für die sie einen niedrigeren R^*-Wert haben. Das trifft zum Beispiel auf Filtrierer zu, bei denen der unterschiedliche R^*-Wert auf der unterschiedlichen Ingestierbarkeit beider Ressourcen beruht. In diesem Fall kommt es ebenfalls zur stabilen Koexistenz, wenn der Angebotspunkt im Sektor zwischen dem Zwei-Arten-Gleichgewichtspunkt und zwei Grenzlinien mit der Orientierung der Konsumvektoren liegt.

Beruhen die unterschiedlichen R^*-Werte jedoch auf ernährungsphysiologischen Unterschieden bei gleich guter Ingestierbarkeit beider Ressourcen, würden Filtrierer beide Ressourcen im Verhältnis der angebotenen Konzentrationen konsumieren. Dann fielen die Konsumvektoren konkurrierender Filtrierer zusammen und der Koexistenzsektor würde verschwinden. Auch in diesem Fall bestimmt das Ressourcenverhältnis den Ausgang des Konkurrenzkampfes.

Tilmans Theorie ist für Phytoplankter experimentell gut bestätigt

In seinen ersten Konkurrenzexperimenten setzte Tilman (1977) die weit verbreiteten Süßwasser-Kieselalgen *Asterionella formosa* und *Cyclotella meneghiniana* als Versuchsorganismen und Phosphor und Silizium als limitierende Ressourcen ein (Abb. 8.6). Diesen Expe-

Abb. 8.5. Konkurrenz von zwei Arten *(A, B)* um zwei substituierbare Ressourcen. Beide Arten werden durch ZNGIs und Orientierung der Konsumvektoren *(KV)* charakterisiert. Bei Angebotspunkt *1* verdrängt Art A Art B, bei Angebotspunkt *2* kommt es zur Koexistenz. Bei den *R**-Werten charakterisiert die Ziffer die Ressource und der Buchstabe die Art

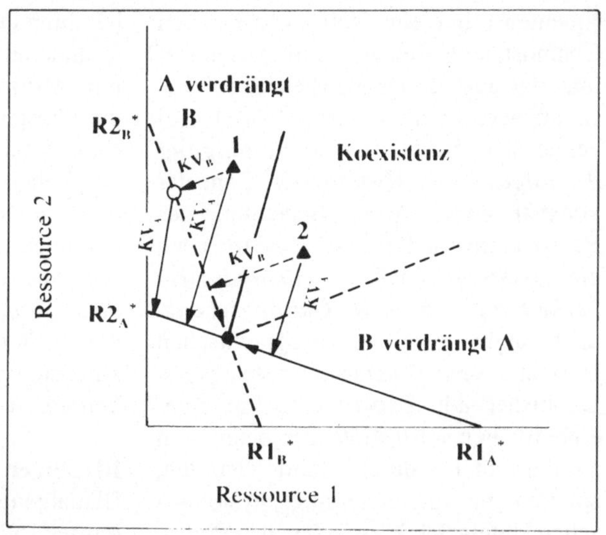

Abb. 8.6. Konkurrenz der Kieselalgen *Asterionella formosa* und *Cyclotella meneghiniana* um die Ressourcen Si und P in Chemostaten mit einer Durchflußrate von 0,25 d^{-1}. (Konstruiert nach Daten aus Tilman 1977). *Oben* Kinetik des P-limitierten Wachstums und Bestimmung des R*-Wertes für P. *Mitte* Kinetik des Si-limitierten Wachstums und Bestimmung des R*-Wertes für Si *Unten* Konkurrenzdiagramm mit theoretischen Prognosen für einseitige kompetitive Dominanz und Koexistenz mit Ergebnissen der Konkurrenzversuche: *offene Dreiecke* Lage des Angebotspunktes in Experimenten wo Asterionella gewinnt, *volle Kreise* Cyclotella gewinnt, *kombinierte Symbole* Koexistenz

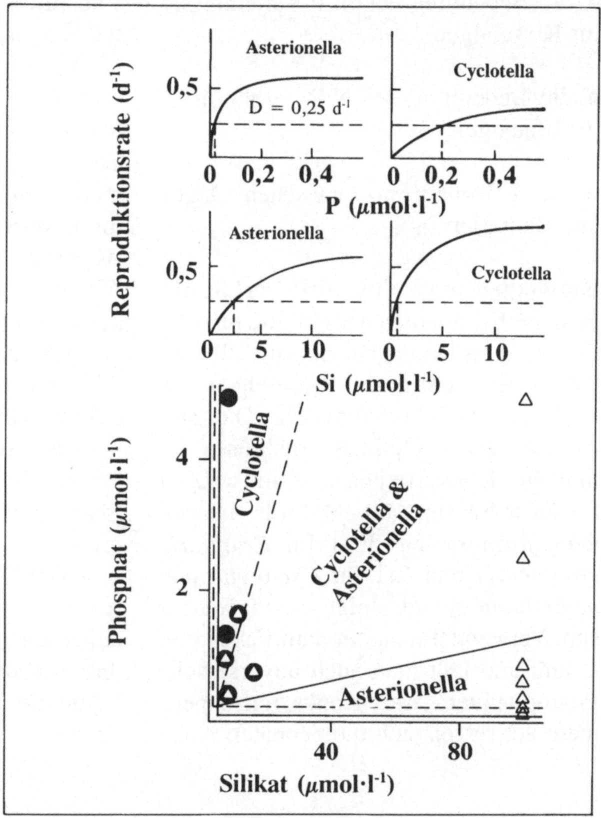

rimenten folgte eine Reihe von anderen Chemostatexperimenten mit Ausgangsmaterial aus verschiedensten Seen (zusammengefaßt in Sommer 1989a). Dabei zeigte sich nicht nur eine **Bestätigung der allgemeinen Hypothesen** (Zahl der koexistierenden Arten, Bedeutung des Ressourcenverhältnisses), sondern auch ein großes Ausmaß von **Reproduzierbarkeit auf Art- bzw. Gattungsebene,** unabhängig von der geographischen Herkunft des Untersuchungsmaterials. Da bisher alle Experimente mit einer einheitlichen Verlustrate der beteiligten Konkurrenten durchgeführt wurden, spielten nur die ernährungsphysiologischen Unterschiede zwischen den Phytoplanktern eine Rolle, nicht aber die Resistenz gegen Mortalität. Als Besipiele seien angeführt:

● die Bedeutung des Si:P-Verhältnisses für Kieselalgen

● die Bedeutung des N:P-Verhältnisses für Blaualgen

● die P-Konkurrenz zwischen Algen und Bakterien

Kieselalgen und das Si:P-Verhältnis. Pennate Kieselalgen der Familie Fragilariaceae dominieren bei hohen Si:P-Verhältnissen, centrische Kieselalgen bei niedrigen Si:P-Verhältnissen. Die stöchiometrischen Optimalverhältnisse dominanter Konkurrenten sind sind >500:1 für Synedra spp., 60–90:1 für *Asterionella formosa,* ca. 30:1 für *Fragilaria crotonensis* und 6:1 für *Cyclotella meneghiniana* sowie einige *Stephnodiscus* spp. Verwendet man ein natürliches Inokulum und läßt man auch unverkieselte Phytoplankter im Konkurrenzexperiment zu, setzen sich die pennaten Arten

bei ihren Optimalverhältnissen gegen alle anderen Phytoplankter durch, da sie mit Abstand die besten Konkurrenten um Phosphor sind. Bei Si:P im Optimalbereich der centrischen Arten setzen sich bei hohen Temperaturen (>15 °C) jedoch, je nach Zusammensetzung des Inokulums, einige Blaualgen *(Limnotrhix redeckii)* oder Grünalgen *(Mougeotia thylespora, Koliella spiculiforims)* durch, da diese stärkere Phosphor-Konkurrenten sind als *Cyclotella* und *Stephanodiscus.*

Blaualgen und das N:P-Verhältnis. Blaualgen setzen sich bei hohen Temperaturen (>20 °C) und niedrigen N:P-Verhältnissen (<15:1 stöchiometrisch) gegen alle anderen Phytoplankter durch.

Algen-Bakterien-Konkurrenz um Phosphor. Mit Ausnahme des Extremfalles *Synedra* spp. sind Algen bei gleichen Verlustraten schlechtere Konkurrenten um anorganisches Phosphat als heterotrophe Bakterien (Bratbak u. Thingstad 1985). In Konkurrenzexperimenten mit bakterienhaltigen Algenkulturen verdrängen sie dennoch nicht die Algen, da sie auf die DOC-Abgabe der Algen als C-Quelle angewiesen und daher meistens C-limitiert sind. Allochthone DOC-Zufuhr, die das C:P-Verhältnis bis zur P-Limitation auch der Bakterien erhöht, würde zu einer Verdrängung der meisten Algen durch Bakterien führen. Wenn Algen unter physiologischen Extrembedingungen, z.B. sehr starker P-Limitation oder starker Lichthemmung sehr viel DOC abgeben, könnte das denselben Effekt haben. Im Freiland spielt außerdem noch das Bakteriengrazing durch Protozoen eine Rolle, das den Bakterien eine höhere Mortalität aufzwingt als den Algen.

Auch bei konkurrierenden Rotatorien entscheidet das Ressourcenverhältnis

Das einzige publizierte Zooplanktonexperiment im Kontext von Tilmans Theorie bezieht sich auf Rotatorien (Rothaupt 1988). Die congenerischen Arten *Brachionus rubens* und *B. calyciflorus* unterscheiden sich geringfügig in der Größe der von ihnen bevorzugten Futteralgen. *B. rubens* bevorzugt die kleineren und *B. calyciflorus* die größeren Futterpartikel. Beide können in Monokultur sowohl mit *Monoraphidium minutum* (ca. 3.5 µm) als auch mit *Chlamydomonas sphaeroides* (ca. 12 µm) als Futteralge wachsen. Im Konkurrenzexperiment setzt sich B. rubens bei hohen *Monoraphidium:Chlamydomonas*-Verhältnissen und *B. calyciflorus* bei niedrigen Verhältnissen durch. Bei mittleren Verhältnissen koexistieren beide Arten (Abb. 8.7).

8.1.5 Exploitative Konkurrenz unter variablen Bedingungen

Die zeitliche Skala der Umweltvariabilität ist von ausschlaggebender Bedeutung für Koexistenz und Verdrängung

Übergangsdynamik. Tilmans Konkurrenztheorie und ihre experimentelle Prüfung in Chemostatkulturen geht zunächst von der Annahme konstanter Rahmenbedingungen und der daraus resultierenden Herstellung eines Fließgleichgewichts aus. In diesem Fall kommt es zu einer eindeutigen Beziehung zwischen der Reproduktionsrate und der Konzentration (Dichte, Intensität) limitierender Ressourcen. Die aus R* hergeleitete Prognose für Verdrängung und Koexistenz beschreibt einen Endzustand, wie er in Experimenten meisten nach >10 Generationen annähernd erreicht wird. Unterschei-

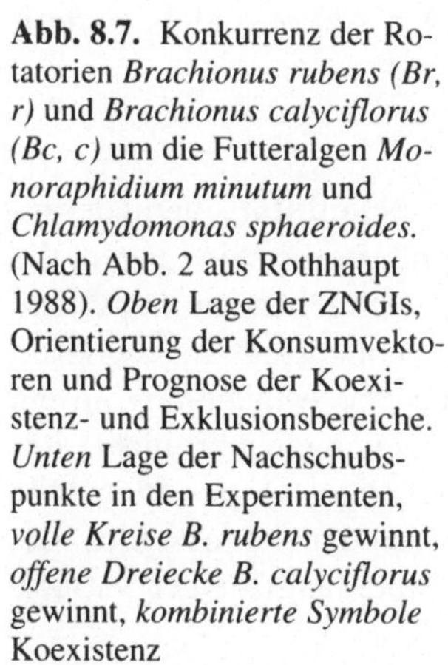

Abb. 8.7. Konkurrenz der Rotatorien *Brachionus rubens (Br, r)* und *Brachionus calyciflorus (Bc, c)* um die Futteralgen *Monoraphidium minutum* und *Chlamydomonas sphaeroides*. (Nach Abb. 2 aus Rothhaupt 1988). *Oben* Lage der ZNGIs, Orientierung der Konsumvektoren und Prognose der Koexistenz- und Exklusionsbereiche. *Unten* Lage der Nachschubspunkte in den Experimenten, *volle Kreise B. rubens* gewinnt, *offene Dreiecke B. calyciflorus* gewinnt, *kombinierte Symbole* Koexistenz

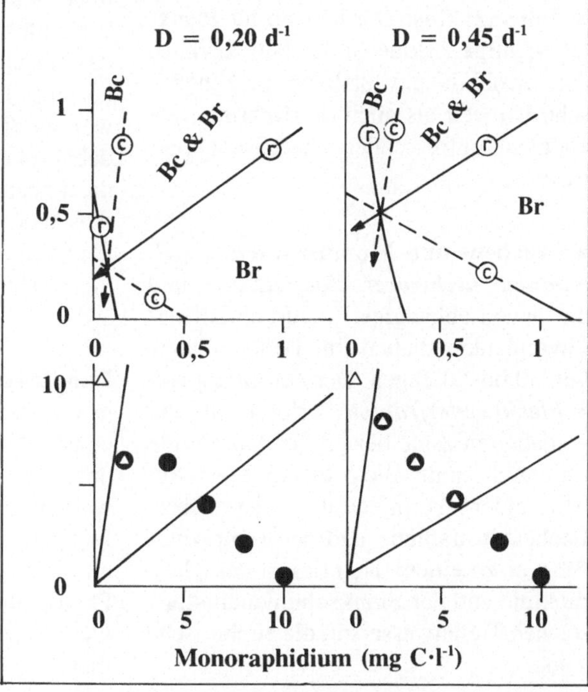

den sich die maximalen Reproduktionraten der Konkurrenten nur geringfügig, besteht die Übergangsdynamik im wesentlichen aus einer graduellen Annäherung an den Endzustand (Abnahme der „Verlierer", Zunahme der „Gewinner"). Gibt es große Unterschiede in den maximalen Reproduktionsraten und startet der Konkurrenzkampf unter zunächst ressourcengesättigten Bedingungen, kommt es vorübergehend zur numerischen Dominanz schwacher Konkurrenten mit hohen maximalen Reproduktionsraten.

Zeitskala der natürlichen Variabilität. Unter natürlichen Bedingungen ist eine chemostatenartige Konstanz der Rahmenbedingungen kaum zu erwarten. Variabilität in physikalischen, chemischen und biotischen Faktoren tritt auf einer Reihe von Zeitskalen auf. Dabei spielen sowohl regelmäßige Zyklen als auch Zufallsfluktuationen eine Rolle:

● **Jahreszyklus:** Der längste für Plankter wichtige Zyklus ist der Jahreszyklus, der sowohl die physikalische und chemische Umwelt als auch die Rekrutierung zooplanktonfressender Jungfische betrifft.

● **Wochen- und Monatszyklen:** *Oszillationen herbivorer Zooplankter* und der davon abhängige Fraßdruck auf das Phytoplankton haben eine Periodenlänge von 30 bis 50 Tagen. Der *Durchzug von Schlechtwetterfronten* erfolgt in der gemäßigten Zone bei großer Variabilität im Durchschnitt alle 5 bis 15 Tage. Neben einer Verminderung der Oberflächeneinstrahlung und der Temperatur führt er zu einem Tieferlegen der Thermokline und der Einmischung nährstoffreichen Tiefenwassers in die euphotische Zone.

● **Tageszyklen:** Der diurnale Rhythmus des *Lichts* pflanzt sich auf den *Nährstoffkonsum* der Phytoplankter und durch die *Vertikalwanderung* des Zooplanktons (vgl. Kap. 3.2) auf die Mortalität des Phytoplanktons und die Exkretion von Nährstoffen fort.

● **Mikropatchiness:** Auf kleinsträumiger Skala kommt es durch die *Exkretion der Zooplankter* zu einer Variabiltät der Umweltbedingungen. Durch die Exkretion entstehen Mikrozonen erhöhter Ammonium- und Phosphatkonzentration. Diese Konzentrationen können von Phytoplanktern mit hoher maximaler Aufnahmerate zur Auffüllung intrazellulärer Reserven genutzt werden (vgl. Kap. 6.2.2). Da der Kontakt der einzelnen Algen mit solchen Mikrozonen kurz ist (Minuten), entsteht aus der räumlichen auch einwe zeiltiche Mikrovariabilität.

Unterschiedliche zeitliche und räumliche Skalen der Umweltvariabilität haben unterscheidliche Konsequenzen für das Resultat der interspezifischen Konkurrenz. Langfristig und kurzfristig sowie großräumig und kleinräumig sind dabei relative Begriffe, die in Bezug auf die Lebensspanne von Organismen, die Abstände zwischen Reproduktionsereignissen und den Aktionsradius zu definieren sind.

Langfristige Variabilität. Veränderungen in den Konkurrenzbedingungen, die erst nach dem weitgehenden Ausschluß unterlegener Konkurrenten wirksam werden, können die Annäherung an ein kompetitives Gleichgewicht nicht stören. Für kurzlebige Organismen wie Phytoplankter ist der Jahreszyklus das klassische Beispiel langfristiger Variabilität.

Mittelskalige Variabilität. Variabilität mit einer Periodenlänge von einigen Generationszeiten kann dem Auschluß unterlegener Konkurrenten wirksam zuvorkommen (*„Intermediate disturbance hypothesis"*, Connell 1978). Vorübergehende Ressourcenpulse ermöglichen es, daß Arten mit hohen maximalen Reproduktionsraten oder hoher Fähigkeit zur Reservebildung dem Auschluß durch überlegene Konkurrenten entgehen. Das ließ sich durch Modellexperimente mit Phytoplanktern zeigen, in denen ein oder zwei limitierende Nährstoffe mittelskaligen (wöchentlichen) Pulsen zudosiert wurden (Abb. 8.8). Starke Konkurrenten unten Nährstoffmangel (μ_{max}/k_S hoch, vgl. Formel 6.4) und Spezialisten für Reservebildung (v_{max} hoch, vgl. Formel 6.2; q_{max}/q_0 hoch, vgl. Formel 6.7) hatten dabei mehr oder weniger stabile Abundanzen, während Arten mit hoher μ_{max} nach den Nährstoffpulsen rapide zunahmen und bei zunehmender Zehrung wieder abnahmen.

Reservebildung ist jedoch nicht bei jeder Ressource möglich. Während Phytoplankter P und N speichern können, läßt sich das für Kieselalgen essentielle Si nicht speichern. Bei Zooplanktern spielt vor allem die Speicherung von Lipiden als C- und Energiereserve eine wichtige Rolle.

Mittelskalige Ressourcenvariabilität kann dazu führen, daß langfristig mehr Arten koexistieren, als es limitierende Ressourcen gibt. Sie ist eine der wesentlichsten Erklärungskomponenten für Hutchinsons „Paradoxon des Planktons.

Mikroskalige Variabilität. Fluktuationen mit einer Zeitsklala von weniger als einer Generationslänge wirkt sich vor allem auf momentane physiologische Raten aus. Deren Auswirkungen für die numerische Reakition werden im Laufe zwar im Lauf der Lebenszeit eines Individuums „integriert"; das bedeutet jedoch nicht, daß die numerische Reaktion nur von langfristigen Durchschnittskonzentrationen abhängt. Bei einer Kombination von hohen maximalen Konsumraten und großem Reservebildungsvermögen wirken sich kleinskalige Ressourcenpulse günstig auf die numerische Reaktion aus. Bei geringer Fähigkeit zur Reservebildung wirkt sich Ressourcenvariabilität wegen der geometrischen Eigenschaften von Sättigungskurven ungüstig aus: Überschreitungen des Mittel-

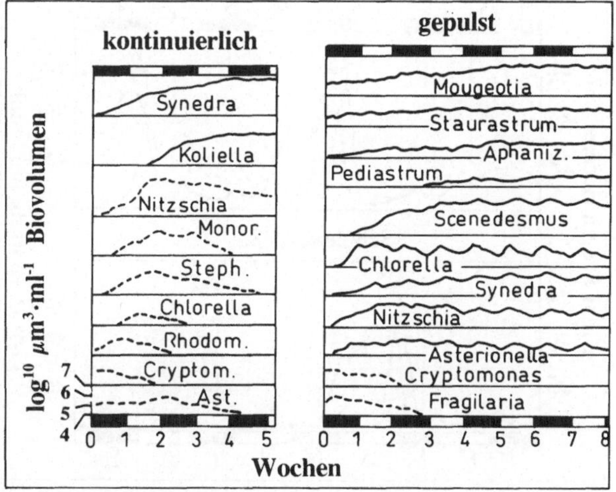

Abb. 8.8. Konkurrenz eines natürlichen Phytoplanktongemischs aus dem Bodensee um die Ressourcen Si und P bei einem Si:P-Verhältnis von 20:1 und einer Durchflußrate von 0,30 d⁻¹. Volle Linie persistierende Arten, *unterbrochene Linie* verdrängte Arten. *Links* klassischer Chemostatversuch, *rechts* kontinuierlicher Durchfluß eines unvollständigen Mediums (ohne Si und P), Zugabe von Si und P pulsartig am Beginn jeder Woche. (Nach Abb. 1 und 3 aus Sommer 1985)

wertes führen zu einem geringeren Veränderung der Reaktionsrate als gleichgroße Unterschreitungen des Mittelwertes (vgl. Kap. 6.2.7, insbes. Formeln 6.6 bis 6.9).

Mikropatchiness in den Ressourcen führt unter Umständen zu einer Veränderung des taxonomischen Ergebnisses, sie führt jedoch zu keiner Erhöhung der Zahl langfristig koexistierender Arten (Gaedeke u. Sommer 1986).

Ein eindrucksvolles Beispiel für die kompetitiven Auswirkungen mikroskaliger Nährstoffvariabilität ist die *Verteilung des Phosphors zwischen Phytoplanktern und Bakterien.* Bakterien haben in der Regel einen steileren Anfangsanstieg der funktionellen Reaktionskurve, aber eine niedrigere maximale Konsumrate und eine kleinere Speicherkapazität. Rothaupt u. Güde (1992) boten einer natürlichen Planktonsuspension aus dem Bodensee geringe Mengen radioaktiv markierten Phosphats (^{32}P) an. Bei gleichmäßiger Zufuhr wurden ca. 50% des ^{32}P von der Größenfraktion <1 µm (fast nur Bakterien) und 50% von den größeren Fraktionen (überwiegend Phytoplankton) konsumiert. Wurde die Gesamtkonzentration durch gleichmäßige Zufuhr unmarkierten Phosphats erhöht, stieg der Anteil der phytoplanktondominierten Fraktionen auf 72%, bei tropfenweiser Zugabe stieg er auf 85% und bei P-Zugabe durch die Exkretion von Daphnien auf 78,5%. Innerhalb der phytoplanktondominierten Fraktionen bewirkte Mikropatchiness eine Verschiebung zugunsten der größeren Fraktionen. Derselbe Trend zugunsten größerer Organismen bei zunehmender Patchiness der Nährstoffzufuhr trat in Konkurrenzexperimenten mit marinen Kieselalgen und Ammonium als limitierendem Faktor auf (Turpin u. Harrison 1980).

Grundmuster der taxonomischen Auswirkungen der Konkurrenz bleiben trotz vielfältiger Störeinflüsse erhalten

Tilmans Konkurrenztheorie kann heute als experimentell weitgehend bestätigt angesehen werden. Wieviel trägt sie jedoch zur Erklärung der natürlichen Ar-

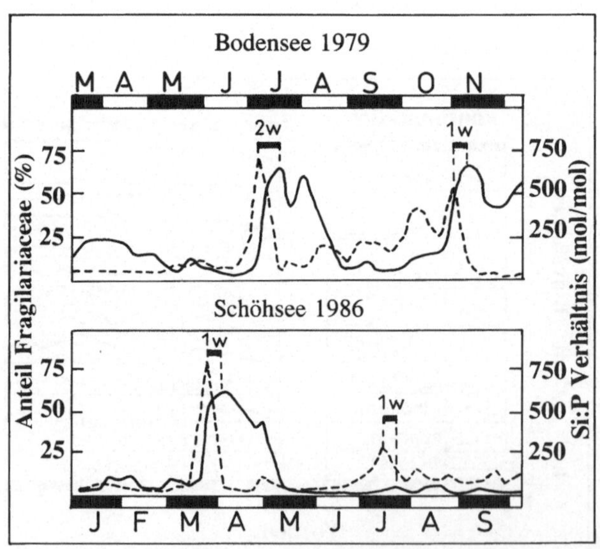

Abb. 8.9. Anteil der Kieselalgen der Familie Fragilariaceae *(volle Linie)* an der Gesamtbiomasse des Phytoplanktons als Folge des Si:P-Verhältnisses im Epilimnion *(unterbrochene Linie), w* Verzögerungszeit in Wochen

tenzusammensetzung des Planktons bei? Einfache Chemostatexperimente sind hervorragend geeignet, die Gesetzmäßigkeiten des Mechanismus Konkurrenz zu untersuchen. Bei der Extrapolation auf natürliche Verhältnisse muß man jedoch die vielfältig ineinander verschachtelten Muster zeitlicher Varibilität in den Konkurrenzbedingungen berücksichtigen. Ferner ist zu berücksichtigen, daß neben der Konkurrenz um Ressourcen noch eine Reihe anderer Faktoren (physikalische Umweltbedingungen, Sedimentation, Räuber-Beute-Beziehungen) über die Artenzusammensetzung des Planktons entscheiden. Unter diesen Einschränkungen ist es überraschend, daß dennoch einige qualitative Grundmuster sehr robust sind.

Die *Zunahme der Kieselalgen bei zunehmenden Si:P-Verhältnissen* zeigte sich bei allen Versuchen mit zeitlich variabler Nährstoffzufuhr. Allerdings mußten die Si:P-Verhältnisse bei zunehmender Variabilität des Nährstoffangebots immer höher werden, um eine Dominanz der Kieselalgen zu erreichen. Selbst im Freiland zeigte sich in vielen Fällen, daß der Anteil der Kieselalgen am Phytoplankton, insbesondere der Anteil der Fragilariaceae dem Si:P-Verhältnis in der Oberflächenzone mit einer Verzögerung von 1 bis 2 Wochen folgte (Abb. 8.9).

8.2 Räuber-Beute-Beziehungen

Als *Räuber-Beute-Beziehung im weiteren Sinn* wird nicht nur die Freßbeziehung zwischen einem *Carnivoren* und seiner Beute bezeichnet, sondern jede Interaktion, bei denen die Individuen einer Population den Individuen einer anderen Population als Nahrung dienen.

Damit werden auch die *Herbivorie* und der *Parasitismus* unter dem Begriff Räuber-Beute-Beziehung zusammenmgefaßt. Während die Interaktion zwischen dem Räuber und seiner Beute *räuberseitig* als *Ernährung* niederschlägt, wirkt sie sich *beuteseitg* als *Mortalität* aus.

8.2.1 Allgemeine Merkmale von Räuber-Beute-Beziehungen

Die Interaktionen zwischen Räuber und Beute können zu Oszillationen führen

Das Lotka-Volterra-Modell. Ein einfaches Räuber-Beute-Modell wurde bereits von den Pionieren der mathematischen Ökologie, Lotka und Volterra, vorgeschlagen. Es besteht aus aus zwei Populationen. Die Räuberpopulation wird mit dem Index R und die Beutepopulation mit dem Index B charakterisiert. Nur der *Verlustterm der Beute* $(d_b = p \cdot N_R)$ und der *Reproduktionsterm der Räubers* $(b_B = a \cdot p \cdot N_B)$ sind variabel. In der ursprünglichen Fassung wird eine konstante, dichteunabhängige *Geburtenrate der Beute* (b_B) und eine konstante, dichteunabhängige *Todesrate des Räubers* (d_R) angenommen. Die Todesrate der Beute hängt von der Räuberdichte und einem konstanten *Prädationskoeffizienten* ab $(d_B = p \cdot N_R)$. **p** ist somit diejenige Todesrate, die durch ein einzelnes Räuberindividuum verursacht würde. Die Geburtenrate des Räubers ist durch das Produkt aus Prädationskoeffizienten, Beutedichte und den *Konversionsfaktor a* definiert $(b_R = N_B \cdot p \cdot a)$. Der Konversionsfaktor gibt an, wieviele Beuteorganismen gefressen werden müssen, um ein Räuberindividuum bilden zu können. Die gekoppelten Gleichungen lauten:

$$r_B = b_B - p \cdot N_R \qquad \textbf{(Formel 8.1)}$$

$$r_R = a \cdot p \cdot N_B - d_R \qquad \textbf{(Formel 8.2)}$$

Setzt man die Nettowachstumsrate beider Populationen gleich Null, kann man die **Gleichgewichtsdichten** von Räuber und Beute berechnen, bei denen beide Populationen konstant bleiben.

$$N_B^* = \frac{d_R}{a \cdot p}; \; N_R^* = \frac{b_B}{p} \qquad \textbf{(Formel 8.3)}$$

Ist die Beutedichte unter dem Gleichgewichtwert, nimmt die Räuberdichte ab; ist die Räuberdichte über dem Gleichgewichtswert, sinkt die Beutedichte, und umgekehrt. Startet eine Interaktion außerhalb des Gleichgewichts, so kommt es zu **ungedämpften, zeitversetzten Oszillationen** beider Populationen mit konstanter Amplitude und Frequenz. Unter natürlichen Bedingungen haben nur wenige Schwingungen des Räuber-Beute-Systems Phytoplankton-Zooplankton in einer Vegetationsperiode Platz (Abb. 8.10). Es läßt sich daher kaum beurteilen, ob sie tatsächlich ungedämpft sind.

Erweiterung Dichteabhängigkeit. Das einfache Lotka-Volterra-Modell enthält keine Zeitversetzung in der numerischen Reaktion des Räubers, es enthält keine Ressourcenlimitation oder Dichteabhän-

gigkeit des Wachstums der Beute und keine Möglichkeit, daß der Räuber bei Beutemangel auf andere Futterorganismen ausweicht. Es ist somit nur unter außergewöhnlichen Bedingungen anwendbar. Bereits die Einführung einer Dichteabhängigkeit führt zu einem stark verändertem dynamischen Verhalten (Wissel 1989):

$$r_B = b_{maxB} (1 - \alpha \cdot N_B) - p \cdot N_R \qquad \textbf{(Formel 8.4)}$$

$$r_R = a \cdot p \cdot N_B - d_{minR} (1 + \beta \cdot N_R) \qquad \textbf{(Formel 8.5)}$$

Startet ein derartiges System außerhalb des Gleichgewichts kommt es zu **gedämpften Oszillationen,** bei denen die Amplituden abnehmen und sich die Abundanzen von Räuber und Beute auf den Gleichgewichtswert einpendeln. Jede Auslenkung aus dem Gleichgewicht führt erneut zu gedämpften Schwingungen.

Räuber und Beute sind füreinander wichtige Selektionsfaktoren

Selektion von Abwehrmechanismen. Das Lotka-Volterra-Modell geht von einer einheitlichen Beutepopulation aus.

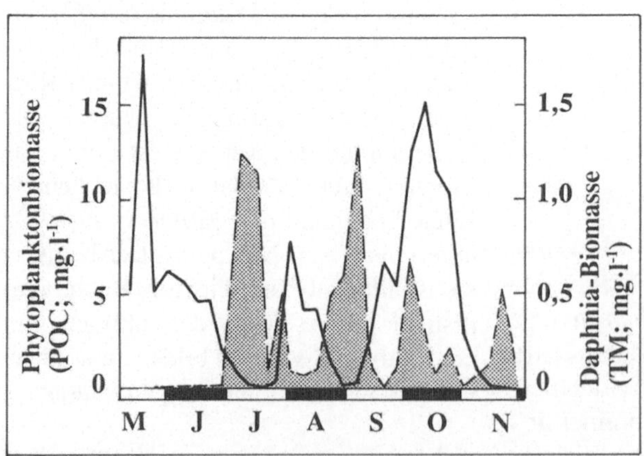

Abb. 8.10. Räuber-Beute-Ozcillationen zwischen Phytoplankton (Biomasse als POC der Algen, *fette Linie*) und dem dominanten Herbivoren *Daphnia magna* (Biomasse als Trockenmasse, *schattierte Fläche*) im Großen Binnensee. Die Phytoplanktonminima im Frühsommer und im August sind durch Grazing verursachte Klarwasserstadium, das Minimum am Ende des Jahres hat überwiegend physikalische Ursachen. (Nach Abb. 3 aus Sommer 1989b)

Tatsächlich gibt es jedoch oft mehrere Beutepopulationen sowie eine genotypische und phänotypische Variabilität innerhalb der Beutepopulation. Der Prädationskoeffizient p wird daher unterschiedliche Werte für unterschiedliche Beuteorganismen annehmen. Da die Mortalität der Beute linear mit p zunimmt, wird sich bei gleichen Geburtenraten derjenige Beutetyp anreichern, bei dem p minimal ist. p wird dann gering sein, wenn die potentielle Beute ausweichen oder fliehen kann, schlecht ingestierbar oder unattraktiv ist oder sich verteidigen kann. Der Räuber übt also innerhalb des Beutespektrums Selektion zugunsten von Abwehrmechanismen aus. Auf *ökologischer Zeitskala* führt sie zu Verschiebungen in den relativen Abundanzen der verschiedenen Beutetypen, auf *evolutionärer Zeitskala* zur Evolution von Fraßresistenz.

Koevolution. Umgekehrt haben innerhalb des Räuberspektrums diejenigen Räubertypen einen Vorteil, die Abwehrmechanismen der Beute zu überwinden können. Es kommt deshalb zu einer Koevolution von Räuber und Beute, bei der nach der Art eines Wettrüstens immer perfektere Abwehrmechanismen zugunsten immer wirksamerer Überwindungsmechanismen selektieren.

Allerdings machen nicht alle Organismen dieses Wettrüsten mit. Die Ausbildung von Abwehrmechanismen setzt Investitionen von Energie und Substanzen voraus, die nicht in schnelles Wachstum und schnelle Reproduktion investiert werden können. Durch dieses *Allokationsproblem* lassen sich Fraßresistenz und Geburtenraten nicht gleichzeitig maximieren. Selbst in einem ausschließlich von Räuber-Beute-Beziehungen dominierten System besteht ein direkter kompensatorischer Effekt zwischen Geburten- und Todesrate. Außerdem kommt

es in planktischen Systemen durch externe, saisonale Faktoren immer wieder zu Perioden minimalen Räuberdrucks, in denen sich schnellwüchsige, nichtresistente Beuteorganismen entfalten können. Dieses episodische Angebot nicht verteidigungsfähigen Futters ermöglicht umgekehrt auch Räubern das Überleben, die keine besonderen Fähigkeiten zur Überwindung von Abwehrmechanismen haben.

Selektivitätskoeffizient. Die Auswahl eines Räubers der Art j aus seinem Beutespektrum kann durch Selektivitätskoeffizienten ausgedrückt werden. Unter der Vielzahl der vorgeschlagenen Koeffizienten sind diejenigen vorzuziehen, die rechnerisch nicht von der Abundanz der verglichenen Beutepopulationen abhängen. Diese Bedingung wird durch den bereits in Kap. 7.3 eingeführten Index w_{ij} erfüllt. Er bezieht die durch den Räuber j verursachte Todesrate der Beuteart i (d_{ij}) auf die Todesrate der für den Räuber j am besten freßbaren Beuteart (d_{maxj}):

$$w_{ij} = \frac{d_{ij}}{d_{\mathrm{maxj}}} \qquad \textbf{(Formel 8.6)}$$

Das stimmt rechnerisch mit dem Quotienten des Prädationskoeffizienten p der Art i durch den Prädationskoeffizienten der am besten freßbaren Art überein.

Können Mortalitätsraten nicht bestimmt werden, muß die Selektivität aus dem Vergleich der *relativen Abundanzen* einer Beuteart i *in der Umwelt* (p_i) mit ihrer *relativen Abundanz im Darminhalt* (r_i) berechnet werden. Wegen seiner Frequenzneutralität eignen sich dazu der Index D_i von Jacobs und der Index α_i von Chesson:

$$D_i = \frac{r_i - p_i}{r_i + p_i - 2\,r_i \cdot p_i} \qquad \textbf{(Formel 8.7)}$$

Der Wert von D_i reicht von -1 (totale Ablehnung) bis $+1$ (einzige genutzte Beute), bei neutraler Selektion ($r_i = p_i$) ist D gleich 0.

$$\alpha_i = \frac{\dfrac{r_i}{p_i}}{\dfrac{r_i}{p_i} + \dfrac{r_j}{p_j}} \qquad \textbf{(Formel 8.8)}$$

Der Index i bezieht sich dabei auf die untersuchte Beuteart, der Index j auf alle anderen Beutearten. Der Index α_i reicht von 0 bis 1, bei neutraler Selektion beträgt er 0,5.

8.2.2 Herbivorie („Grazing")

Die Herbivorie im Plankton wird meistens mit dem englischen Begriff „Grazing" bezeichnet, obwohl dieser Begriff ursprünglich für das Grasfressen von Weidevieh verwendet wurde. Als Grazer des Phytoplanktons treten überwiegend „herbivore" Zooplankter (oft Filtrierer, die nicht nur Algen, sondern auch gleichgroße Protozoen fressen) auf. Neben dieser „internen" Verwertung der Phytoplanktonbiomasse im Plankton kommen jedoch auch Organismen außerhalb des Planktons vor, die sich von Phytoplanktern ernähren. Dazu zählen einige Fischarten (z.B. einige Cypriniden) sowie eine Reihe benthischer Filtrierer des Meeres, z.B. Muscheln. Ein extremes Beispiel ist vom ostafrikanischen Sodasee Lake Nakuru bekannt, wo die dominierende Blaualge *Spirulina platensis* überwiegend vom Kleinen Flamingo *(Phoeniconaias minor)* gefressen wird (Vareschi u. Jacobs 1985).

**Klarwasserstadien
sind auf Grazing zurückzuführen**

Während die Bedeutung des Phytoplanktons als Nahrungsbasis des Zooplank-

tons stets unumstritten war, dauerte es lange, bis umgekehrt der Einfluß des Zooplanktons auf das Phytoplankton erkannt wurde. Negative Korrelationen in der räumlichen Verteilung des Phyto- und Zooplanktons im Meer wurden durch aktives Vermeidungsverhalten der Zooplankter *(„animal exclusion")* und nicht dadurch erklärt, daß das Zooplanktonschwärme „Löcher" in das Phytoplankton fressen. Experimentelle Untersuchungen zeigten jedoch, daß in den meisten Fällen Zooplankter höhere Konzentrationen des Phytoplanktons aktiv aufsuchen und daß nur wenige, meistens toxische Phytoplanklonarten vermieden werden.

Ein wesentliche Rolle in der zunehmenden Berücksichtigung des Grazings spielten die Untersuchungen zur kausalen Erklärung des des *Klarwasserstadiums.* Dabei handelt es sich um ein Biomasseminimum des Phytoplanktons mitten in der Vegetationsperiode, das besonders in meso- und eutrophen Seen sehr regelmäßig im späten Frühjahr oder Frühsommer auftritt. Es fällt zeitlich etwa mit einem Maximum der Zooplanktondichten zusammen, während andererseits sowohl die Licht- als auch Nährstoffverhältnisse extrem günstig für das Phytoplankton sind. Die Abundanzkurven des Phyto- und Zooplanktons entsprechen geradezu klassisch dem Bild der *ersten Periode einer Räuber-Beute-Oszillation.* Erst erfolgt ein Anstieg der Beute (Frühjahrsblüte der Algen), danach ein Anstieg des Zooplanktons. Wenn dieses eine kritische Grenze überschritten hat (in Seen ca. 1,5 bis 4 mg Trockenmasse $\cdot$ m^{-2}; Lampert 1988) nimmt das Phytoplankton schnell ab. Im Klarwasserstadium kommt es dann auch zu einer Abnahme des Zooplanktons. Klarwasserstadien treten auch im Meer auf (Abb. 8.11), auch hier spricht vieles für die Erklärung durch Herbivorie.

Abb. 8.11. Frühjahrsblüte und Klarwasserstadium im Ärmelkanal. *Oben* Phytoplanktonbiomasse als Chlorophyll *(Linie)* und Zellzahl der schlecht freßbaren Phaeocystis *(schattierte Fläche). Mitte* Abundanz der mittelgroßen Copepoden *Pseudocalanus* und *Paracalanus. Unten* Abundanz des großen Copepoden *Calanus.* (Nach Bautista et al. 1992)

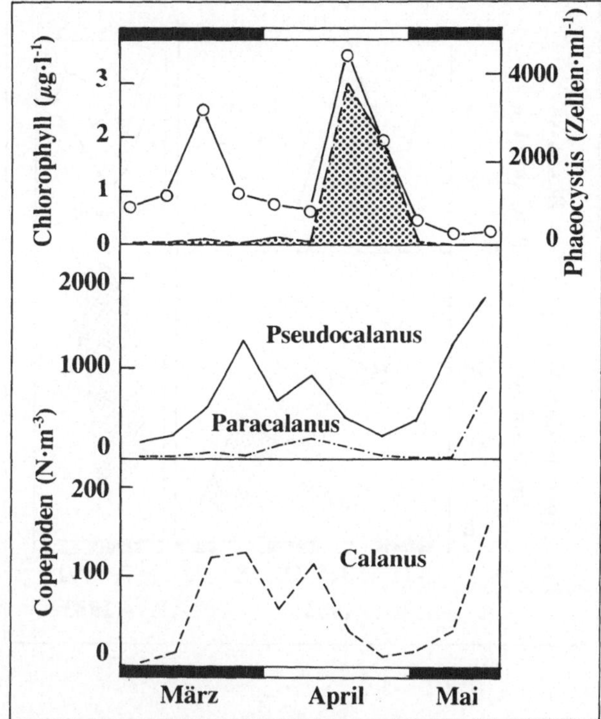

Ein direkter Beweis für die kausale Rolle der Herbivorie gelang dadurch, daß die Freßraten des Zooplanktons beim Zusammenbruch des Frühjahrsblüte des Phytoplanktons tatsächlich höher sind, als die Produktionsraten des Phytoplanktons (Abb. 8.12).

Nach dem Klarwasserstadium kommt es nur selten zu einer weiteren Fortsetzung von Räuber-Beute-Oszillationen zwischen Phyto- und Zooplankton. Das liegt meistens daran, daß einerseits zunehmend grazingresistente Phytoplankter auftreten und andererseits das Zooplankton unter zunehmenden Fraßdruck durch die Jungfische desselben Jahres gerät. Nur wenn irgendwelche Sonderfaktoren das Auftreten von resistenten Algen und verhindern und der Fischdruck schwach bleibt, kann es zu wiederholten Oszillationenen kommen (Abb. 8.10).

Abwehrmechanismen sind im Phytoplankton weit verbreitet

Gäbe es keine Unterschiede in der Freßbarkeit der einzelnen Phytoplanktonarten, würde Fraßdruck zugunsten derjenigen Arten selektieren, die die höchste maximale Bruttowachstumsrate haben. Bei Unterschieden in der Freßbarkeit spielt jedoch der *Selektivitätsindex* w_{ij} bezogen auf die dominanten Zooplankter eine herausragende Rolle. Schlecht freßbare oder aktiv vermiedene Arten erfahren eine geringere Mortalität als gut freßbare Arten. Eine Reduktion von w_{ij} kann durch eine Reihe von Merkmalen erreicht werden:

- Größe
- Unverdaulichkeit
- chemische Unverträglichkeit bzw. Toxizität

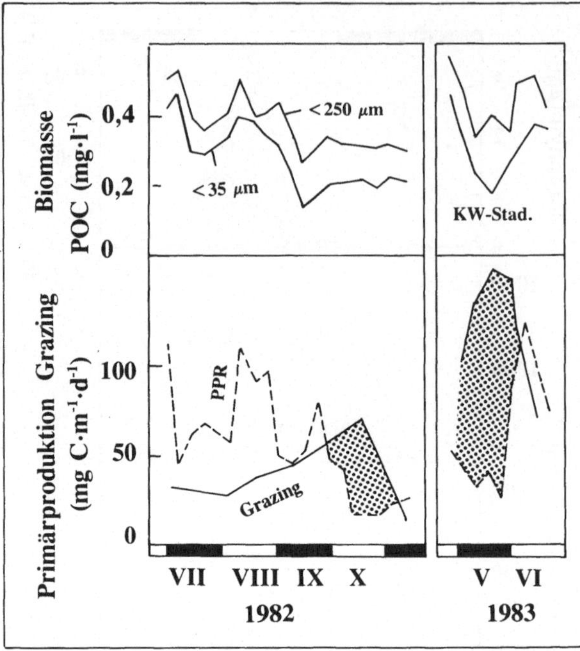

Abb. 8.12. Ausbildung des Klarwasserstadiums im Schöhsee. *Oben* Biomasse, gemessen als Seston-POC der Größenklassen 0–35 µm (gut freßbar) und 35–250 µm (nicht oder schlecht freßbar). *Unten* Raten der Primärproduktion und des Zooplanktongrazings, *schattierte Fläche* Perioden, in denen die Grazingraten höher als die Primärproduktion sind. Während der sommerlichen Biomasseabnahme ist die Primärproduktion höher als Grazing, nur bei der Ausbildung des Klarwasserstadiums (Mai) besteht ein extremer Überschuß der Grazingraten. (Nach Abb. 2 aus Lampert 1988)

Größe. Alle herbivoren Plankter können nur einen bestimmten Teil des Größenspektrums nutzen (vgl. Kap. 6.3.1). Reine Filtrierer selektieren sogar in erster Linie nach der Größe. Die Maschenweite der Filter einiger Filtrierer ist zwar weit genug, um Teile des Picoplanktons zu schützen (Abb. 6.12), die kleinsten Phytoplankter fallen jedoch den Protozoen zum Opfer. Wichtiger ist, vor allem im Süßwasser, die *obere Größengrenze.* Diese liegt je nach Filtrierer bei 10 bis 50 µm. Bereits dünne, lange Phytoplankter (dünne Kieselalgen wie *Synedra,* gerade gestreckte Fadenalgen) genießen einen gewissen Fraßschutz, er wird jedoch erst perfekt, wenn die Obergrenze in zwei Dimensionen (plattenförmige Kolonien, z.B. *Pediastrum)* oder in drei Dimensionen überschritten wird (große Einzeller wie *Ceratium,* räumliche Kolonien wie *Microcystis, Phaeocystis* etc. und aufgewundene Fäden wie *Anabaena flos-aquae*).

Auch herbivore Copepoden, die ihre Futterpartikel gezielt ergreifen, fressen keine wesentlich größeren Phytoplankter. Im Süßwasser spielt die Größe eine herausragende Rolle in der Fraßresistenz. Im Meer dürfte diese Rolle geringer sein, da es hier ein breites Spektrum von Makro- und Megazooplanktern gibt.

Unverdaulichkeit. Feste *Gallerthüllen* und starke *Zellulosewände* können bewirken, daß ingestierbare Phytoplankter nur partiell oder gar nicht verdaut werden und während der Darmpassage sogar mit Phosphat und Ammonium gedüngt werden. Mesokosmosexperimente, in denen der Grazingdruck künstlich gesteigert wird, führen häufig zu einer Dominanz derartiger Phytoplankter. Dazu gehören Grünalgen der Gattungen *Sphaerocystis, Planktosphaeria, Paulschulzia* etc. sowie die Blaualge *Microcystis* und im Meer die Prymnesiophyceae *Phaeocystis.*

Chemische Unverträglichkeit und Toxizität. Eine Reihe von Algenarten oder einzelner Stämme sind für Zooplankter toxisch oder zumindest in ihrer chemischen Zusammensetzung als Nahrungsmittel inadaequat. Vor allem unter den Blaualgen des Süßwassers und verschiedenen Flagellatengruppen des Meeres ist dieses Phänomen weit verbreitet. Copepoden können solche Algen aktiv vermeiden, reine Filtrierer können das jedoch nicht. Wenn sie diese Algen jedoch an exkretierten organischen Substanzen erkennen, so können sie lokale Konzentrationen derartiger Algen negativ chemotaktisch vermeiden.

Kaum ein Schutzmechanismus wirkt gegen alle möglichen Freßfeinde. Es hat sich jedoch herausgestellt, daß zellwandlose Flagellaten des Nanoplanktons (z.B. *Rhodomonas*) das breiteste Spektrum an Freßfeinden haben, für die sie optimal freßbar sind (große Protozoen, Rotatorien, Cladoceren, herbivore Copepoden). Doch selbst in dieser Gruppe gibt es toxische Algen, z.B. den marinen Flagellaten *Chrysochromulina polylepis,* deren sporadisches Massenauftreten durch den Fraßschutz erklärt wird (Maestrini u. Graneli 1991).

Wegen der Unterschiede in der Selektivität verschiedener Zooplankter sind einheitliche, saisonale Trends im Auftreten unterschiedlich resistenter Phytoplankter nur dann zu erwarten, wenn einige wenige, funktionell ähnliche Zooplankter einen dominierenden Einfluß ausüben. Das trifft zum Beispiel auf die Seen zu, in denen ein großer Teil des Grazingdrucks von Cladoceren, insbesondere von *Daphnia* spp. ausgeht (Abb. 8.13).

Schlecht freßbare Algen stören den Filtrationsprozeß

Größe, Sperrigkeit oder mangelnde Attraktivität schützten nicht nur die schlecht freßbaren Algen selbst, sondern können auch den Filtrationsprozeß insgesamt behindern. Geraten unerwünschte Algen in den Filtrationsapparat von Cladoceren und dann in den Futterstrom zum Mund, so müssen sie mit der postabdominalen Klaue entfernt werden. Dabei werden auch freßbare Algen mit erfaßt und entfernt. Sie partizipieren somit am Schutzmechanismus der unfreßbaren Arten. Je häufiger unerwünschte

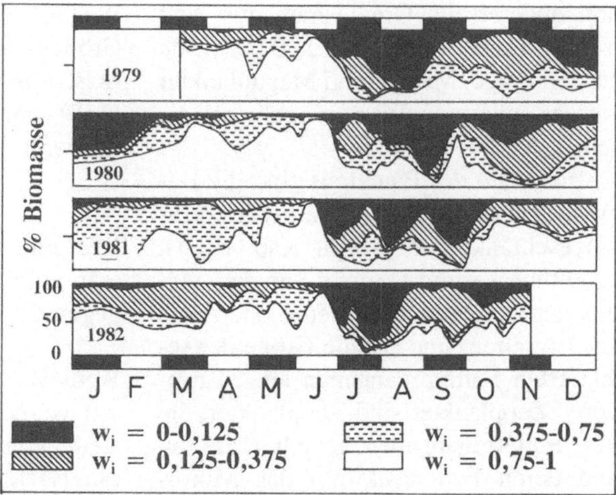

Abb. 8.13. Saisonale Verschiebungen zwischen vier Freßbarkeitsklassen im Phytoplankton (Freßbarkeit gemessen als Index w_i für adulte *Daphnia hyalina* und *D. galeata*) im Bodensee. (Nach Abb. 20 aus Sommer 1987)

Arten zum Mund transportiert werden, um so häufiger muß der normale Filtrationsprozeß unterbrochen werden. Cladoceren können auch die Spalte zwischen den beiden Carapaxhälften verengen, so daß große und sperrige Algen vom Filtrationsapparat ferngehalten werden. Dadurch wird jedoch der Wasserdurchsatz durch den Filtrationsapparat und damit die Filtrationsrate vermindert. Besonders die ansonsten konkurrenzstarken, großen *Daphnia* spp. sind gegen diese Störung empfindlich und werden dann häufig von Cladoceren verdrängt, die von vornherein engere Carapaxspalten und niedrigere Filtrationsraten haben (z.B. *Ceriodaphnia, Chydorus*). Diese ignorieren weitgehend die im Sommer vorherrschenden Großphytoplankter und ernähren sich vom „Unterwuchs" aus Nanoplanktern, Picoplanktern und Bakterien.

8.2.3 Carnivorie

Zooplankter werden von „carnivoren" Zooplanktern und vom Nekton gefressen

Als Freßfeinde des Zooplanktons kommen einerseits „carnivore" Zooplankter und andererseits Organismen aus dem Nekton (planktivore Fische, Bartenwale etc.) in Frage. Makro- und Megaplankter werden auch von Wasservögeln gefressen.

Innerhalb des Planktons sind die Begriffe „Herbivorie" und „Carnivorie" nur eingeschränkt gültig (vgl. Kap. 6.3.1), eigentlich kommt es mehr auf den Modus der Ernährung (Filtrieren oder aktives Ergreifen) und auf die Größe der selektierten Futterorganismen an. „Carnivore" Zooplankter sind Zooplankter, die ihre Futterorganismen gezielt ergreifen und deren Futterspektrum das Mikro-

plankton und/oder größere Kategorien umfaßt. Da mit zunehmender Größe der Anteil der Tiere am Plankton größer wird und viele Großphytoplankter unaktive und daher gemiedene Futterorganismen sind, hat der Begriff „Carnivorie" zumindest eine relative Berechtigung.

Verbreitete carnivore Zooplankter des Süßwassers sind das Rädertier *Asplanchna,* die großen Cladoceren *Bytotrephes* und *Leptodora,* die adulten Individuen und die späten Copepodidstadien einiger calanoider Copepoden (z.B. *Epischura*) sowie der meisten cyclopiden Copepoden und die Larven der Büschelmücke *Chaoborus.*

Im Meer ist der Anteil der Carnivoren an den Copepoden geringer, dafür gibt es ein Reihe zusätzlicher, teilweise sehr großer, carnivorer Zooplankter, u.a. Cnidaria, Ctenophora, Cephalopoda, Chaetognatha.

Fische sind in ihren Juvenilstadien meistens planktivor, manche pelagischen Schwarmfische bleiben es auf Lebenszeit, z.B. die Coregoniden (Maränen, Renken, Flechen) im Süßwasser und die Clupeiden (Hering, Sardine etc.) im Meer.

Eine Besonderheit des Meeres sind extrem große Filtrierer (Bartenwale, Walhai, Riesenhai), die aufgrund ihrer Größenselektion große Zooplankter (z.B. *Euphausia superba,* Antarktischer Krill) fressen und somit als carnivore Filtrierer einzustufen sind.

Beutemachen erfolgt in 5 Schritten, gegen die es Abwehrmechanismen gibt

Wenn ein Tier aktiv ergriffen und gefressen werden soll, muß der Räuber eine Kette von Leistungen erbringen, damit es tatsächlich zur Erbeutung kommt. Erstens müssen sich Räuber und Beute *begegnen.* Zweitens muß der Räuber die Beute *erkennen.* Drittens muß sich der Räuber zum Angriff *entscheiden.* Viertens muß er die Beuten *fangen.* Fünftens muß er sie überwältigen und *fressen.* Bei jedem Einzelschritt kann der Räuber Erfolg oder Mißerfolg haben. Für den Erfolg eines Einzelschrittes gibt es jeweils eine partiale Wahrscheinlichkeit $(p_1 \dots p_n)$. Da der gesamte Prozeß des Beutemachens bei jedem Mißerfolg abgebrochen wird, ist die Gesamtwahrscheinlichkeit (p_E), daß der Räuber Erfolg hat, gleich dem Produkt aller Einzelwahrscheinlichkeiten.

Jeder Mißerfolg des Räubers ist ein Überlebenserfolg des Beutetiers. Es existieren daher auf jeder Stufe des Prozesses Möglichkeiten, die Überlebenschancen durch geeignete morphologische oder verhaltensmäßige Anpassungen zu erhöhen.

1. Begegnung. Die Begegnungswahrscheinlichkeit kann durch räumliches oder zeitliches *Ausweichen* vermindert werden. Der wichtigste Mechanismus des räumlichen Ausweichens ist die *Vertikalwanderung* (vgl. Kap. 3.2). Der „Normaltyp" besteht darin, daß Zooplankter während des Tages vor optisch orientierten Räubern (meistens Fischen) ins dunkle Tiefenwasser ausweichen. Eine „umgekehrte" Vertikalwanderung tritt dann auf, wenn carnivore Zooplankter vor den Fischen durch Abwärtswandern bei Tagesbeginn ausweichen und ihre Beuteorganimen wiederum durch ein umgekehrtes Wanderungsverhalten den carnivoren Zooplanktern ausweichen. Die wichtigste Form des zeitlichen Ausweichens ist das Einlegen einer *Diapause* (vgl Kap. 7.5) in Perioden besonders intensiven Fraßdrucks.

2. Wahrnehmung der Beute. Eine *Verminderung der Erkennbarkeit* ist bei optisch orientierten Räubern durch *Transparenz* und Kleinheit erreichbar. Ein extremes Beispiel für die Nutzung der Transparenz ist die große Cladocere *Leptodora* („Glaskrebs"). Auch ansonsten überwiegen durchsichtige, farblose Formen im Zooplankton. Sauerstoffmangel kann jedoch zugunsten von Rotfärbung durch Hämoglobin und UV-Belastung (flache Hochgebirgsseen) zugunsten einer Schutzfärbung durch Karotinoide selektieren. Liegen Fischen sowohl farblose als auch pigmentierte Zooplankter vor, werden in erster Linie die pigmentierten Zooplankter gefressen. Selbst Eier, die von Zooplanktern getragen werden, setzen die Transparenz herab und erhöhen die Sichtbarkeit. Wenn Fische deshalb in erster Linie eitragende Weibchen fressen, führt dies neben der Mortalitätserhöhung auch zu einer Herabsetzung der Geburtenrate bei der Beutepopulation.

Kleinere Räuber, z.B. carnivore Copepoden, sind in der Regel nicht optisch, sondern *mechanosensorisch* oder *chemosensorisch* orientiert. Schwimmende Zooplankter hinterlassen eine „Spur" von Turbulenzen im Wasser, denen ein Copepode folgen kann. Einige kleinere Cladoceren *(Bosmina, Chydorus)* haben eine Art *„Totstellreflex"* entwickelt. Sie legen die Antennen in die Carapaxspalte und unterbrechen ihre Schwimmbewegung, wenn sie von einem Copepoden angegriffen werden und sind damit für ihn nur mehr schlecht wahrnehmbar.

3. Entscheidung des Räubers. Das Auswahlverhalten des Räubers wird durch *verminderte Attraktivität* beeinflußt. Neben einer unzureichenden Größe der Beute kann vor allem schlechter Geschmack als Schutzmechanismus dienen. In diesem Fall kann eine auffällige Färbung vorteilhaft sein, wenn der Räuber lernfähig ist und eine derartige

Beute in Zukunft meidet. Diese Möglichkeit des Fraßschutzes ist bei vielen Wassermilben verwirklicht.

4. Ergreifen der Beute. Dem Ergreifen kann sich eine Beute durch Flucht entziehen. Das Rädertier *Polyarthra* besitzt paddelartige Anhänge, die bei Annäherung eines Räubers zurückgeschlagen werden und einen schnellen Sprung bewirken. Ähnlich Sprünge können Copepoden mit ihren Antennen durchführen. Deshalb ernähren sich planktivore Süßwasserfische viel mehr von Cladoceren als von Copepoden, auch wenn beide gleich groß sind.

Fliehende Zooplankter ermüden jedoch bei zu schnell aufeinanderfolgenden Fluchtbewegungen. Daraus ergibt sich ein Vorteil für Schwarmfische. Trifft z.B. ein Heringsschwarm auf einen Copepodenschwarm, so können bei der ersten Begegnung die meisten Copepoden fliehen. Sie treffen danach jedoch auf andere Heringe und müssen abermals fliehen. Das geht solange weiter, bis sie zu müde sind, um ausreichend schnell fliehen zu können. Der einzelne Hering muß daher nicht einem einzelnen fliehenden Copepoden nachjagen. Er kann damit rechnen, früher oder später auf Copepoden zu treffen, die oft genug gescheucht worden sind, um nicht mehr fliehen zu können.

5. Fressen der Beute. Auch eine bereits gestellte Beute kann sich dem Gefressen werden entziehen. Beute die zu groß ist, kann nicht gehandhabt werden. *Mechanische Abwehrstrukturen* können einen ähnlichen Effekt haben. Das Rädertier *Filinia* kann lange, dornenartige Fortsätze abspreizen und so für das räuberische Rädertier *Asplanchna* unfreßbar werden. Eine Reihe von Zooplanktern zeigt einen jahreszeitlichen Formwechsel *(Cyclomorphose),* bei dem in Zeiten intensiven

Räuberdrucks Fortsätze, Dornen etc. ausgebildet werden.

Die Größe der Beute ist ein entscheidendes Auswahlkriterium des Räubers

Grundsätzlich lohnt es sich für den Räuber, möglichst große Beuteorganismen auszuwählen. Der Energie- und Stoffgewinn pro Attacke ist dann am größten. Damit ist auch die *energetische Bilanz* zwischen „Einkommen" (nutzbarer Energiegehalt der Beute) und „Ausgaben" (Bewegungsenergie) am günstigsten. Das gilt allerdings nur dann, wenn große Beuteorganismen ausreichend häufig sind. Ansonsten verschieben die zeitlichen und energetischen Kosten des Suchens die Bilanz zugunsten kleinerer, aber häufigerer Futterorganismen.

Allerdings ist das Beutespektrum keines Räubers nach oben offen. Bei Arthropoden begrenzt zum Beispiel die Größe der Mundwerkzeuge die Größe der noch handhabbaren Beute. Bei Fischen setzt die Größe des Mundes eine obere Grenze des Beutespektrums. Das Größenspektrum der Beute hat meistens kein abruptes oberes Ende, da es einen Übergangsbereich gibt, wo Beuteorganismen noch freßbar sind, aber die Schwierigkeiten in der Handhabung den Vorteil der Größe überwiegen.
Da Räuber also bei ausreichendem Angebot die größte noch gut handhabbare Beute bevorzugen, folgt dem Körperwachstum des Räubers eine *ontogenetische Verschiebung zu größeren Futterorganismen* (Abb. 8.14).

Im Süßwasser liefert bereits das Größenspektrum des Zooplanktons einen Hinweis auf die dominierenden Räuber

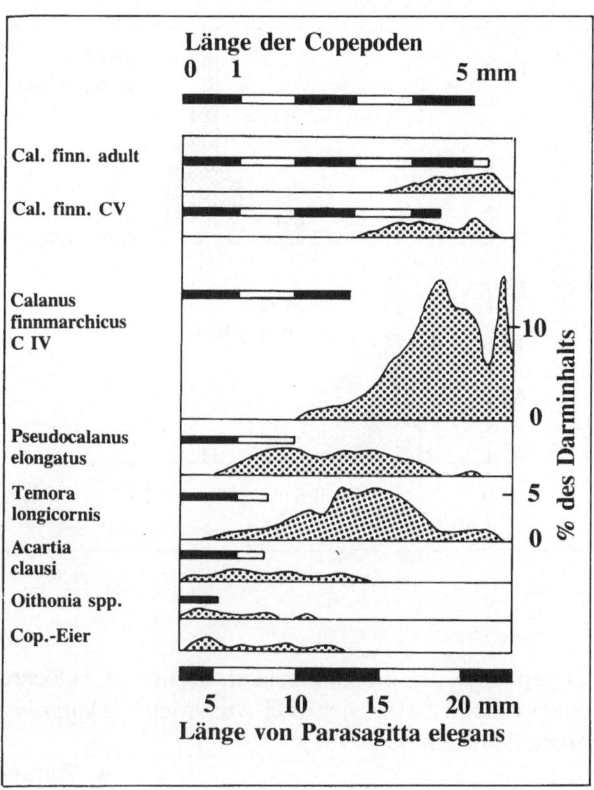

Abb. 8.14. Prozentanteil verschieden großer Copepoden am Darminhalt verschieden großer Individuen des Chaetognathen *Parasagitta elegans*. (Nach Rakusa-Suszczewski 1969)

Die Size-Efficiency-Hypothese. Eines der bekanntesten „natürlichen Experimente" zum Einfluß von planktivoren Fischen auf das Größenspektrum des Zooplanktons ist die Einwanderung des heringsartigen Fisches *Alosa pseudoharengus* in eine Reihe von Seen im Nordosten der USA. Vor der Einwanderung dominierten mittelgroße Zooplankter, nach der Einwanderung wurden diese teils durch kleinere Arten verdrängt, teils waren die Indiviuen der verbliebenen Arten kleiner (Abb. 8.15).

Brooks u. Dodson (1965) erklärten diese Verschiebungen mit der *„Size-Efficiency-Hypothese" (SEH)*. Einerseits nahmen sie an, daß größere Zooplankter die besseren Nahrungskonkurrenten seien, andererseits würden planktivore Fische selektiv die großen Zooplankter entfernen. Die zweite Komponente der SEH ist unbestritten; für die erste Komponente (Konkurrenz) sprechen u.a. die niedrigeren Futterschwellenwerte großer Filtrierer (vgl. Abb. 6.17).

Allerdings gibt es auch eine *alternative Erklärung,* die *auschließlich auf Räubereffekten* beruht: Carnivore Zooplankter des Süßwassers sind wesentlich kleiner als Fische und können auch nur kleinere Beuteorganismen fressen. Ihr Beutespektrum entspricht dem unteren Abschnitt des Größenspektrum herbivorer Zooplankter. Gleichzeitig sind sie selbst als große Zooplankter eine mögliche, aber nicht die bevorzugte Beute der Fische. Sie sind deswegen nicht bevorzugt, weil sie entweder wegen ihrer Durchsichtigkeit besonders schlecht sichtbar sind *(Leptodora, Chaoborus)* oder weil sie wegen ihrer Beweglichkeit schneller fliehen können (cyclopoide

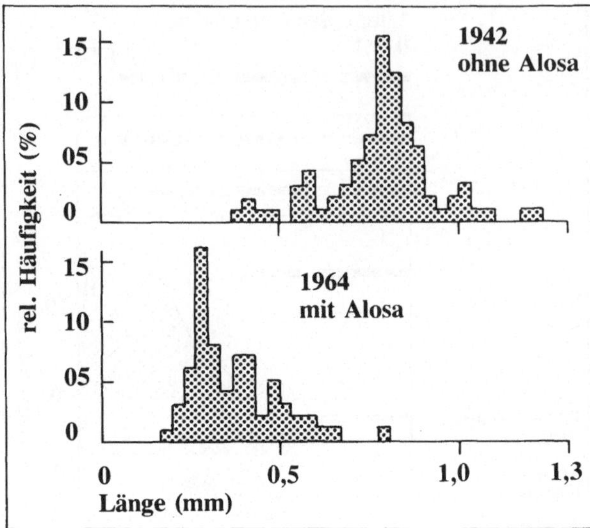

Abb. 8.15. Größenverteilung der Zooplankter in einem See im NO der USA vor und nach dem Eindringen des planktivoren Fisches *Alosa pseudoharengus.* (Nach Brooks u. Dodson 1965)

Copepoden) als große Filtrierer. Dementsprechend lassen sich drei Szenarien vorstellen (Lampert 1987):

● **Keine planktivoren Fische:** Weder die großen Filtrierer noch die carnivoren Zooplankter werden gefressen. Die carnivoren Zooplankter fressen kleine Zooplankter (erste Wahl), wegen der Ausbeutung dieser bevorzugten Ressource jedoch auch mittelgroße Zooplankter (zweite Wahl). Unter den Herbivoren bleiben die Großen übrig. Typisch für ein derartiges Szenario sind die großen Wasserflöhe *Daphnia magna, D. pulex* und *D. pulicaria, Chaoborus*-Larven und großen Cyclopidae.

● **Viele planktivore Fische.** Die planktivoren Fische fressen die großen Filtrierer (erste Wahl) und wegen der Ausbeutung dieser Ressource auch noch die mittelgroßen Filtrierer und die carnivoren Zooplankter (zweite Wahl). Die kleinen Filtrierer werden vom Fraßdruck entlastet und bleiben übrig. Typisch für dieses Szenario sind Rotatorien und kleine

Cladoceren *(Bosmina, Ceriodaphnia, Daphnia cucculata).*

● **Wenige planktivore Fische.** Die wenigen planktivoren Fische konzentrieren sich auf ihr bevorzugtes Futter, die großen Filtrierer, und fressen nur einen Teil der carnivoren Zooplankter. Die verbliebenen carnivoren Zooplankter konzentrieren sich auf ihre bevorzugte Beute, die kleinen Filtrierer. Die mittelgroßen Herbivoren erleiden einen nur mäßigen Fraßdruck und werden dominant. Typisch für diese Szenario sind mittelgroße Wasserflöhe, z.B. *Daphnia hyalina, D. galeata.*

Anpassung des Lebenszyklus. Größenspezifischer Fraßdruck führt nicht nur zu Verschiebungen zwischen Arten, er kann auch zu Anpassungen des Lebenszyklus innerhalb von Arten führen. Betrifft der Fraßdruck in erster Linie große Individuen, kann es von Vorteil sein, früher und bei geringerer Körpergröße geschlechtsreif zu werden. Diese kleineren Muttertiere produzieren zwar meistens wesentlich weniger Eier, sie erreichen aber wenigstens das Alter, in dem sie überhaupt fortpflanzungsfähig sind.

Im Meer sind derartig eindeutige Beziehungen zwischen dem Größenspektrum der herbivoren Zooplankter und dem Fraß durch Fische oder planktische Räuber nicht unbedingt zu erwarten, da es eine Reihe von Makro- und Megazooplanktern gibt, die in ihrer Selektivität den Fischen ähnlich sind.

Die Vertikalwanderung hat metabolische Kosten und dient der Räubervermeidung

Hypothese des metabolischen Vorteils. Die Interpretation der Vertikalwanderung als Fraßschutz wäre noch vor einigen Jahren von vielen Planktologen bestritten worden. Neben der Räuberhypothese gab es noch eine Reihe von Hypothesen, die metabolische Vorteile der Vertikalwanderung postulierten.

So wurde angenommen, daß der Aufenthalt im tiefen Wasser wegen der *niedrigeren Temperaturen* die respiratorischen Energiverluste vermindern würde. Gleichzeitig werden durch die niedrigeren Temperaturen jedoch auch alle anabolischen Prozesse verlangsamt und alle Entwicklungszeiten verlängert, so daß insgesamt eine wandernde Population mit niedrigeren Reproduktionsraten rechnen müßte als eine stationäre Population im Oberflächenwasser.

Es wurde weiters angenommen, daß es vorteilhaft wäre, die Phytoplankter am Tag „ungestört" wachsen zu lassen und am Abend abzuernten. Dabei wurde auch postuliert, daß das Phytoplankton am Abend eine besonders vorteilhafte chemische Zusammensetzung hätte. An diesen Vorteil würde jedoch auch eine stationäre Population partizipieren, während sie selbst am Tag zusätzlich fressen könnte. Die wandernde Population oder ein wandernder Genotyp innerhalb einer Population würde daher **Ressourcenschonung** auch zugunsten seiner nicht wandernden Konkurrenten betreiben, von seinen Konkurrenten aber geschädigt werden. Unter solchen Umständen ist eine Selektion zugunsten der Vertikalwanderung unmöglich.

Hypothese der Fraßvermeidung. Historische Untersuchungen zeigen eine deutliche Evidenz zugunsten einer *Selektion der Vertikalwanderung durch Räuberdruck.* In vielen Hochgebirgsseen der Alpen und der Tatra, die ohne natürlichen Fischbestand waren, wurden in historischer Zeit Forellen oder Saiblinge eingesetzt. Eine vergleichende Studie (Gliwicz 1986) zeigte, daß der typische Copepode der Hochgebirgsseen, *Cyclops abyssorum,* in Seen ohne Fische nicht wanderte und in Seen mit Fischen die Wanderungsamplitude mit dem Alter des Fischbesatzes zunahm (Abb. 8.16).

Kosten und Nutzen der Vertikalwanderung werden deutlich, wenn man ansonsten ähnliche, aber in ihrem Wanderungsverhalten unterschiedliche Zooplankter aus demselben Gewässer vergleicht. Im Bodensse koexistieren zwei sehr ähnliche und annähernd gleich große Wasserflöhe, *Daphnia hyalina* und *D. galeata.* Während *D. hyalina* im Sommer ausgedehnte Vertikalwanderungen durchführt, bleibt *D. galeata* mit nur geringen Wanderungsamplituden fast stationär im Epilimnion. Das niedrigere Futterangebot und die Kälte im Tiefenwasser wirken sich so aus, daß die spezifischen Produktionsraten der wandernden Art weniger als halb so hoch sind wie die der stationären Art (Tabelle 8.1). Da beide Arten seit Jahrzehnten im Bodensee koexistieren, müssen beide lang-

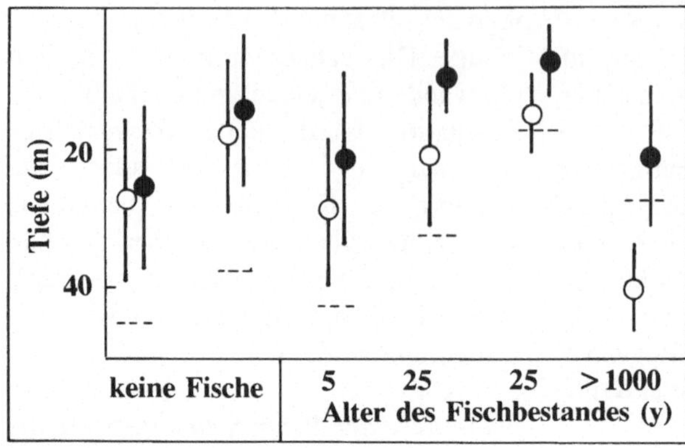

Abb. 8.16. Vertikalverteilung von *Cyclops abyssorum* in tiefen Hochgebirgsseen der Tatra mit unterschiedlich alten Fischbeständen. *Weiß* Vertikalverteilung am Mittag (Mittelwert und Standardabweichung); *schwarz* Vertikalverteilung zu Mitternacht (Mittelwert und Standardabweichung); *horizontale, unterbrochene Linien* Sichttiefe. (Nach Gliwicz 1986)

Tabelle 8.1. Jahreswerte der Produktion (P; g Trockenmasse · m^{-2} · y^{-1}), der Biomasse (B; g TM · m^{-2}), der spezifischen Produktionsrate (P/B) und der Turnoverzeit (T; d) von *Daphnia hyalina* und *Daphnia galeata* im Bodensee. Mittelwert der Jahre 1979–1982, Minima und Maxima. (Nach Geller 1989)

	D. hyalina	D. galeata
P	18,0 (13,9–24,5)	24,0 (13,4–32,6)
B	1,6 (1,4– 2,0)	0,9 (0,5– 1,3)
P/B	11,2 (9,7–12,1)	26,6 (25,9–27,7)
T	18,0 (16,8–20,6)	7,6 (7,2– 7,7)

fristig eine annähernd ausgeglichene Bilanz von Produktion und Verlusten haben. Die niedrigere Produktivität von D. hyalina muß also durch geringere Verluste kompensiert werden. Tatsächlich ist *D. galeata* im Darminhalt der planktivoren Fische (überwiegend Coregonen) weit überrepräsentiert.

Die Cyclomorphose ist ein jahreszeitlicher Formwandel zur Räubervermeidung

Eine Reihe von Zooplanktern macht einen regelmäßigen jahreszeitlichen Formwandel durch. Für den Anfang der Wachstumsperiode sind dabei kompakte Formen ohne Fortsätze charakteristisch, während im Sommer Fortsätze, Dornen etc. ausgebildet werden (Abb. 8.17). Diese Fortsätze behindern Räuber und sorgen daher für eine Reduktion der

Mortalität. Ein typisches Beispiel ist *Daphnia cucculata,* die im Winter und Frühling kurze, runde Köpfe hat und mit fortschreitender Wachstumsperiode immer längere **Helme** ausbildet. Cladoceren der Gattung Bosmina können „Buckel" und verlängerte Rostren ausbilden. Weniger auffällig sind *Nackenzähne,* die bei verschiedenen Cladoceren auftreten. Diese kleinen, zahnförmigen Fortsätze am Nacken können wohl kaum Fische behindern, sie schützen jedoch vor *Chaoborus*-Larven. Die saisonal auftretenden Fortsätze von manchen Rotatorien, z.B. *Keratella,* schützen in erster Linie vor *Asplanchna.*

Während der Nutzen von saisonal auftretenden Fortsätzen heute so gut wie unbestritten ist, ist noch nicht eindeutig geklärt, ob die Kosten über die reinen Investitionskosten von Energie und Material in diese Strukturen hinausgehen. Zumindest für die kleineren Strukturen,

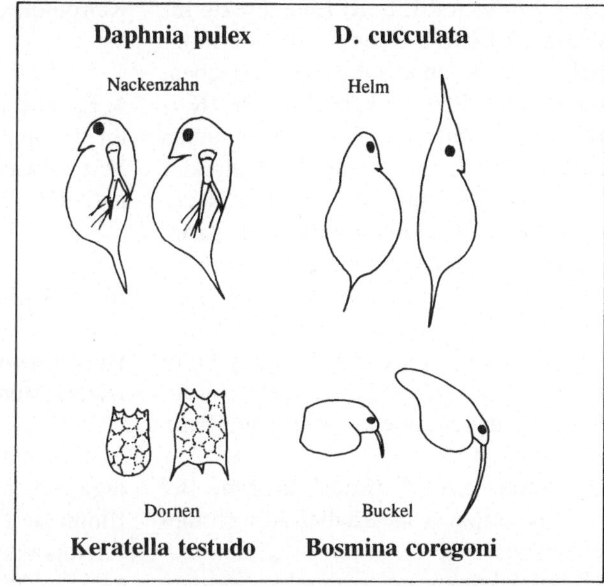

Abb. 8.17. Frühjahrs- *(links)* und Sommerformen *(rechts)* cyclomorpher Zooplankter des Süßwassers

z.B. Nackenzähne sollten diese Kosten eigentlich minimal sein.

Abwehrmechanismen können selektiert oder induziert werden

Nicht nur morphologische Abwehrmechanismen, sondern auch Abwehrverhalten wie z.B. die Vertikalwanderung, unterliegen oft einem saisonalen Wechsel. Viele Zooplankter wandern nur während des Sommers und bleiben im Winter stationär. Prinzipiell sind dabei drei Szenarien denkbar.

1. Genetische Fixierung: Abwehrmechanismen können genetisch fixiert sein. In Zeiten geringen Fraßdruckes setzen sich innerhalb der Beutepopulation Genotypen ohne Abwehrmechanismen auf Grund höherer Geburtenraten durch. In Zeiten mit hohem Fraßdruck setzen sich Genotypen mit Abwehrmechanismen aufgrund niedrigerer Mortalität durch.

2. Induktion durch Umweltfaktoren:

Abwehmechanismen können aber auch eine phänotypische Reaktion sein, die durch Umweltfaktoren induzierbar ist. Der Vorteil der Induktion gegenüber der genetischen Fixierung besteht darin, daß einem induzierbaren Genotyp die Verluste erspart bleiben, die mit der Selektion zwischen verschiedenen Genotypen unausweichlich verbunden sind. Außerdem ist der induzierbare Genotyp sowohl an räuberarme und räuberreiche Perioden gut angepaßt.

2a. Indirekte Induktion: Sie ist dann gegeben, wenn der induzierende Faktor zeitlich mit dem Auftreten von Räubern korreliert ist, jedoch nicht im Vorhandensein von Räubern oder ihrer Dichte besteht. Das kann z.B. die Wassertemperatur oder die Tageslänge sein. Der Vorteil einer indirekten Induktion besteht darin, daß der auslösende Faktor dem Auftreten von Räubern zeitlich vorangehen kann. Der Nachteil besteht in der Unzuverlässigkeit von Korrelationen zwischen klimatischen Faktoren und dem Auftreten von Räubern.

2b. Direkte Induktion: Eine direkte Induktion ist durch Chemorezeption möglich, wenn Räuber Substanzen abgeben, die von der Beute erkannt werden (***Kairomone,*** „Schreckstoffe"). In den letzten Jahren sind immer mehr Fälle direkter Induktion bekannt geworden. Der Nachweis direkter Induktion besteht darin, daß die Abwehranpassung auch unter kontrollierten Laboratoriumsbedingungen induziert werden kann, wenn die Beutetiere nur mit Wasser in Berührung kommen, in dem sich vor dem Versuch Räuber aufgehalten haben (Loose et al. 1993).

Proximat- und Ultimatfaktoren. Bei der Induktion von Räuber-Abwehrmechanismen muß zwischen Proximat- und Ultimatfaktoren unterschieden werden. ***Proximatfaktoren*** sind die Faktoren, die einen Abwehrmechanismus auslösen (Kairomone, Tageslänge, Temperatur etc.). ***Ultimatfaktoren*** sind diejenigen Faktoren, die in stammesgeschichtlicher Perspektive zur Selektion des Abwehrmechanismus bzw. seiner Induzierbarkeit geführt haben, eben der Räuberdruck und sein saisonaler Wechsel.

Bei der ***Induktion von Abwehrverhalten,*** wie der Vertikalwanderung muß eine noch komplexere Hierarchie von Faktoren berücksichtigt werden:

1. Es werden ein Reiz und ein Reaktionsmuster benötigt, das zum Auf- und Abwärtsschwimmen führt: der Lichtgradient und die positiv bzw. negative Phototaxis.

2. Es wird ein Mechanismus benötigt, der das Umschalten zwischen positiver und negativer Phototaxis bewirkt: die schnelle Änderung der Lichtintensität in den Dämmerungsphasen.

3. Es wird ein Faktor benötigt, der das gesamte Verhaltensmuster induziert:

Kairomone, Tageslänge, Temperatur etc.

4. Es wird ein evolutionärer Ultimatfaktor benötigt, der die Induzierbarkeit der Vertikalwanderung selektiert: die Saisonalität des Räuberdrucks.

8.2.4 Bakterivorie

Heterotrophe Flagellaten sind die wichtigsten Bakterienfresser

Bakterien sind die zahlreichsten Futterorganismen im Plankton. Selbst ihre Biomasse kann in vielen Fällen die des Phytoplanktons überragen. Deshalb ist es kein Wunder, daß diese Ressource von zahlreichen Zooplanktern genutzt wird. Als Freßfeinde freilebender Bakterien kommen Protozoen und feinfiltrierende (<1 bis 2μm Maschenweite, vgl. Abb. 6.12) Metazoen in Frage. Auch eine Reihe pigmentierter Phytoflagellaten ist in der Lage, Bakterien zu fressen. Bakterien, die an suspendierten Partikeln angeheftet sind („Epibakterien"), werden auch von Filtrierern größerer Maschenweite gefressen.

Flagellaten. Unter den zahlreichen obligat oder fakultativ bakterivoren Planktern spielen quantitativ die ***heterotrophen Nanoflagellaten*** („HNF", unpigmentierte Flagellaten im Nanoplankton-Größenbereich) meistens die wichtigste Rolle.

Cladoceren. Die fakultativ bakterivoren Cladoceren haben wesentlich größere individuelle Freßraten als die HNF. Wegen der normalerweise um mehrere Zehnerpotenzen größeren Abundanz der HNF geht jedoch von den HNF insgesamt meistens ein höherer Fraßdruck auf Bakterien und Picophytoplankter aus. Ausnahmen können im Süßwasser dann auftreten, wenn feinfiltrierende Cladoceren die HNF wegfressen und dann selbst zu den wichtigsten Bakterienfressern werden. Besonders im Klarwasserstadium kann es zu dieser Konstellation kommen.

Ciliaten. Bakterivore Ciliaten haben ebenfalls höhere individuelle Freßraten, aber wesentlich niedrigere Abundanzen als HNF. In Abwässern mit sehr hoher organischer Belastung und dementsprechend sehr hohen Bakteriendichten können auch Ciliaten die wichtigsten Bakterienfresser sein.

Die Bakterien-HNF-Interaktionen sind häufig in der Nähe des Gleichgewichts

Interessanterweise sind die jahreszeitlichen Abundanzschwankungen planktischer Bakterien um ein Vielfaches kleiner als die Abundanzschwankungen des Phytoplanktons. Jahresminima und -maxima unterscheiden sich bei den Bakterien selten um mehr als eine Zehnerpotenz gegenüber zwei bis vier Zehnerpotenzen bei den Phytoplanktern.

Dieser Unterschied ist zunächst überraschend, sollte man doch gerade von Bakterien mit ihren extrem hohen maximalen Bruttowachstumsraten starke Abundanzschwankungen erwarten. Allerdings spricht vieles dafür, daß planktische Bakterien meistens stark kohlenstofflimitiert sind (vgl. Kap. 6.4.3) und in der Regel niedrigere Bruttowachstumsraten erreichen als viele kleine und manche mittelgroße Algen bei episodischer Ressourcensättigung.

Zweitens können die schnell wachsenden HNF auf zunehmende Bakteriendichten wesentlich schneller durch eigenes Wachstum reagieren als es die typischen Herbivoren können. Bei Kulturversuchen mit Bakterien und bakterivoren Flagellaten dauert es meistens nur wenige Tage, bis die Flagellaten abundant genug sind, um wieder eine Abnahme der Bakterien herbeizuführen (Abb. 8.18). Perioden eines deutlichen Überschusses der Bruttowachstumsrate über die Grazingrate sind daher wesentlich kürzer als beim Phytoplankton, das z.B. in der Aufbauphase der Frühjahrsblüte oft zwei bis drei Wochen ohne Kontrolle durch Herbivore wachsen kann.

Ein Vergleich der bisher durchgeführten Versuche, bei denen im Meer sowohl

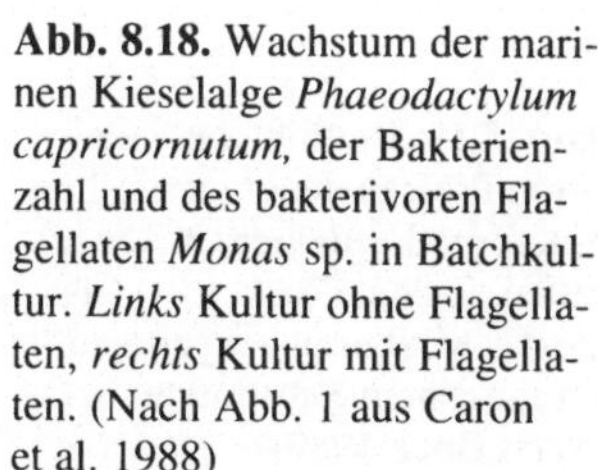

Abb. 8.18. Wachstum der marinen Kieselalge *Phaeodactylum capricornutum,* der Bakterienzahl und des bakterivoren Flagellaten *Monas* sp. in Batchkultur. *Links* Kultur ohne Flagellaten, *rechts* Kultur mit Flagellaten. (Nach Abb. 1 aus Caron et al. 1988)

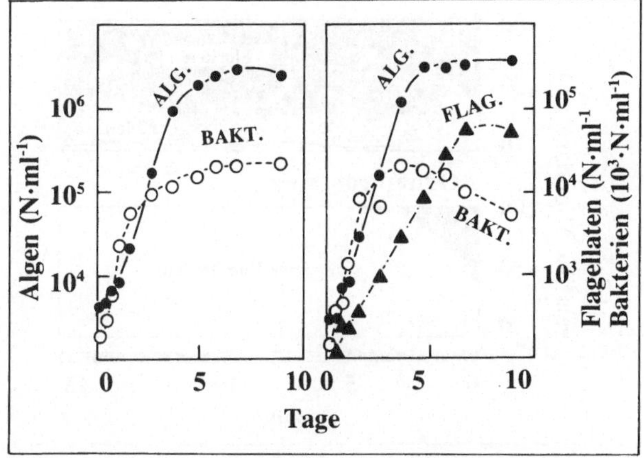

die Bruttowachstumsrate als auch die Grazingrate von Bakterien gemssen wurde, zeigte zwei aufschlußreiche Ergebnisse (Mc Manus u. Fuhrman 1988): In den meisten Fällen lag $\mu < 1d^{-1}$ und damit deutlich im limitierten Bereich. In den meisten Fällen waren μ und γ relativ ähnlich, so daß die Gleichgewichtsbedingung $r \ll \mu$ annähernd erfüllt war.

Flagellaten fressen überwiegend kleine Bakterien, Metazoen überwiegend große Bakterien

Da eine mikroskopische Identifizierung von Bakterientaxa meistens unmöglich ist, hat die Frage der Selektivität von Bakterivoren bis jetzt nur eine geringe Rolle in der Forschung gespielt. Dennoch zeichnet es sich ab, daß zumindest eine Größenselektion unter den Bakterien stattfindet.

Bei bakterivoren Filtrierern überlappt die Untergrenze des Futterspektrums mit dem Größenspektrum der Bakterien. Von den in Abb. 6.12 dargestellten Cladoceren ist allenfalls *Diaphanosoma brachyurum* in der Lage, auch kleine Bakterien (unter 0.3 µm) zu filtrieren. Ansonsten fressen bakterivore Cladoce-

ren nur größere Bakterien. Die als „niedrig-effiziente Bakterienfiltrierer" bezeichneten Arten (Intersetulardistanzen 1 bis 2 µm) spielen als Freßfeinde der freien, einzelligen Bakterien kaum eine Rolle.

Umgekehrt üben Protozoen, insbesondere Flagellaten, einen stärkeren Fraßdruck auf kleinere Bakterien aus. Im Konkurrenzexperiment ohne Protozoen setzen sich kleine, freilebende und einzellige Bakterien durch, während Fadenbakterien und flockenförmige Detritus-Bakterien-Aggregate weitgehend verdrängt werden. Setzt man jedoch Protozoen dazu, werden die einzelligen Bakterien weggefressen, während sich die mehrzelligen Lebensformen durchsetzen (Abb. 8.19).

8.2.5 Parasitismus

Parasiten schädigen, Parasitoide töten ihren Wirt

Parasiten sind im Gegensatz zu „klassischen" Räubern wesentlich kleiner als ihre Beuteorganismen („Wirte"). Häufig leben Parasiten in enger räumlicher Assoziation mit ihren Wirtsorganismen.

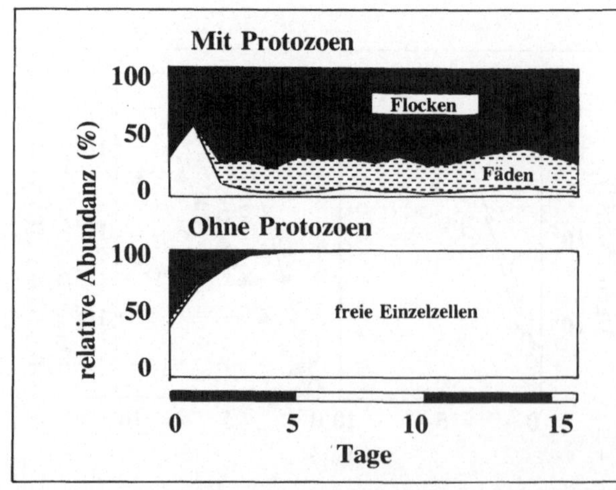

Abb. 8.19. Einfluß von bakterivoren Protozoen aufauf die Lebensform der Bakterien (Einzelzellen, Fäden, Flocken) in Chemostat-Konkurrenzexperimenten mit einem Substratgemisch. (Nach Güde 1989)

Wenn sie im Inneren des Wirts leben, werden sie als *Endoparasiten* bezeichnet. Leben sie auf der Körperoberfläche oder haben sie nur gelegentlich körperlichen Kontakt mit dem Wirt, heißen sie *Ektoparasiten.*

Parasiten fressen ihre Wirtsorganismen nicht zur Gänze auf, sondern ernähren sich nur von Teilen ihrer Biomasse. Daher führt Parasitismus nicht immer zum Tod, sondern oft nur zu einer herabgesetzten Vitalität der Opfer. Viele Parasiten können sich nur solange entwickeln, wie der Wirt lebt. Wenn eine besonders virulente Parasitenpopulation ihren Wirt schnell tötet, muß sie schnell neue Wirtsindividuen infizieren, um nicht auszusterben. Deshalb findet in vielen Wirt-Parasit-Beziehungen eine Selektion zugunsten *abnehmender Virulenz* statt. Diese Tendenz zu einem zunehmend schonenden Parasitismus wird durch die Selektion zugunsten der zunehmender Resistenz auf der Seite des Wirtes noch verstärkt.

Bei ausreichender Wahrscheinlichkeit der Neuinfektion (hohe Mobilität des Parasiten, hohe Wirtsdichte) findet diese Coevolution zu einem schonenden Parasitismus jedoch nicht statt. In diesem Fall sind diejenigen Genotypen selektiv im Vorteil, die sich schneller vermehren und daher meistens auch ihren Wirt schneller töten. Der Extremfall großer Virulenz sind Parasitoide. *Parasitoide* sind ein Übergang zwischen klassischen Parasiten und Räubern. Sie sind obligatorisch letal für ihren Wirt und zehren einen großen Teil seiner Körpersubstanz auf.

Algenparasitische Pilze sind hoch selektive Parasitoide

Einerseits gibt es im Plankton zahlreiche Larven von Endoparasiten (z.B. *Schizo-* *tosoma*, vgl. Kap. 2.3.2), andererseits gibt es aber auch Parasiten und Parasitoide mit holoplanktischem Lebenszyklus. Im Gegensatz zu klassischen Räuber-Beute-Beziehungen sind Parasit-Wirt-Beziehungen jedoch nur in geringem Ausmaß erforscht worden. Am relativ besten sind noch die Interaktionen zwischen parasitischen Pilzen, insbesondere *Chytridiomyceten,* und planktischen Algen untersucht worden.

Algenparasitische Chytridiomyceten sind sehr selektiv in der Auswahl ihrer Wirte und beschränken sich meistens auf einzelne oder wenige, miteinander nah verwandte Arten. In einigen Fällen beschränken sie sich auf sogar einzelne Morphen einer Art.

Chytridiomyceten können Algenpopulationen dezimieren

Wachstumsrate des Parasitoids. Wenn die Suchzeit, die Zoosporen zum Auffinden einer Wirtszelle benötigen, vernachlässigbar klein ist, kann die Bruttowachstumsrate des Parasitoids (μ_p) aus der Zoosporenzahl pro Sporangium (N_z) und der Entwicklungdauer des Sporangium (D) berechnet werden:

$$\mu_p = \frac{\ln N_z}{D} \qquad \textbf{(Formel 8.9)}$$

Fortschreiten der Infektion. Der Veränderung des Anteil der infizierten Zellen an der Wirtspopulation *(Infektionsrate, $I = N_{inf}/N$)* hängt von der Differenz zwischen der Wachstumsrate des Parasitoids und der des Wirts *(μ_w)* ab:

$$I_2 = I_1 \cdot e^{(\mu_p - \mu_w)(t_2 - t_1)(1 - I_1)} \qquad \textbf{(Formel 8.10)}$$

Wenn andere Mortalitätsfaktoren (Grazing, Sedimentation) nicht zwischen infizierten und gesunden Algenzellen selektiv wirken, müssen diese bei der Berechnung nicht berücksichtigt werden.

Bei hohen Befallsgraden wirkt sich jedoch ein Mangel an verbliebenen gesunden Zellen vermindernd auf die Wachstumsrate des Parasitoids aus, da entweder die Suchzeit der Zoosporen zunimmt oder bereits infizierte Zellen ein weiteres Mal befallen werden. Es muß also ein dichteabhängiger Dämpfungsterm bei der Zunahme des Befallsgrades des Parasiten eingefügt werden. Das ist der Term *(1 − I)* im Exponenten von Formel 8.10.

Solange $\mu_P > \mu_W$ kann die Infektion bis zur Ausrottung der Wirtspopulation fortschreiten, es sei denn es tritt innerhalb der Wirtspopulation *Resistenz* auf, oder die Parasitoide werden ihrerseits durch *Hyperparasiten* oder *Grazing von Zoosporen* kontrolliert.

Empirische Untersuchungen. Experimente mit dem Wirt-Parasitoid-Paar *Asterionella formosa − Rhizophydium planktonicum* (Brunig 1991) zeigten, daß in den meisten Fällen die Brutto-

wachstumsraten der Parasitoide höher sind als die maximalen Bruttowachstumsraten der Wirtsalgen. Die Alge kann also selbst bei optimaler Ressourcenversorgung ihrem Parasitoid nicht „davonwachsen". Bei P-Limitation der Algen sinkt zwar auch die Wachstumsrate des Parasitoids wegen einer Verminderung der Zoosporenzahl pro Sporangium, die Wachstumsrate der Alge ist jedoch noch stärker betroffen. Lediglich bei Temperaturen unter 5 °C vermehrt sich die Alge schneller.

Die natürlichen Enstehensbedingungen von Pilzepidemien sind noch nicht geklärt

Obwohl die parasitischen Pilze unter fast allen Bedingungen in der Lage sind, massive Mortalität in Algenpopulationen auszulösen, tritt dies nicht immer auf. In einer ausgedehnten Untersuchung im Schöhsee (Holfeld 1992) zeigte sich, daß

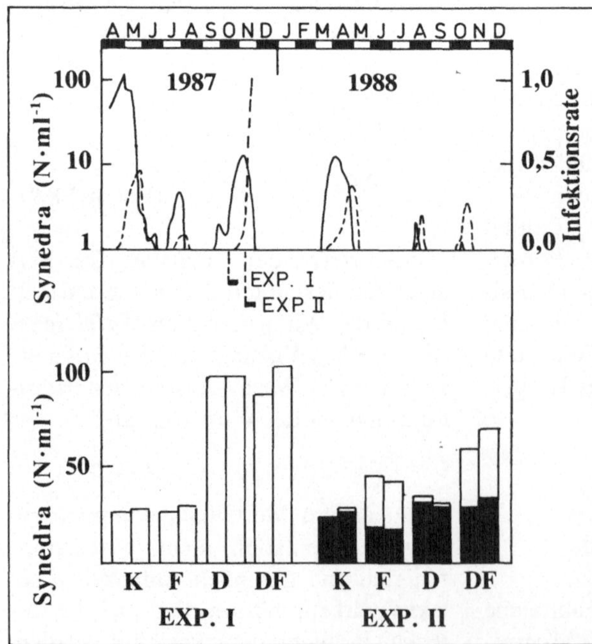

Abb. 8.20. Interaktion zwischen der Kieselalge *Synedra acus* und dem Parasitoid *Zygorhizidium planktonicum* im Schösee. *Oben* Abundanz von *Synedra* (*volle Linie,* log. Skalierung) und Infektionsrate (*unterbrochene Linie*). Unten Mesokosmosexperimente: Experiment I wurde kurz vor und Experiment II kurz nach dem Auftreten des Parasitoids im November 1987 gestartet. *K* Kontrollen, *F* Zugabe von Fungizid, *D* Düngung, *DF* Düngung und Fungizid; *Säulen* Abundanz von Synedra am Ende der Experimente, *weiß* gesunde Zellen, *schwarz* infizierte (todgeweihte) Zellen. (Nach Abb. 22 und 61 aus Holfeld 1992)

zwar jedes Populationsmaximum der Kieselage *Synedra acus* vom Chytridiomyceten *Zygorhizidium planktonicum* dezimiert wurde (Abb. 8.20). Bei den anderen untersuchten Algenarten traten Epidemien jedoch nur sporadisch auf.

Im selben See durchgeführte Mesokosmos-Experimente zeigten, daß Düngung und eine dadurch bewirkte Erhöhung von μ_w befallene Algenpopulationen nicht retten konnte, daß die Zugabe eines Fungizids (Verminderung von μ_p) jedoch die Überlebensrate der Algen erhöhte (Abb. 8.20).

Obwohl es naheliegt, daß die Populationsdichte der Wirte starken Einfluß auf die Suchzeit der Zoosporen hat, konnte in Freilanduntersuchungen noch keine Evidenz dafür gefunden werden. Das könnte dadurch erklärbar sein, daß die interessanten, dichteabhängigen Effekte nur unterhalb der Nachweisgrenze von Phytoplanktern auftreten. Nach Überschreiten der Nachweisgrenze spielen die Individualdistanzen zwischen den Phytoplanktern vielleicht keine nachweisbare Rolle mehr für die Suchzeit der Zoosporen.

8.3 Positive Interaktionen

Positive Interaktionen sind bisher wesentlich weniger im Zentrum populationsbiologischer Untersuchungen gestanden. Sie sind dennoch weit verbreitet. Die spektakulärsten Beispiele *direkter Zusammenarbeit* sind aus der Verhaltensbiologie bekannt. Viel universeller sind jedoch positive Interaktionen, die darauf beruhen, daß Organismen durch ihre an die Umwelt abgegebenen Stoffwechselprodukte ständig neue Ressourcen für andere Organismen schaffen. Da die Interaktion nicht auf direkten Kontakten zwischen Individuen beruhen, sondern über freie Stoffpools vermittelt sind, kann man von *diffusen Interaktionen* sprechen.

8.3.1 Facilitation

Facilitation tritt bei der Nutzung von Stoffwechselendprodukten anderer Organismen auf

Facilitation (syn. *Kommensalismus*) ist eine Wechselbeziehung, bei der eine Population von einer anderen Population profitiert, ohne ihr zu nützen oder zu schaden. Sie tritt unter anderem dann auf, wenn sich eine Population von den Ausscheidungs- und Abfallprodukten, aber nicht von der lebenden Biomasse einer anderen Population ernährt. Im Gegensatz zu Räubern verursachen Abfallnutzer keine Mortalität bei der Produzentenpopulation ihrer Ressourcen. Die Populationsdynamik der Abfallnutzer ist daher von der Populationsdynamik der Abfallproduzenten abhängig ohne auf diese zurückzuwirken. Man spricht von einer *donorkontrollierten Beziehung.*

Heterotrophe Bakterien, saprophytische Pilze. Heterotrophe Bakterien sind der universale Nutznießer organischer „Abfälle", die von anderen Planktern produziert werden. Phytoplankter geben unter bestimmten Umständen und Zooplankter stets gelösten organischen Kohlenstoff (DOC) ab, der von Bakterien als Ressource genutzt wird. Zooplankter geben darüberhinaus auch partikuläre Faeces ab, die von heterotrophen Bakterien und saprophytischen Pilzen besiedelt werden. Letztendlich hinterlassen Plankter, wenn sie nicht vollständig gefressen werden, auch nutzbare Leichen oder Leichenteile.

Chemosynthetische Bakterien. Bei der Chemosynthese tritt Facilitation in vielfältigster Form auf. Die reduzierten Ausgangsprodukte chemosynthetischer Reaktionen sind meistens das Ergebnis des heterotrophen Abbaus organischer Substanzen. Der zur Oxidation dieser Substanzen genutzte Sauerstoff ist zum Teil das Produkt der Photosynthese. Denkt man nicht in lokalen und kurzfristigen Maßstäben, sondern global und in geologischen Zeiträumen, ist der freie Sauerstoff sogar auschließlich Abfallprodukt der Photosynthese.

Wenn chemosynthetische Bakterien ihre Ausgangssubstanzen nicht bis zur höchsten Oxidationsstufe oxidieren, können andere Bakterien ihr Endprodukt weiter oxidieren. Solche funktionellen Ketten werden als **Konsortien** bezeichnet. Die Nitrifizierer *Nitrosomonas* und *Nitrobacter* (vgl. Kap. 2.4.2) sind ein klassisches Beispiel dafür. *Nitrosomonas* oxidiert Ammonium bis zum Nitrit, *Nitro-bacter* oxidiert das Nitrit weiter zum Nitrat.

Stickstoffixierung als Facilitation mit Zeitverschiebung. Wenn Blaualgen Stickstoff fixieren, nutzen sie ihn natürlich zunächst selbst. Werden die Blaualgen jedoch gefressen oder sterben sie aus anderen Gründen ab, wird ein Teil des fixierten Stickstoffs als Ammonium frei, das von anderen Phytoplanktern als Ressource genutzt werden kann.

8.3.2 Symbiose

**Wechselwirkungen über ausgeschiedene Stoffwechselprodukte
sind die am weitesten verbreitete,
rezente Form der Symbiose**

Die Nutzung von Soffwechselprodukten muß keineswegs nur von einseitigem Nutzen sein. Eine zweiseitig positive Wechselbeziehung kann sowohl durch die **wechselseitig Nutzung** von Soffwechselprodukten als auch durch den **Verbrauch schädlicher Stoffwechselprodukte** entstehen.

„Methanobacterium omelianskii". Ursprünglich wurde dieses Konsortium methanogener Bakterien (vgl. Kap. 2.4.4) für eine Art gehalten. Inzwischen stellte sich heraus, daß es sich dabei um ein **obligates Symbiontenpaar** handelt. Stamm I vergärt Alkohol unter Abspaltung von H_2 in Essigsäure und wird von freiem H_2 geschädigt. Stamm II verbraucht diesen Wasserstoff, indem er ihn nutzt, um CO_2 zu Methan zu reduzieren.

Bakterien-Blaualgen-Symbiose bei der Stickstoffixierung. Das für die N_2-Fixierung benötigte Enzym **Nitrogenase** wird durch Sauerstoff vergiftet. Andererseits produzieren die stickstoffixierenden Blaualgen im Licht laufend Sauerstoff. Um die Nitrogenase zu schützen, ist diese häufig in **Heterocysten** lokalisiert. Diese führen zwar die Photophosphorylierung durch, um Energie und Reduktionsmittel für die Stickstoffixierung zu gewinnen. Sie führen jedoch keine photosynthetische Wasserspaltung durch und setzen dadurch keinen Sauerstoff frei. Da jedoch die Nachbarzellen Sauerstoff an das Wasser abgeben, muß dieser entfernt werden. Das geschieht dadurch, daß von den Heterocysten reichlich gelöste Substanzen abgegeben werden. Diese führen zum Wachstum angehefteter Bakterien, die Sauerstoff zehren und so ein anaerobes Mikromilieu um die Heterocysten schaffen.

**Endosymbiontenpaare können
pragmatisch als Einzelpopulationen
betrachtet werden**

Endosymbiose liegt dann vor, wenn die symbiontischen Organismen zu einem „Gesamtorganismus" verwachsen sind. Die bekanntesten Fälle im Plankton sind **Ciliaten** mit endosymbiontischen Algen (**Zoochlorellen** u.a.) und Algen aus der systematisch umstrittenen Gruppe **„Glaucophyta"**. Dabei handelt es sich um coccale Algen, die morphologische Ähnlichkeiten mit Algen anderer Gruppen, z.B. Grünalgen aufweisen, aber keine eigenen Chromatophoren haben. Statt dessen verfügen sie über endosymbiontische Blaualgen, die die Photosynthese leisten. Endosymbiontische Blaualgen treten auch bei der marinen Kieselalge *Hemiaulis* auf, wo sie Stickstoff fixieren. In allen diesen Fällen ist es praktischer, die Symbiontenkomplexe als Einzelpopulation zu betrachten und nicht als Interaktion zwischen Populationen zu analysieren.

Die moderne Evolutionsbiologie ist der Auffassung, daß der **Übergang von der prokaryoten zur eukaryoten Zellorganisation** als Endosymbiose erklärt werden muß. Die membranumschlossenen Zellorganellen sind demnach als Überreste von Symbionten zu betrachten.

Zwischenschritte auf dem Weg zur Reduktion der Endosymbionten können auch rezent beobachtet werden. Beim obligat photosynthetischen Ciliaten *Mesodinium rubrum* entsprechen die rötlichen Endosymbionten molekular und ultrastrukturell der Flagellatengattung *Rhodomonas*. Sie sind jedoch so weit reduziert, daß sie kaum mehr von Chromatophoren unterscheidbar sind.

8.4 Komplexe Interaktionen

Treffen drei oder mehr Populationen aufeinander, kann es dazu kommen, daß das Ergebnis einer Interaktion durch eine Interaktion anderen Typs beeinflußt wird. So kann eine Räuber-Beute-Beziehung Einfluß auf die Konkurrenz zwischen Beuteorganismen haben oder umgekehrt. Diese **Interaktionen zwischen Interaktionen** werden im folgenden als „komplexe Interaktionen" bezeichnet. Interessanterweise kann es durch die Wechselwirkung zweier negativer Interaktionen auch zu indirekt positiven Interaktionen kommen. Aus der potentiell unendlichen Vielfalt komplexer Interaktionen sollen nur einige, noch relativ übersichtliche Beispiele dargestellt werden.

Beispiel 1: Die Nährstoffregeneration durch Herbivore kann bestimmten Phytoplanktern nützen

Die Biomasse der Zooplankter hat eine relativ konstante Elementarzusammensetzung (vgl. Kap. 6.3.3). Solange ihre Futteralgen nur mäßig nährstofflimitiert sind, liegen Phosphor und Stickstoff, gemessen am Kohlenstoffgehalt des Futters, im Überschuß vor. Dieser Überschuß wird exkretiert, und zwar Phosphor als gelöstes Orthophosphat und Stickstoff hauptsächlich als gelöstes Ammonium. Diese Exkretion kommt Phytoplanktern und Bakterien zugute. Allerdings ist dabei zu beachten, daß die Zooplankter keinen Stickstoff und keinen Phosphor aus dem Nichts schaffen können. Alle Nährelemente in den Exkreten müssen vorher in den Futterorganismen enthalten gewesen sein. Da die Zooplankter auch für ihre eigene Biomasse N und P benötigen, steht den Futterorganismen insgesamt sogar weniger zur Verfügung als ihnen ohne Zooplankter zur Verfügung stünde. Es können also nur einzelne Arten von einer **Umverteilung der Nährelemente** profitieren.

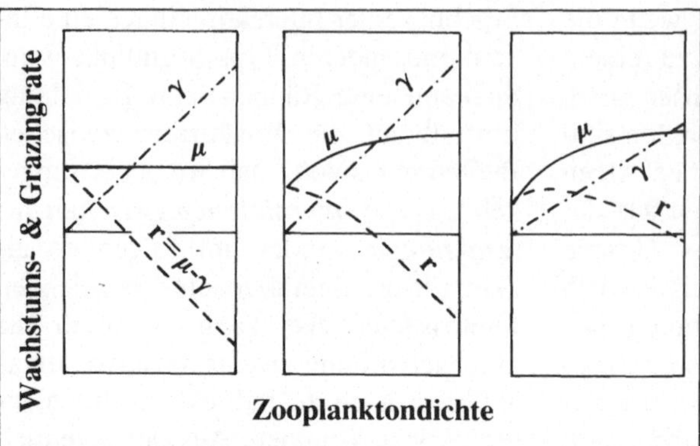

Abb. 8.21. Effekt des Grazings und der Nährstoffregeneration durch Zooplankter auf Bruttowachstumsrate (μ), Grazingrate (γ) und Nettowachstumsrate (*r*) der Phytoplankter. *Links* nährstoffgesättigte Phytoplankter, *Mitte* nährstofflimitierte, gut freßbare Phytoplankter, *rechts* nährstofflimitierte, schlecht freßbare Phytoplankter

Wer profitiert, hängt vom Ausmaß der Nährstofflimitation und von der Freßbarkeit ab. Die Diagramme in Abb. 8.21 gehen davon aus, daß die Nährstoffregeneration und die Grazingraten linear mit der Zooplanktondichte steigen. Folgende drei Konstellationen sind denkbar:

● **Nährstoffgesättigte Phytoplankter:** Sie profitieren ohnehin nicht von einer Erhöhung der Nährstoffzufuhr.

● **Nährstofflimitierte, gut freßbare Phytoplankter:** Die Bruttowachstumsrate nimmt bei geringen Zooplanktondichten zu, die Zunahme der Grazingraten überwiegt aber diesen Effekt. Die Nettowachstumsraten nehmen daher bei allen Zooplanktondichten ab, bei niedrigen Zooplanktondichten ist diese Abnahme jedoch schwach.

● **Nährstofflimitierte, schlecht freßbare Phytoplankter:** Die Zunahme der Bruttowachstumsrate wird bei niedrigen Zooplanktondichten noch nicht von der Zunahme der Grazingrate kompensiert. Erst wenn die Kurve der Bruttowachstumsrate abflacht, beginnt der Grazingeffekt zu überwiegen. Die Nettowachstumsrate erreicht daher bei einer optimalen Zooplanktondichte einen maximalen Wert. Bei niedrigeren Zooplanktondich-

ten steigt die Nettowachstumsrate mit zunehmender Dichte des Freßfeindes. Besonders effektiv nutzen ingestierbare, aber unverdauliche Algen diesen Effekt. Sie haben bei der Darmpassage den ersten Zugriff auf die Nährstoffe aus den verdauten Algen. Deshalb reichern sich in Versuchen mit künstlich erhöhten Zooplanktondichten häufig Algen dieses Typs (z.B. *Sphaerocystis, Planktosphaeria, Chroococcus*) an.

Beispiel 2: Flagellaten können durch Bakterivorie die Gesmatbiomasse des Planktons erhöhen

In Chemostatversuchen verglich Rothhaupt (1992) die Auswirkungen der Bakterivorie durch heterotrophe Nanoflagellaten auf die P-Verteilung zwischen Phytoplankton *(Cryptomonas)* und Bakterien. Die Bakterien hatten eine höhere P-Konzentration in ihrer Biomasse (biomassebezogene Zellquote, vgl. Kap. 6.2.2) als die Phytoplankter. Bei niedrigen P-Konzentrationen und gleichmäßiger P-Zufuhr waren sie den Phytoplanktern in der P-Aufnahme überlegen. Sie erhalten daher einen höheren Anteil des verfügbaren Phosphors (vgl. Kap. 8.1.4) als die Algen. Wenn bakterivore Nanoflagellaten *(Spumella)* in die Versuchsansätze zugegeben wurden, bewirkten Bakterivorie und P-Exkretion durch Spumella eine Umverteilung des Phosphors zu den Algen. Da diese wegen ihrer niedrigeren Zellquoten aus dem Phosphor mehr Biomasse bilden können, nahm die Gesamtbiomasse des Planktons trotz der metabolischen Verluste der Konsumentenpopulation zu.

Beispiel 3: Zooplankter verändern die Ressourcenverhältnisse und damit die Konkurrenzbedingungen für das Phytoplankton

Zooplankter können Phosphat und Ammonium exkretieren. Das Silikat gefressener Kieselagen wird jedoch nicht in gelöster Form, sondern als partikulärer Detritus exkretiert. Dieser löst sich nur langsam und geht zum größten Teil durch Sedimentation verloren. Wenn die Exkretion durch Zooplankter einen entscheidenden Einfluß auf das Nährstoffangebot im Gewässer hat, sollten sich zwei Trends ergeben: Im Stickstoffangebot kommt es zu einem Sinken des NO_3^- : NH_4^+-Verhältnisses (substituierbare Ressourcen); bei den essentiellen Ressourcen kommt es zu einer Abnahme des Si:N- und des Si:P-Verhältnisses. Dieser Trend sollte zu Lasten der Konkurrenzfähigkeit der Kieselalgen gehen (vgl. Kap. 8.1.4).

Derartige Verschiebung der Konkurrenzbedingungen zu Lasten der Kieselagen wurde in Kreislauf-Chemostaten überprüft (Sommmer 1988). Ein Hellgefäß ohne Zooplankton und ein Dunkelgefäß mit Zooplankton *(Daphnia longispina)* waren in einen Kreislauf geschaltet, in dem die Phytoplankter jeweils 12 h in beiden Gefäßen verbrachen. Im Hellgefäß fanden Algenproduktion und Nährstoffzehrung statt und im Dunkelgefäß Grazing und Nährstoffregenerati-

on. Selbst bei den höchsten Si:P-Verhältnissen im Ausgangsmedium (550:1; mol:mol) sank das Si:P-Verhältnis im Laufe der Versuche so weit ab, daß es zu einer Verdrängung der anfangs dominanten Diatomeen kam (Abb. 8.22).

Beispiel 4: Von Abwehrmechanismen gegen die Herbivorie können auch Konkurrenten profitieren

Manche schlecht freßbaren Phytoplanktonarten, insbesondere Fadenalgen, stören den Filtrationsprozeß insgesamt (vgl. Kap. 8.2.2) und führen so zu einer Reduktion der Filtrationsrate. Sie schaffen dadurch eine Art „Deckung", von der auch gut freßbare Algen als Trittbrettfahrer profitieren, die nicht in Abwehrstrukturen investiert haben.

Beispiel 5: Herbivorie kann die Qualität des Futters verbessern und damit auch potentiellen Konkurrenten nützen

Im Gegensatz zu den bisherigen Beispielen ist dieses noch weitgehend hypothetisch. Es beruht darauf, daß Zooplankter bei ausreichendem Kohlenstoffangebot vom P-Gehalt in den Futterlagen limitiert sein können (vgl. Kap. 6.3.3, Abb. 6.19). Bei einer P-Quote von <0,005 P:C im Futter kann *Daphnia* nicht mehr wachsen. Daphnien haben einen vergleichsweise hohen P-Gehalt in der Biomasse (ca. 0,01 mol P/mol C). Herbivore Copepoden (z.B. *Eudiaptomus*) sind P-ärmer (ca. 0,004 bis 0,005 mol P/mol C). Man sollte daher erwarten, daß sie auch deutlich weniger P im Futter benötigen, um wachsen zu können. In diesem Fall könnten Copepoden auch dann wachsen, wenn es Daphnien wegen des P-Mangels in den Algen nicht können. Sie würden

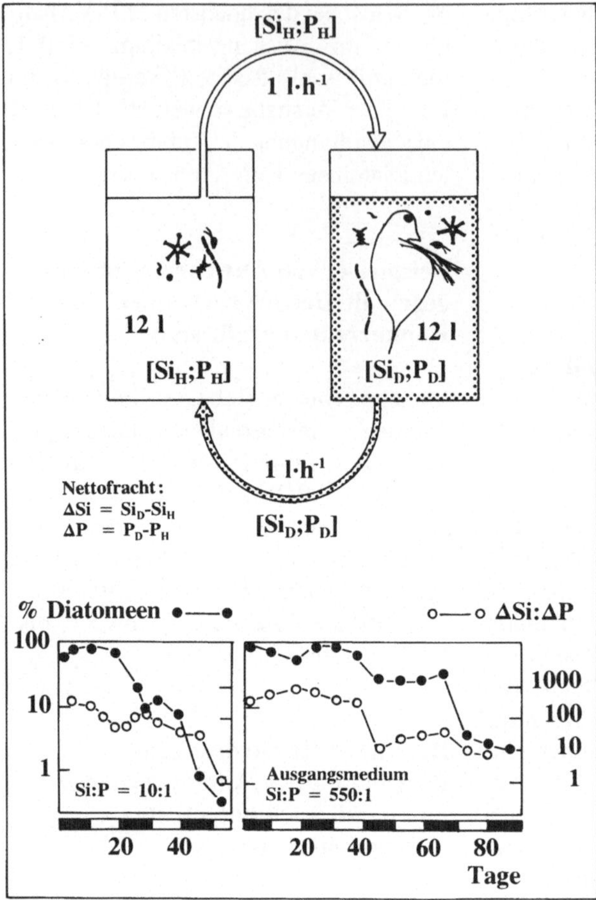

Abb. 8.22. Experimente zum Einfluß des Zooplanktons auf die Konkurrenz zwischen Phytoplanktern. *Oben* Schema der Versuchsanordnung, *links* Hellgefäß ohne Zooplankter, *rechts* Dunkelgefäß mit *Daphnia*. *Unten* Zeitlicher Verlauf des Si:P-Verhältnisses in der Nettofracht ins Hellgefäß und des Anteils der Diatomeen an der Gesamtbiomasse in einem Experiment mit niedrigem (10:1) und hohem (550:1) Si:P-Verhältnis im usprünglichen Medium. (Nach Abb. 8 aus Sommer 1988)

durch ihren Fraß die Algenbiomasse reduzieren, weniger Algen müßten den vorhandenen Phosphor unter sich aufteilen und die Zellquote könnte steigen. Dadurch könnte das Futter auch für die Daphnien nutzbar werden, die dann als bessere Konkurrenten die Copepoden verdrängen könnten.

9 Pelagische Nahrungsketten und Nahrungsnetze

EINFÜHRUNG

Herbivore Zooplankter fressen Phytoplankter. Sie selbst werden von carnivoren Zooplanktern oder von Fischen gefressen. Die planktivoren Fische werden wiederum von Raubfischen gefressen. Eine derartige Sequenz von Räuber-Beute-Beziehungen, in der Räuber selbst zur Beute von Räubern höherer Ordnung werden, wird als Nahrungskette bezeichnet. Nahrungsketten sind oft verzweigt und untereinander verflochten, so daß sie in ihrer Gesamtheit ein Nahrungsnetz bilden. Bereits das eingangs genannte Beispiel zeigt, daß Nahrungsketten, die ihren Ausgang bei Phytoplanktern nehmen, oft aus dem Plankton hinausführen und bei Organismen des Nekton, z.B. Fischen, enden. Es ist daher sinnvoll, im folgenden nicht nur den ersten Abschnitt von Nahrungsketten innerhalb des Planktons, sondern auch deren Fortsetzung im Nekton zu behandeln.

9.1 Grundbegriffe

● **Primärproduzenten:** Damit werden die Organismen bezeichnet, die organische Substanz aus anorganischen Bestandteilen aufbauen (vgl. Kap. 6.1.1). Es handelt sich meistens um photolithoautotrophe, manchmal aber auch um chemolithoautotrophe Organismen.

● **Sekundärproduzenten:** Organismen, die ihre Körpermasse aus organischen Substanzen aufbauen, werden als Sekundärproduzenten bezeichnet. Es ist bei der Verwendung dieses Begriffs nicht üblich, zwischen Herbivoren und Carnivoren zu unterscheiden. Daher werden Begriffe wie „Tertiär-" oder „Quartärproduzent" nicht gebraucht.

● **Konsumenten:** Mit diesem Begriff werden Organismen bezeichnet, die andere Organismen als Nahrung nutzen. Im Gegensatz zum ähnlichen Begriff Sekundärproduzent ist es üblich zwischen *Primärkonsumenten* (fressen Primärproduzenten), *Sekundärkonsumenten* (fressen Primärkonsumenten) usw. zu unterscheiden.

● **Destruenten:** Destruenten ernähren sich von den organischen Abfallprodukten und den Leichen anderer Organismen. Diese Rolle wird im Plankton überwiegend von *Bakterien und Pilzen* wahrgenommen. Destruenten verursachen keine Mortalität bei den Organismen, die ihnen als Nahrungsbasis dienen. Sie sind daher auch keine Freßfeinde dieser Organismen und damit keine höher angeordneten Glieder einer Nahrungskette. Destruenten können jedoch die Ausgangsbasis weiterer Nahrungsketten sein *(Detritusnahrungskette)*.

● **Herbivore:** Sie ernähren sich von Pflanzen (im weitesten Sinne, also incl. Cyanobacterien) und sind damit Primärkonsumenten.

● **Carnivore:** Sie ernähren sich von Tieren (wörtl.: Fleischfresser) und sind damit Sekundärkonsumenten oder Konsumenten höherer Ordnung.

● **Omnivore:** Die Verwendung dieses Begriffs ist nicht einheitlich. In einem ernährungsphysiologischen Kontext weden damit Organismen bezeichnet, die pflanzliches und tierisches Material fressen (vgl. Kap. 6.3.1). Bei der Beschreibung von Nahrungsnetzen wird dieser Begriff jedoch weiter gefaßt. Er bezeichnet die Organismen, deren Futterorganismen verschiedene Stellen in einer Nahrungskette einnehmen. Ein Fisch, der sowohl herbivore Zooplankter (Primärkonsumenten) als auch carnivore Zooplankter (Sekundärkonsumenten) frißt, wird demnach als omnivor bezeichnet.

● **Trophische Ebene:** Als trophische Ebene wird die Gesamtheit der Organismen bezeichnet, die dieselbe *Nahrungskettenposition* einnehmen. Die erste Ebene wird von den Primärproduzenten gebildet, die zweite von den Primärkonsumenten, die dritte von den Sekundärkonsumenten usw. Der Begriff der trophischen Ebene ist im Prinzip problematisch, da omnivoren Organismen keine eindeutige Ordnungszahl zugeordnet werden kann. Als pragmatische Annährung ist die trophische Ebene dennoch ein nützlicher Begriff, wenn Omnivorie nur eine geringe Rolle spielt.

● **Gilde:** Energieflüsse durch Nahrungsnetze werden oft stark aggregiert dargestellt. Dabei werden Arten zu Sammelkategorien zusammengefaßt. Die stärkste Aggregation ist die Zusammenfassung zu trophischen Ebenen. Wegen der komplexen Struktur von Nahrungnetzen ist das jedoch nicht immer möglich. In diesem Fall kann man Arten zu Gilden zusammenfassen, das heißt zu Gruppen, die durch eine *gemeinsame Position im Nahrungnetz* (gleiches Futter, gleiche Freßfeinde) charakterisiert sind. In Abb. 9.1 sind das zum Beispiel die Einheiten Nanophytoplankton, Protozoen, Bartenwale etc.. Allerdings ist die Zuordnung zu Gilden selten ganz eindeutig, da sich die Futter- und Räuberspektren der verschiedenen Arten selten zu 100% decken. Wie viel Überlappung von den Angehörigen einer Gilde gefordert wird, ist eine subjektive Entscheidung und wird von den meisten Autoren nicht explizit deklariert.

9.2 Allgemeine Merkmale pelagischer Nahrungsnetze

9.2.1 Größenkontinuum

Im Pelagial nimmt die Körpergröße mit der Position in der Nahrungskette zu

Nur im Wasser gilt die weitverbreitete Vorstellung, daß große Tiere kleine Tiere fressen und diese noch kleinere Tiere fressen usw.. Dieses Größenkontinuum ist zu einer derartig feststehenden Vorstellung über Nahrungsketten geworden, daß massive Abweichungen davon auf dem Land oft nicht zur Kenntnis genommen werden. In Waldökosystemen sind die Primärproduzenten die größten Organismen, erst von der Ebene der Herbivoren (z.B. Insekten) aufwärts beginnt der Trend der zunehmenden Größe. In Grasländern sind zwar die Weidetiere viel größer als die Primärproduzenten, die Räuber der Weidetiere sind jedoch

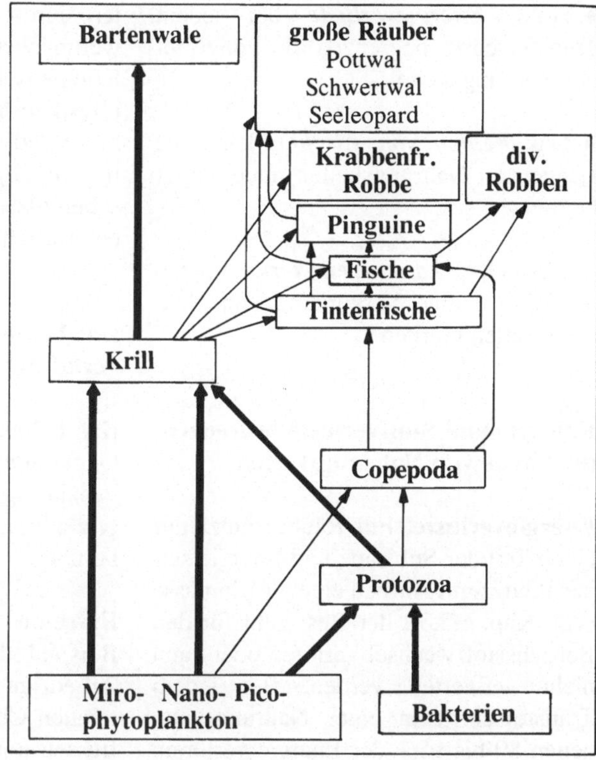

Abb. 9.1. Stark vereinfachtes Nahrungsnetz im Antarktischen Meer. *Dicke Pfeile* dominante Freßbeziehungen vor der Dezimierung der Wale; *dünne Pfeile* andere Freßbeziehungen

etwa gleich groß oder sogar kleiner (insbesondere Rudeljäger).

Im Pelagial gilt jedoch tatsächlich, daß herbivore Zooplankter größer sind als das Phytoplankton, planktivore Fische größer als das Zooplankton und piscivore Fische größer als planktivore Fische. Bei Filtrierern ist der Größenunterschied zwischen Räuber und Beute besonders groß. Wenn ein planktivorer Organismus besonders groß ist (z.B. Bartenwale, Riesenhai) wird er von den Raubfischen nicht mehr gefressen und ist selbst das Endglied der Nahrungskette.

9.2.2 Die Länge von Nahrungsketten

Nahrungsketten sind kurz

Kurze Ketten. Extrem kurze Nahrungsketten treten zum Beispiel in **extrem** salzreichen *Gewässern* oder *Salinen* auf. Die Ebene der Primärproduzenten wird durch die Grünalge *Dunaliella salina* repräsentiert, die Ebene der Primärkonsumenten durch den Salinenkrebs *Artemia salina*. Andere Organismen sind wegen fehlender Salzresistenz ausgeschlossen.

Relativ lange Ketten. Eine extrem lange Nahrungskette mit 7 Gliedern wäre zum Beispiel die Kette Picophytoplankton – hetrotrophe Nanoflagellaten – Ciliaten – Copepoden – planktivore Schwarmfisch (z.B. Sardine od. Hering) – kleiner Raubfisch – Hai. Wesentlich längere Nahrungsketten treten nicht auf.

Es gibt Reihe mehr oder weniger gut belegter Gründe für die allgemeine Kürze von Nahrungsketten:

- Hohe *Energieverluste* bei jedem Transferschritt begrenzen die Länge jeder Nahrungskette.

- Das *Fehlen von Fischen* kann die Länge von Nahrungsketten noch weiter begrenzen.

- Besonders *konkurrenzstarke* Filtrierer können eine Verkürzung von Nahrungsketten beirken.

Energie- und Stoffverluste begrenzen die Länge von Nahrungsketten

Energieverluste. Ein Räuber nutzt nur einen Teil der Substanz und Energie seiner Beute zum Aufbau eigener Biomasse (vgl. Kap. 6.3.3), der Rest geht für den Betriebsstoffwechsel verloren oder kann nicht verwertet werden. Bei jedem Transferschritt in einer Nahrungskette gehen 80 bis 95% der Energie verloren. Bei einem mittleren Verlustrate von 90% bedeutet das, daß die Produktion des dritten Gliedes nur noch 1% der Primärproduktion betragen kann, die des vierten Gliedes 0,1% usw. Je höher die Stellung eines Organismus in einer Nahrungskette ist, desto geringer sind seine Nahrungsbasis und sein Produktionspotential.

Primärproduktion und Nahrungskettenlänge. Bei annähernd gleicher ökologischer Effizienz sollte angenommen werden, daß die Länge von Nahrungsketten mit zunehmender Primärproduktion zunimmt. Tatsächlich existiert fragmentarische Evidenz dafür, daß in sehr unproduktiven Seen piscivore Fische fehlen, während sie in produktiveren Seen vorkommen (Persson et al. 1992). Im Meer scheint dies nicht der Fall zu sein. Das könnte daran liegen, daß extrem mobile Räuber niedrige Beutedich-

ten durch einen großen Aktionsradius wettmachen können. In Seen ist dieser Kompensationsmechanismus durch die physikalischen Grenzen des Lebensraumes relativ unwichtig, während er selbst in den oligotrophsten Teilen der tropischen Ozeane das Vorkommen von Haien ermöglicht.

Das Fehlen von Fischen verkürzt Nahrungsketten

Das Fehlen von Fischen in aquatischen Ökosystemen hat kann entweder auf ganzjährig *extremen Umweltbedingungen* oder auf *periodischen Fischsterben* beruhen.

Extreme Umweldbedingungen. Ein Beispiel dafür ist die schon genannte 2gliedrige Nahrungskette in extrem salzreichen Gewässern. Fische, die *Artemia* fressen könnten, sind nicht salzresistent genug, um in diesen Lebensraum einzudringen. Der Auschluß von Fischen und die daraus resultierend Kürze der Nahrungskette sind dabei von der Höhe der Primärproduktion völlig unabhängig. Ein noch extremeres Beispiel sind heiße, vulkanische Gewässer. Bei Wassertemperaturen über 50 °C können eukaryote Organismen nicht existieren, so daß termophile Blaualgen als einzige trophische Ebene übrig bleiben.

Periodisches Fischsterben. Gerade in hochproduktiven Gewässern, in denen das Ausmaß der Primärproduktion lange Nahrungsketten ermöglichen sollte, führen die wasserchemischen Folgewirkungen hoher Primärproduktion zu Fischsterben. *Winterfischsterben* können als Folge von Sauerstoffzehrung in Gewässern mit Eisdecke auftreten. Wenn aus der Vegetationsperiode große Mengen unabgebauter organischer Substanz übrig bleiben, verhindert die Eisdecke den Ausgleich der Sauerstoffzehrung durch Eintrag aus der Atmosphäre. *Sommerfischsterben* können entweder durch Massenblüten toxischer Algen oder durch hohe Ammoniak-Konzentrationen verursacht werden. Hohe Ammoniakkonzentrationen (vgl. 5.4) entstehen dadurch, daß durch hohe Photosyntheseraten der pH-Wert steigt und sich dadurch das Dissoziationsgleichgewicht vom ungiftigen NH_4^+-Ion zum giftigen NH_3 verschiebt.

Konkurrenzstarke Filtrierer bewirken kurze Nahrungsketten

Filtrierer sind im Vergleich zu ihren Beuteorganismen besonders groß. Bartenwale mit 10 bis 30 m Körperlänge filtrieren Krill (Euphausiidae) mit einigen cm Körperlänge, Daphnien mit einigen mm Körperlänge filtrieren Phytoplankter von ca. 1 bis 30 µm. Dem Räuber:Beute-Quotienten von 10^3 in den linearen Abmessungen entspricht ein Quotient von 10^9 in den Volumina und Massen. Bei Räubern, die ihre Beute direkt ergreifen, ist der Größenunterschied um Zehnerpotenzen geringer. Filtrierer werden damit zu Nahrungskonkurrenten wesentlich kleinerer Organismen und sind oft konkurrenzstärker. Die Konkurrenstärke beruht auf höheren Freßraten, besserer Resistenz gegen Hungerbedingungen und mechanischen Interferenzeffekten (z.B. *Daphnia* gegen Rotatorien; Kap. 8.1.2). Es können daher mehrere Stufen in der Nahrungskette übersprungen werden, wenn große Filtrierer ihre kleineren Konkurrenten verdrängen.

Beispiel 1: Nahrungsnetz im Antarktischen Meer. Ein eindrucksvolles Beispiel für die Verkürzung der Nahrungsketten durch effiziente Filtrierer war das antarktischen Nahrungsnetz vor dem massiven Einsetzen des Walfanges und der Dezimierung der Walbestände. Zwei Filtrierer, der **Antarktische Krill** (*Euphausia superba*) in der Mitte der Nahrungskette und die **Bartenwale** am Ende, dominierten die Konfiguration des Nahrungsnetzes. Die von den Nano- und Mikrophytoplanktern (vorwiegend Diatomeen) ausgehende Nahrungskette war dreigliedrig: Phytoplankton – Krill – Bartenwale. Die vom Picophytoplankton ausgehende Nahrungskette war viergliedrig: Picoplankton – Protozoen – Krill – Bartenwale. Andere Nahrungsketten existierten zwar, waren aber quantitativ unbedeutend. Durch den Rückgang der Wale verbesserte sich die Nahrungsbasis der anderen Krillfresser: Tintenfische, Fische, Pinguine und Krabenfresser-Robben. Diese stehen teilweise untereinander in Fraßbeziehungen, so fressen die antarktischen Fische auch Tintenfische, und Pinguine fressen auch Fische und Tintenfische. Sie werden alle auch zur Beute großer Räuber, z.B. Pottwal, Schwertwal und Seeleopard. Durch den Rückgang der Walbestände gewann also neben den kurzen Nahrungskette auch ein komplexes Nahrungsnetz an Bedeutung (Abb. 9.1).

Beispiel 2: Die Rolle der Daphnien im Süßwasserplankton. Wasserflöhe der Gattung Daphnia sind sehr effektive Filtrierer im Bereich des größeren Pico- und des Nanoplanktons. Sie fressen damit nicht nur Phytoplankter, sondern auch Bakterien und bakterivore Protozoen. Sie selbst sind das bevorzugte Futter planktivorer Fische. Wenn Daphnien die dominante Komponente im Zooplankton sind, nehmen die planktivoren Fische die dritte trophische Ebene ein. Andernfalls können sie auf die vierte oder fünfte Stelle der Nahrungskette rutschen. Kleinere Cladoceren (z.B. *Bosmi-*

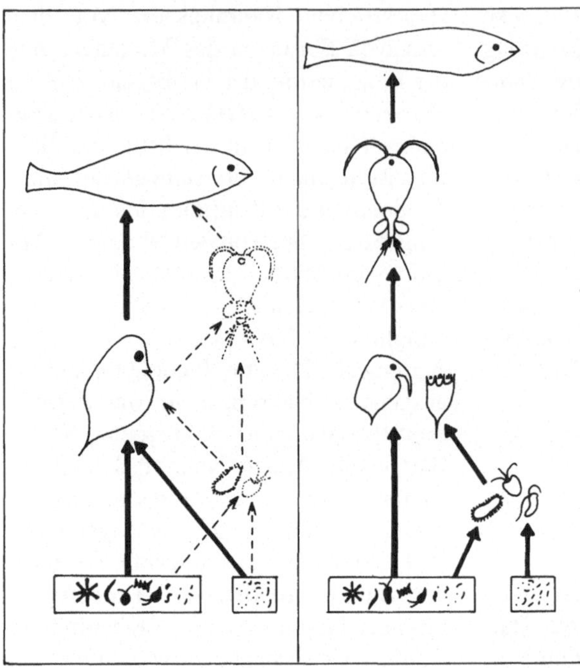

Abb. 9.2. Stark vereinfachtes pelagisches Nahrungsnetz in Seen (ohne Raubfische). *Links Daphnia* als dominanter Zooplankter: *unterbrochene Pfeile* unterdrückte Beziehungen, das Nahrungsnetz vereinfacht sich zur Kette Phytoplankton – *Daphnia* – Fische. *Rechts* ohne Daphnia im Zooplankton: Protozoen, kleine, herbivore Metazoen (*Bosmina*, Rotatorien) und herbivore Copepoden gewinnen an Bedeutung

na) und Rotatorien werden von Fischen nur wenig gefressen, so daß sich zwischen den Filtrierern und den Fischen eine weitere trophische Ebene aus carnivoren Zooplanktern ausbilden kann. Außerdem sind kleinere Cladoceren nicht so effektiv wie Daphnien in der Ausbeutung des Pico- und Nanoplanktons sowie der Protozoen. Deswegen kann sich auch die trophische Ebene der Protozoen besser entfalten (Abb. 9.2). Die Bedeutung der Daphnien zeigt sich bei einem Vergleich der ultraoligotrophen und der oligotrophen Seen in der Nähe der kanadischen Westküste (Stockner u. Shortred 1988). Im Gegensatz zu den Erwartungen aus energetischer Sicht ist die Nahrungskette in den ultraoligotrophen Seen länger: Phytoplankton (überwiegend Picoplankton) – Protozoen – *Eubosmina* und Rotatorien -cyclopoide Copepoden – Junglachse. In den etwas produktiveren Seen kann sich wegen des höheren Angebots an Nanophytoplank-

tern *Daphnia* entfalten. Hier ist die Nahrungskette dreigliedrig: Phytoplankton – *Daphnia* – Junglachse. Wegen der wesentlich geringeren Stoff- und Energieverluste in der kürzeren Nahrungsketten zeigen die Jungfische in den *Daphnia*-Seen auch ein wesentlich besseres Wachstum.

9.2.3 Zirkuläre Komponenten in Nahrungsnetzen

Zwischen adulten Organismen treten keine Schleifen auf

Ist es möglich, daß es zur Ausbildung von Schleifen nach der Art A frißt B, B frißt C und C frißt A kommt? Aufgrund des Größenkontinuums in pelagischen Nahrungsnetzen ist das nicht zu erwarten. Wie sollte auch die Art C in der Lage sein, A zu überwältigen, wenn sie selbst von B überwältigt wird und B von

A? Tatsächlich sind derartige Fälle auch noch nicht beobachtet worden. Nahrungsketten mögen verzweigt oder vernetzt sein, sie sind jedoch stets *einsinnige Hierarchien.*

Ontogenetische Veränderungen können zu zirkulären Beziehungen führen

Ontogenetische Positionsverschiebungen bei Copepoden, Krill und Fischen. Copepoden und höhere planktische Krebse (Krill, planktische Garnelen) haben *Naupliuslarven,* die wesentlich kleiner sind und sich auch morphologisch von den adulten Tieren stark unterscheiden. Die Naupliuslarven sind meistens herbivor und fallen selbst in das Futterspektrum carnivorer Zooplankter. So kann es vorkommen, daß die Naupliuslarve eines großen Carnivoren von einem kleinen Carnivoren gefressen wird und dieser wiederum von den Adulten der großen Carnivorenart. Eine vergleichbare *zirkuläre Freßbeziehung* kann auch bei *Fischlarven* auftreten, die in ihren jüngsten Stadien von großen Zooplanktern gefressen werden können.

Keine ontogenetische Positionsverschiebung in der Nahrungskette bei Protisten, Rotatorien und Cladoceren. Im Gegensatz zu den o.g. Beispielen sind bei einer Reihe von Planktern sind die Größenunterschiede zwischen Neugeborenen und adulten Organismen verhältnismäßig klein. Das gilt natürlich insbesondere für Protisten, die sich durch Zweiteilung vermehren, aber auch für Rotatorien und Cladoceren. In diesem Fall haben die Jungen etwa das gleiche Nahrungs- und Feindspektrum wie die Adulten und nehmen daher dieselbe Position in der Nahrungskette ein.

Kannibalismus kann bei Organismen mit starken Größenunterschieden zwischen Juvenilen und Adulte auftreten

Carnivore Copepoden fressen häufig nicht nur Nauplien anderer Arten, sondern auch Nauplien der eigenen Art. Dieser *Kannibalismus* ist die kürzeste Form einer zirkulären Verbindung in einem Nahrungsnetz. Da Kannibalismus Mortalität beim eigenen Genotyp und damit einen Fitneß-Nachteil bewirkt, sollte er im Laufe der Evolution verschwinden. Es wurde jedoch argumentiert, daß Nauplien als Herbivore Zugang zu anderen Nahrungsquellen haben als die Adulten und daß der Kannibalismus dadurch das Überleben und die Produktion der Adulten fördert, wenn ihnen wenig anderes Futter zur Verfügung steht. Allerdings wäre das nur dann ein Vorteil, wenn pro gefressener Nauplie mehr als ein Ei gebildet werden kann. Bei den hohen Energieverlusten bei jedem trophischen Transferschritt ist das jedoch extrem unwahrscheinlich. Es könnte eher so sein, daß Organismen mit einem so einfachen Nervensystem wie Copepoden nicht in der Lage sind, eigen- und fremdartliche Nauplien zu unterscheiden. Eine unterschiedliche vertikale Einschichtung der verschiedenen Altersstadien kann jedoch den Kannibalismus vermeiden.

Die „Microbial Loop" ist keine echte Schleife

In den letzten Jahren hat es sich eingebürgert, die vom Picoplankton (Phytoplankter und Bakterien) zu den Protozoen und dann weiter zu den Filtrierern führende Nahrungskette als *„Microbial Loop" (mikrobielle Schleife)* zu bezeichnen (Azam et al. 1983). Das zirkuläre Element besteht darin, daß der DOC als Nahrungsbasis der heterotrophen Bakterien von allen anderen Organismen des Pelagials stammt und durch die Bakterivorie wieder zu ihnen zurückgeführt wird. Allerdings handelt es sich bei der Ernährung von Bakterien aus den „Abfällen" der anderen Plankter um keine Räuber-Beute-Beziehung, sondern um Detritivorie. Die „Microbial Loop" ist daher keine Schleife, sondern die Bündelung einer vom Picophytoplankton ausgehenden „klassischen" Nahrungskette mit einer von den Bakterien ausgehenden Detritusnahrungskette. Die Integration beider Ketten kommt dadurch zustande, daß Picophytoplankton und Bakterien in gleicher Weise von Protozoen gefressen werden.

9.3 Energiefluß durch Nahrungsnetze

9.3.1 Grundzüge des Energieflusses

Nahrungsnetze lassen sich energetisch beschreiben

Äquivalenz organische Substanz – Energie. Die sequentiellen Freßschritte in einer Nahrungskette lassen sich auch als Fluß von Energie oder Stoffen beschreiben. Da organische Substanzen der universelle Energieträger in Nahrungsnetzen sind, ist der Energiefluß eng an den Fluß organischer Substanzen gekoppelt. Dabei gelten ungefähr folgende Äquivalenzbeziehungen:

- 1 g Kohlenhydrate   17,2 kJ
- 1 g Protein   23,7 kJ
- 1 g Lipide   39,6 kJ

Bei der Beschreibung von Energie- und Stoffflüssen muß zwischen statischen *Poolgrößen* und dynamischen *Flußgrößen* unterschieden werden. Davon können die Begriffe *Turnoverzeit* und *spezifische Leistung* abgeleitet werden.

- **Poolgrößen:** Sie geben an, wieviel potentielle Energie in einem Kompartiment des Nahrungsnetzes enthalten ist. Sie sind damit das energetische Äquivalent der Biomasse einer Art, einer Gruppe von Arten oder einer ganzen trophischen Ebene und haben die Dimension Energie (= Arbeit, Kraft x Weg, $1 \, N \cdot m = 1 \, J = 1 \, W \cdot s$) und können auf das Volumen oder die Oberfläche eines Wasserkörpers bezogen werden.

- **Flußgrößen:** Sie geben an, wieviel Energie pro Zeiteinheit von einem Kompartiment des Nahrungsnetzes aufgenommen oder abgegeben bzw. verloren wird (Inputs und Outputs) und werden daher auch als Transferraten bezeichnet. Sie haben die Dimension Leistung (Arbeit/Zeit, $1 \, N \cdot m \cdot s^{-1} = 1 \, W$).

- **Turnoverzeit:** Fluß- und Poolgrößen sind im Prinzip voneinander unabhägig. Theoretisch kann ein großer Pool nur wenig Energie aufnehmen und abgeben, während ein kleiner Pool gleichzeitig viel Energie aufnehmen und abgeben kann. Tatsächlich ist diese Unabhängigkeit von Pools und Flüssen nur innerhalb gewisser Grenzen gegeben, da sich die Leistung von Organismen nicht beliebig steigern läßt (obere Grenze) und mit Ausnahme von Dormanzstadien auch nicht beliebig verlangsamen läßt (untere Grenze). Im Fließgleichgewicht (Summe Inputs = Summe Outputs) bleibt die Poolgröße konstant, die Turnoverzeit läßt sich aus dem Quotienten Poolgröße/Summe Inputs oder Poolgröße/Summe Outputs berechnen. Sie ist damit die *theoretische Aufenthaltszeit* der Energie in einem bestimmte Pool.

● **Spezifische Leistung:** Die Leistung pro Einheit Energie (Dimension t^{-1}) ist der Kehrwert der Turnoverzeit. Kurze Turnoverzeiten entsprechen sehr aktiven Kompartimenten von Nahrungsnetzen (hohe spezifische Leistung), hohe Turnoverzeiten entsprechen wenig aktiven Kompartimenten.

Nahrungsnetze unterliegen den Gesetzen der Thermodynamik

Zentrale Konzepte der Thermodynamik sind die *Erhaltung der Energie,* die *Wärmeproduktion* bei Energieumwandlungen, die Zunahme der Entropie in geschlossenen Systemen und der Entropieexport aus offenen Systemen. Umstritten ist hingegen das Prinzip der Leistungsmaximierung.

● **Erhaltung der Energie:** Nahrungsnetze sind Systeme der Energieumwandlung. Die verschiedenen Formen der Energie (Licht, Bewegungsenergie, chemische Energie, Wärme) können ineinander umgewandelt werden, dabei kann jedoch weder Energie neu erzeugt noch vernichtet werden *(1. Hauptsatz der Thermodynamik).* Daher kann langfristig die Produktion eines Gliedes der Nahrungskette nicht größer sein als die des nächstniedrigeren Gliedes. Kurzfristig sind allerdings Ungleichgewichte möglich, bei denen ein in der Vergangenheit angehäufter Pool aufgezehrt wird.

● **Wärmeproduktion:** Bei allen Umwandlungen von Energieformen wird ein Teil der umgewandelten Energie in Wärme verwandelt. Diese kann nicht vollständig in andere Energieformen zurückverwandelt werden *(2. Hauptsatz der Thermodynamik).* Daraus folgt, daß die Produktion höherer Glieder in der Nah-

rungskette langfristig kleiner sein muß als die der niedrigeren Glieder.

● **Entropiezunahme:** Aus den unvermeidlichen Wärmeverlusten bei Umwandlungprozessen ergibt sich eine Zunahme der Entropie (Unordnung) in geschlossenen Systemen. Das gilt jedoch nicht für offene Systeme wie Nahrungsnetze.

● **Entropieexport:** Offene Systeme, die ständig von Energie durchflossen sind, können ihre innere Ordnung durch Entropieexport aufrechterhalten. Sie erhalten ihre eigene Ordnung damit „parasitisch" auf Kosten übergeordneter Systeme. Im Fall von biologischen Systemen ist das in erster Linie das System Sonne-Erde, bei dem die Sonnenstrahlung einerseits Energie in biologische Systeme einspeist, aber andererseits zu einer Verminderung des Temperaturgefälles und damit zu einer Zunahme der Entropie im Sonnensystem führt.

● **Leistungsmaximierung:** Neben den anerkannten Prinzipien der Thermodynamik postulierte der Systemökologe H. T. Odum (1983) auch noch das umstrittene (Mansson u. McGlade 1993) Prinzip der Leistungsmaximierung („maximum power principle"). Demnach sollen offene Ungleichgewichts-Systeme sich in einem Prozeß der Selbstorganisation so entwickeln, daß der Durchfluß von Energie (Leistung des Systems) maximiert wird. Es fragt sich jedoch, ob dies ein allgemeines Merkmal offener Systeme ist, oder ob derartige Tendenzen in Nahrungsnetzen nicht ein „Abfallprodukt" der Konkurrenz zwischen den Organismen sind. Je dichter ein Lebensraum besiedelt wird, um so mehr sind Organismen darauf angewiesen, sich bisher unerschlossene Energiequellen zu erschließen und damit den Energiefluß insgesamt zu vergrößern.

Nahrungsnetze sind energetisch offen

Nahrungsnetze sind energetisch offen, das heißt, sie benötigen Energiezufuhr von außen, sei es durch die Primärproduktion, sei es durch allochthone Zufuhr von energiereichen, organischen Substanzen. Nahrungsnetze, die überwiegend oder ausschließlich auf allochthoner Zufuhr organischer Substanz beruhen, sind allerdings von der Produktionsleistung anderer Nahrungsnetze abhängig. Sie können daher nur lokal begrenzt existieren, während global alle Sekundärproduktion auf vorangegangener Primärproduktion beruhen muß.

Photosynthese und Chemosynthese als Eintrittspforten der Energie. Phototrophe und chemolithoautotrophe Organismen nutzen Licht bzw. anorganische Redox-Reaktionen als Energiequelle, um organische Substanzen aufzubauen. Phototrophe und chemolithoautotrophe Organismen stehen daher nicht nur am Anfang von Nahrungsketten, sondern sie sind vor allem die Stelle, an der externe, abiotische Energie in die Nahrungsnetze einströmt. Der Photosynthese kommt dabei die ungleich größere quantitative Bedeutung zu als der Chemosynthese.

Energieweitergabe durch organische Substanzen. Die Freßbeziehungen innerhalb einer Nahrungskette bedingen auch einen Energie- und Stofffluß, der jeweils von der Beute zum Räuber geht. Der universelle Energieträger diese Transfers ist dabei die *chemische Energie organischer Substanzen.* Heterotrophe Organismen können keine andere Energiequelle nutzen. Deshalb ist zwischen Organismen kein Energietransfer ohne Stofftransfer möglich.

Irreversibilität der Energieabgabe durch Respiration. Durch die Atmung wird Energie für den Betriebsstoffwechsel (Katabolismus) und für den Baustoffwechsel (Anabolismus) gewonnen. Dabei werden organische Substanzen zu Wasser und Kohlendioxid remineralisiert. Die dabei freiwerdende Energie kann zwar abzüglich der unvermeidlichen Wärmeverluste vom respirierenden Organismus genutzt werden (z.B. für Körperbewegung), nicht jedoch von seinen Freßfeinden. Die Respiration ist daher die Pforte, durch die die Energie Nahrungsnetze irreversibel verläßt. Das steht im Gegensatz zum Kohlenstoff, der als respiriertes CO_2 wieder von Primärproduzenten assimiliert werden kann. Es gibt also in Nahrungsnetzen *kein Recycling der Energie,* während ein Recycling von Substanzen möglich ist.

Die Energieverluste in Nahrungsnetzen sind hoch

Ökologische Effizienz. Die Effizienz des Energietransfers in Nahrungnetzen kann am besten durch den Quotienten der Produktionsraten aufeinanderfolgender Glieder einer Nahrungskette ausgedrückt werden. Er wird als ökologische Effizienz bezeichnet. Wegen des 2. Hauptsatzes der Thermodynamik muß die ökologische Effizienz kleiner als 1 sein. Es gibt jedoch weitere Gründe, die sie noch mehr vermindern. Vor allem können Räuber nur die in ihrer Beute enthaltene chemische Energie nutzen, andere Energieformen (z.B. Bewegungsenergie) mögen zwar für den Futterorganismus nützlich sein, sie sind es jedoch nicht für den Räuber. Außerdem besteht ein Teil der Futtermasse aus *refraktären,* d.h. schlecht oder gar nicht nutzbaren Substanzen, die zwar chemisch gesehen einen bestimmten Energiegehalt haben, aber wieder ausgeschieden werden müssen. Insgesamt führen diese Faktoren dazu, daß die ökologische Effizienz im allgemeinen Werte zwischen 0,05 und 0,2 annimmt. Zehn Prozent hat sich als Faustregel für den Durchschnitt bewährt.

Für eine Reihe von untersuchten Meeresgebieten besteht trotz großer Streuungen ein gewisser Trend zur Abnahme der ökologischen Effizienz mit zunehmender Primärproduktion (Cushing 1971). Während sie in der produktivsten Gebieten im Mittel etwa 0,05 beträgt, erreicht sie in den unproduktivsten Zonen ca. 0,2.

Abnahme der Produktionsraten in Nahrungsketten. Wegen der geringen ökologischen Effizienz werden die Produktionsraten in Nahrungsketten nach oben zu immer kleiner. Im Schnitt beträgt die Produktionsrate der dritten trophischen Ebene nur noch 1% der Primärproduktion, die der vierten Ebene nur noch 0,01%. Eine Verkürzung der planktischen Nahrungskette um ein Glied hat damit dieselben Auswirkungen auf die Fischproduktion wie eine Verzehnfachung der Primärproduktion.

In Abb. 9.3 wird das für ein marines, planktisches Nahrungsnetz (Fische nicht berücksichtigt) der Karibik verdeutlicht (Daten aus Roff et al. 1990). Die Produktionsraten hoch angeordneter Räuber (Coelenteraten, große Chaetognathen) betragen in diesem Fall immer noch ca. 1% der Produktion der verschiedenen Phytoplanktonfraktionen. Dieser hohe Wert ist dadurch erklärbar, daß die meisten Konsumenten in diesem Nahrungs-

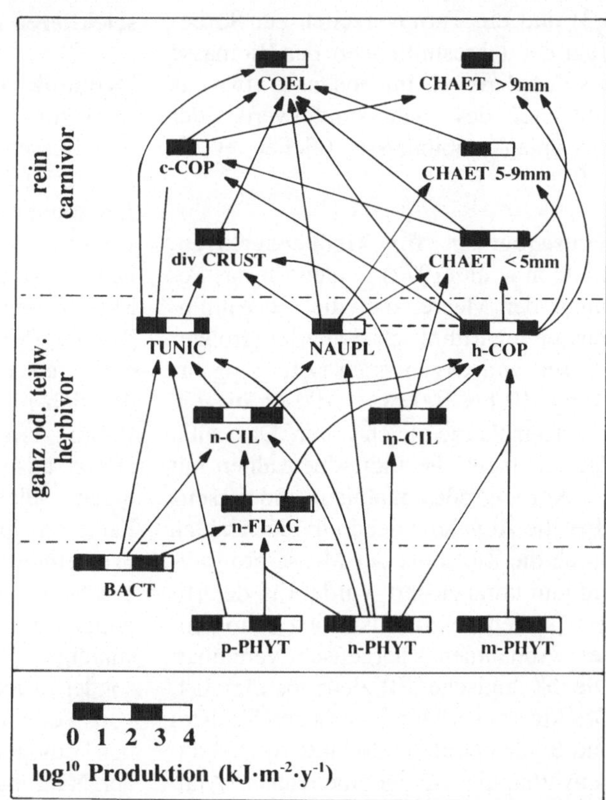

Abb 9.3. Produktion (log. Darstellung, kJ · m⁻² · y⁻¹) planktischer Organismengruppen im Nahrungsnetz vor Kingston, Jamaica; *Abkürzungen: p* pico-, *n* nano-, *m* micro-, *h* herbivor, *c* carnivor. Nur direkte Freßbeziehungen sind dargestellt, der DOC-Fluß von allen Gilden zu den Bakterien ist aus Gründen der Übersichtlichkeit nicht dargestellt

netz nicht nur Organismen der nächstunteren Ebene konsumieren. Deshalb läßt sich eine Reihe kurzer, dreigliedriger Nahrungsketten erkennen (z.B. Nano- und Mikrophytoplankton – herbivore Copepoden -Coelenteraten und Chaetognathen; Pico- und Nanophytoplankton - Tunicaten – Coelenteraten; Nanophytoplankton – Nauplien -Coelenteraten).

Biomassetrends in Nahrungsnetzen. Der abnehmenden Produktion in Nahrungsketten muß keine Abnahme der Biomassen folgen. Die abnehmende Produktion kann durch eine zunehmende Aufenthaltszeit (Turnoverzeit) der Energie in höheren Gliedern kompensiert oder sogar überkompensiert werden. Da im Pelagial die Größe der Organismen mit ihrer Position in Nahrungsnetzen zunimmt, nehmen gleichzeitig ihre spezifischen metabolischen Raten ab (vgl. Kap. 3.3) und die Turnoverzeiten zu. So beträgt der Jahresmittelwert der Biomasse des Zooplanktons im Bodensee etwa das 1,8fache des Jahresmittelwerts der Phytoplanktonbiomasse (Geller et al. 1991).

Konsequenzen für Größenspektren. Sheldon et al. (1972) fanden für das Pelagial der Meere, daß die Gesamtbiomassen logarithmisch skalierter Größenklassen von Organismen (z.B. 1 pg bis 10 pg, 10 bis 100 pg, ..100 kg bis 1 t, usw.) annähernd gleich waren. Das heißt, daß einerseits die Individuenzahlen mit der Körpergröße abnahmen, andererseits aber die Abnahme der Individuenzahlen durch die Zunahme der Masse pro Individuum kompensiert wurde. Ein derartiges Größenspektrum ist mit z.B. folgenden Annahmen energetisch vereinbar: Die ökologische Effizienz beträgt 0,1. Das Massenverhältnis zwischen Räubern und Beute beträgt im Schnitt 10^4:1 (Längenverhältnis bei geometrischer Ähn-

lichkeit: 22:1). Die spezifische Produktionsrate (Produktion/Biomasse) nimmt mit der -0,25-ten Potenz (Exponent b–1 in Formel 3.8) der Körpermasse ab. Deswegen beträgt die spezifische Produktionrate des Räubers im Schnitt 10% der spezifischen Produktionsrate seiner Beute, woraus eine 10mal so lange Turnoverzeit der Energie im Räuberkompartiment resultiert. Sheldons Ergebnis darf jedoch nicht als Beweis für diese Annahmen gesehen werden. Andere Kombinationen der Zahlenwerte für die Effizienz, für das Massenverhältnis und für den Exponenten der Größenabhängigkeit können zum selben Ergebnis führen.

9.3.2 Verteilung von Energieflüssen in Nahrungsnetzen

**Energieflüsse
selektieren gegen ihre eigene Basis**

Dynamik von Nahrungsnetzen. Zusammenfassende Darstellungen von Energieflüssen (Energieflußdiagramme) mit Jahresmittelwerten von Biomassen und Jahressummen von Produktionsraten erwecken oft einen statischen Eindruck. Nahrungsnetze sind jedoch kein starres Skelett von Becken (Biomassen) und Rohren (Verbindungslinien), durch die ein unterschiedlich starker Strom fließt, der sich je nach den Querschnitten der Rohre verteilt. Vielmehr besteht jeder „Pool" aus Organismen, die einem ständigen Selektionsdruck durch externe Faktoren, durch Konkurrenten und durch Freßfeinde ausgesetzt sind. Mit dem Wachstum und Vergehen von Planktonpopulationen kommt es nicht nur zu ständigen Veränderungen in den Pools, sondern auch zu einem Auf- und Abbau von Verbindungssträngen. Ebenso ziehen ontogenetische Veränderungen in der Nahrungswahl und in der Freßbarkeit von Organismen Veränderungen in der Verteilung der Energieflüsse nach sich.

Energieabfluß als Mortalitätsfaktor. Energieabfluß aus einem Pool wirkt gleichzeitig als Mortalitätsfaktor für eine oder mehrere Populationen innerhalb des Pools. Er wirkt damit direkt als Selektionsfaktor zu Lasten derjenigen Populationen, von denen besonders viel Energie abfließt. Starker Fraßdruck durch eine bestimmte Art von Freßfeinden selektiert zugunsten von fraßresistenteren Arten im Ausgangspool. Sedimentation selektiert gegen stark sedimentierende Organismen. Damit haben die einzelnen Energieflüsse in Nahrungsnetzen die Tendenz, sich selbst zu minimieren.

Tote Enden in Nahrungsnetzen. Der einzige Energieabfluß, der nicht zuungunsten seiner Ausgangspopulationen selektiert, ist die *Dekomposition* durch Detritivore nach dem Tod. Organismen, die so fraßresistent sind, daß die Dekomposition nach dem Tod der dominante Energiebfluß ist, sind gewissermaßen tote Enden in Nahrungsnetzen. Derartige Organismen sind meistens besonders groß im Vergleich zu anderen Organismen derselben trophischen Ebene oder sie sind auf andere Art wehrhaft (toxisch, unverdaulich etc.; vgl. Kap. 8.2). Eine Anreicherung fraßresistenter Organismen in einem Pool führt zu wegen der Verminderung des Abflusses zu einer besonders großen Biomasseakkumulation. Bei zunehmender Selektion zugunsten von Fraßresistenz sollten sich tote Enden in Nahrungsnetzen anreichern und die relative Bedeutung von Detritusnahrungsketten zunehmen.

Regeneration von Energieflüssen durch Störungen. Externe Störereignisse (z.B. Erhöhung der Durchmischungs-

tiefe) spielen eine wesentliche Rolle in der Erhaltung direkter Energieflüsse. Episodische Ressourcenpulse für Primärproduzenten erhöhen deren Produktionsraten und erlauben es auch den gut freßbaren Arten, ihre Populationen zu regenerieren. Ebenso unterbrechen episodische Verminderungen der Populationen von Freßfeinden die Selektion zugunsten von Fraßresistenz.

Die Artenzusammensetzung ist eine wichtige Schaltstelle für die Verteilung der Energieflüsse

Die Zusammenfassung zu Gilden reicht normalerweise aus, um die quantitativen Beziehungen in einem Nahrungsnetz deskriptiv zu erfassen. Sie erlaubt jedoch keine kausalen Aussagen, warum welche Anteile des von einer Donatorgilde ausgehenden Energieflusses zu welchen Empfängergilden strömen. Hierfür sind sowohl die Artenzusammensetzung der Donatorgilde als auch die Artenzusammensetzung der Empfängergilden von ausschlaggebender Bedeutung.

Beispiel: Phytoplankton im Süßwasser. Die Unterschiede in der Freßbarkeit (vgl. Kap. 8.2.2) und in der Sedimentationsgeschwindigkeit (vgl. Kap. 3.1.3) bewirken, daß vom Phytoplankton ausgehende Energieflüsse je nach der Artenzusammensetzung völlig verschieden verteilt werden (Abb. 9.4).

● **Picoplankter:** Picoplankter, z.B das Cyanobacterium *Synechococcus,* werden überwiegend von Protozozoen gefressen, d.h. ihre Energie wird in die „mikrobielle Schleife" eingespeist. Da feinfiltrierende *Daphnia*-Arten aber sowohl Protozoen als auch Picoplankter fressen, führt ihr Auftreten wegen der Dezimierung der Protozoen zu einem Umlenken

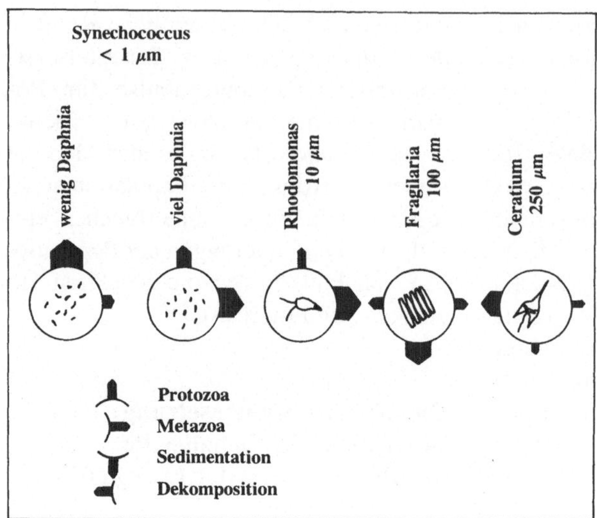

Abb. 9.4. Relative Verteilung der Energieflüsse *(schwarze Pfeile)* zwischen Grazing durch Protozoen („mikrobielle Schleife"), Grazing durch Metazoen, Sedimentation und postmortaler Dekomposition als Folge der Artenzusammensetzung des Phytoplanktons

des Energiestromes zu den herbivoren Metazoen.

● **Nanoplankter:** Insbesondere zellwandlose Flagellaten in dieser Größenklasse, wie *Rhodomonas,* sind das optimale Futter der Metazoen und lenken den Energiestrom in diese Richtung.

● *Kieselalgen: Fragilaria* ist ein Beispiel für eine schlecht freßbare, aber schnell sinkende Kieselalge. Sie lenkt den Energie- und Stofffluß überwiegend in die Sedimentation und speist ihn damit in benthische oder bathypelagische (tiefe, pelagische) Nahrungsnetze ein.

● **Dinoflagellaten, große Algenkolonien:** Der Dinoflagellat *Ceratium* ist ein Beispiel für ein totes Ende im Nahrungsnetz. Er sinkt weder ab (mit Ausnahme der Cysten), noch wird er in nennenswertem Ausmaß gefressen. Seine Energie dient nach dem Tod als Ausgangsbasis für Detritusnahrungsketten. Große Blaualgenkolonien spielen eine ähnliche Rolle.

Die Bedeutung der „mikrobiellen Schleife". Alle Organismen geben mehr oder weniger große Mengen von DOC

ab, der von heterotrophen Bakterien als Nahrung genutzt wird. Damit stellte sich die Frage, ob die Aktivität der Bakterien aus der Sicht höherer trophischer Ebenen, insbesondere der für den Menschen interessanten Fische, einen Verlust oder einen Gewinn an Produktionspotential (*„link or sink"* = Verbindungsglied oder Senke) darstellt. Einerseits schleusen Bakterien die im DOC enthaltene Energie wieder in das Nahrungsnetz ein, andererseits veratmen sie selbst und die ihnen nachgeschalteten bakterivoren Protozoen einen großen Teil dieser Energie. Selbst bei einer großzügig kalkulierten ökologischen Effizienz von 0,2 würden in einer Kette DOC – Bakterien – Protozoen – Fischnährtiere (metazoisches Zooplankton) nur 4% der Energie des DOC den Fischnährtieren zugute kommen. Dazu kommt noch der indirekte Effekt, daß Bakterien als P-Konkurrenten der Phytoplankter (vgl. Kap. 8.1.4) die Produktion des für Metazoen nutzbaren Phytoplanktons vermindern können. Die bakterielle Produktion ist daher nur unter zwei Bedingungen ein signifikanter Beitrag zur Ernährung höherer trophischer Ebenen: Erstens, wenn die Bakterien überwiegend direkt von Mesozooplanktern genutzt werden; zweitens, wenn allochthoner Input von DOC eine im Vergleich zur autochthonen Primärproduktion wichtige Rolle spielt.

9.4 Der Fluß von Kontrolle in Nahrungsnetzen

9.4.1 Die „bottom-up" – „top-down" Kontroverse

„Bottom-up": Wo viel Beute ist, können sich viele Räuber ernähren

Der Energiefluß in Nahrungsnetzen geht immer von unten (Primärproduzenten) nach oben (terminale Räuber). Nach klassischer Vorstellung ist der Einfluß, den Arten oder Gilden auf die Konfiguration von Nahrungsnetzen ausüben, proportional zu ihrem Anteil am Energiefluß. Daraus folgt, daß die Primärproduzenten den größten und die terminalen Räuber den geringsten Einfluß hätten. Dem Fluß der Energie entspräche also ein paralleler Fluß von „Kontrolle" von unten nach oben („bottom-up"). Die anorganischen Ressourcen bestimmen Produktion, Biomasse und Zusammensetzung der Primärproduzenten; das Menge und Qualität des Futterangebots an Primärproduzenten bestimmen Produktion, Biomasse und Zusammensetzung der Primärkonsumenten usw. Das einfachste Prüfungskriterium der „bottom-up"-Hypothese ist, daß *zwischen den Biomassen angrenzender trophischer Ebenen positive Korrelationen* bestehen sollten.

„Top-down": Viele Räuber lassen wenig Beute übrig

Trophische Kaskade. In diesem Buch sind schon einige Beispiele dafür ge-

nannt worden, welch starken Einfluß Räuber auf ihre Beutegilden ausüben können, z.B. das durch Grazing verursachte Klarwasserstadium (vgl. Kap. 8.2.3, Abb. 8.12) oder die durch das Eindringen des planktivoren Fisches *Alosa pseudoharengus* verursachten Verschiebungen im Größenspektrum des Zooplanktons (vgl. Kap. 8.2.3, Abb. 8.16). Diese Beispiele beziehen sich auf die Wechselbeziehungen zwischen zwei trophischen Ebenen. Carpenter et al. (1985) postulierten eine Fortpflanzung derartiger Einflüsse („trophische Kaskade"), die von trophischer Ebene zu trophischer Ebene immer weiter nach unten vordringt. Der Fluß von Kontrolle würde also gegen den Energiefluß von oben nach unten strömen. Das einfachste Überprüfungskriterium der „top-down"-Hypothese ist, daß *zwischen den Biomassen aneinandergrenzender trophischer Ebenen negative Korrelationen* bestehen sollten.

Schlußsteinart („keystone predator"). Dieser Begriff stammt aus der marinen Benthologie und wurde vor der Einführung des Begriffes der trophischen Kaskade geprägt. Er bezeichnet Arten, deren Einfluß auf die Konfiguration von Nahrungsnetzen im Vergleich zu ihrem Anteil am Energiefluß überproportional groß ist. Im antarktischen Nahrungsnetz von Abb. 9.1 können sowohl die Bartenwale als auch der Krill als Schlußsteinarten bezeichnet werden. Beide sind in der Lage, den Energiefluß stark zu kanalisieren und eine Reihe von potentiell möglichen Nahrungsketten zu unterdrücken. Der wesentliche Unterschied zur trophischen Kaskadenhypothese besteht darin, daß der Begriff Schlußsteinart immer nur auf einzelne Arten in konkreten Nahrungsnetzen angewandt wird, während die Kaskadenhypothese annimmt, daß die Dominanz von top-down-Steuerung als allgemeines Merkmal von Nahrungsnetzen unabhängig von der Biologie der im Einzelfall beteiligten Arten sei.

Biomanipulation. Die Idee der trophischen Kaskade wird auch angewandt, um unerwünschte Algenblüten in eutrophierten (überdüngten) Seen durch erhöhtes Grazing zu unterdrücken. Dabei wird der Bestand an planktivoren Fischen durch Vergiftung, intensive Befischung oder künstlichen, überhöhten Raubfischbesatz dezimiert oder vernichtet. Dadurch werden die Zooplankter vom Fraßdruck und von der Selektion gegen große Arten entlastet, so daß sich starke Populationen großer *Daphnia*-Arten aufbauen können. Sie üben einen starken Grazingdruck aus und verursa

chen eine Art prolongiertes Klarwasserstadium. Schon das klassische Beispiel der Biomanipulation des Round Lake (Abb. 9.5) zeigte die Grenzen dieser Methode. Zunächst hatte die die Ausrottung des Fischbestandes durch das Gift Rotenon den gewünschten Erfolg. Nach $1^{1}/_{2}$ Jahren kam es jedoch zu einer Massenentfaltung der unfreßbaren Blaualge *Aphanizomenon flos-aquae.*

Inzwischen liegen gemischte Erfahrungen mit der Biomanipulation vor. Misserfolge sind fast stets mit Blüten unfreßbarer Algen, insbesondere Blaualgen, verbunden. Warum derartige Blüten in einem Fall entstehen und im anderen nicht ist noch ungeklärt und könnte unvorhersagbar sein. Da schlecht freßbare Algen durch ihren störenden Einfluß auf

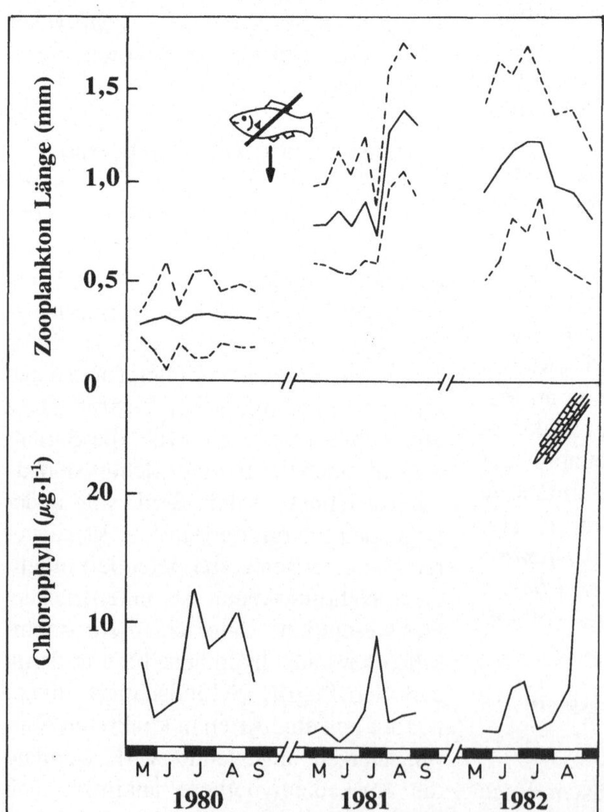

Abb. 9.5. Biomanipulation des Round Lake. *Oben* Körperlänge der herbivoren Zooplankter, Mittelwert und Standardabweichung; *unten* Biomasse des Phytoplanktons gemessen als Chlorophyll. (Nach Shapiro und Wright 1984)

den Filtrationsprozeß (vgl. Kap. 8.2.2) ähnlich wie Fraßdruck durch Fische, zuungunsten der großen *Daphnia*-Arten selektieren, muß das Zooplankton bereits den Beginn der Bildung einer Blaualgenblüte unterdrücken. Zu diesem Zeitpunkt sind viele Kolonien ansonsten unfreßbarer Algen auch noch klein genug, um gefressen zu werden. Später ist das nicht mehr möglich. Es könnte also sein, daß subtile Unterschiede im Zeitpunkt des Beginns des Zooplankton- und des Blaualgenwachstums entscheidend für den Erfolg der Biomanipulation sind.

9.4.2 Syntheseversuche in der „bottom-up-top-down"-Kontoverse

Effekte werden bei ihrer Fortpflanzung durch Nahrungsnetze gedämpft

Jeder Effekt, der von einem Glied eines Nahrungsnetzes ausgeht, ist verschiedensten Störungen durch andere Faktoren ausgesetzt. Statistisch wirkt sich das als Streuung („Rauschen") der realen Meßwerte um den Durchschnittstrend aus. Je weiter sich ein Effekt fortpflanzt, desto größer wird das Rauschen im Vergleich zum „Signal", bis kein signifikanter Effekt mehr festgestellt werden kann.

Fallbeispiel Lake St. George (Mc Queen et al 1989).

In diesem See kam es im Laufe von 7 Jahren (1980–1986) zu voneinander unabhängigen Veränderungen an der Basis und an der Spitze des Nahrungsnetzes. Die Konzentration des für die Phytoplankter limitierenden Phosphors nahm kontinuierlich ab. Im Winter 1981 kam es zu einem Fischsterben, von dem sich die planktivoren Fische schnell und die piscivoren Fische nur langsam erholten. Dadurch standen ein sehr fischarmes Jahr, einige Jahre mit

vielen planktivoren, aber wenigen piscivoren Fischen und einige Jahre mit vielen piscivoren und wenigen planktivoren Fischen für die vergleichnenden Analyse zur Verfügung. Die Korrelationskoeffizienten zwischen Biomassen (Jahresmittel) aneinandergrenzender trophischer Ebenen waren:

- piscivore Fische – planktivore Fische: $r = -0,75$
- planktivore Fische – Zooplankton: $r = -0,50$
- Zooplankton – Phytoplankton: $r = 0,17$
- Phytoplankton – Gesamtphosphor: $r = 0,66$

Bei den Tieren dominierte also die Kontrolle von oben, während das Phytoplankton von unten kontrolliert wurde. Zwischen Phytoplankton und Zooplankton war keine Korrelation zu erkennen, weil es zu einer kompensatorischen Überlagerung des aufwärts und des abwärts gerichteten Kontrollflusses kam.

Bedeutung der Signalstärke. Wenn Einflüsse bei ihrer Fortpflanzung im Nahrungsnetz gedämpft werden, hängt die Reichwerte von der Stärke der Veränderung beim Ausgangsglied („Signalstärke") ab. Starke Signale sollten sich weiter fortpflanzen. Es ist deshalb keine Überraschung, daß nahezu alle Beispiele einer bis zum Phytoplankton reichenden trophischen Kaskade auf einer vollständigen oder fast vollständigen Eliminierung der Fische beruhen, sei es durch experimentelle Manipulation, sei es auf Grund von Fischsterben.

In Oksanens Modell wird eine vertikal alternierende Kontrolle angenommen

Oksanen et al. (1981) nehmen an, daß die Länge von Nahrungsketten entscheidend dafür ist, ob eine bestimmte trophische Ebene von ihren Ressourcen („bottom-up") oder von ihren Freßfeinden („top-down") kontrolliert wird. Die Kettenlänge selbst hängt von der potentiellen Primärproduktion ab (ein „bottom-up"-Effekt), soweit nicht Sonderfaktoren wie die Bewirtschaftung durch den Menschen oder Fischsterben Organismen höherer trophische Ebenen dezimieren. Die jeweils oberste trophische Ebene ist selbst ressourcenlimitiert und übt starke „top-down"-Kontrolle auf die nächstuntere Ebene aus. Eine trophische Ebene, die selbst unter „top-down"-Kontrolle steht, kann die darunterliegende Ebene nicht unter Kontrolle halten. Dadurch wird diese ressourcenkontrolliert. Daraus ergibt sich, daß das Phytoplankton bei einer geraden Zahl „top-down" und bei einer ungeraden Zahl trophischer Ebenen „bottom-up" kontrolliert wird. Die Biomasse „bottom-up" kontrollierter trophischer Ebenen nimmt mit der Fruchtbarkeit eines Lebensraumes zu, während die Biomasse einer „top-down" kontrollierten Ebene nicht darauf reagiert (Abb. 9.6). Die empirische Evidenz zugunsten des Oksanen Modells ist noch sehr fragmentarisch und erstreckt sich bisher nur auf einige ultraoligotrophe bis mesotrophe Seen in Schweden (Persson et al. 1992). Vor allem die simplifizierende Bindung an das Konzept trophischer Ebenen und die Vernachlässigung der mikrobiellen Komponenten des Nahrungsnetzes beschränken die Anwendbarkeit des Oksanen-Modells auf Nahrungsnetze, in denen die Kette Phytoplankton – herbivore Crustaceen – Fische funktionell dominiert.

Die „bottom-up-top-down"-Kontroverse ist ein Skalierungsproblem

Vergleich sehr verschiedener Gewässer. Großskalige Vergleichsuntersuchungen von Seen oder Meeresteilen mit stark unterschiedlicher Produktivität be-

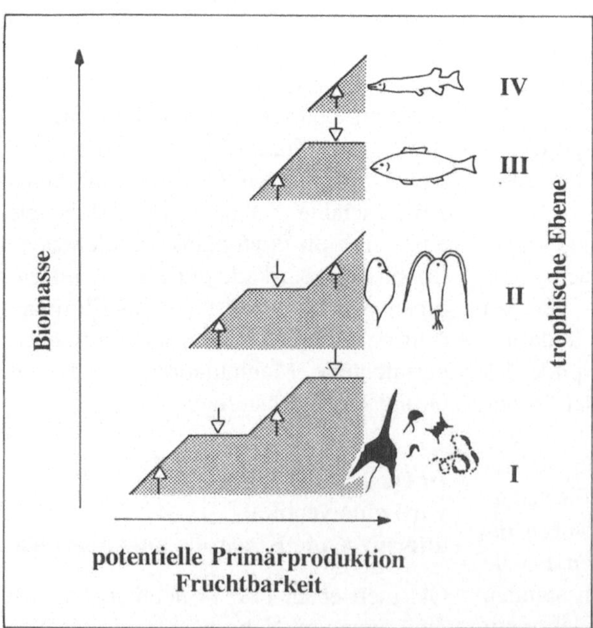

Abb. 9.6. Schema des Oksanen-Modells angewandt auf pelagische Nahrungsnetze

stätigen fast immer die „bottom-up"-Hypothese. Wenn sich das Angebot der limitierenden Nährstoffe, die Phytoplanktonbiomassen und die Primärproduktion der verglichenen Systeme um mehrere Zehnerpotenzen, so besteht zwischen den Biomassen aller trophischen Ebene eine positive Korrelation. Fruchtbarere Systeme bringen nicht nur mehr Primärproduzenten hervor, sie ermöglichen mehr herbivore und carnivore Tiere und mehr Bakterien. Die besten Korrelationen werden in der Regel durch doppelt logarithmische Transformation der Biomasse- und Produktionswerte erzielt (Peters 1986). Die Streuung um die mittlere Tendenz beträgt dann meistens etwa eine Zehnerpotenz.

Vergleich gleich produktiver Gewässer. Ein Teil der Streuung um den großskaligen „bottom-up"-Trend kann durch „top-down"-Effekte erklärt werden. Selektiert man Gewässer ähnlicher Produktivität oder beschränkt man den Vergleich auf unterschiedliche Jahre aus einem einzelnen Gewässer, treten oft negative Korrelationen zwischen den Biomassen angrenzender trophischer Ebe-

nen auf. Die durch „top-down"-Effekte erklärbare Variationsbreite der jeweils niedrigeren trophischen Ebene kann dabei etwa eine Zehnerpotenz umfassen (Abb. 9.7).

Bedeutung des zeitlichen „Fensters der Beobachtung". Bereits in einer einfachen Räuber-Beute-Oszillation nach dem Lotka-Volterra Modell (Kap. 8.2.1) kommt es zu einem dauernden Wechsel zwischen einer positiven und einer negativen Korrelation zwischen Räuber und Beute. Dasselbe gilt für die Abfolge von Frühjahrsblüte und Klarwasserstadium (Abb. 8.11). Zunächst folgt die Biomasse der Filtrierer der Biomasse des Phytoplanktons („bottom-up"), während der Abnahme des Phytoplanktons im Übergang zum Klarwasserstadium nimmt die Biomasse der Filtrierer jedoch weiter zu. Kurzzeitbeobachtungen können also phasenabhängig zu unterschiedlichen Schlußfolgerungen kommen.

Reaktionszeit. „Top-down"-Effekte wirken immer ohne Verzögerung, gefressene Individuen fehlen in der Beutepopulation. Bei einer Veränderung der

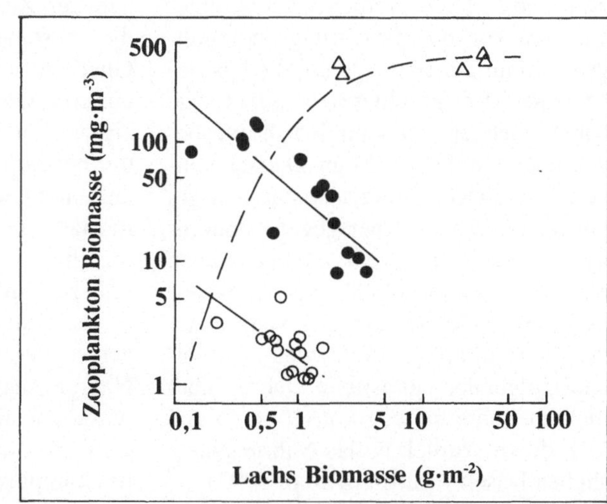

Abb. 9.7. Beziehung der Zooplanktonbiomasse zur Biomasse pazifischer Lachse im Vergleich zwischen Systemen (- - -) und innerhalb von Systemen (_____); *offene Kreise* Dalnee; *volle Kreise* Babine-Nilkitkwa; *Dreiecke* Owikeno. (Nach Abb. 8 in Brocksen et al. 1970)

Ressourcenbasis kommt es jedoch zunächst nur zu einer physiologischen Reaktion, Auswirkungen auf die Reproduktionsrate sind verzögert. Bei Phytoplanktern dauert diese Verzögerung höchstens wenige Tage, bei Mesozooplanktern mehrere Tage bis einige Wochen und bei Fischen muß bis zum Schlüpfen der nächsten Brut gewartet werden, das meistens nur einmal jährlich stattfindet. Da sich der Fischbestand jedoch aus mehreren Geburtsjahrgängen zusammensetzt, ist eine volle Auswirkung von „bottom-up"-Effekten erst nach einigen Jahren zu erwarten. Manipulationsexperimente (Düngung für „bottom-up"-Effekte, Fischzugabe für „top-down"-Effekte), die in abgetrennten Wasserkörpern (*Mesokosmen,* Enclosures) durchgeführt werden, dauern in der Regel mehrere Wochen. Sie sind daher prinzipiell ungeeignet, die volle Fortpflanzung von „bottom-up"-Effekten zu entdecken und tendieren dazu, eine übertriebene Bestätigung der „top-down"-Hypothese zu bewirken.

Verschleppung von Effekten. Fische der gemäßigten Zone laichen oft im Herbst und schlüpfen im Frühjahr. Die Zahl der Eier pro Weibchen hängt unter anderem von den Ernährungsbedingungen im Jahr der Eiablage ab, die Überlebensrate der geschlüpften Jungfische hängt dagegen von den Ernährungsbedingungen im Folgejahr ab. Danach können viele Fische Hunger erstaunlich gut ertragen und sind daher gegen „bottom-up"-Einflüsse in ihrem adulten Leben ziemlich unempfindlich. Ein ungewöhnlich starker Geburtsjahrgang kann daher den „bottom-up"-Einfluß zweier, aufeinanderfolgender günstiger Jahre über mehrere Jahre hinweg konservieren und „top-down" zurück in das Nahrungsnetz fließen lassen (Rudstam et al. 1993).

9.5 Rückkopplungen, Regulation, Chaos und Extremereignisse

Da die Kontrolle in Nahrungsnetzen weder nur „bottom-up" noch nur „top-down" fließt, wirken Einflüsse, die A auf B ausübt wieder auf A zurück. Deararartige *Rückkopplungsschleifen* können auch über mehr als zwei Glieder laufen oder komplex ineinander verschachtelt sein. Die traditionelle Ökosystemtheorie nimmt an, daß negative Rückkopplungen dominieren und zur Stabilisierung von Zustandsgrößen bzw. zur Dämpfung von Abweichungen führen. Demgegenüber muß festgehalten werden, daß ein wesentlich reicheres Repertoire von Systemverhalten sowohl theoretisch möglich ist als auch in der Natur beobachtet werden kann.

9.5.1 Negative Rückkopplung

Negative Rückkopplungen können stabilisierend wirken

Regulation. Negative Rückkopplungen bestehen darin, daß positive Veränderungen der Zustandsgröße in einem Glied die Zustandsgröße in einem anderen Glied so verändern, daß es negativ auf das erste Glied zurückwirkt. Dieses Prinzip wird in der Regeltechnik angewandt, um bestimmte Zustandsgrößen konstant auf einem *Sollwert* zu halten (z.B. Thermostat). Die Regulationsmechanismen innerhalb eines Organismus funktionieren ebenfalls nach diesem Prinzip.

Es ist allerdings bedenklich, wenn die echte oder vermeintliche Stabilität von Nahrungsnetzen ebenfalls so erklärt wird. Vor allem ist unklar, wie der Begriff „Sollwert" für Zustandsgrößen eines komplexen Systems definiert werden kann, in dem die einzelnen Teilpopulationen nach dem Kriterium selektiert werden, ihre individuelle Fitness ohne Rücksicht auf kollektive Systemmerkmale zu maximieren. Es kann daher bestenfalls von einer *Stabilisierung von Zustandsgrößen durch Rückkopplungen* gesprochen werden, ohne daß ein teleologischer Sinn wie im Begriff „Sollwert" unterstellt wird.

Ein einfaches Beispiel der negativen Rückkopplung im Kontext der Planktonökologie ist die *Dichteabhängigkeit* von Wachstumsraten (vgl. Kap. 7.2, Abb. 7.5). Auch *Räuber-Beute-Beziehungen* sind negative Rückkopplungen: Mehr Beute – mehr Räuber – höherer Fraßdruck – wenige Beute – weniger Räuber. *Häufigkeitsabhängige Beuteselektion* wirkt ebenfalls stabilisierend auf die Artenzusammensetzung der Beute, da sie seltene Beutearten vom Fraßdruck entlastet und häufige Beutearten dezimiert.

Aber bereits bei diesen einfachen Beziehungen hat sich gezeigt, daß sie nur unter bestimmten Bedingungen dämpfend und regulierend wirken. Die Dichteabhängigkeit von Wachstumsraten führt nur dann zum Einpendeln auf einen stabilen Wert, wenn die Verzögerung in der Reaktion nicht zu lang ist. Räuber-Beute-Modelle (Kap. 8.2.1) produzieren im einfachsten Fall ungedämpfte Oszillationen, nur bei der zusätzlichen Einführung von Dichteabhängigkeit pendeln sich Räuber und Beute ein.

Negative Rückkopplungen können auch Chaos erzeugen

Während Oszillationen in rückgekoppelten Systemen schon lange bekannt waren, ist die Möglichkeit eines chaotischen Verhaltens eine für die Ökologie neuere Entdeckung (May 1974, Schaffer 1985). Das *Chaos* beruht hier nicht auf externen Zufallseinflüssen, sondern ist durch die *interne Dynamik des Systems determiniert.* Deterministisches Chaos zeichnet sich nicht nur durch scheinbar irreguläre Fluktuationen ohne Periodizität aus. Ein weiteres Merkmal ist die „*schwache Kausalität".* Geringfügige Unterschiede in den Ausgangsbedingungen führen zu weit auseinanderlaufenden Zeitreihen, was große Schwierigkeiten mit dem naturwissenschaftlichen Prinzip der Reproduzierbarkeit nach sich zieht.

In theoretischen Modellen kann Chaos bereits durch verhältnismäßig einfache, rückgekoppelte Interaktionen erzeugt werden. Der einfachste Fall ist die bereits behandelte Stufenversion der logistischen Wachstumsgleichung (vgl. Kap. 7.2, Formel 7.6, Abb. 7.7) mit langen Zeitschritten. Bei Systemen mit Differentialgleichungen sind mindestens drei Glieder nötig, um bei entsprechender Wahl der Parameter Chaos zu produzieren (Scheffer 1991). Einfache Beispiele dafür sind:

- 3gliedrige Nahrungsketten mit Dichteabhängigkeit

- 2 Konkurrenten mit einem gemeinsamen Räuber

- 2 Konkurrenten mit je einem separaten Räuber

9.5.2 Positive Rückkopplung

Neben der negativen Rückkopplung gibt es auch die positive Rückkopplung. Sie besteht darin, daß *interagierende Glieder eines Systems einander wechselseitig verstärken.* Das Ergebnis ist ein „aus dem Ruder laufender" Prozeß sich selbst beschleunigender Veränderungen, bei dem es zu keiner dichteabhängigen

Dämpfung kommt. Natürlich können derartige Prozesse nicht beliebig lange laufen, da keine Population unendlich groß werden kann. An die Stelle allmählicher Annäherung an Gleichgewichtswerte tritt jedoch die abrupte Erreichung von Grenzen. Am Beispiel der *„Wasserblüten"* (unkontrollierte Massenentfaltungen des Phytoplanktons) läßt sich zeigen, daß die Grenzwerte oft höher liegen als die Gleichgewichtswerte des regulierten „Normalzustandes". Da positive Rückkopplungsmechanismen oft durch sehr geringfügige Abweichungen vom Normalzustand gestartet werden können, ist ihr Auftreten häufig nicht vorhersagbar.

Wasserblüten entstehen durch positive Rückkopplungen

Hier geht es nicht um die in allen fast allen Gewässern mit Jahreszeitenwechsel auftretende Frühjahrsblüte, die mit dem Anwachsen einer Algenkultur verglichen werden kann und sich vor allem deshalb entwickelt, weil sich am Anfang der Vegetationsperiode die Populationen der Herbivoren noch nicht aufgebaut haben. Hier geht es um die sommerlichen Massenentfaltungen von Algen, die zu charakteristischen Oberflächenblüten und/oder Vegetationsfärbungen führen. Sie treten in eutrophen und eutrophierten Gewässern auf und haben oft stark episodischen Charakter. In sehr eutrophen Gewässern können sie allerdings auch permanent werden. In Binnengewässern handelt es sich vor allem *koloniebildende Blaualgen,* daneben treten aber auch Dinoflagellaten als Blütenbildner auf, im Meer sind es vor allem *Dinoflagellaten („red tides"), koloniebildenden Prymnesiophyceae (Phaeocystis)* und *toxische, einzellige Prymnesiophyceae* (z.B. *Chrysochromulina polylepis*). Da es unter den Blütenbildnern zahlreiche giftige Organismen gibt, deren Gifte sich in Wassertieren, vor allem Muscheln, anreichern, sind sie auch von erheblichem praktischen Interesse.

Normalzustand. Im regulierten „Normalzustand" (Abb. 9.8) wird das Phytoplankton vor allem durch zwei Mechanismen unter Kontrolle gehalten. *Bakterien* blockieren *als Konkurrenten* der

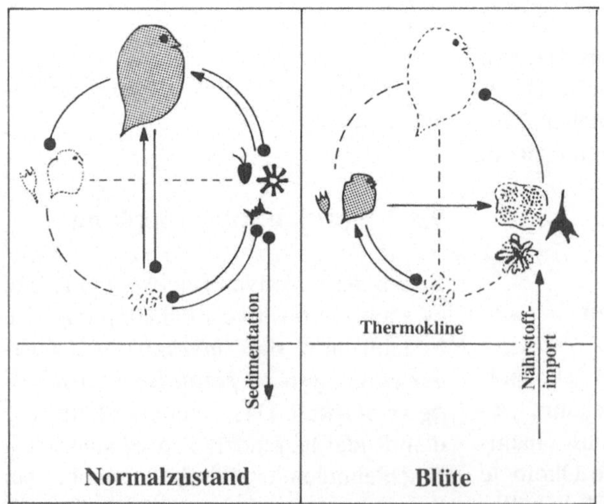

Abb. 9.8. Planktische Interaktionen im Normalzustand und bei Wasserblüten: *unten* Bakterien; *links* kleine Filtrierer; *oben* große Filtrierer; *rechts* Algen; *Pfeile* fördernde Einflüsse; *Kreise* hemmende Einflüsse; *unterbrochene Linien* unterdrückte Interaktionen

Phytoplankter einen Teil des limitierenden Nährstoffes (vgl. Kap. 8.1.4), unter den Zooplanktern setzen sich *effiziente, große Filtrierer* (im Süßwasser z.B. *Daphnia*) durch, die das Phytoplanktern unter Kontrolle halten. Da Phytoplankter gegen die Grazingrate anwachsen müssen, können sich allenfalls mäßig nährstofflimitierte Arten im Phytoplankton halten, das heißt die überlebenden Arten müssen eine relativ *hohe Zellquote* des limitierenden Nährstoffes haben (vgl. Kap. 6.2.2, Formel 6.7). Im Umkehrschluß bedeutet das, daß sie vergleichsweise wenig Biomasse aus der ihnen zur Verfügung stehenden Menge des limitierenden Nährstoffes bilden können (Formel 6.11). Soweit im Phytoplankton unbewegliche Formen vertreten sind, kommt es darüber hinaus zu einem *Nährstoffexport* aus der euphotischen Zone durch Sedimentation.

Wasserblüte. Im eskalierenden Blütenzustand kommt es zu einem *Zusammenbruch der Kontrollmechanismen* und statt dessen zu positven Rückkopplungen (Abb. 9.8). Die blütenbildenden Algen verschieben durch Inhibition des Filtrationsprozesses bzw. durch ihre Toxizität die Konkurrenz innerhalb des Zooplanktons zu den *kleinen Filtrierern* (im Süßwasser z.B. *Ceriodaphnia, Chydorus;* vgl. Kap. 8.2.2). Diese fressen die blütenbildenden Algen überhaupt nicht, sondern Bakterien und Picoplankter. Dadurch verteilen sie Nährstoffe von den Bakterien und Picoplanktern zu den blütenbildenden Algen um. Gleichzeitig wird die Konkurrenz durch Bakterien ausgeschaltet. Da die blütenbildenden Algen praktisch nicht gefressen werden, können sie bis zum Zustand extremer Nährstofflimitation weiterwachsen. Sie haben also *niedrige Zellquoten* des limitierenden Nährstoffes, woraus im Umkehrschluß eine hohe Biomassebildung

pro Einheit Nährstoff resultiert. Da blütenbildende Algen vertikal beweglich sind (Flagellaten oder Blaualgen mit Gasvakuolen), können sie Nährstoffreserven im tieferen Wasser nutzen und bewirken dadurch einen *Nährstoffimport* in die euphotische Zone.

Quantitativer Vergleich Blüte-Normalzustand. Als Beispiel für die Biomassenunterschiede zwischen Normalzustand und Blüte dient eine sehr grobe Überschlagsrechnung mit Phosphor als limitierendem Nährstoff.

● **Normalzustand:** Der biologisch gebundene Phosphor verteilt sich größenordnungsmäßig gleich auf Algen, Bakterien und Tiere. Die Phosphor-Zellquote der Algen beträgt stöchiometrisch etwa $P{:}C = 0{,}005{:}1$ (mäßige P-Limitation). Da sie nur über etwa ein Drittel des biologisch gebundenen Phosphors verfügen, bilden sie pro Mol P etwa 67 Mol C Biomasse.

● **Blüte:** Der biologisch gebundene Phosphor verteilt sich größenordnungsmäßig im Verhältnis 8:1:1 auf Algen, Bakterien und Tiere. Die Phosphor-Zellquote der Algen sinkt im Extrem auf etwa $0{,}001{:}1$ (extreme P-Limitation). In diesem Fall können die Algen 800 Mol C Biomasse pro Mol biologisch gebundenem P aufbauen. Dieser Unterschied von etwa einer Zehnerpotenz wird durch den Nährstoffimport weiter akzentuiert.

Bei der Entstehung von Wasserblüten spielen stochastische Elemente eine wichtige Rolle

Physikalische Faktoren. Sommerblüten treten in manchen Gewässern fast jedes Jahr und ziemlich vorhersagbar auf, in anderen Gewässern hingegen treten sie überraschend und sporadisch auf. Dabei scheinen die Unterschiede zwischen den Gewässern mit regelmäßigen und denen mit sporadischen Blüten auf den ersten Blick oft nicht besonders groß zu sein. Ob es zum Umschlagen vom Normalzustand in die Ausbildung einer Blüte kommt, hängt oft von Faktoren ab, die nicht exakt vorhersagbar sind. Die meisten blütenbildenden Algen werden von *stabiler vertikaler Schichtung* gefördert. *Schlechtwetterfronten* können durch Abkühlung und Windenergie je nach Stärke der Störung und Morphometrie des Gewässers bestehende Schichtungen partiell oder vollständig zerstören. Derartige Störungen führen zu einer Verhinderung des Aufkommens, zu einer Unterbrechung des Wachstums oder sogar zum Zusammenbruch von Populationen der blütenbildenden Algen. In mäßig oder schwach gepufferten Gewässern kann es zu einem *Sinken des pH-Wertes* kommen, was in der Regel ebenfalls zuungunsten der an hohe pH-Werte angepaßten Blütenbildner geht.

Timing. Inhibition des Filtrationsprozesses und Toxizität wirken sich nur bei einer gewissen Mindestkonzentration störender Algen auf die großen Filtrierer aus. Die blütenbildenden Algen müssen also den Filtrierern in ihrer zeitlichen Entwicklung zuvorkommen, um sich durchzusetzen, ansonsten können die großen Filtrierer unter Umständen ihr Aufkommen verhindern. Auch bei schlechter Freßbarkeit können sehr hohe Gesamtfiltrationsraten zu substantiellen Grazingverlusten führen. Da Wachstum und Verluste der Blütenbildner und der Filtrierer von unterschiedlichen und teilweise auch zufälligen Faktoren abhängen, kann die Reihenfolge in verschiedenen Situationen auch verschieden sein.

Die Bedeutung des Timings wird dadurch verstärkt, daß bei koloniebildenden Algen oft nur große Kolonien unfreßbar und inhibierend sind. Wenn koloniebildende Algen ihre Biomasseminima als Dauerzellen *(Anabaena, Aphanizomenon)* oder als Einzelzellen bzw. kleine Kolonien *(Phaeocystis, Microcystis)* überdauern, liegen am Anfang ihrer Vegetationsperiode nur oder überwiegend gut freßbare, kleine Kolonien vor. Allerdings überwintert *Microcystis* in manchen Seen in Form großer Kolonien auf der Sedimentoberfläche. Wenn diese Kolonien ins Pelagial aufsteigen, wird die Bildung von Blüten wesentlich wahrscheinlicher.

9.6. Saisonalität von Nahrungsnetzen

9.6.1. Sukzession des Planktons

Sukzession ist eine endogen gesteuerte Sequenz von Veränderungen der taxonomischen Zusammensetzung eines Nahrungsnetzes

Mit dem jahreszeitlichen Wachsen und Vergehen von Populationen verändern auch die pelagischen Nahrungsnetze ihre Konfiguration. Dieser jahreszeitliche Wechsel wurde von Planktologen als Sukzession bezeichnet. Diese Wortwahl implizierte zuerst unbewußt und später bewußt eine Analogie zu einem Prozeß, der in terrestrischen Lebensgemeinschaften Jahrzehnte bis Jahrhunderte dauert. Bezogen auf die Generationszeit der beteiligten Organismen ist diese Analogie berechtigt, aber nur solange Fische und langlebige Großzooplankter außer Betracht bleiben. Neben dem umstrittenen und wohl zu teleologischen Konzept der „Reifung" hat Sukzession gegenüber anderen zeitlichen Veränderungen im Erscheinungsbild von Lebensgemeinschaften drei spezifische Merkmale:

● **Ablösung von Generationen:** Innerhalb der an einer Sukzession beteiligten Populationen kommt es zu einer Aufenanderfolge von mehreren bis vielen Generationen. Beim Phytoplankton, den Bakterien und den Protozoen sind je nach Art mehrere 10 bis 100 Generationen an einem jahreszeitlichen Zyklus beteiligt, bei vielen Mesozooplanktern sind es immer noch bis zu etwa 10 Generationen.

● **Ablösung von Populationen:** Durch das Wachstum und die Abnahme von Populationen, die im Phytoplankton und im Zooplankton meherere Zehnerpotenzen der Abundanz umfassen können, kommt es zu deutlichen Veränderungen der taxonomischen Zusammensetzung. Dabei ist es unerheblich, ob diese Veränderungen eher kontinuierlich sind oder ob distinkte Stadien auftreten.

● **Innensteuerung:** Die zeitlichen Veränderungen in der taxonomischen Zusammensetzung resultieren aus Konkurrenz- und Räuber-Beute-Beziehungen und anderen Interaktionen innerhalb des Nahrungsnetzes und nicht aus voneinander unabhängigen Reaktionen der einzelnen Populationen auf Veränderungen der externen Umwelt.

Die Saisonalität des Planktons besteht aus Sukzessionen, Reversionen und Verschiebungen

Während die ersten beiden Merkmale von Sukzession unproblematisch sind, ist die relative Bedeutung der Innensteuerung im Vergleich zu externen Einflußfaktoren umstritten. Es kann jedoch keinen Zweifel geben, daß eine Reihe von breits dargestellten zeitlichen Übergängen (Klarwasserstadien, kompetitive Verdrängungen) gut durch endogene Mechanismen erklärbar sind.

Ebenso ist es offensichtlich, daß der saisonale Wechsel in der Zusammensetzung des Planktons auch eine Reihe von exogen erzwungenen Prozessen enthält. Reynolds (1980) unterscheidet zwei Kategorien von extern erzwungenen Veränderungen:

● **Reversionen:** Sie treten als Reaktion auf zufällige und kurzzeitige Störereignisse auf und bestehen in einem Zurückspringen der Sukzession auf frühere Stadien. Beispiele dafür sind episodische Durchmischungsereignisse oder Auswaschungen der Oberflächenschicht durch Hochwässer. Sie führen durch die Verdünnung von Populationen und den Input zusätzlicher Nährstoffe zu einer Schwächung bzw. Unterbrechung biotischer Interaktionen.

● **Verschiebungen** („shifts"): Sie sind Reaktionen auf langfristige und regelmäßig auftretende Veränderungen der Umwelt, z.B. auf die Abkühlung, Vergrößerung der Durchmischungstiefe und die Verminderung des Lichtangebots im Herbst.

9.6.2. Zeitgeber der Saisonalität

Bei der Saisonalität pelagischer Nahrungsnetze interferieren vier verschiedene Zeitgeber: der jahreszeitliche Wechsel der physikalischen Lebensbedingungen, asaisonale Schwankungen der physikalischen Lebensbedingungen, die Zeitskala des Populationwachstums der kurzlebigen Organismen und ontogenetische Zeitgeber.

Der Saisonalität des regionalen Klimas ist der äußere Rahmen der Saisonalität des Planktons

Der jährliche regionale Klimarhythmus pflanzt sich von der Atmosphäre und vom Land auf die Gewässer fort, wobei die thermische Trägheit des Wassers zu mehr oder weniger starken Dämpfungen und Verzögerungen führt. In Klimazonen mit saisonalem Temperaturwechsel und bei ausreichender Tiefe des Gewässers ist der *Wechsel von Schichtung und Durchmischung* (vgl. Kap. 4.3) das herausragende Merkmal der physikalischen Saisonalität. In Zonen, in denen die Jahreszeiten mehr vom Wechsel zwischen Regen- und Trockenzeiten bestimmt ist, kann zumindest in kleineren und mittleren Gewässern der Wechsel in den Durchflußraten und in der Salinität eine ähnlich starke Rolle spielen. In äquatornahen Meeresbereichen ist häufig die Saisonalität von Strömungsmustern ausschlaggebend.

Nullpunkteinstellung im Winter. Im Winter der gemäßigten, der borealen und der polaren Zonen sind die physikalischen Wachstumsbedingungen (tiefe Zirkulation oder Eisbedeckung, kurze Tageslänge, niedrige Temperatur) so schlecht, daß es zu einer Abnahme der Phytoplanktonpopulationen um mehrere Zehnerpotenzen kommt. Dieser Abnahme folgt auch eine Abnahme der kurzlebigen Herbivoren. Gleichzeitig reichern sich gelöste Pflanzennährstoffe im Wasser an.

Keine Nullpunkteinstellung in Tropen und Subtropen. Mit Ausnahme der Auswaschung durch Flutereignisse in stark durchflossenen Gewässern sind die Bedingungen in der ungünstigen Saison in den Tropen und Subtropen nicht so wachstumsfeindlich, daß es zu einer

physikalisch bedingten Dezimierung des Phytoplanktons kommt (Talling 1986). Es kommt daher auch zu keinem jährlichen Abbau und Neuaufbau von Nahrungsnetzen, obwohl physikalisch kontrollierte Veränderungen aufgund des verminderten Energieinputs natürlich in den meisten Fällen auftreten.

Start der Vegetationsperiode. Der Start des Phytoplanktonwachstums am Ende des Winters hängt in erster Linie vom *effektiven Lichtklima* ab (vgl. Kap. 4.2), das von Einstrahlung, Tageslänge, Durchmischungstiefe und Transparenz des Wasser und gegebenfalls Eisbedeckung bestimmt wird. In tiefen Gewässern beginnt die Vegetationsperiode mit dem *Beginn der Schichtung.* In den meisten Fällen handelt es sich dabei um eine thermische Schichtung, in den polaren Meeresgebieten baut sich diese Schichtung jedoch dadurch auf, daß durch die *Eisschmelze* eine leichtere Deckschicht mit geringerer Salinität entsteht. In Gewässern geringer Tiefe herrschen bereits unmittelbar nach der Eisschmelze, während der beginnenden Frühjahrszirkulation, gute Lichtbedingungen. In flachen Gewässern ohne Eisbedeckung ist der Übergang vom Winter zur Vegetationsperiode mehr graduell und folgt im wesentlichen der Tageslänge. Bei sehr langer Eisbedeckung und klarem Eis kann die *Frühjahrsblüte unter Eis* erfolgen (z.B. Baikalsee im Juni).

Asaisonale Durchmischungsereignisse interferieren mit biologischen Interaktionen

Die Einwirkung von Schlechtwetterfronten auf die Schichtung eines Gewässers hängt von Windexposition, Stabilität der vorhandenen Schichtung, Windstärke und Ausmaß der Abkühlung ab. Durchmischungsereignisse verschlechtern das Lichtklima, verbessern die Nährstoffversorgung und verdünnen Populationen der Oberflächenschicht. Ihr Auftreten ist unregelmäßig, in den gemäßigten Zonen herrscht eine Intervallänge von 5 bis 15 Tagen vor. Diese zeitliche Skala interferiert stark mit der Zeitskala biotischer Interaktionen (kompetitiver Ausschluß, Zeitversetzung zwischen Phytoplankton- und Zooplanktonmaxima) und kann bei entsprechender Stärke Sukzessionen abbrechen und Reversionen einleiten. In polymiktischen Gewässern mit unstabiler Schichtung sind Sukzessionsmuster daher oft nicht mehr erkennbar. Neben der *Erzeugung von Unregelmäßigkeit* wirken mittelfrequente Störungen der kompetitiven Exklusion (vgl. Kap. 8.1.5, „intermediate disturbance hypothesis") und der Anreicherung toter Enden in Nahrungsnetzen (vgl. Kap. 9.3.2) entgegen. Sie berwirken also tendenziell eine *Erhaltung der Diversität* und eine *Regeneration direkter Nahrungsketten.*

Das Auf und Ab der Populationen kurzlebiger Organismen ist eine Frage weniger Wochen

Phytoplankton. Planktische Algen benötigen nur wenige Stunden bis Tage, um auf eine verändertes Ressourcenangebot mit veränderten Bruttowachstumsrate zu reagieren. Protozoen und Bakterien sind ähnlich reaktiv. Da sich die saisonalen Minima und Maxima um einige Zehnerpotenzen unterscheiden, dauert es je nach Wachstumsrate und Größe des „Inokulums" ein bis drei Wochen, bis eine Population ihr Maximum erreicht. Ähnlich lang dauert es, bis eine Population, die unter starkem Fraßdruck steht, wieder auf ihr Minimalniveau (z.B. Klarwasserstadium) dezimiert wird. Die Artenzusammensetzung des Phytoplank-

tons folgt Veränderungen in den Ressourcenverhältnissen und damit in den Konkurrenzbedingungen mit Verzögerungen von wenigen Wochen (vgl. Kap. 8.1.5, Abb. 8.9). Die beinahe vollständige Durchsetzung (>95%) siegreicher Konkurrenten dauert etwa 3 bis 6 Wochen.

Kurzlebige Zooplankter. Das Wachstum der Protozoen, Rotatorien, filtrierenden Cladoceren und einiger herbivorer Copepoden folgt ihren Futterorganismen mit nur geringem Zeitabstand. Bei den bakterivoren Flagellaten beträgt die Verzögerung oft nur wenige Tage (vgl. Kap. 8.2.4), bei den filtrierenden Cladoceren wenige Wochen. Ein vollständiger Umlauf in den Räuber-Beute-Oszillationen zwischen *Daphnia* und ihren Futteralgen beträgt zwischen 30 und 50 Tagen (Murdoch und McCauley 1985). Viele Copepoden reagieren wegen ihres komplexeren Entwicklungszyklus langsamer, aber auch unter ihnen gibt es Arten, deren Populationswachstum einer Algenblüte mit einigen Wochen Verzögerung folgen kann, um danach ein Klarwasserstadium herbeizuführen (Abb. 8.11).

Einjährige Zooplankter. Bei Zooplanktern mit lediglich einer Generation pro Jahr (z.B. *Heterocope borealis* in Abb. 7.10) wirkt sich die Nahrungslimitation der Geburtenrate erst im folgenden Jahr aus. Bei der charakteristischen juvenilen Mortalität von >90% hängt die Größe der adulten Population jedoch mehr vom Überleben der juvenilen Stadien und damit von den Bedingungen im Frühjahr ab. Da überdurchschnittliche Mortalitätsereignisse in einem Jugendstadium innerhalb desselben Jahres nicht mehr durch mehr Geburten kompensiert werden können, verschleppen sich deren Effekte bis zum Ende der Vegetationsperiode.

**Ontogenetische Zeitgeber
sind evolutionär
an die mittlere Saisonalität angepaßt**

Zeitliche Einklinkung von Räubern höherer Ordnung. Es gehört zu den Eigentümlichkeiten pelagischer Nahrungsnetze, daß sie sich jährlich von unten wieder aufbauen, während die Räuber höherer Ordnung bereits zu Beginn der Vegetationsperiode da sind. Sie können aufgrund ihrer langen Entwicklungzeiten nicht demographisch auf Veränderungen des Futterangebots reagieren, die sich innerhalb weniger Wochen vollziehen. Ihre Reaktion ist einerseits funktionell, andererseits passen sich Ereignisse der individuellen Ontogenese an den jahreszeitlichen Stand der Planktonsukzession an. Die Zeitpunkte des Schlüpfens aus Eiern und der Beendigung der Diapause (vgl. Kap. 7.5) unterliegen einem evolutionären Anpassungsprozeß. Genotypen, deren Jungtiere zu Zeiten unzureichenden Futterangebots oder zu hohen Fraßdrucks schlüpfen, würden aus einem System eliminiert werden. Die zeitliche Einklinkung ontogenetischer Stadien in den Jahresgang der Planktons ist also der *„Ultimatfaktor"* für die Erklärung des Keimungstermins.

Proximatfaktoren. Da Dauerstadien nicht in der Lage sind, die Ernährungs- und Überlebensbedingungen direkt wahrzunehmen, benötigen sie einen zeitlich damit gekoppelten, *auslösenden Reiz* („Proximatfaktor"), der die Beendigung der physiologischen Ruhe auslöst. Das ist oft ein physikalischer Faktor (Tageslänge, Temperatur). Insbesondere dann, wenn die Tageslänge als Proximatfaktor wirkt, ist damit eine große Regelmäßigkeit im zeitlichen Auftreten verbunden. Da sich die evolutionäre Anpassung der Beendigung von Ruhestadien nur langsam vollzieht, können sie nur

auf langjährige Mittelwerte der Ultimatfaktoren abgestimmt werden. Unregelmäßigkeiten in der Saisonalität der Ultimatfaktoren, z.B. im Wachstum von Futterorganismen, können im Einzelfall eine gewisse *Asynchronie* bewirken. Bei starker „top-down"-Fortpflanzung von Effekten kann dadurch den niedrigeren Gliedern des Nahrungsnetzes ein höheres Maß an Regelmäßigkeit aufgezwungen werden. In diesem Fall treten Biomasseminima der Beutegilde zu einem strenger festgelegten Zeitpunkt auf als die vorausgehenden Biomassemaxima.

Dauerstadien kurzlebiger Plankter. Auch kurzlebige Organismen wie Algen oder manche Cladoceren können ihre Überwinterung partiell oder vollständig auf Dauerstadien stützen. In diesem Fall kommt es beim Wiederaufbau der Populationen zu einer Mischreaktion aus Keimung und Populationswachstum. Bei der zeitlichen Determination des *Klarwasserstadiums* (vgl. Kap. 8.2.2) ist oft die Keimung der Zooplankter aus Dauerstadien wichtiger als ihre numerische Reaktion auf das Futterangebot. So ist zum Beispiel der Zeitpunkt des Klarwasserstadiums im Bodensee fast exakt (Ende Mai, Anfang Juni) festgelegt, während der Beginn der Frühjahrsblüte der Algen von Jahr zu Jahr um mehrere Wochen schwanken kann (Geller 1980).

9.6.3. Regelmäßige und unregelmäßige Komponenten der saisonalen Veränderung

Aggregation kann das Erkennen von Mustern fördern

In der Saisonalität des Planktons innerhalb eines Gewässers zeigen sich sowohl *regelmäßig wiederkehrende Muster* als auch *unregelmäßige Fluktuationen.*

Die relative Gewichtung der regelmäßigen und der unregelmäßigen Komponenten ist dabei sehr verschieden, sowohl objektiv zwischen verschiedenen Systemen als auch subjektiv im Urteil verschiedener Forscher. Das Erkennen von Regelmäßigkeit hängt auch von Ausmaß und Art der Aggregation bei der Auswertung der Originaldaten ab. Hohe Aggregation fördert dabei oft das Erkennen von Regelmäßigkeiten, während hohe Detailauflösung die Unterschiede zwischen verschiedenen Jahren betont. So kann für viele Gewässer mit nahezu hundertprozentiger Sicherheit eine Frühjahrsblüte von Kieselalgen vorausgesagt werden, während die einzelnen Arten von Jahr zu Jahr wechseln mögen. Saisonale Biomassemuster der einzelnen „trophischen Ebenen" sind häufig, aber nicht immer regelmäßiger als taxonomische Muster.

**Fluktuationen
wurden dem „Wetter" zugeschrieben**

Seit es Untersuchungen über die Saisonalität des Planktons gibt, existieren die Meinungsverschiedenheiten über das Ausmaß ihrer Vorhersagbarkeit. Ich selbst habe dabei stets den Aspekt der Regelmäßigkeit betont (Sommer 1989, Sommer et al. 1986). Es war dabei bis vor kurzem nahezu selbstverständlich, die regelmäßigen Elemente dem astronomisch bedingten Zyklus der Jahreszeiten und der inneren Eigendynamik der biotischen Interaktionen und die zufälligen Streuungen dem „Wetter" (externe Störungen) zuzuschreiben. Vor dem Eindringen der Chaostheorie in die Planktonökologie galten Regelmäßigkeit als Merkmal deterministischer Beziehungen („Signal") und Fluktuationen als Merkmal des Zufalls („Rauschen").

**Das reale Plankton
verhält sich regelmäßiger
als komplexe theoretische Modelle**

Inzwischen hat uns die Chaostheorie gelehrt, daß deterministische Systeme nicht notwendigerweise regelmäßge Zeitreihen hervorbringen (May 1974, Schaffer 1985). Gerade Nahrungsnetzmodelle für das Pelagial mit ihren komplexen Interaktionen und vielfältigen Verzögerungsmechanismen tendieren zu chaotischem Verhalten (Scheffer 1991). Es scheint sogar so zu sein, daß sich das reale Plankton weniger chaotisch verhält, als es den theoretischen Modellen nach der Fall sein müßte. Warum dies so ist, kann derzeit bestenfalls Gegenstand spekulativer Hypothesen sein:

● Dominanz weniger Interaktionen

● Zerfall chaotischer Nahrungsnetze

● Externer Zwang

Dominanz weniger Interaktionen. Deterministische Modelle komplexer Systeme gehen von der grundsätzlichen Gleichberechtigung aller durch Gleichungen beschriebenen Interaktionen aus. Durch die Dämpfung von Effekten bei ihrer Fortpflanzung in Nahrungsnetzen kann es jedoch sein, daß die meisten Interaktionen praktisch ohne Wirkung auf weiter entfernte Glieder sind und nur wenige wichtige Interaktionen übrig bleiben. Gemessen an den vorherrschenden Interaktionen könnten dann Nahrungsnetze über weite Zeiträume einfach genug sein, um kein chaotisches Verhalten zu zeigen.

Zerfall chaotischer Nahrungsnetze. Die Entstehung einer chaotischen Dynamik in eienem Modell hängt nicht nur von der Konfiguration der angenommen

Interaktionen, sondern auch von den numerischen Werten der die Arten/Gilden charakterisierenden Parameter (Wachstumsraten, Halbsättigungskonstanten, Kapazitäten, Konkurrenzkoeffizienten, Prädationskoeffizienten, Selektivitätskoeffizienten usw.) ab. Bei der gleicher Struktur, aber verschiedenen Arten, können sich Modelle chaotisch oder konventionell verhalten. Sowohl bei chaotischem Verhalten als auch bei starken, periodischen Oscillationen besteht eine hohe Wahrscheinlichkeit, daß Arten während ihrer Populationsminima durch Zufallsereignisse aussterben (*„random extinction"*). Dabei können Verbindungen zu anderen Sektoren des Nahrungsnetzes verlorengehen, so daß das Nahrungsnetz in mehrere unverbundene und weniger komplexe Netze zerfällt, die u.U. eine gedämpftere Dynamik haben. Ebenso können ausgestorbene Arten/Genotypen mehr oder weniger zufällig durch andere ersetzt werden, deren Eigenschaften im Kontext mit den anderen Arten geringere Fluktuationen hervorbringen. Da nicht die Parameter eines einzelnen Genotyps, sondern der Gesamtkombination aller Parameter aller Arten über das Systemverhalten entscheiden, bedarf es einer Vielzahl von mehr oder weniger zufälligen Ersetzungen von Genotypen, bis sich durch *„Versuch und Irrtum"* ein Nahrungsnetz mit ausreichend kleinen oder mit gedämpften Oszillationen sortiert hat.

Externer Zwang. Planktonsukzessionen laufen nicht lange genug autonom ab, um das für chaotische Systeme charakteristische Auseinanderlaufen von Zeitreihen deutlich werden zu lassen. Jahreszeitlich fix determinierte Ereignisse, insbesondere die physikalisch determinierte „Nulleinstellung" im Winter und die Keimung von Dauerstadien, zwingen divergierende Trajektorien immer wieder

zusammen. Diese Vorstellung steht im Gegensatz zur bisherigen Auffassung, daß die Eigendynamik der Sukzession „regelmäßig" ist und die „unregelmäßigen Elemente" den externen Zwängen einer variablen, physikalischen Umwelt zugeschrieben werden.

9.6.4. Grundmuster der Saisonalität des Planktons

Saisonale Zyklen im Plankton sind zwar in großer Menge publiziert worden. Dennoch reicht die bisherige geographische Deckung noch nicht aus, um eine vollständige Typologie auf floristisch/faunistischer Ebene zu erstellen. Bisher publizierte Typologien beziehen sich nur auf das Phytoplankton und haben eine begrenzte regionale Gültigkeit, z.B. die von Reynolds (1980, 1984) für geschichtete Seen der gemäßigten Zone. Da die Bedeutung der mikrobiellen Schleife erst vor relativ kurzer Zeit erkannt wurde, sind Bakterien, Picophytoplankter und Protozoen noch kaum in Untersuchungen zur Saisonalität des Planktons integriert worden. Auch das mehr an funktionellen und weniger an taxonomischen Gruppierungen orientierte *PEG-Modell der Planktonsukzession* (Sommer et al. 1986) bezieht sich nur auf das Phytoplankton und metazoische Herbivore. Carnivore Zooplankter wurden als relativ unbedeutend erachtet, da sie in fischhaltigen Systemen meistens von planktivoren Fischen unter Kontrolle gehalten werden. Die Saisonalität des Fischfraßes wurde jedoch als wichtiger Faktor für die Saisonalität des Zooplanktons berücksichtigt. Die folgende Darstellung beruht im wesentlichen auf dem PEG-Modell, sie stellt jedoch den Anspruch, im Prinzip auch für das Meer mit Ausnahme der Tropen zu gelten, obwohl das PEG-Modell ursprünglich für Seen ent-

Abb. 9.9. Schema der Saisonalität des Planktons in oligotrophen Systemen mit zwei Maxima. *Von oben nach unten* Jahresgang von Licht und Nährstoffen; Jahresgang der Biomasse des Phytoplanktons und des herbivoren Zooplanktons; Jahresgang der Zusammensetzung des Phytoplanktons; Jahresgang der Zusammensetzung des herbivoren Zooplankton

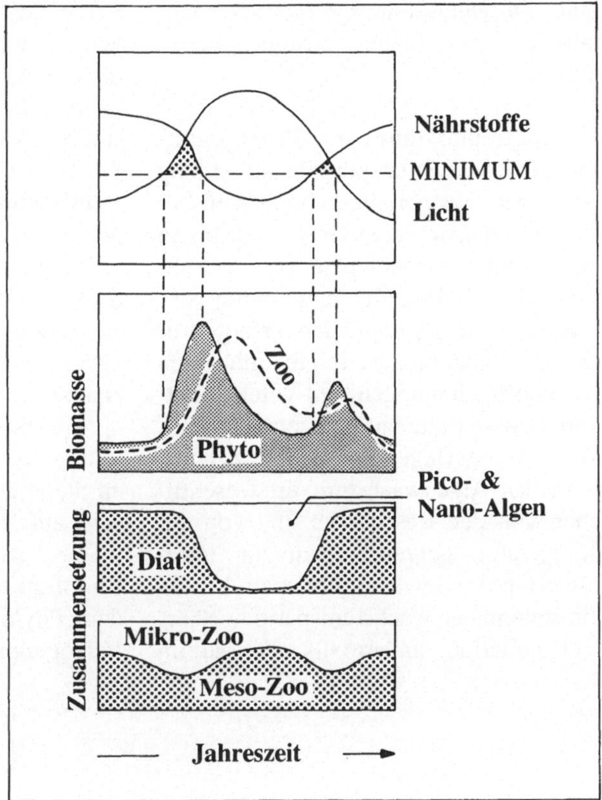

wickelt wurde (Abb. 9.9, 9.10, 9.11). In welchem Ausmaß das wesentlich vielfältigere Makro- und Megazooplankton des Meeres Modifikationen erforderlich macht, müssen zukünftige Untersuchungen zeigen.

In oligotrophen Systemen gibt es ein oder zwei Jahresmaxima des Phytoplanktons

Gegenläufigkeit Licht-Nährstoffe. Die Gegenläufigkeit der raum-zeitlichen Verteilung von Licht und Nährstoffen ist eines der Hauptprobleme für das Phytoplankton geschichteter Gewässer. Gelöste Nährstoffe werden im Winter angereichert und während der Vegetationspe-

riode gezehrt. Dabei kommt es sowohl zu einer Umlagerung in den partikulären Pool als auch durch die Sedimentation zu einer Verminderung des Gesamtpools in der Oberflächenschicht und damit zu einer Verminderung des Potentials, Biomasse zu bilden. Erst im Herbst erhöht sich durch vertikale Durchmischung wieder das Nährstoffangebot. Gleichzeitig nimmt aber auch das Lichtangebot ab. Eine für signifikantes Phytoplanktonwachstum ausreichende Kombination von Nährstoff- und Lichtangebot tritt im normalen Jahresgang einmal oder zweimal auf (Abb. 9.9 und 9.10), je nachdem ob die Verbesserung des Nährstoffangebots im Herbst der Verschlechterung des Lichtklimas zuvorkommt oder nicht. Während des Sommers können episodische Durchmischungsereignisse ebenfalls erneutes Algenwachstum ermöglichen.

Frühjahrsmaximum des Phytoplanktons. Die Wachstumsperiode am Anfang der Vegetationsperiode kann sich in borealen und subpolaren Gewässern bis in den Sommer verschieben. Da die Zehrung der Nährstoffe erst durch das Wachstum der Phytoplankter erfolgt, tritt die Kombination aus relativ günstigen Nährstoffbedingungen und guten Lichtverhältnissen jedoch in jedem Jahr auf. Wegen der geringen Zooplanktondichten wird das Algenwachstum im wesentlichen von den Ressourcen und von der Temperatur begrenzt. Nur in ultraoligotrophen Gewässern herrscht bereits am Beginn der Wachstumsperiode Nährstofflimitation, andernfalls tritt sie im

Laufe der Wachstumsphase ein. Unter den Phytoplanktern dominieren wegen ihrer Konkurrenzstärke bei hohen Verhältnissen des Silikats zu anderen Nährstoffen häufig *Kieselagen* (vgl. Kap. 8.1.4). Sie werden jedoch am Ende des Frühjahrsmaximums verdrängt, da sie in der Schichtungsphase schneller als andere Phytoplankter aussinken und sich das Silikatangebot wegen des fehlenden Recyclings durch Zooplankter (vgl. Kap. 8.4) noch schneller als das der anderen Nährstoffe vermindert.

In versauerten, in humosen und in ultraoligotrophen Binnengewässern treten an Stelle der Kieslalgen oft *Chrysophyceen* auf.

Zooplankton. Das Zooplankton folgt dem Phytoplankton mit einer gewissen Verzögerung, wobei kleine Zooplankter

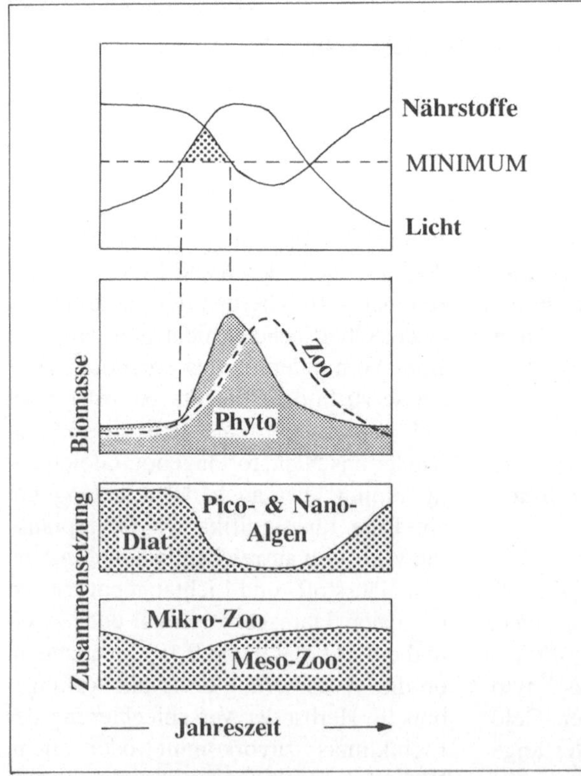

Abb. 9.10. Schema der Saisonalität des Planktons in oligotrophen Systemen mit einem Maximum. *Von oben nach unten* Jahresgang von Licht und Nährstoffen; Jahresgang der Biomasse des Phytoplanktons und des herbivoren Zooplanktons; Jahresgang der Zusammensetzung des Phytoplanktons; Jahresgang der Zusammensetzung des herbivoren Zooplankton

Abb. 9.11. Schema der Saisonalität des Planktons in eutrophen Systemen. Jahresgang der Biomasse des Phytoplanktons und des herbivoren Zooplanktons; Jahresgang der Zusammensetzung des Phytoplanktons; Jahresgang der Zusammensetzung des herbivoren Zooplankton

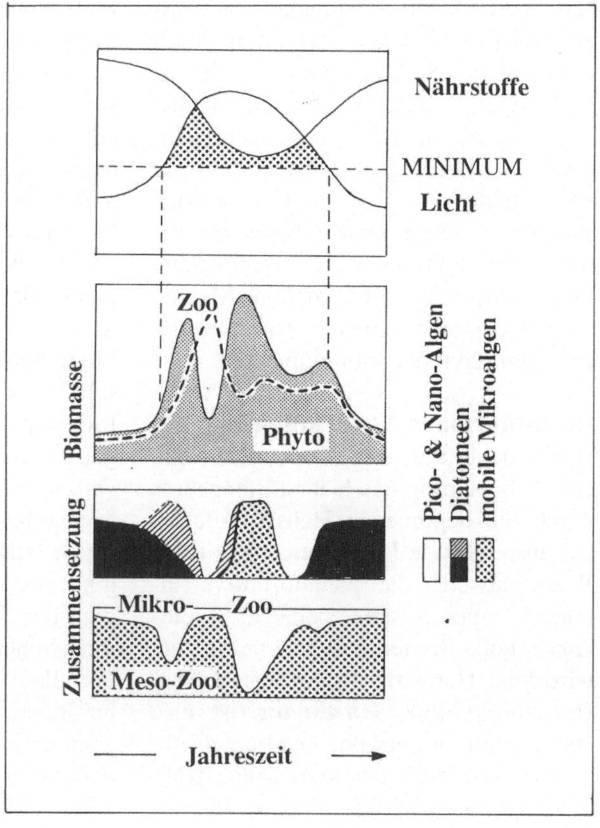

meistens schneller wachsen als größere. Deswegen folgen den Maxima der Algen innerhalb des Zooplanktons zunächst einmal Verschiebungen zugunsten der kleinwüchsigeren Arten. Später ziehen die größeren Arten einen Vorteil aus ihren niedrigeren minimalen Futteransprüchen (vgl. Kap. 6.3.3, Abb. 6.17). Diese in der numerischen Reaktion auf Ressourcen begründeten Verschiebungen im *Größenspektrum* des herbivoren Zooplanktons können durch Freßfeinde verändert werden. Der Einfluß von planktivoren Fischen geht zu Lasten der großen Zooplankter, der Einfluß von carnivoren Meso- und Makrozooplanktern geht zu Lasten der kleinen Herbivoren. Die Rekrutierungsereignisse der Carnivoren sind auf das Futterangebot abge-

stimmt. Deshalb wird die Abnahme des herbivoren Zooplanktons im Sommer nicht nur durch Ressourcenmangel, sondern auch durch hohe Fraßverluste verursacht. Die hohe juvenile Mortalität der Zooplanktonfresser führt im weiteren Verlauf zu einer Abnahme des Fraßdruckes auf das Zooplankton, ihr Körperwachstum jedoch zu einer Verschiebung des Futterspektrums nach oben.

Sommerminimum des Phytoplanktons. Am Abbau des Frühjahrsmaximums sind das Grazing und die Sedimentation der Kieselalgen beteiligt. Der verbliebene Nährstoffpool erlaubt nur eine geringe Biomassebildung des Phytoplanktons, das überwiegend aus *Pico- und Nanoplanktern* besteht. Die vorherrschende Nährstoffquelle für das Phytoplankton ist die Exkretion durch Zooplankter. Sedimentation spielt als Verlustfaktor keine wesentliche Rolle, insbesondere nicht für Flagellaten, während das Grazing der hauptsächliche Verlustfaktor ist. Die Verluste werden annähernd durch relativ hohe spezifischen Produktionsraten ausgeglichen. Insbesondere in oligotrophen Meeren besteht ein sehr schneller Turnover der geringen Phytoplanktonbiomassen.

Herbstmaximum. Die Ausbildung des Herbstmaximums hängt davon ab, daß die Verbesserung des Nährstoffangebots durch die beginnende Hebstzirkulation auf ausreichende Lichtintensitäten trifft. Wenn entweder die Nährstoffkurve (ultraoligotrophe Systeme) oder die Lichtkurve (hohe Breitengrade) zu tief liegen, wird kein Herbstmaximum ausgebildet. Der *eingipfelige Jahresgang* ist also eher für ultraoligotrophe und boreal/subpolare Systeme charakteristisch, während der *zweigipfelige Verlauf* für oligotrophe und gemäßigte oder subtropische Systeme charakteristisch ist. Wegen der Schwankungen in den herbstlichen Wetterbedingungen kann das Herbstmaximum in gemäßigten Systemen auch auf besonders günstige Jahre beschränkt sein. Das Herbstmaximum wird meistens von *Kieselalgen* gebildet, wegen der Temperatur- und Lichtunterschiede können es jedoch andere Arten als im Frühjahr sein. Dem Herbstmaximum des Phytoplanktons kann ein schwach ausgeprägtes Herbstmaximum des herbivoren Zooplanktons folgen.

In eutrophen Systemen treten Sommermaxima des Phytoplanktons auf (Abb. 9.11)

Frühjahrsmaximum des Phytoplanktons. Wegen der höheren Ausgangskonzentrationen mineralischer Nährstoffe tritt Nährstofflimitation auch erst später im Wachstumsverlauf auf. In den meisten Fällen kommt es nur sehr kurzzeitig oder gar nicht dazu, da bereits vorher das herbivore Zooplankter die Phytoplanktonbiomasse reduziert. Konkurrenz um Nährstoffe spielt daher keine Rolle bei der Selektion der dominanten Phytoplanktonarten. Beginnt die Frühjahrsblüte während der Zirkulation, setzen sich Phytoplankter durch, die an das wechselnde und im Durchschnitt geringe Lichtangebot tiefer Durchmischung angepaßt sind. Das sind meistens *Kieselalgen,* in mäßig eutrophen Gewässern aber auch schwachlichtadaptierte *Cyanobakterien* (z.B. *Planktothrix rubescens*). Beginnt die Frühjahrsblüte jedoch mit Beginn der Schichtung, setzen sich wegen ihrer hohen maximalen Wachstumsraten vor allem *Pico- und Nanoplankter,* insbesondere Flagellaten, durch. In manchen Gewässern folgen ein Kieselalgenmaximum und ein Flagellatenmaximum aufeinander. Das Kieselalgenmaximum startet unter Zirkulationsbedingungen und wird mit beginnender Schichtung durch die Aufzehrung der des Silikats und das Aussinken der Kieselalgen beendet.

Klarwasserstadium. Da Nanoplankter das optimale Futter eines breiten Spektrums von Zooplanktern sind, kann sich das Zooplankton besonders schnell entfalten, wobei die kleineren Arten den größeren meistens vorauseilen. Wegen der schnellen Entwicklung des Zooplanktons kommt es auch zu einem abrupten Klarwasserstadium. Abnahmen der Phytoplanktonbiomasse um eine bis zwei Zehnerpotenzen innerhalb von ein bis zwei Wochen sind dabei durchaus möglich. Durch die Exkretion der Zooplankter kommt es zu einem deutlichen Wiederanstieg der gelösten Nährstoffkonzentrationen. Im Klarwasserstadium leben die Zooplankter unter Hungerbedingungen, die niedrigen Geburtenraten können die durch Fischfraß verursachte Mortalität nicht ausgleichen. Dieser Effekt wird dadurch akzentuiert, daß um diese Zeit die Zahl der zooplanktonfressenden Jungfische besonders groß ist.

Sommermaxima des Phytoplanktons. Im Gegensatz zu oligotrophen Systemen ist der in der Oberflächenschicht verbliebene Nährstoffvorrat groß genug, um die Bildung hoher Biomassen zu ermöglichen. Am Ende des Klarwasserstadiums liegt ein wesentlicher Teil davon gelöst vor, so daß es unter nachlassendem Grazingdruck wieder zu schnellem Algenwachstum kommt. Wenn es während der Frühjahrsblüte keine massenhafte Kieselalgenentwicklung gegeben hat, kann es im Frühsommer bei hohen Si:P oder Si:N-Verhältnissen zu *kurzfristigen Kieselalgenmaxima* kommen. Diese werden jedoch schnell durch die Aufzehrung des Silikats und Sedimentation beendet. Wegen der hohen Ausgangskonzentration der Nährstoffe bewirkt die Zehrung in der euphotischen Zone die Ausbildung *steiler vertikaler Gradienten.* Wegen der hohen Biomasse ist auch der Lichtgradient sehr steil. Die Steilheit der vertikalen Gradienten und der Fraßdruck des Zooplanktons selektieren zugunsten von goßen, beweglichen Phytoplanktern, insbesondere *Dinoflagellaten* und *koloniebildende Blaualgen.* Da diese Algen kaum gefressen werden, können bis zur Aufzehrung aller externen und internen Nährstoffvorräte weiterwachsen und bilden daher aus dem insgesamt gegenüber dem Frühjahr niedrigeren Gesamtpool höhere Biomassen aus. Während also für die Sommersituation in oligotrophen Systemen hohe Turnoverraten bei geringer Biomasse charakteristisch sind, sind für eutrophe Systeme niedrige Turnoverraten bei hoher Biomasse charakteristisch.

Die in Kap. 9.5.2 beschriebene Wasserblüte ist die charakteristische Sommersituation in eutrophen Systemen. Allerdings ist sie nicht immer so kontinuierlich wie in Abb. 9.11. Wegen der Steilheit der vertikalen Gradienten führen episodische Vergrößerungen der Durchmischungstiefe zu wesentlich stärkeren Veränderungen der Lebensbedingungen, so daß in vielen eutrophen Systemen mit abrupten Veränderungen der Biomasse gerechnet werden muß.

Verschiebung zu kleinen Zooplanktern. Zwei Faktoren selektieren im Sommer zuungunsten der großen Zooplankter: die Behinderung des Filtrationsprozesses (vgl. Kap. 8.2.2) durch große Phytoplankter und der Fraß durch Fische. Dieser Effekt wird noch verschärft, wenn es unter der Sprungschicht zur Anaerobie kommt. Dadurch wird die Möglichkeit der Zooplankter, sich durch Vertikalwanderung dem Fraßdruck zu entziehen (vgl Kap. 8.2.3), eingeschränkt.

Frühherbstminimum und fakultatives Herbstmaximum. Die beginnende Durchmischung im Herbst zerstört die für die Sommeralgen günstigen Wachstumsbedingungen. Die Wiedereinmischung von Silikat und die Verschlechterung des Lichtangebots begünstigen *Kieselalgen.* Da der Zusammenbruch der Dinoflagellaten und/oder der Blaualgen meistens schneller erfolgt als das Wachstum der Kieselalgen, kommt es zu einer Reduktion der Algenbiomasse im Frühherbst. Die nachfolgende Ausbildung eines Herbstmaximums ist an ausreichende Lichtverhältnisse gebunden und daher in subtropischen und gemäßigten Gewässern eher zu erwarten als in borealen Gewässern.

Sonderfall Auftriebsgebiete. In Auftriebsgebieten niedriger Breitengrade (z.B. Peru) herrschen praktisch ganzjährig „Frühjahrsbedingungen". Durch auftreibendes Tiefenwasser werden kontinuierlich neue Nährstoffe nachgeliefert, gleichzeitig sind die Lichtbedingungen ganzjährig günstig. Es kommt daher zu einer ganzjährig hohen Biomasse vor allem von Kieselalgen. Mit dem lateralen Wegtreiben des Wassers in den offenen Ozean kann sich im horizontalen Transsekt dieselbe Sequenz ausbilden, die sich in geschichteten eutrophen Systemen in zeitlicher Folge ausbildet.

10 Die Rolle des Planktons in den Kreisläufen biogener Elemente

EINFÜHRUNG

Jeder Energietransfer in Nahrungsnetzen ist mit einem Transfer von Stoffen verbunden. Biogene Substanzen werden von Organismen aufgenommen, chemisch umgewandelt und wieder abgegeben. Deshalb können in die Kap. 9 energetisch definierten Begriffe Produktion, Poolgröße, Flußgröße, Turnoverzeit und Effizienz auch auf stofflicher Basis definiert werden. Im Gegensatz zum Energietransfer gilt jedoch beim Transfer von Materie nur ein Erhaltungsgesetz (Erhaltung der Masse) und kein Verfallsgesetz nach der Art des Entropiesatzes. Ausgeschiedene Substanzen können deshalb von anderen Organismen wieder als Ressource genutzt werden. Es kommt also zu einem Recycling von Materie innerhalb von Nahrungsnetzen, weshalb man von Stoffkreisläufen, im Gegensatz zum einseitig gerichteten Energiefluß, spricht. Da an diesen Kreisläufen auch abiotische (geochemische) Umsetzungen beteiligt sind, spricht man von biogeochemischen Kreisläufen. Wegen des großen Anteils der offenen Ozeane an der Erdoberfläche hat das Plankton einen besonders großen Anteil an den globalen Kreisläufen biogener Elemente.

10.1 Allgemeine Merkmale biogeochemischer Kreisläufe

Ähnlich wie beim Transfer von Energie müssen sich beim Transfer von Stoffen Pool- und Flußgrößen unterschieden werden. Die Poolgrößen werden als Massen- oder molare Einheiten pro Volumen (Konzentration) oder als Masse pro Gewässeroberfläche definiert. Flußgrößen sind Veränderungsraten der Poolgrößen pro Zeit.

Neben den biologischen Stoffumsetzungen (rechte Hälfte in Abb. 10.1), finden auch chemische Umsetzungen (linke Hälfte in Abb. 10.1) und physikalische Transportprozesse (Sedimentation, Durchmischung, etc.) von Stoffen statt.

10.1.1 Verteilung der Stoffpools

Die Gesamtmenge eines Elements besteht aus gelösten und partikulären sowie anorganischen und organischen Anteilen

Terminologie. Da Stoffkreisläufe oft nicht auf der Ebene einzelner chemischer Verbindungen analysiert werden, hat es sich als praktisch erwiesen, die Gesamtmenge eines Elements nach den Kriterien gelöst-partikulär und organisch-anorganisch in Fraktionen einzuteilen. Dabei haben sich bestimmte Abkürzungen eingebürgert. Der erste Buchstabe steht für den gelösten (D, von engl. „dissolved") oder den partikulären Anteil (P) oder für die die Gesamtmenge (T, von engl. „total"). Der zweite Buchstabe

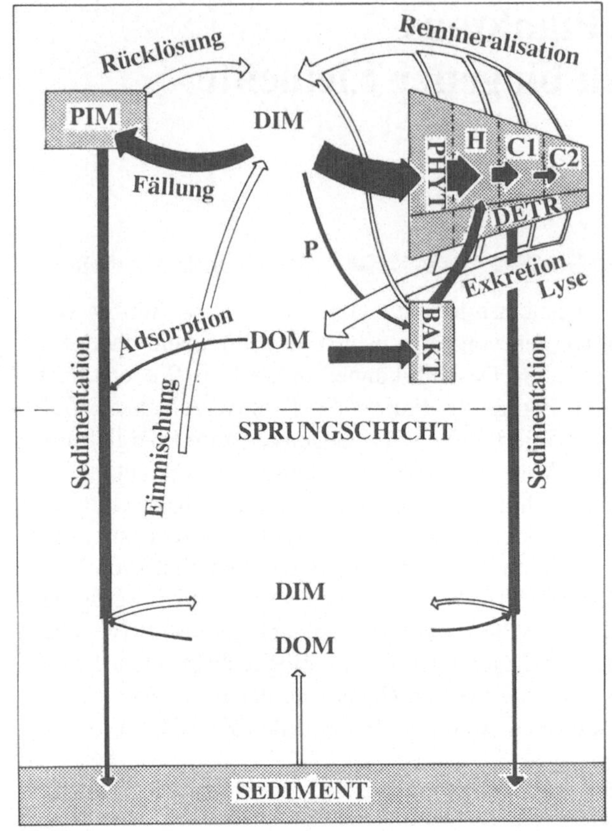

Abb. 10.1. Allgemeines Schema der Stoffkreisläufe in Gewässern: *Links* chemische Transfers; *rechts* biologische Transfers; *schwarze Pfeile* Partikelbildung und Transfers innerhalb der partikulären Phase; *weiße Pfeile* Freisetzung gelöster Substanzen und Transfers innerhalb der gelösten Phase; *PHYT* Phytoplankton, *H* Herbivore und bakterivore Zooplankter, *C1* Carnivore erster Ordnung, *C2* Carnivore zweiter Ordnung, *BAKT* Bakterien, *DIM* gelöste, anorganische Substanz, *DOM* gelöste, organische Substanz, *PIM* partikuläre, anorganische Substanz, *DETR* Detritus. Die Transfers in der Tiefe sind nur summarisch dargestellt, Inputs durch Zuflüsse und Austausch mit der Atmosphäre sind nicht dargestellt

steht für die organische (O) oder anorganische (I, von engl. „inorganic") Fraktion. Danach folgt das chemische Zeichen für das betreffende Element oder M für Substanz im allgemeinen (von engl. „matter"). POC ist also der partikuläre, organische Kohlenstoff, DIN der gelöste, anorganische Stickstoff usw.

Leider gibt es einige fest eingebürgerte Abweichungen von dieser Schreibweise. Das T für die Gesamtmenge wird häufig durch das Subskript tot (also P_{tot} für Gesamtphosphor) am Ende der Abkürzung ersetzt. Beim Phosphor wird außerdem das D für die gelöste Fraktion leider häufig durch ein S (von engl. „soluble" = löslich) ersetzt.

Eine weitere terminologische Ungenauigkeit besteht darin, daß anorganische, aber an Organismen gebundene Komponenten (z.B. Speicher-Polyphosphate, Skelettsubstanzen) meist der organischen Fraktion zugerechnet werden. In diesem Fall steht das O also für „organismengebunden" und nicht für „organisch".

Methodische Probleme. Diese Einteilung in Fraktionen ist jedoch nur eine pragmatische Annäherung an die tatsächliche Verteilung zwischen partikulärer und gelöster sowie organischer und anorganischer Fraktion. Sie ist durch die angewandten Methoden definiert. In der Praxis wird als „gelöst" bezeichnet, was *Filter* von 0,1 bis 0,45 µm Maschenweite passiert, obwohl dann immer noch sehr feine Partikel und Kolloide im Filtrat enthalten sind.

Ein ähnliches Problem tritt bei der Trennung gelöster organischer und anorganischer Verbindungen auf, wenn organische Verbindungen eines Elements so labil sind, daß sie bei den üblichen Bestimmungsmethoden teilweise aufgebrochen werden und somit ein Teil der organischen Fraktion bei der chemischen Bestimmung des anorganischen Anteils mit erfaßt wird. Besonders beim Phosphor ist dieses Problem bekannt. Der durch die weltweit verbreitete Molybdänblau-Methode gemessene, gelöste Phosphor enthält nur zum Teil freies Orthophosphat (die einzige nennenswerte Komponente des DIP), zum Teil aber auch labile, organische Verbindungen des Orthophosphats. Die mit der Molybdänblau-Metode nach Filtration und ohne Aufschluß gemessene Fraktion wird daher oft als *SRP* („soluble reactive phosphorus" = löslicher, reaktiver Phosphor) bezeichnet, während man nach einem sauren und oxidativen Aufschluß des Filtrats die Gesmatmenge des gelösten Phosphors messen kann. Wegen der Labilität der im SRP enthaltenen organischen Verbindungen stimmt seine Konzentration ungefähr mit der Konzentration des für autotrophe Plankter verfügbaren Phosphors überein (Lovstad und Wold 1984).

Die partikulären und die gelösten Fraktionen haben eine komplementäre Verteilung in Raum und Zeit

Aus dem Gesetz der Erhaltung der Masse folgt, daß in einem geschlossenen System partikuläre Substanz nur zu Lasten der Konzentration gelöster Substanz gebildet werden kann, und umgekehrt die gelöste Konzentration nur durch Freisetzung aus dem partikulären Pool erhöht werden kann. Daraus folgt eine gegenläufige Veränderung der gelösten und der partikulären Konzentrationen in Raum und Zeit (Abb.10.2). Wie bereits in Kap. 5.6 dagestellt, nehmen wegen der *dominanten Rolle der Photosynthese* gelöste Pflanzennährstoffe tendenziell mit der Tiefe zu und mit fortschreitender Vegetationsperiode ab. Umgekehrt nehmen die Konzentrationen partikulärer, organischer Substanzen mit der Tiefe ab und mit fortschreitender Vegetationsperiode zu. Perioden, in denen das Grazing die Primärproduktion überwiegt (Klarwasserstadien), können allerdings nicht nur zu zeitweiligen Minima der partikulären Substanz sondern auch zu zeitweiligen Maxima der gelösten Pflanzennährstoffe führen.

Da Gewässer jedoch keine geschlossenen Systeme sind, können Verände-

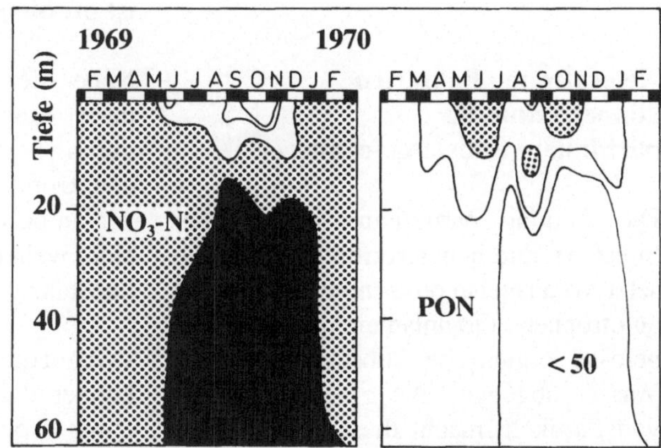

Abb. 10.2. Komplementäre raum-zeitliche Verteilung des Nitrats (Ammonium ist unbedeutend) und des *PON* (partikulärer, organischer Stickstoff) im Vierwaldstätter See. (Nach Stadelmann 1971)

rungen in den Import- und Exportraten von Substanzen den komplementären Verlauf von partikulären und gelösten Konzentrationen überlagern.

10.1.2 Die Formierung partikulärer Substanz

Die primäre Formierung von organischer, partikulärer Substanz erfolgt durch autotrophe Organismen

Autotrophie in bezug auf ein biogenes Element bedeutet, daß eine anorganische Verbindung dieses Elements aufgenommen und zu organischer Substanz gemacht werden kann. Kohlenstoffautotrophie ist bei Photosynthetikern und Chemosynthetikern gegeben. Früher herrschte die Vorstellung vor, daß nur kohlenstoffautotrophe Organismen auch autotroph in Bezug auf andere Elemente sind. Inzwischen ist jedoch erkannt worden, daß C-heterotrophe Bakterien durchaus P-autotroph sein können (vgl. Kap. 6.4.3) und eine wesentliche Bedeutung in der Formierung der partikulären Phosphors haben. Soweit es sich um Skelettsubstanzen handelt (z.B. Ca in Kalkinkrustationen oder -gerüste), können auch Tiere gelöste, anorganische Substanzen in die partikuläre Phase transferieren.

Heterotrophe Bakterien können sekundär partikuläre Substanz formieren

Die Bildung partikulärer, organischer Substanz durch heterotrophe Bakterien setzt vorausgehende Syntheseleistungen autotropher Organismen voraus, die gelöste, organische Substanzen an das Wasser abgeben. Die erneute Bildung von Partikeln macht diese dann wieder tierischen Organismen verfügbar („mikrobielle Schleife", Kap. 9.2.3).

Die biologische Gesamtproduktion stimmt großräumig und langfristig mit der Primärproduktion überein

Sekundärproduzenten bewirken keine Neubildung organischer Substanz, sondern lediglich eine verlustintensive Umformung. Heterotrophe, bakterielle Produktion kann zwar Partikel neu formieren, aber keine organische Substanz. Wenn ein Gewässer in bedeutendem Umfang mit gelöster, organischer Substanz von außen versorgt wird, ist lokal eine bakterielle Produktion möglich, die über das Ausmaß der Primärproduktion hinausgeht. Das ist bei vielen Fließgewässern und gelegentlich auch bei kleinen, stehenden Gewässern der Fall, spielt aber im Meer und in großen Seen keine Rolle. Kurzfristig sind auch dort Überschüsse der heterotrophen über die autotrophe Produktion möglich, jedoch nur dann, wenn die heterotrophe Produktion zu Lasten der bereits vorhandenen Biomasse und damit früherer autotropher Produktion geht. (z.B. Klarwasserstadien).

Chemische Partikelbildung ist oft biologisch induziert

Neben der biologischen Partikelbildung durch Autotrophie können Partikel auch durch chemische *Fällung* gebildet werden. Durch *Adsorption* gelöster Substanzen an bestehende Partikel kommt es zu einer weiteren Zunahme der partikulären Substanz.

● **Anorganische Fällungsreaktionen:** können dadurch zustande kommen, daß durch physikalische Veränderungen

(Eindampfen von Salzseen in ariden Zonen, Mischung verschiedener Wasserkörper) Löslichkeitsprodukte von Ionenpaaren überschritten werden.

● **Veränderungen des Redoxpotentials:** Leicht lösliche Oxidationsstufen eines Elements können in schwer lösliche Oxidationsstufen (z.B. Fe^{2+} in Fe^{3+}) umgewandelt werden (vgl. 5.5). Mit dem Eisen wird dann Phosphor ausgefällt. Derartige Reaktionen sind trotz ihres anorganischen Charakters meistens biologisch induziert, da das der Sauerstoffhaushalt und das Redoxpotential von der Bilanz photosynthetischer und respiratorischer Prozesse abhängen.

● **Biogene Entkalkung:** Eine weitere biologisch induzierte, anorganische Fällungsreaktion ist die biogene Entkalkung (vgl. Kap. 5.4), wenn durch hohe Photosyntheseraten CO_2 und vor allem HCO_3^- gezehrt werden und sich dadurch das chemische Gleichgewicht vom leicht löslichen $Ca(HCO_3)_2$ zum schwer löslichen $CaCO_3$ verschiebt.

10.1.3 Regeneration gelöster Substanzen

Sowohl autotrophe als auch heterotrophe Plankter zerlegen in ihren dissimilatorischen Stoffwechselprozessen organische Substanzen in ihre anorganischen Bestandteilen *(Remineralisation)* und geben diese wieder an ihre Umwelt ab. Das gilt nicht nur für die Respiration des organischen Kohlenstoffs, selbst Phosphat wird von Phytoplanktern und Bakterien in das Wasser abgegeben (Lean und Nalewajko 1976). Allerdings muß bei autotrophen Organismen langfristig die Assimilation überwiegen, andernfalls würden sie ihre eigene Biomasse aufzehren. Der gerade bei Phosphor sehr

schnelle Kreislauf zwischen Bruttoaufnahme und Abgabe durch P-autotrophe Organismen ist daher für die Stoffbilanz irrelevant, da nur die Nettoaufnahme der Partikelformation dient.

Heterotrophe Organismen sind Nettoremineralisierer

Heterotrophe Organismen beziehen ihre biogenen Elemente hingegen in partikulärer, organischer Form und geben sie in anorganischer Form ab. Bei *Kohlenstoff* und *Phosphor* stimmt das Remineralisationsprodukt mit dem Ausgangsprodukt der autotrophen Prozesse überein (CO_2 und PO_4^{3+}), beim Stickstoff scheiden Zooplankter stets *Ammonium* aus, unabhängig davon, ob ihre Futteralgen Nitrat oder Ammonium assimiliert haben. Eine Regeneration des gelösten Nitrats kann durch chemische Oxidation oder durch bakterielle *Nitrifikation* des Ammoniums (vgl. Kap. 6.4.2) erfolgen.

Nicht alle biogenen Partikel werden vollständig remineralisiert

Remineralisationsdefizit. Da ein Teil der biogenen Partikel durch *Sedimentation* aus der euphotischen Schicht absinkt (vgl. Kap. 3.1.3), findet die Remineralisation dieses Teils erst in tieferen Wasserschichten oder gar im Sediment statt. Dadurch ergibt sich für die euphotische Zone ein *Remineralisationsdefizit* gegenüber der Assimilation, das höchstens kurzfristig durch Klarwasserstadien unterbrochen ist. Gleichzeitig reichern sich Remineralisationsprodukte in der Tiefe an. Durchmischungsereignisse, insbesondere die jahreszeitlichen Vollzirkulationen, gleichen das Remineralisationsdefizit wieder teilweise aus. Der Rest des Remineralisationsdefizits kann durch allochthonen Eintrag in die Gewässer ausgeglichen werden.

Besonders ausgeprägt ist das Remineralisationsdefizit beim biogenen *Silikat* der Kieselalgen und anderer verkieselter Plankter (Silikoflagellaten, Radiolarien). Das amorphe Silikat (Opal) der verkieselten Plankter ist zwar wasserlöslich, die Lösung erfolgt jedoch nur langsam. Die Halbwertszeit des Si-Gehalts der Schalen abgestorbenener Kieselalgen beträgt zwischen 20 und 60 Tagen (Kamitani 1982, Sommer 1988) und überschreitet damit in der Regel bei weitem die Aufenthaltszeit sinkender Kieselalgen in der euphotischen Schicht. Selbst Grazing durch Zooplankter führt allenfalls zu einer mechanischen Zerkleinerung der Schalen, jedoch nicht zur Freisetzung gelösten Silikats. Die oberflächennahe Regeneration des gelösten Silikats ist daher im Vergleich zu anderen Elementen recht unbedeutend. Deshalb kommt es bei stabiler Schichtung nach dem Ende einer Kieselalgenblüte nur zu einer äußerst langsamen Erholung der gelösten Si-Konzentrationen.

Gelöste, organische Substanzen entstammen biotischen Partikeln

Neben der Remineralisation ist die Bildung gelöster, organischer Substanzen der zweite Hauptweg des Rückverwandlung partikulärer in gelöste Substanz. Die Bildung gelöster, organischer Substanzen erfolgt auf verschiedenen Wegen:

● **Exkretion:** Abgabe von Stoffwechselprodukten lebender Organismen

● **Autolyse:** Freisetzung von DOC aus abgestorbenen Organismen

● **„sloppy feeding":** Beim unvollständige Fressen durch Zooplankter können

ebenfalls organische Substanzen in Lösung gehen.

Die gelösten, organischen Substanzen sind entweder bakterienverfügbar und damit die Basis der „mikrobiellen Schleife" oder refraktär *(Humus)*. Der aquatische Humus spielt keine wesentliche trophische Rolle, aber er kann weitreichende wasserchemische Auswirkungen haben (vgl. Kap. 5.3).

Die chemische Partikelbildung ist reversibel

Desorption und *Rücklösung* resultieren aus einer Umkehr der Bedingungen, unter denen Adsorption und Fällung stattgefunden haben. So führt etwa eine entsprechende Senkung des Redoxpotentials zur Rücklösung von Eisen und Phosphor. Respirationsbedingte Zunahmen der CO_2-Konzentration können eine Lösung von Kalkpartikeln bewirken.

10.1.4 Partikelexport durch Sedimentation

Sedimentation ist ein episodisches Ereignis

Das Aussinken von Partikeln, die schwerer als Wasser sind (vgl. Kap. 3.1.3), führt zu einem Export von partikulärer Materie aus den oberflächennahen Schichten. Dieser Export ist jedoch keineswegs ein gleichbleibender Anteil der Partikelproduktion, er ist vielmehr durch episodische Pulse charakterisiert (Abb. 10.3).

Das zeitliche Auftreten von Sedimentationspulsen hängt vom Zusammentreffen geeigneter physikalischer und biologischer Voraussetzungen ab:

● **Stabile Schichtung:** Auf der physikalischen Seite sind vor allem eine stabile

Abb. 10.3. Primärproduktion und Sedimentation des POC im Bodensee 1980. (Nach Stabel 1985)

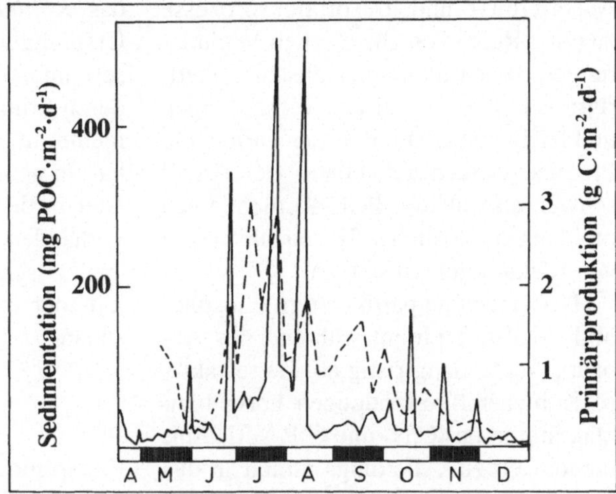

Schichtung und geringe Durchmischungstiefen sedimentationsfördernd.

● **Kieselalgen:** Auf der biologischen Seite fördert ein hoher Anteil großer, unbeweglicher und schwerer Phytoplankter, inbesondere Kieselalgen, die Sedimentation.

● **Aggregation:** Eine Erhöhung der Sedimentationsraten resultiert auch aus der Aggregation von Partikeln zu größeren Einheiten.

● **Kotballen:** Eine Möglichkeit der Aggregation ist die Bildung stabiler Kotballen und -schnüre, insbesondere durch große Zooplankter wie Krill.

● **Meeresschnee:** Eine weitere Möglichkeit der Aggregatbildung ist die Ausbildung von *„Meeresschnee"* (Silver et al. 1978) oder *„Seeschnee"* (Grossart und Simon 1993). Dabei handelt es sich um äußerst fragile, makroskopische (mm), weißliche Aggregate, die über eine gallertige Matrix verfügen und aus lebenden Planktern und Detritus bestehen. Sie entstehen vermutlich durch Verkleben viskoser, organischer Substanzen, die

von lebenden Organismen und vom Detritus abgegeben werden. Häufig spielen auch die Exuvien planktischer Crustaceen eine große Rolle als *„Kristallisationskerne"* des Meeresschnees. Sie werden dicht von Bakterien und Bakterivoren besiedelt und sind Orte lokal stark erhöhter mikrobieller Aktivität. Die gelösten Nährstoffkonzentrationen innerhalb der Matrix sind meistens um mehrer Zehnerpotenzen höher als im freien Wasser. Die Sinkgeschwindigkeiten betragen mehrere 10 bis 100 m pro Tag und sind damit um ein bis zwei Zehnerpotenzen höher als die Sinkgeschwindigkeiten von Kieselalgen.

● **Biogene Entkalkung:** Eine weitere Beschleunigung der Sedimentation kann durch die biogene Entkalkung erfolgen, wenn unbewegliche Plankter an Kalkpartikeln festhaften oder bei der Kristallisation eingeschlossen werden (Stabel 1985).

Sinkende Partikel verändern ihre chemische Zusammensetzung

Während des Sinkens kommt es durch den mikrobiellen *Abbau* sowie durch

Adsorptions- und Desorptionsprozesse zu einer Reihe von chemischen Veränderungen der partikulären Substanz. Niedrigmolekulare, organische Verbindungen und leicht abbaubare Polysaccharide und Proteine werden abbgebaut. Der Anteil schwer abbaubarer POC-Komponenten und langsam löslicher Skelettsubstanzen wie Silikat reichern sich an.

Der Gehalt an partikulärem Phosphor und Stickstoff nimmt während des Abbauprozesses langfristig ab. Da refraktäre Kohlenstoffverbindungen übrig bleiben, nimmt das C:N- und C:P-Verhältnis tendenziell zu. Allerdings nimmt in den oberen Abschnitten der Sinkstrecke der P-Gehalt vorübergehend zu, wenn das absinkende Material für die besiedelnden Bakterien zu phosphorarm ist und diese gelösten Phosphor aus dem Wasser aufnehmen (Gächter und Mares 1985).

Ein Teil des absinkenden Materials wird dauerhaft am Gewässerboden deponiert

Es hängt von den Abbauraten, der Sinkgeschwindigkeit und der Sinkstrecke ab, wieviel vom aussinkenden Material das Sediment am Gewässerboden erreicht. Dort setzt sich der Abbau fort, gleichzeitig wird altes Sediment durch neueres Sediment begraben. Bereits in einigen Millimetern Sedimenttiefe treten anaerobe Verhältnisse auf, wodurch sich der Abbau verlangsamt. Ein Teil des Materials wird dauerhaft deponiert und kann sich über geologische Zeiträume akkumulieren.

10.1.5. Allochthoner Eintrag

An der Wasseroberfläche findet Gasaustausch statt

Der Gasaustausch an der Wasseroberfäche betrifft vor allem den *Sauerstoff,*

das *Kohlendioxid* und den *Stickstoff.* Ursprünglich war es die Lösung im Wasser und die nachfolgende Fixierung durch Primärproduzenten, die diese Elemente in die Biosphäre eingeschleust hat. In geologischen Zeiträumen stammt aller in der Atmosphäre und im Wasser vorhandener Sauerstoff aus der photosynthetischen Spaltung des Kohlendioxids der ursprünglich anaeroben Atmosphäre.

Phosphor, Silizium, Kalium, Kalzium und die Metalle sind gesteinsbürtig

Diese Elemente entstammen der Verwitterung der Erdkruste und werden in erster Linie durch die Zuflüsse und durch einsickerndes Grundwasser in die Gewässer transportiert. Der atmosphärische Transport durch Stäube und Aerosole spielt demgegenüber eine kleinere Rolle.

10.1.6 Verschachtelung der Kreisläufe

In allen Stoffkreisläufen sind Remineralisationsdefizite, die durch allochthone Inputs ausgeglichen werden können, die Regel. Die innerhalb eines Kreislaufs nicht mineralisierten Substanzen können als *„Exportproduktion"* betrachtet werden, die in größräumigere und langsamere Kreisläufe eingeschleust wird.

In der Oberflächenschicht findet der „kurzgeschlossene Kreislauf" statt

Der schnellste und kleinräumigste Kreislauf ist die Aufnahme und Wiederabgabe von Substanzen durch einen einzelnen Organismen. Nur das Remineralisationsdefizit dieses Kreislaufs trägt zu seinem Wachstum und damit zur Nahrungsproduktion für seine Freßfeinde bei.

Der Stoffkreislauf innerhalb einer stabilen Oberflächenschicht wird als *kurzgeschlossener Kreislauf* bezeichnet. Seine Exportproduktion ist die Sedimentation. In der Meeresbiologie wird die durch das Recycling ermöglichte Primärproduktion als *regenerierte Produktion* bezeichnet. Da im Meer Stickstoff als der hauptsächlich limitierende Nährstoff gilt und die Zooplankter Ammonium und nicht Nitrat ausscheiden, gilt die durch Ammoniumaufnahme ermöglichte Primärproduktion als regenerierte Produktion (Dugdale und Goering 1967). Diese Annahme ist jedoch dann unzutreffend, wenn es unterhalb der Sprungschicht wegen der Abnahme des Redoxpotential erhöhte Ammoniumkonzentrationen gibt, und deshalb Durchmischungsereignisse zu einem Ammoniumimport in die Oberflächenschicht führen.

produktion wird in der Meeresbiologie als *neue Produktion* bezeichnet. Die Annahme, daß sie mit der durch Nitrataufnahme ermöglichten Primärproduktion übereinstimmt, trifft jedoch nur dann zu, wenn aller gebundener Stickstoff im Tiefenwasser zu Nitrat oxidiert wurde. In Binnengewässern ist diese Voraussetzung nur selten erfüllt.

In den dauerhaft geschichteten Ozeanen der niedrigen Breitengrade kommt es zu einer räumlichen statt zeitlichen Trennung von regenerierter und neuer Produktion. In den zentralen Becken findet überwiegend regenerierte Produktion bei sehr geringen Exporten statt. Die in der Tiefe durch langzeitige Akkumulation aufgebauten Nährstoffreserven werden durch horizontalen Transport in die Auftriebsgebiete an den Rändern der Kontinente verlagert, wo das nährstoffreiche Auftriebswasser hohe Raten der neuen Produktion ermöglicht.

Durchmischungsereignisse beheben Remineralisationsdefizite des kurzgeschlossenen Kreislaufs

Ein Teil der Exportproduktion des Oberflächenwassers wird im Tiefenwasser remineralisiert. Deshalb reichern sich dort gelöste, biogene Substanzen an. Durch Durchmischungsereignisse werden diese wieder der euphotischen Schicht zugeführt. Besonders wichtig sind dabei die meistens einmal oder zweimal jährlich stattfindenden Vollzirkulationen. Sie bewirken einen *saisonalen Kreislauf,* in dem der größte Teil des aus der Oberfläche exportierten Materials wieder in remineralisierter Form zurückgeführt wird. Die dauerhafte Deposition im Sediment ist die Exportproduktion des saisonalen Kreislaufs.

Die durch den Import nährstoffreichen Tiefenwassers ermöglichte Primär-

Manche Kreisläufe werden erst in geologischen Zeiträumen geschlossen

Die dauerhaft im Sediment deponierte biogene Substanz kann durch geologische Ereignisse oder durch bergbauliche Maßnahmen wieder freigelegt und verfügbar gemacht werden. *Fossile Brennnstoffe* (Kohle, Erdöl, Erdgas) sind nichts anderes als deponierte Exportproduktion biogeochemischer Kreisläufe. Wenn sie Jahrmillionen später verbrannt werden, schließt sich damit ein besonders langfristiger Kreislauf.

10.2 Globale Trends in der Produktion des Planktons

Die in diesem Abschnitt angegebenen Werte der Primärproduktion und die davon ausgehenden Berechnungen beruhen fast ausschließlich auf Messungen, die vor der Entdeckung der „mikrobiellen Schleife" gemacht wurden. Es besteht der Verdacht, daß bei klassischen Photosynthesemessungen ein Teil des vom Picoplankton fixierten Kohlenstoffs bereits vor dem Ende der Expositionszeit (einige Stunden) von picoplanktonfressenden Protozoen veratmet wird. Es kann also sein, daß die angegebenen Produktionsraten in Zukunft nach oben korrigiert werden müssen.

Außerdem muß vor allem bei globalen Produktionsberechnungen bedacht werden, daß die Ausgangsdaten, gemessen an der natürlichen Vielfalt aquatischer Standorte, eine äußerst dürftige Basis derartiger Hochrechnungen sind. In den meisten Fällen beruhen die Schätzungen auf einer doppelt logarithmischen Regression zwischen einer Umweltvariablen (z.B. Nährstoffkonzentration) und Produkutionsraten. Werden die Regressionsgleichungen dazu benutzt, nach der Art einer Eichkurve Produktionsraten aus leicht meßbaren Umweltvaribalen zu vorherzusagen, so muß meistens mit einem 95%-Vertrauensbereich von einer Zehnerpotenz gerechnet werden. Das heißt, daß man mit 95% Wahrscheinlichkeit gerade die richtige Zehnerpotenz trifft.

10.2.1 Planktonproduktion in Seen

Die Primärproduktion hängt von der geographischen Breite und von der Trophie ab

Großflächige, vergleichende Messungen der Primärproduktion wurden vor allem während der Periode des *„Internationalen Biologischen Programms"* (IBP; zusammengefaßt in LeCren und Lowe-Mc-Connell 1980) und während der *OECD-Eutrophierungsstudie* (zusammengefaßt in Vollenweider und Kerekes 1982) unternommen. Im IBP ging es mehr um die Entdeckung überregionaler Trends in Produktionsraten als solche, während es in der OECD-Studie vor allem um den Zusammenhang zwischen Nährstoffen und der Biomassebildung in der gemäßigten Zone ging und Produktionraten nur in einem Teil der Seen gemessen wurden. Zusammengenommen erlauben beide Studien einen Überblick, wie die Primärproduktion von den beiden Hauptfaktoren *geographische Breite* und *Trophiegrad* abhängt.

Geographische Breite. In die Analyse des IBP wurden 93 Seen von den Tropen bis in die boreal/subarktische Region einbezogen (Brylinsky 1980). Die Jahresrate der Primärproduktion betrug im produktivsten tropischen See etwa 3150 g C $\cdot$ m^{-2} $\cdot$ y^{-1}, im produktivsten gemäßigten See (Loch Leven, Schottland) etwa 1700 g C $\cdot$ m^{-2} $\cdot$ y^{-1} und im produktivsten borealen See (Trummen, Schweden) etwa 700 g C $\cdot$ m^{-2} $\cdot$ y^{-1}. Die Produktion des Phytoplanktons der in ihren Regionen jeweils produktivsten Seen ist damit größer als die Produktion von Waldökosystemen derselben Breite. Nach Whittaker und Likens (1973) betragen die mittleren Produktionsraten für tropische Wälder 800, für gemäßigte Wälder 560 und für boreale Wälder 360 g C $\cdot$ m^{-1} $\cdot$ y^{-1}. Die Produktionsraten in den unproduktivsten Seen sind um 2 bis 3 Zehnerpotenzen kleiner als die die produktivsten Seen derselben Breite und zeigen den latitudinalen Trend wesentlich schwächer.

Vier Gründe gelten in allgemeinen als ausschlaggebend für den Trend zunehmender Produktionsraten mit abnehmender geographischer Breite:

● Die Länge der Vegetationsperiode

● Die Gesamtmenge der Lichteinstrahlung

● Die Beschleunigung physiologischer Raten durch höhere Temperaturen, insbesondere die Beschleunigung der Remineralisierung von Nährstoffen

● Das polymiktische Durchmischungsregime in den Tropen (vgl. Kap. 4.3), das in Bodennähe remineralisierte Nährstoffe häufiger in die euphotische Zone zurückführt.

Trophie. Die Trophie eines Gewässers ist das chemische, durch Nährstoffe bestimmte *Potential, Biomasse zu bilden.* In Algenkulturen ist kann dieses Potential nach den Formeln 6.10 und 6.11 aus der Gesamtkonzentration des limitierenden Nährstoffes und der Zellquote berechnet werden. Da jedoch normalerweise ein signifikanter Anteil des partikulären Nährstoffpools in Bakterien und Zooplanktern gebunden ist (ungefähr jeweils ein Drittel, abgesehen von Wasserblüten), wird unter natürlichen Bedingungen eine wesentlich geringere Algenbiomasse gebildet. Da das Produktions/Biomasse-Verhältnis (spezifische Produktionsrate) des Phytoplanktons auch nur innerhalb gewisser Grenzen schwankt, ist nicht nur die Biomassebildung, sondern auch die Produktionsrate vom trophiebestimmenden Nährstoff abhängig. Die OECD-Studie umfaßte Seen des gemäßigten und des borealen Gürtels Nordamerikas und Europas und zeigte, daß ein Großteil der Produktivitätsunterschiede innerhalb einer Breitenzone durch die Trophie erklärbar ist.

Die Trophie der Seen wird häufiger durch den Gesamtphosphor und seltener durch den Gesamtstickstoff bestimmt.

Da jedoch TP und TN untereinander positiv korreliert sind (im OECD-Material: r = 0,75; n = 57), ergeben sich die erwarteten die positiven Korrelationen zwischen Nährstoffkonzentration und Algenbiomasse bzw. -produktion für beide Nährstoffe. Mit TP (Jahresmittel in $\mu g \cdot l^{-1}$) als unabhängiger Variable ergab die OECD-Studie folgende Beziehungen (Vollenweider und Kerekes 1982):

Biomasse (Jahresmittel der Chlorophyllkonzentration in der euphotischen Zone in $\mu g \cdot l^{-1}$):

$$Chl = 0,28 \ TP^{0,96}; \ r^2 = 0,77; \ n = 77$$
(Formel 10.1)

Produktion
(Jahresproduktion in $g \ C \cdot m^{-2} \cdot y^{-1}$):

$$P = 31,1 \ TP^{0,54}; \ r^2 = 0,50; \ n = 49$$
(Formel 10.2)

Für beide Formeln gilt, daß der 95%-Vertrauensbereich der unabhängigen Variablen fast eine Zehnerpotenz beträgt. Das heißt im Umkehrschluß, daß sich der TP-Gehalt von zwei Seen ebenfalls um eine Zehnerpotenz unterscheiden muß, um sicher auf Unterschiede in Produktion und Biomasse zu schließen. Da TP-Konzentrationen der OECD-Seen von etwa 6 bis 700 $\mu g \cdot l^{-1}$ reichten, war der Zusammenhang dennoch hoch signifikant.

Interessanterweise ist der Zusammenhang Biomasse-TP fast linear (Exponent 0,96), während der Zusammenhang Produktion-TP weit von dieser Linearität entfernt ist. Daraus folgt, daß die spezifische Produktionsleistung (Turnoverrate) mit der Trophie und mit der Biomasse abnimmt. Im wesentlichen ist dieser Effekt auf die zunehmende Lichtattenuation bei zunehmenden Biomassen („Selbstbeschattung") zurückzuführen.

Die Sekundärproduktion beträgt etwa ein Zehntel der Primärproduktion

Produktion. Die Sekundärproduktion wurde nur in einem Teil der Seen des IBP untersucht. Der statistische Zusammenhang mit der Primärproduktion war annähernd linear und entsprach den gängigen Vorstellungen einer ökologischen Effizienz von 5 bis 20% (vgl. Kap 9.3.1):

$$SP = -2,1 + 0,128 \ PP; \ r^2 = 0,82; \ n = 17$$
$$\text{(Formel 10.3)}$$

(umgerechnet aus energetischen Einheiten in g C $\cdot$ m^{-2} $\cdot$ y^{-1})

Heterotrophe Biomassen. Auch für die Biomassen der heterotrophen Komponenten des Planktons lassen sich Korrelationen zum Gesamtphosphor finden. Die von Peters (1986) zusammengefaßten Gleichungen sind unter der Annahme, daß 1 g Trockenmasse 0,45 g POC enthält und 1 Bakterienzelle einen Kohlenstoffgehalt von 20 fg hat, in POC umgerechnet worden. Biomasse und Geamtphosphor sind Jahresmittelwerte und in µg $\cdot$ l^{-1} angegeben.

● Biomasse Zooplankton:

$$B_{zoo} = 17,1 \ TP^{0,64}; \ r^2 = 0,86; \ n = 12$$
$$\text{(Formel 10.4)}$$

● Biomasse Crustaceen:

$$B_{crust} = 2,57 \ TP^{0,91}; \ r^2 = 0,72; \ n = 49$$
$$\text{(Formel 10.5)}$$

● Biomasse Mikrozooplankton:

$$B_{mikrozoo} = 7,65 \ TP^{0,71}; \ r^2 = 0,72; \ n = 12$$
$$\text{(Formel 10.6)}$$

● Biomasse Meso- und Makrozooplankton:

$$B_{mesozoo} = 9 \ TP^{0,65}; \ r^2 = 0,86; \ n = 12$$
$$\text{(Formel 10.7)}$$

● Biomasse Bakterien:

$$B_{bakt} = 18 \ TP^{0,66}; \ r^2 = 0,83; \ n = 12$$
$$\text{(Formel 10.8)}$$

Die Exportproduktion beträgt 10 bis 50% der Primärproduktion

In einer vergleichenden Untersuchung von einigen Hartwasserseen stellte Stabel (1985) eine abnehmende Tendenz der relativen Bedeutung der Exportproduktion mit zunehmender Trophie fest. Im oligotrophen Königssee betrug sie 46%, im mesotrophen Bodensee um 20% und im eutrophen Plußsee etwa 13,5% der Primärproduktion. Da derartige Vergleiche bisher für nur wenige Seen durchgeführt wurden, läßt sich allerdings noch auf keinen allgemeinen Trend schließen.

10.2.2. Planktonproduktion im Meer

Die Primärproduktion im Meer ist niedriger als in nährstoffreichen Seen

Als charakteristischer Wert für produktive Meeresgebiete gelten etwa 120 g C $\cdot$ m^{-2} $\cdot$ y^{-1} mit lokal begrenzten Maximalwerten von ca. 500 g C $\cdot$ m^{-2} $\cdot$ y^{-1}, während für unproduktive Gebiete etwa 30 g C $\cdot$ m^{-2} $\cdot$ y^{-1} typisch sind. Damit liegen einerseits die Maximalwerte deutlich unter den Werten hochproduktiver Seen, andererseits liegen die Minimalwerte in einem ähnlichen Bereich wie die unproduktivsten Seen der OECD-Studie.

Die geographische Verteilung der marinen Primärproduktion unterscheidet sich fundamental der Verteilung der limnischen Primärproduktion

Tropen. Das Fehlen einer saisonalen Vertikalzirkulation in den Tropen (vgl. Kap. 4.3) bewirkt eine starke Nährstoffverarmung in den festlandsfernen Bereichen. Deshalb sind die zentralen Becken der Ozeane Zonen minimaler Produktion (Abb. 10.4). Da auch die Biomassen des Phytoplanktons niedrig sind, ist die Wasserfarbe blau. Entsprechend niedrig sind auch die Raten der Sekundärproduktion und der Fischproduktion. Seit alters her gilt der Spruch, *„blau ist die Wüstenfarbe des Ozeans"*.

Auftriebsgebiete. Eine Ausnahme sind diejenigen Gebiete an den Rändern der Kontinente, in denen kaltes, nährstoffreiches Tiefenwasser auftreibt. Hier kommt es durch eine günstige Kombination hoher Nährstoffangebote und langer Vegetationsperioden zu hohen Jahresraten der Primärproduktion und basierend darauf zu hohen Fischerträgen. Das Wasser ist *durch Kieselalgen oliv bis braun* gefärbt. Zonen wie der Humboldtstrom (Küste von Chile und Peru) sind berühmt für ihre hohen Fischerträge.

Gemäßigte und boreale Zonen hoher Produktion. In den borealen Zonen der Ozeane und in Randmeeren wie der Nordsee sorgen die Vertikalzirkulation, die Nähe zu den Kontinenten und in den

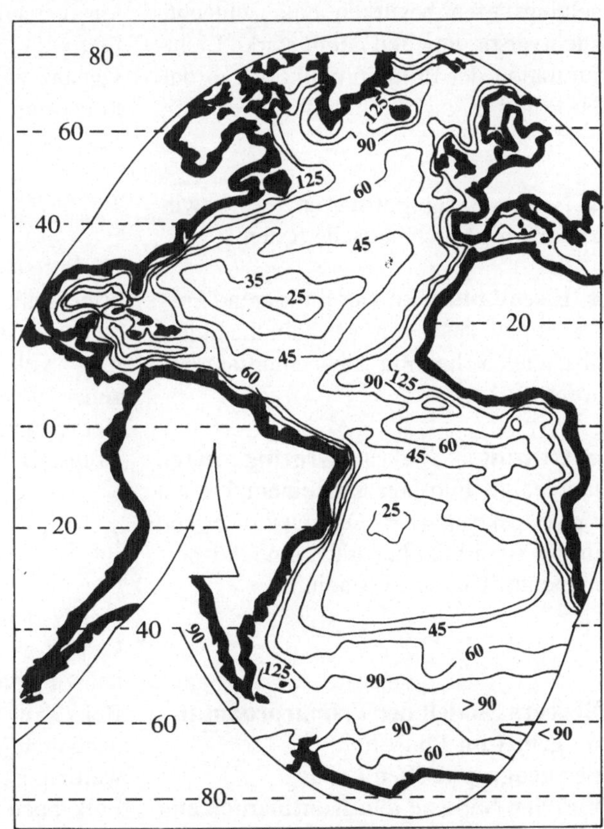

Abb. 10.4. Geographische Verteilung der Primärproduktion $(g\,C \cdot m^{-2} \cdot y^{-1})$ im Atlantik. (Nach Berger 1989)

flacheren Bereichen der Austausch zwischen Sediment und Freiwasser zu einem hohen Nährstoffangebot und entsprechend hohen Produktionsraten. Auch diese Gebiete sind klassische Fischereigebiete.

Gebiete hoher Nährstoffkonzentrationen und niedriger Produktion. Das Antarktische Meer und der Nordpazifik fallen dadurch auf, daß Nitrat und Phosphat praktisch nie vollstädig aufgezehrt werden und trotz eines hohen Nährstoffangebots niedrige Produktionsraten und niedrige Algenbiomassen herrschen. Die Gründe dafür sind nach wie vor umstritten. In einem Sonderband zu diesem Thema (Chisholm und Morel 1991) werden vier Hypothesen diskutiert:

● **Lichtlimitation:** Hohe Durchmischungstiefen bewirken eine schlechte Lichtversorgung und damit starke Lichtlimitation der Primärproduktion, so daß N, P und Si zu Überschußfaktoren werden.

● **Niedrige Temperaturen:** Sie bewirken niedrige metabolische Raten.

● **Eisenlimitation:** Der limitierend Faktor ist gelöstes Eisen, weshalb die „klassischen" Nährstoffe Überschußfaktoren werden.

● **Grazing:** Starkes **Grazing** durch langlebige Filtrierer mit einem breiten Futterspektrum (z.B. *Euphausia superba* in der Antarktis) bewirken eine Art permanentes Klarwasserstadium.

**Bergers Modell der Primärproduktion geht vom Phosphor,
der geographischen Breite
und der Nähe zu den Kontinenten aus**

Aus historischen Gründen hat es sich in der Meeresökologie nicht eingebürgert, Gesamtkonzentrationen von Nährstoffen (TP, TN) zu messen. Dadurch fehlt ein einfacher Trophieindikator wie TP im OECD-Modell. Die häufig gemessenen Konzentrationen der gelösten Nährstoffe sind ja nur „Restkonzentrationen", die vom Plankton übrig gelassen wurden. Berger (1989) nimmt an, daß ein korrigierter Wert der gelösten Phosphorkonzentration in 100 m Tiefe (größenordnungsmäßig mittlere Lage der Kompensationsebene) charakteristisch für den Pool ist, aus dem sich die Biomasse des Planktons aufgebaut hat bzw. aus dem sich der Nährstoffvorrat der euphotischen Schicht durch turbulente Durchmischung erneuern kann. Da Durchmischungsreignisse und Auftrieb in der Nähe der Landmassen häufiger und intensiver sind, wird der Originalwert (P_{100} in μmol $\cdot$ l^{-1}) durch Berücksichtigung der Distanz zum nächsten Kontinent (D in km; wenn D < 100 km wird D auf 100 festgesetzt) korrigiert (*P_{app}*):

$$P_{app} = P_{100} + \frac{10}{\sqrt{D}} \qquad \text{(Formel 10.9)}$$

Da in hohen Breitengraden die Lichtenergie fehlt bzw. die Vegetationsperiode zu kurz ist, um den „apparenten Phosphor" voll zur Primärproduktion zu nutzen, ist eine weitere Korrektur zur Berücksichtigung der geographischen Breite (L für latitude, in Grad) nötig:

$$P_{eff} = P_{app} \cdot \cos\left(\frac{90 \cdot L_3}{79^3}\right) \quad \text{(Formel 10.10)}$$

Durch den Ausdruck in der Klammer kommt es ab etwa 50° zu einer signifikanten Abnahme von P_{eff} gegenüber P_{app}. Bei 79° erreicht P_{eff} den Wert 0. Daß danach rechnerisch negative Werte erreicht werden, ist wegen der Eisbedeckung der Polkappen unerheblich.

Aus diesem Wert für den „effektiven" Phosphor kann dann die Primärproduktion (*PP;* in g C · m^{-2} · y^{-1}) berechnet werden:

$$PP = e^{[P_{eff} \cdot (1 - P_{eff}/a) + b]} \qquad \textbf{(Formel 10.11)}$$

Eine Kalibration an empirischen Daten ergab Werte von 10 für den Parameter a und 3,1 für den Parameter b.

Es überrascht zunächst, daß Berger P und nicht N als Nährstoffparameter wählte, obwohl die meisten Meeresökologen annehmen, daß in den größten Teilen der Weltmeere eher N als P limitierend ist. Da das N- und P-Angebot in den Weltmeeren jedoch sehr eng korreliert sind und noch dazu meistens nahe beim Redfield-Verhältnis von 16:1 liegt, ist die Wahl des Nährstoffparameters ziemlich unerheblich. Die nach Bergers Modell berechneten Produktionsraten stimmten gut mit früheren, empirisch fundierten Weltkarten der ozeanischen Primärproduktion überein. In 85% aller Teilflächen lag die Abweichung unter 35%.

Weltproduktion. Nach Bergers Modell beträgt die gesamte Primärproduktion der Meere 27 · 10^{15} g C · y^{-1}. Andere Schätzungen reichen von 17 bis 35 · 10^{15} g C · m^{-2} · y^{-1}. Das ist etwas weniger als die noch wesentlich schwieriger zu bestimmende Primärproduktion der Landflächen von ca. 50 · 10^{15} g C · y^{-1}. Trotz der hohen Produktionsraten pro Fläche tragen die Seen nur Prozentbruchteile zur globalen Primärproduktion bei.

Die Anteil der Exportproduktion nimmt mit der Trophie zu

Sedimentation. Charakteristische Werte der Exportraten aus der euphotischen Schicht liegen bei 3 g C · m^{-2} · y^{-1} in den unproduktiven, zentralozeanischen Gebieten und bei 30 g C · m^{-2} · y^{-1} in den produktiven Zonen (Berger et al. 1989). Das entspicht etw 10% der Primärproduktion im oligotrophen und etwa 25% im eutrophen Fall. Im Verlaufe des weiteren Sedimentationsprozesses kommt es zu einem fortschreitenden Abbau der sinkenden Partikel, so daß je nach Tiefe und Trophie nur etwa 1 bis 6% der planktischen Primärproduktion den Meeresboden erreichen. Für die Abhängigkeit des Sedimentationsflusses (*J,* in g C · m^{-2} · y^{-1}) von Tiefe (z; in m) und Primärproduktion *(PP)* stellten Betzer et al. (1984) folgende Formel auf:

$$J = \frac{0{,}409 \; PP^{1{,}41}}{z^{0{,}628}} \qquad \textbf{(Formel 10.12)}$$

Der Exponent von 1,41 bedeutet, daß die Sedimentationsrate überproportional mit der Primärproduktion steigt. Dieser Trend ist dem bisher gefundenen Trend für Seen entgegengesetzt. Dieser Unterschied dürfte darauf beruhen, daß im Süßwasser die schnell sinkenden Kieselalgen eher in oligotrophen Systemen dominieren, während sie im Meer eher in eutrophen Systemen dominieren und oligotrophe Systeme von Picoplanktern und nanoplanktischen Flagellaten dominiert werden.

Neuproduktion. Wenn in oligotrophen Systemen anteilsmäßig nur wenig Sedimentation stattfindet, so bedeutet das einen hohen Grad an Remineralisierung in der euphotischen Zone und damit einen hohen Anteil der *„regenerierten Produktion"* und einen geringen Anteil der *„Neuproduktion" (NP).* Es ist jedoch nicht so, daß die Rate der Neuproduktion an jedem Ort identisch mit der Sedimentationsrate ist. Dieses Gleichgewicht stellt sich nur global ein, lokal sorgen laterale Transportprozesse für Ungleichgewichte. So wird in Auftriebsgebieten ein

Teil der nicht remineralisierten Primärproduktion nicht aussedimentiert sondern lateral abtransportiert. Für das sogenannte *„f-Verhältnis"* (Neuproduktion/Primärproduktion) gilt folgende empirische Beziehung:

$$f = \frac{PP}{400} - \frac{PP^2}{340\,000} \qquad \textbf{(Formel 10.13)}$$

Für realistische Werte der Primärproduktion bedeutet das einen zunehmende Tendenz des f-Verhältnisses mit PP.

Der Anteil der Sekundärproduktion nimmt mit der Trophie ab

Eine statistische Auswertung der von Cushing (1971) zusammengestellten Originalmeßwerte für verschiedenste Meeresbereiche ergibt folgende Beziehung zwischen Primär- und Sekundärproduktion:

$$SP = 0,76\ PP^{0,60};\ r^2 = 0,55;\ n = 21$$
$$\textbf{(Formel 10.14)}$$

Daraus folgt, daß die *ökologische Effizienz* (vgl. Kap. 9.3.1) des Meeresplanktons mit zunehmeder Primärproduktion abnimmt. Bei einer Primärproduktion von 30 g C · m^{-2} · y^{-1} beträgt sie im Schnitt 19,5%, bei 120 g C · m^{-2} · y^{-1} nur noch 11,2%.

Abb. 10.5 zeigt den statistischen Zusammenhang zwischen „effektiver Phosphorkonzentration" (sensu Berger), der daraus nach Formel 10.11 berechneten

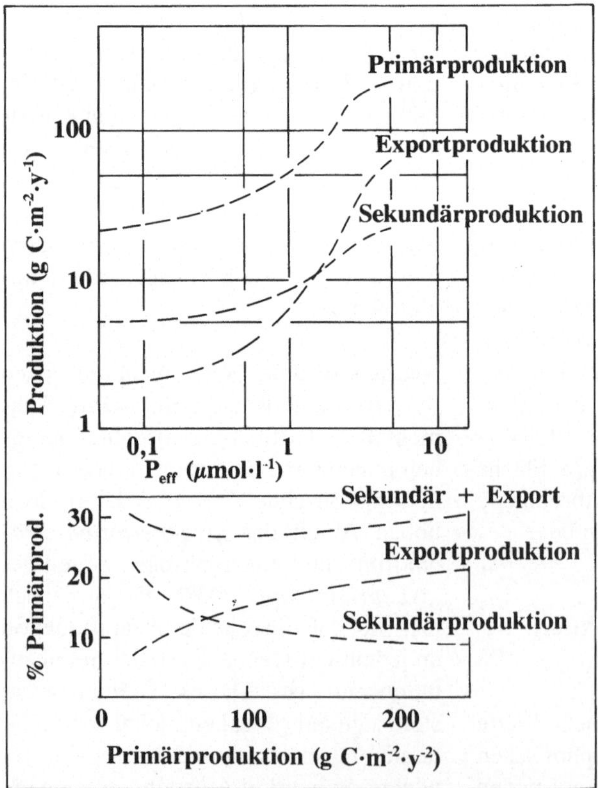

Abb. 10.5. Zusammenghang zwischen „effektive P-Konzentration" *(P$_{eff}$),* Primärproduktion, Sekundärproduktion und Exportproduktion. *Oben* log-log-Darstellung Produktionsraten vs. Phosphor, *Unten* Prozentanteil der Sekundärproduktion und der Exportproduktion an Primärproduktion als Funktion der Primärproduktion

Primärproduktion, den aus der Primärproduktion berechneten Raten der Exportproduktion (nach Formel 10.12) und der Sekundärproduktion (nach Formel 10.14). Die Exportproduktion wurde als Sedimentationsfluß in 100 m Tiefe (J_{100}) angenommen. Interessanterweise ist die Summe aus Sekundärproduktion und Exportproduktion über den gesamten Bereich realistischer Primärproduktionraten annähernd konstant (zwischen 27 und 31%).

10.3 Die geochemische Rolle des Planktons

Wären die biogeochemischen Kreisläufe geschlossen, so hätte die Aktivität der Organismen keinen Einfluß auf den Chemismus der Erdoberfläche. Alle von den Organismen der Umwelt entnommenen Substanzen würden wieder rezirkuliert werden und alle von den Organismen aufgebauten Substanzen wieder abgebaut werden. Tatsächlich aber haben die Organismen den Chemismus der Erdoberfläche in geologischen Zeiträumen nachhaltig umgestaltet. Die Spuren ihres Einflusses reichen von den Sedimentgesteinen über den Chemismus des Meereswassers bis zum Chemismus der Atmosphäre. Die heutige Verteilung von Substanzen an der Erdoberfläche kann nicht erklärt werden, ohne die biogene Umverteilung von Substanzen zwischen Lithosphäre, Hydrosphäre und Atmosphäre zu berücksichtigen. Schon alleine wegen der Ausdehnung der offenen Ozeane hat das Plankton einen entscheidenden Anteil an der Umgestaltung des Chemismus der Erdoberfläche.

10.3.1 Bildung biogener Tiefseesedimente

Mehr als die Hälfte des Tiefseebodens ist von planktonbürtigen Sedimenten bedeckt

Klassifikation der Meeressedimente. Nach der gängigen Klassifizierung (z.B. in Chester 1990) werden folgende Typen von Sedimenten unterschieden:

- **Küstennahe Sedimente:** Sie sind in ihrem Chemismus, ihrer Korngröße und ihren Ursprüngen sehr variabel. Die Akkumulationsraten sind in der Regel hoch, der Einfluß terrestrischen Materials ist groß und unter den biogenen Komponenten spielt das Skelettmaterial von Benthosorganismen (z.B. Korallen, Muscheln, kalkinkrustierte Algen) eine große Rolle.

- **Hemipelagische Tiefseesedimente:** Sie entstehen am Rand der Kontinentalabhänge und sind stark von horizontalen Transportprozessen beeinflußt, die Material von den Kontinentalabhängen importieren. Dementsprechend spielen lithogene Tone, mineralische Sande, Turbidite und in hohen Breiten auch glaciales Material eine wichtige Rolle. Die Akkumulationsraten betragen über 10 $\mu m \cdot y^{-1}$, der POC-Gehalt betägt meistens 1 bis 5%.

- **Pelagische Tiefseesedimente:** Sie entstehen in den zentralen Meeresbecken. Für ihre Ausbildung ist der vertikale Sedimentationsfluß und nicht der laterale Transport entscheidend. Die Akkumulationsrate beträt größenordnungsmäßig 1 $\mu m \cdot y{-}1$.

- **Anorganische, pelagische Tiefseesedimente:** Sie enthalten <30% biogenes Skelettmaterial und >60% Tonmineralien (Partikel <2 µm). Der POC-Gehalt ist sehr gering (0,1 bis 0,2%), so daß das oxidierte Sediment in Oberflächennähe durch Eisenoxid rot oder braun gefärbt ist (*„roter Tiefseeton", Oxypelit).* Der Tiefseeton bedeckt weltweit etwa 38% des Tiefseebodens (26% im Atlantik, 49% im Pazifik, 25% im Indischen Ozean).

● **Biogene, pelagische Tiefseesedimente:** Sie enthalten mindestens 30% organismisches Skelettmaterial. Dieses kann *Kalziumkarbonat* ($CaCO_3$) oder Opal (hydratisiertes, amorphes SiO_2) sein.

Herkunft und Verteilung der biogenen Tiefseesedimente.   Kalziumkarbonat liegt in zwei Formen vor: Kalzit und Aragonit.

● **Kalzit:** Als *Kalzitbildner* sind im Plankton die *Foraminiferen* (Protozoen aus dem Stamm Rhizopoda) und die *Coccolithophorales* (Phytoplankter aus der Klasse Prymnesiophyceae) bedeutend. Die Schalen der Foraminiferen haben Größen von 30 bis 1000 µm, während die Kalkschuppen der Coccolithophoren unter 10 µm groß sind.

Kalkschlamm bedeckt ca. 47% des Tiefseebodens (65% im Atlantik, 36% im Pazifik und 54% im Indischen Ozean).

● **Aragonit:** Die Skelettsubstanz der Mollusken ist Aragonit. Im Gegensatz zum Benthos sind Mollusken im Plankton recht unbedeutend, lediglich pelagische Schnecken aus der Gruppe *Pteropoda* spielen eine gewisse Rolle in der planktischen Sedimentation. Pteropodenbürtiger Aragonitschlamm bedeckt nur etwa 0,6% des Tiefseebodens (2,4% im Atlantik, sonst unbedeutend).

● **Opal:** Der biogene Opal wird von *Diatomeen, Silikoflagellaten* (Dictyochales, zur Klasse Chrysophyceae) und *Radiolarien* (Protozoen aus dem Stamm Rhizopoda) gebildet. Diatommenschlamm tritt in den hochproduktiven Zonen in hohen Breiten auf (Abb. 10.6), sofern nicht in Küstennähe die Sedimentation terrigenen Materials die Diatomeensedimentation überlagert. Diatomeenschlamm bedeckt ca. 12% des Tiefseebodens (7% im Atlantik, 10% im Pazifik, 20% im Indischen Ozean). Radiolarienschlamm ist nur im Pazifik wichtig (4,6% der Fläche), wo er einen Gürtel entlang des Äquators bildet. Weltweit bedeckt Radiolarienschlamm ca.

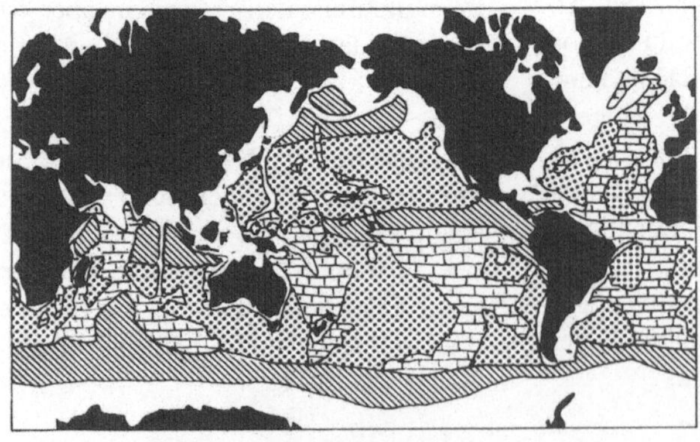

Abb. 10.6. Globale Verteilung der pelagischen Tiefseesedimente. (Nach Davies und Gorsline 1976)

2,6% des Tiefseebodens. Silikoflagellaten treten nicht als dominante Komponente, sondern als Beimischung in Diatomeensedimenten auf.

Diatomeen dominieren in produktiven und Coccolithophoren in unproduktiven Zonen

Ein wesentlicher Grund für die in Abb. 10.6 dargestellte geographische Sortierung der verschiedenen Sedimenttypen liegt in der unterschiedlichen Verbreitung der wichtigsten skelettbildenden Primärproduzenten. Kieselalgen dominieren in Zonen hoher Primärproduktion wie Auftriebsgebieten und den nährstoffreichen borelaen Zonen. Die meisten Coccolithophoren hingegen dominieren gemeinsam mit anderen kleinen Flagellaten in den unproduktiven Zonen. Eine Ausnahme ist die ubiquitär verbreitete Art *Emiliana huxleyi,* deren Beitrag zur Gesamtsedimentation in den Kieselalgenzonen jedoch unbedeutend ist.

Kalziumkarbonat und Opal lösen sich in unterschiedlichen Tiefen auf

Kalziumkarbonat. Die Auflösung des Kalziumkarbonats während des Sedimentationsprozesses hängt vom Ausmaß der lokalen Untersättigung und vom CO_2-Gehalt ab und nimmt tendenziell mit der Tiefe zu. Ab einer gewissen Tiefe sind die potentiellen Auflösungsraten größer als der Nachschub durch die Sedimentation, so daß keine $CaCO_3$-Partikel mehr den Meeresboden erreichen. Diese Tiefe wird als „Kompensationstiefe" bezeichnet. Die *Kalzit-Kompensationstiefe (CCD)* liegt zwischen 4 und 5 km Tiefe, die *Aragonit-Kompensationstiefe (ACD)* zwischen einigen 100 m und 2 km. Unterhalb der CCD entsteht in den unproduktiven Zonen kein biogenes Sediment, sondern Oxypelit. Neben der Kompensationstiefe ist noch die *Lysokline* für die Ausbildung der biogenen Sedimente wichtig. Oberhalb der Lysokline erreichen weitgehend gut erhaltene Schalen den Meeresboden, unterhalb erreichen ihn nur mehr schlecht erhaltene Fragmente. Wegen der unterschiedlichen Resistenz verschiedener Schalen gegen Fragmentierung und Auflösung ist die Lysokline allerdings nicht für alle Arten gleich, so daß es mit zunehmender Tiefe zu einer zunehmenden Anreicherung robuster Formen im Sediment kommt.

Opal. Im Gegensatz zum Kalziumkarbonat ist die Konzentration der gelösten Kieselsäure in allen Tiefen stark untersättigt, so daß die Auflösungsrate überwiegend von der Temperatur abhängt. Der größte Teil der Auflösung findet in den oberflächennahen Schichten statt, während Partikel, die das Tiefenwasser erreicht haben, ohne nennenswerte Korrosion weitersinken können. Diatomeen- und Radiolarienschlamm kann daher in fast allen Tiefen gebildet werden. In sehr flachen und produktiven Zonen erreicht allerdings soviel POC den Meeresboden, daß sich ein reduziertes, organisches Sediment *(Sapropel)* ausbildet.

Die Art des pelagischen Tiefseesediments hängt von Produktivität und Tiefe ab

Die Bedeutung der Unterschiede in der Produktion und in der Auflösung der sinkenden Skelettmaterialien ist so dominant, daß die Ausbildung der verschiedenen Typen des pelagischen Sediments in einem einfachen Schema (Abb. 10.7) dargestellt werden kann, in dem nur zwei Umweltparameter, die Produktivität und die Tiefe, ausschlaggebend sind.

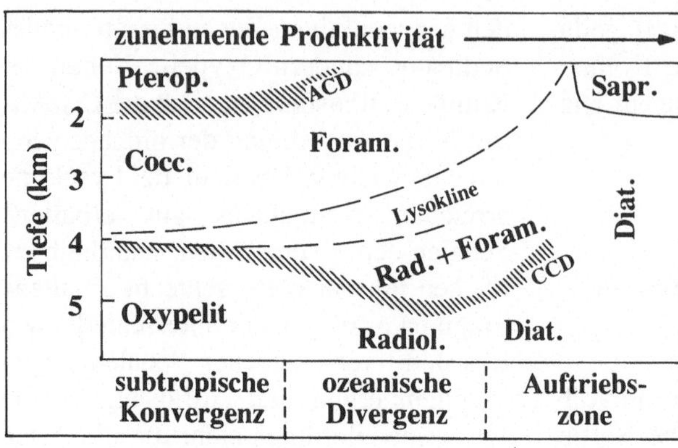

Abb. 10.7. Bildung pelagischer Tiefseesedimente in Abhängigkeit von Tiefe und Produktivität. *ACD* Aragonit-Kompensationstiefe, *CCD* Kalzit-Kompensationstiefe (Nach Berger 1976)

10.3.2 Biologische Kontrolle der Meereschemie

Die Zusammensetzung des Meersalzes wird durch die selektive Eliminierung von Kalzium, Bikarbonat und Silikat mitbestimmt

Die chemische Zusammensetzung des Meerwassers unterscheidet sich nicht nur hinsichtlich ihrer Salinität von der mittleren Zusammensetzung des Wassers der ins Meer mündenden Flüsse. Auch die qualitative Zusammensetzung des Meersalzes unterscheidet sich grundlegend von den Salzen der Flüsse. Die Konzentrationen der wichtigsten Anionen und Kationen im Regenwasser entsprechen etwa einem stark, im Schnitt etwa 5000fach, verdünnten Meereswasser. Unter den Kationen dominiert das Natrium stark über das Kalzium, unter den Anionen das Chlorid über das Bikarbonat. Auf seinem Weg über Grundwasser, Bäche, Seen und Flüsse zum Meer nimmt das Wasser durch Verwitterung der Gesteine zusätzliche Ionen auf, so daß schließlich das Kalzium zum dominanten Kation und das Bikarbonat zum dominanten Anion werden. Warum bleiben diese Ionen nicht dominant, wenn das Flußwasser durch Evaporation zum Meereswasser eingedickt wird?

Geht man von den Konzentrationen des leicht löslichen Natriums aus, so beträgt der Konzentrationsfaktor des Meerwasser gegenüber dem mittleren Flußwasser etwa 2000. Mit Ausnahme des Chlorids bleiben die Konzentrationen der anderen Ionen deutlich hinter dem Wert zurück, der bei einer 2000fachen Eindickung zu erwarten wäre (Abb. 10.8). Der Überschuß des Chlorids erklärt sich aus vulkanischen Emissionen.

Besonders deutlich ist das Defizit bei *Kalzium, Bikarbonat* und *Silikat.* Dabei handelt es sich genau um jene Ionen, die für die Bildung biogener Sedimente verbraucht werden. Ein Teil des Bikarbonats wird durch die Primärproduktion aus dem Wasser entfernt, die nicht rezirkulierten Anteile werden als organisches Sediment deponiert. Ein weiterer Anteil des Bikarbonats wird als Kalziumkarbonat durch die dauerhafte Ablagerung von Kalzit- und Aragonitskeletten sowohl durch Plankter als auch durch das Benthos entfernt. Da Kalziumkarbonat im oberflächennahen Bereich übersättigt ist, spielt auch die anorganische Fällung eine bedeutende Rolle. Bei der Entfernung des Silikats aus dem Wasser hingegen überwiegt angesichts der starken Untersättigung die Bedeutung der Sedimentation durch Diatomeen und Radiolarien.

Abb. 10.8. Vergleich der Konzentration wichtiger Ionen im Meereswasser *(weiße Säulen)* und in 2000fach konzentriertem, durchschnittlichen Flußwasser *(schattierte Säulen)*

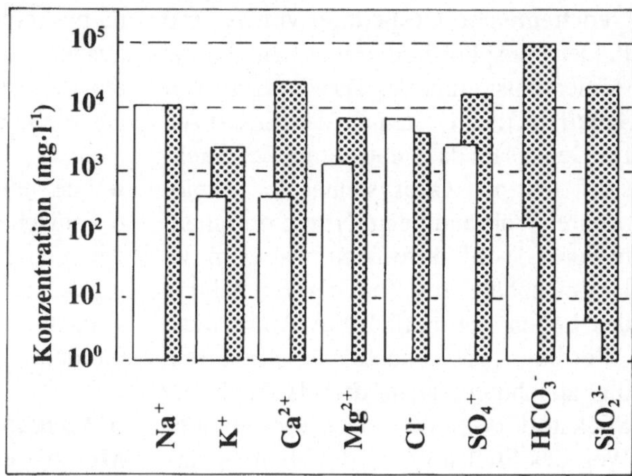

Es zeigt sich also, daß die Beeinflußung der Zusammensetzung des Meersalzes die **Kehrseite der Sedimentbildung** ist. Was im Sediment deponiert wird, „fehlt" im freien Wasser.

Das N:P-Verhältnis im Meer resultiert aus biologischen Aktivitäten

Das Redfield-Verhältnis. Seit Redfields klassischen Untersuchungen (Redfield et al. 1963) hat sich immer wieder bestätigt, daß das stöchiometrische N:P-Verhältnis im Meer innerhalb relativ enger Grenzen um den Wert **N:P = 16:1** schwankt. Dieses Verhältnis findet sich auf mehreren Ebenen: Als PON:POP-Verhältnis innerhalb der partikulären Substanz, als DIN:DIP-Verhältnis im Tiefenwasser, als ΔDIN:ΔDIP-Verhältnis, wenn die Nährstoffzehrung in der euphotischen Schicht aus dem Konzentrationsgradienten im Vertikalprofil geschätzt wird. Lediglich bei extremer Nährstoffzehrung in der euphotischen Schicht kommt es manchmal zu substantiellen Abweichungen des DIN:DIP-Verhältnisses vom Redfield-Verhältnis. Großräumige lineare Regressionen zwischen N-Fraktionen und vergleichbaren P-Fraktionen haben stets hohe Korrelationkoeffizient (r > 0,95), während ähnliche Korrelationen für Binnengewässer zwar auch positiv, aber wesentlich schwächer sind (r = 0,5 bis 0,75) und teilweise deutlich andere mittlere N:P-Verhältnisse aufweisen (Hecky et al. 1993).

N:P in der Biomasse. Das N:P-Verhältnis in der Biomasse aquatischer Organismen entspricht ebenfalls annähernd dem Redfield-Verhältnis, wobei es aber gewisse interspezifische Unterschiede gibt (von 7:1 bis 30:1). Lediglich stark nährstofflimitierte Phytoplankter können stärker davon abweichen. Woher kommt die frappierende Übereinstimmung zwischen der Zusammensetzung der Organismen und dem N- und P-Angebot in der Umwelt? Haben sich die Organismen in ihrer Stammesgeschichte an ein geochemisch vorgegebenes Angebot angepaßt oder haben sie sich eine angepaßte Umwelt geschaffen? Um diese Frage zu beantworten, müssen die Unterschiede in den ursprünglichen geochemischen Quellen beider Elemente berücksichtigt werden.

Geochemische Ursprünge von N und P. Der Phosphor in den marinen Ökosystemen entstammt der *Verwitterung von Apatit* in den Gesteinen der Erdkruste. Im Gegensatz dazu entstammt der Stickstoff mariner Ökosysteme der Atmosphäre. Während heute N_2 die dominante Form des Stickstoffs ist, war es in der Uratmosphäre zur Zeit der Entstehung des Lebens vermutlich der Ammoniak. Allerdings gibt es auch Wissenschaftler, die annehmen, auch damals hätte der Stickstoff dominiert. Der urprüngliche Weg des Stickstoffs in die Hydrosphäre und Biosphäre war demnach: Lösung von atmosphärischem NH_3 (oder N_2) im Wasser – *Ammoniumassimilation* (oder *Stickstofffixierung*) und Bildung von PON durch Prokaryoten – Bildung von Ammonium durch Dekomposition der Biomasse – Bildung von Nitrat durch Nitrifikation.

Heute schleust vor allem die Stickstofffixierung atmosphärischen Stickstoff in biologische Systeme ein. Da die Stickstofffixierer nur in dem Maß Stickstoff fixieren können, in dem ihnen der verfügbare Phosphor Biomassebildung erlaubt, wird im Prinzip gerade soviel Stickstoff in die Biosphäre eingeschleust, wie es dem N:P-Verhältnis in der Biomasse entspricht. Wenn der DIN und der DIP im Wasser überwiegend aus der Dekomposition von Biomasse stammen, ist auch ein DIN:DIP-Verhältnis von 16:1 nicht überraschend.

Abweichungen vom Gleichgewicht. Ungleichgewichte im Angebot von Phosphor und Stickstoff können zum Beispiel dadurch entstehen, daß bei der Ausbreitung anaerober Zonen am Meeresboden die Stickstoffverluste durch *Denitrifikation* steigen, während andererseits reduzierte Verhältnisse die *Freisetzung von Phosphor* fördern. Das daraus resultierende Stickstoffdefizit kann nicht immer durch Stickstofffixierung ausgeglichen werden werden, da die Raten der *ozeanischen Stickstofffixierung* aus mehreren Gründen *begrenzt* sind:

- Die meistens hohe *Turbulenz* im ozeanischen Oberflächenwasser behindert den Aufbau anaerober Mikrozonen um die Zellen der N_2-fixierenden Blaualgen, die zur Stickstofffixierung benötigt werden.

- *Limitation durch Spurenelente (Fe, Mo)* begrenzt die Stickstofffixierung

- Ausreichende *Temperaturen* (>20°) herrschen nur in Teilgebieten der Weltmeere.

Langsame Gleichgewichtseinstellung. Codispoti (1988) nimmt an, daß gegenwärtig ein Ungleichgewicht besteht, da die geschäzte Gesamtdenitrifikationsrate der Weltmeere mit $120 \cdot 10^{12}$ g $\cdot$ y^{-1} deutlich höher ist als die Fixierungsrate von 30^{12} g $\cdot$ y^{-1}. Ein Fortschreiten des Ungleichgewichts würde allerdings eine kompensatorische Rückkopplung auslösen. Der Stickstoffmangel würde zu einem Sinken der Primärproduktion und damit zu niedrigeren Sedimentationsraten organischer Substanzen führen. Das hätte eine Verbesserung der Sauerstoffverhältnisse am Meeresboden zur Folge. Dadurch würden sowohl die Denitrifikation und als auch die Freisetzung von Phosphat zurückgehen. Der geschätzte Zeitbedarf für die Einstellung dieses Gleichgewichts beträgt mehrere tausend Jahre.

10.3.3 Biologische Kontrolle der Atmosphäre

Der Sauerstoff in Atmosphäre und Hydrosphäre ist der Photosynthese zu verdanken

Bedeutung der Blaualgen. Vor der Entwicklung der wasserspaltenden, sauerstoffbildenden Photosynthese durch Blaualgen war die Atmosphäre reich an Kohlendioxid und enthielt keinen Sauerstoff. Stromatolithenbildende, benthische Blaualgen hatten an der ursprünglichen Bildung des Sauerstoffs einen größeren Anteil als planktische Blaualgen. Erst mit der Entstehung oxidierter Verhältnisse auf der Erdoberfläche konnte sich auch die Sauerstoffatmung entwickeln und die Evolution der heute so vorherrschenden aeroben Organismen starten.

Kohlenstoffdeposition in Sedimentgesteinen. In den Perioden der Erdgeschichte, in denen ein Überschuß der Photosynthese über die Respiration herrschte, konnte sich Sauerstoff anreichern und eliminiertes CO_2 als karbonatische Sedimentgesteine und organisches Sediment (Kohle, Erdöl, Erdgas) deponiert werden. Das heute in Sedimentgesteinen festgelegte Depot von etwa $40 \cdot 10^{21}$ g C übertrifft bei weitem die im ozeanischen und im atmosphärischen Kohlendixid vorhandenen Kohlenstoffpools (in den Ozeanen $38 \cdot 10^{18}$ g C, in der Atmosphäre $700 \cdot 10^{15}$ g C).

Austausch Ozean-Atmosphäre: Der größte Teil des ozeanischen DIC-Pools liegt im Tiefenwasser unterhalb der permanenten Thermokline vor. Der Austausch dieses Pools mit der Atmosphäre ist auf kurzfristigen Zeitskalen vernachlässigbar, die Aufenthaltszeit des Kohlenstoffs im Tiefenwasser wird auf einige Jahrtausende geschätzt. Der DIC-Pool in der durchmischten Zone und beträgt etwa $560 \cdot 10^{15}$ g C und liegt damit in derselben Größenordnung wie der atmosphärische Pool. Der Austausch zwischen beiden Pools ist intensiv und beträgt mehr als 10% der Poolgröße pro Jahr. Der atmosphärische Input in die Ozeane wird auf $74 \cdot 10^{15}$ g C $\cdot$ y^{-1} geschätzt, die jährliche Abgabe auf $71 \cdot 10^{15}$ g C $\cdot$ y^{-1} (Mann 1980). Die Differenz von $3 \cdot 10^{15}$ g C $\cdot$ y^{-1} entspricht der Exportproduktion aus der Durchmischungszone. Die Ozeane wirken also nach wie vor als Senke im globalen Kohlenstoffkreislauf (Abb. 10.9).

Planktonproduktion als CO_2-Falle? Gegenwärtig nimmt der atmosphärische CO_2-Pool vor allem wegen der Verbrennung fossiler Energieträger um jährlich $2,3 \cdot 10^{15}$ g zu. Wegen der daraus resultierenden Erwärmung der Erdoberfläche (*„Glashauseffekt"*) gilt diese Zunahme als eines der schwerwiegendsten Umweltprobleme. Da die jährliche Zunahme etwa ein Zehntel der planktischen Primärproduktion beträgt, wurde die Idee diskutiert, durch Düngung der Meere die photosynthetische Zehrung von CO_2 zu fördern. Insbesondere die Hypothese, daß in Zonen hoher N- und P-Konzentrationen, aber niedriger Biomassen, Eisen limitierend sein könnte (vgl. Kap. 10.2.2), schien dabei eine attraktive Perspektive zu eröffnen. Ein Wissenschaftler stellte im Scherz fest: „Gebt mir ein halbes Tankschiff voll Eisen, und ich gebe euch eine Eiszeit". Trotz des scherzhaften Charakters dieser Bemerkungen wurde diese Idee von politischen Instanzen aufgegriffen und weiter diskutiert. Eine Spezialkonferenz der ASLO (American Society of Limnology and Oceanography) zu diesem Thema kam zu einer skeptischen Bewertung dieser Perspektive und empfahl bestenfalls re-

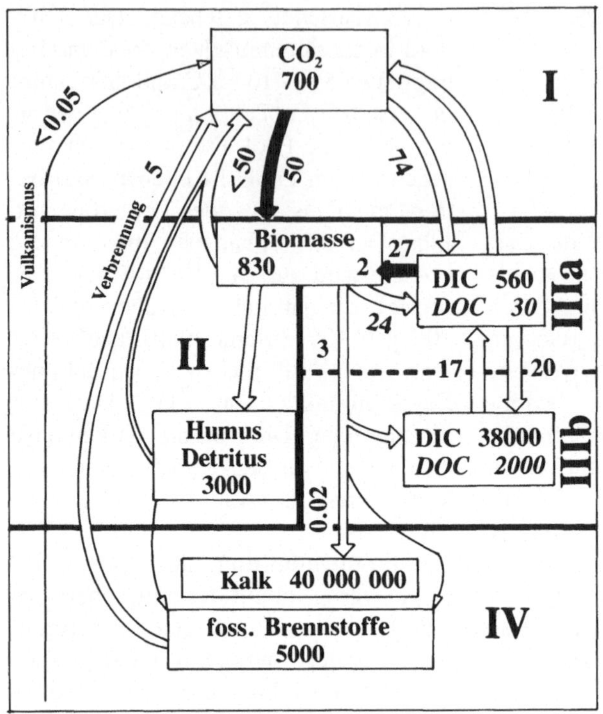

Abb. 10.9. Globaler Kohlenstoffkreislauf: Poolgrößen *(eingerahmt)* in 10^{15} g C, Flußgrößen in 10^{15} g C · y^{-1}; dicke, *schwarze Pfeile* Primärproduktion; *I* Atmosphäre, *II* terrestriche Ökosysteme, *IIIa* durchmischte Schicht der Ozeane, *IIIb* Tiefenwasser der Ozeane, *IV* Lithosphäre

gional eng begrenzte Düngeveruche (Chisholm und Morel 1991).

Selbst wenn die Eisenhypothese stimmen sollte, was keineswegs unumstritten ist, gibt es eine Reihe von Gründen gegen ein globales Düngeprogramm. Neben der Gefahr unerwünschter Nebenwirkungen, wie etwa nachteiliger Algenblüten, spricht vor allem eine Überlegung dagegen: Die Primärproduktion als solche nützt nichts, wenn gleichzeitig die Sekundärproduktion und die Respirationsraten erhöht werden. Um den Effekt der Ozeane als CO_2-Senke zu verstärken, müßte die Exportproduktion erhöht werden. Diese ist derzeit annähernd gleich groß wie der jährliche CO_2-Anstieg. Bei gleichbleibenden Proportionen Primärproduktion : Exportproduktion müßte sich die Primärproduktion also verdoppeln und nicht nur um 10% erhöhen, um den CO_2-Anstieg zu kompensieren. Abgesehen von der Frage der

Realisierbarkeit ist ein derartig massiver Eingriff beim gegenwärtigen Stand des Wissens zu risikoreich, um verantwortbar zu sein.

Kann das Phytoplankton durch DMS-Produktion das Klima beeinflussen?

Herkunft des DMS. Eine weitere Hypothese über die Phytoplankton-Klima-Beziehung beruht auf der Produktion von *Dimethylsulfid (DMS)* durch das Plankton (Charlson et al. 1987). Eine Reihe von Algen (z.B. *Phaeocystis,* diverse Coccolithophorales und Dinoflagellaten sowie benthische Makroalgen) produziert unter bestimmten Bedingungen den Vorläufer von DMS, das β-Dimethylsulfoniopropionat (DMSP). Beim Tod der Algen, insbesondere durch Grazing, wird DMSP frei und im Wasser bakteriell oder chemisch zu DMS umgewandelt. Wegen der Beschränkung des DMSP auf bestimmte Taxa und der Abhängigkeit seiner Bildung und Freisetzung von speziellen Bedingungen sind die Korrelationen zwischen allgemeinen Phytoplanktonparametern (Biomasse, Produktion etc.) und den DMS- bzw. DMSP-Konzentrationen im Wasser schlecht (Andreae 1990).

Abgabe an die Atmospäre. Ein Teil des gelösten DMS-Pools im Wasser wird zu Dimethylsulfoxid (DMSO) photooxidiert, ein weiterer Teil wird von Bakterien konsumiert, aber ein Teil wird auch an die Atmosphäre abgegeben. Die verschiedenen Schätzungen der globalen DMS-Abgabe der Ozeane an die Atmosphäre reichen von 15 bis $40 \cdot 10^{12}$ g S $\cdot$ y^{-1} (Malin 1992 et al). In der Atmosphäre kommt es zu einer photochemischen Oxidation des DMS. Dabei entstehen DMSO, Methansulfonsäure (MSA), Dimethylsulfon (DMSO$_2$), Schwefeldioxid (SO$_2$) und Sulfat (SO$_4^{2-}$). SO$_2$ und SO$_4^{2-}$ spielen dabei meistens die wichtigste Rolle. In Gebieten, die weit von industriellen Einflüssen entfernt sind (z.B. Antarktis), sind die Oxidationsprodukte des DMS die wichtigste Quelle von Säure im Niederschlag.

Wolkenbildung. Für die Bildung von Wolken ist das Vorhandensein von *Kondensationskernen* (*CCN,* cloud condensation nucleus) ausschlaggebend. Der Chemismus der CCN entspricht etwa dem Ammoniumsulfat. Die DMS-Hypothese nimmt an, daß sowohl das dafür benötigte Sulfat durch die Oxidation des DMS als auch das Ammonium zu einem wesentlichen Teil aus den Ozeanen stammen. Wolkenbildung erhöht die *Albedo* (Rückstrahlung) der Erdoberfläche und reduziert dadurch die Erwärmung durch die Sonnenstrahlung.

Klimaregulation? Charlson et al. (1987) nehmen an, daß in der DMS-Klima-Beziehung ein negativer Rückkopplungsmechanismus wirkt, der Klimaschwankungen dämpft: Erwärmung – erhöhte Primärproduktuion – erhöhte DMS-Abgabe – mehr Wolkenbildung – mehr Albedo – weniger Erwärmung. Ehe die Existenz eines derartigen Regulationsmechanismus als plausibel angesehen werden kann, müssen allerdings noch einige Fragen beantwortet werden.

● Wie wichtig ist das aus ozeanischen DMS-Abgabe entstandene Sulfat im Vergleich zu anderen Sulfatquellen bei der Ausbildung von CCN?

● Führt eine Erwärmung wirklich zu mehr Primärproduktion? Kann sie nicht auch zu einer zunehmenden Stabilisierung von thermischen Schichtungen und damit zu einer Verschärfung von Nährstofflimitation und folglich geringeren Produktionsraten führen?

● Selbst wenn es eine Zunahme der Primärproduktion gibt, werden dann ausgerechnet die DMSP-bildenden Arten gefördert?

● Selbst wenn mehr DMS gebildet würde, wie groß wären die Verzögerungen zwischen Erwärmung und Zunahme der Albedo?

10.4 Ausblick

Es ist kein Zufall, daß ich den letzten Abschnitt mit einer Reihe von Fragen beendet habe. Die Hypothese der Klimaregulation durch DMS steht im Kontext der umstrittenen Gaia-Theorie (Lovelock 1991). Diese Theorie geht weit über die heute allgemein anerkannte Tatsache hinaus, daß Organismen den Chemismus der Erdoberfläche massiv umgestaltet haben. Lovelock nimmt an, daß die „belebte Erde" wie ein Organismus über Regulationsmechanismen verfügt, die die Aufrechterhaltung lebensfreundlicher Bedingungen gewährleisten. Lovelock geht so weit, die Erde selbst als Organismus zu betrachten und greift deshalb auch Vernadskys Terminus *Geophysiologie* als Ersatz für die konventionelle Bezeichnung Biogeochemie auf. Neben der unhaltbaren Organismus-Analogie (die Erde kann sich nicht vermehren), gibt es dennoch einen bedenkenswerten in Kern Lovelocks Theorie.

Innerhalb der Entwicklung eines Planeten gibt es eine kurze Phase, in der Bedingungen herrschen, unter denen Leben entstehen kann. Wenn es innerhalb dieser Phase nicht entsteht oder wenn die Organismen innerhalb dieser Phase nicht zahlreich und einflußreich genug werden, verändern sich die Bedingungen wieder so, daß Leben unmöglich wird. Vor allem die Entfernung des CO_2 aus der Atmosphäre und seine Festlegung im Kalk und in fossilen Brennstoffen sind dabei wichtig. Nicht nur, daß durch die Photosynthese Sauerstoff gebildet wird, vor allem wird durch die CO_2-Abnahme die Wärmeabsorption der Atmosphäre herabgesetzt und so einer Erwärmung der Erdoberfläche entgegengewirkt. Nach Lovelock wären die Bedingungen auf der Erdoberfläche ohne Organismen heute so:

- CO_2-Anteil an der Atmosphäre: 98% statt 0,03%

- O_2-Anteil an der Atmosphäre: 0% statt 21%

- Mittlere Temperatur der Erdoberfläche: 240 bis 340 °C statt 13 °C

- Druck der Atmosphäre: 60 statt 1 bar

Ob die geochemischen und astrophysikalischen Annahmen stimmen, die hinter dieser Schätzung stehen, vermag ich nicht zu beurteilen. Ich verweise vielmehr auf die Schwierigkeiten, die Vorstellung einer selbstregulatorischen Biosphäre mit der heute gültigen Denkweise der Ökologie und Evolutionsbiologie zu vereinbaren. Unser Bild ist vom darwinistischen „Kampf ums Dasein" geprägt. Genotypen reichern sich dann im Vergleich zu anderen an, wenn sie einen höheren Anteil an zukünftigen Generationen haben als andere. Das erreichen sie nicht dadurch, daß sie „altruistisch" die Umwelt für andere Genotypen verbessern. Die vorherrschenden Interaktionen sind negativ (Konkurrenz, Räuber-Beute-Beziehungen), Symbiose läßt sich als „Bündnis" zweier Genotypen im Konkurrenzkampf gegen andere deuten und Facilitation entsteht dadurch, daß „Trittbrettfahrer" egoistisch den unvermeidlichen Abfall anderer nutzen. Wie sollen unter solchen Bedingungen Organismen selektiert werden, die der Stabilisierung der Biosphäre dienen? Aus dieser Sichtweise kann die Ausbildung von biogeochemischen Regulationsmechanismen nur ein Nebenprodukt der Evolution sein. Ohne diese Nebenprodukte wäre die Evolution allerdings längst zum Stillstand gekommen.

Glossar

Abundanz: Häufigkeit von Organismen pro Fläche oder Wasservolumen
aerob: in Anwesenheit von Sauerstoff
Aggregation: in der Natur: Bildung größerer Partikel aus kleineren; in der Wissenschaft: Zusammenfassung zu übergeordneten Einheiten
Akineten: Dauerzellen der Cyanobakterien (= Blaualgen)
Albedo: Rückstrahlung des Lichts an Oberflächen
Alkalinität: Säurebindungvermögen, Pufferkapazität des Wassers gegen Säuren
Allelopathie: Hemmung von Konkurrenten durch Auscheidungsprodukte
allochthon: von außen kommend
amiktisch: ohne vertikale Durchmischung
Ammonifikation: Bildung von Ammonium aus Nitrat bei der → Nitratatmung
Anabolismus: Baustoffwechsel, bei dem Körpersubstanz aus einfacheren Molekülen aufgebaut wird
anaerob: ohne Sauerstoff
Antibiose: → Allelopathie bei Bakterien und Pilzen
aphotische Zone: dunkle Tiefenschicht, in der keine Photosynthese möglich ist
Assimilation: Einbau von Fremdstoffen in eigene Körpersubstanz
Attenuation: vertikale Abschwächung des Lichts durch Absorption und Streuung
Aufnahmerate: gibt an, wieviel körperfremde Substanz pro Zeiteinheit von einem Organismus aufgenommen wird
Auftriebsgebiet: Zonen, in denen kaltes, nährstoffreiches Tiefenwasser an die Oberfläche strömt

autochthon: innerhalb eines Systems entstanden (bei hetetrotrophe Bakterien auch synonym für → oligocarbophil)
Autotrophie: Nutzung von Kohlendioxid und Bikarbonat als Kohlenstoffquelle des Baustoffwechsels

Bakterioplankton: bakterielles Plankton (ohne Cyanobakterien)
Bakteriochlorophyll: Chlorophyll der Bakterien ohne Cyanobakterien
Bakterivorie: Ernährung durch Bakterien
Ballasthypothese: Erklärung der Vertikalwanderung von Cyanobakterien durch Änderung der zellulären Polysacharid-Speicher
Batch-Kultur: statische Kultur mit einmaligem Animpfen und ohne Erneuerung des Mediums
Benthos: Organismengeimeinschaft des Gewässerbodens
biogene Elemente: Elemente, aus denen Biomasse der Organismen aufgebaut ist
biogeochemische Kreisläufe: Stoffkreisläufe, an denen sowohl biologische als auch chemische Umsetzungen beteiligt sind
Biomanipulation: Unterdrückung des Phytoplanktonwachstums durch indirekte Förderung des → Grazings, z.B. durch Reduktion der zooplanktivoren Fische
Biomasse: Masse der lebenden Organismen pro Fläche oder Volumen, kann auf Populationen oder auf höher aggregierte Einheiten bezogen werden
Blackman-Modell: Sättigungsformel für biologische Reaktionen auf das Angebot an → Ressourcen, enthält einen abruptem Übergang von Limitation zu Sättigung

Blüte: Massenentfaltung von Phytoplanktern

„bottom-up"-Kontrolle: Steuerung der Struktur und Dynamik einer Lebensgemeinschaft durch das Angebot von Ressourcen

Bruttoproduktion: potentielle Produktion bei Abwesenheit von Stoffwechselverlusten (Respiration, Exkretion)

Bruttowachstumsrate: potentielle Wachstumsrate einer Population (meist Bakterien oder Protisten) in Abwesenheit von Verlusten

^{14}**C-Metode:** Bestimmung der → Photosyntheserate durch den Einbau von radioaktivem ^{14}C

capsal: unbegeißelte Einzeller in Gallerthülle

Carnivorie: Ernährung durch tierisches Material

Chemokline: chemische → Sprungschicht, meist Übergang von aeroben zu anaeroben Bedingungen

Chemostat: Kontinuierliche Kultur von Mikroorganismen mit kontinuierlichem Austausch des Mediums, tendiert zum →Fließgleichgewicht zwischen Wachstumsrate und Durchflußrate

Chemosynthese: Aufbau organischer Substanzen unter Nutzung der Energie von Redox-Reaktionen

Chemotrophie: Nutzung exergonischer, chemische Reaktionenen als energetische Basis des → Anabolismus

Chemotaxis: Orientierung der Bewegung nach chemischen Gradienten

Chlorophyll: hauptsächliches photosynthetisches Pigment der Pflanzen, der photosynthetischen Protisten und der Cyanobakterien

coccal (coccoid): unbegeißelte Einzeller mit Zellwand

Copepodid: spätes Larvenstadium der Copepoden

Cyclomorphose: Jahreszyklische Formveränderungen einer Art

Cysten: Dauerzellen

Dauerei: Eier, die zur Überdauerung ungünstiger Perioden dienen

Dekomposition: Abbau organischer Substanzen

Denitrifikation: Umwandlung von Nitrat in Stickstoff bei der → Nitratatmung

Desulfurikation: Reduktion von Sulfat zu Schwefel oder Sulfid bei der → Sulfatatmung

Detritivorie: Ernährung durch Detritus

Detritus: abgestorbenes, organismisches Material

Detritusnahrungskette: Nahrungskette, die von Detritivoren ausgeht

Diapause: Unterbrechung der Entwicklung eines Organismus durch eine Ruheperiode

DIC: Gelöster, anorganischer Kohlenstoff

Dichteabhängigkeit: Abnahme von Nettowachstumsraten bei zunehmender Populationsdichte

dimiktisch: mit 2 Vollzirkulationen pro Jahr

DIN: gelöster, anorganischer Stickstoff

Diversität: Maßzahl für Artenvielfalt

DOC: gelöster, organischer Kohlenstoff

DOM: gelöste, organische Substanz

Droop-Modell: Gleichung für die Abhängigkeit der →Bruttowachstumsrate von der intrazellulären Konzentration eines biogenen Elements (für Bakterien und Algen)

Effizienz, ökologische: Quotient der Produktionsraten aufeinanderfolgender Glieder der Nahrungskette

Emmigration: Auswanderung

Encystierung: Cystenbildung

Endemismus: Beschränkung einer Art auf einen einzelnen Standort

Energiefluß: Weitergabe des energetischen Gehalts in → Nahrungsketten- und -netzen

Entkalkung: Fällung von $CaCO_3$ durch photosynthetischen CO_2-Entzug aus dem Wasser

Epilimnion: warme Oberflächenzonen geschichteter Seen

Ertragskoeffizient: Maß für die mögliche Biomassebildung aus einer gegebenen Menge eines biogenen Elements

euphotische Zone: oberflächennahe Schicht mit ausreichendem Lichtangebot für die Photosynthese

eury-: Vorsilbe, die einen weiten Toleranzbereich für einen ökologischen Faktor bezeichnet

eutroph: nährstoffreich

Exklusionsprinzip: Prinzip der Ausschlußes unterlegener Konkurrenten

Exklusionszeit: Zeit die benötigt wird, um einen unterlegenen Konkurrenten zu verdrängen

Exkretion: Abgabe gelöster, organischer Substanzen

Exoenzym: Enzym, das an Umgebungsmedium abgegeben wird

exploitative Konkurrenz: Konkurrenz, bei der Konkurrenten einander durch Ausbeutung gemeinsamer Ressourcen schädigen

exponentielles Wachstum: kontinuierliches Wachstum mit konstanter Rate, folgt einer Exponentialfunktion

Exportproduktion: Anteil der Primärproduktion, der nicht durch lokale Herbivorie verbraucht wird

Extinktion: → Attenuation

Facilitation: Einseitig positive Interaktion zwischen Populationen

Faeces: partikuläre Ausscheidungsprodukte von Tieren

Femtoplankton: Plankton unter 0.2 μm (Viren und Phagen)

Filtration: Aufnahme suspendierter Futterpartikel durch filter-oder siebähnliche Strukturen

Filtrationsrate: Wassermenge, die von Filtrieren pro Zeiteinheit durchfiltriert wird

Fließgleichgewicht: Konstanz von Zustandsgrößen (Konzentrationen, Abundanzen) durch Gleichgewicht der vermindernden und vermehrenden Prozesse

Fluktuation: unregelmäßige Schwankung von Zustandsgrößen

Formwiderstand: Faktor, um den ein suspendierter Partikel langsamer sinkt als eine volums- und massengleiche Kugel

Frühjahrsblüte: Massenentfaltung von Planktern im Frühjahr

Fucoxanthin: wichtigstes gelbbraunes Pigment der Chrysophyta

funktionelle Reaktion: Abhängigkeit der Konsumrate einer Ressource von ihrer Konzentration

f-Verhältnis: Anteil der → „Neuproduktion" an der → Primärproduktion

Gaia-Theorie: Annahme, die Erde würde nach der Art eines „Superorganismus" Regulationsmechanismen besitzen, die lebensfreundliche Umweltbedingungen garantieren

Gärung: anaerobe Energiegewinnung, bei der ein Ausgangsprodukt in eine reduzerte und eine oxidierte Komponente zerlegt wird

Gasvakuolen: gasgefüllte Vesikel in Cyanobakterien-Zellen

Geburtenrate: Zahl der Geburten pro Populationsgröße und Zeiteinheit

geometrisches Wachstum: diskontinuierliches Populationswachstum mit konstanter Rate, Treppenkurve nach der Art einer geometrischen Folge

Grazing: Fraß von Phytoplanktern und Bakterien durch Zooplankter

Grazingrate: relative Rate der auf das Grazing zurückgehenden Verluste aus einer Phytoplankton- oder Bakterienpopulation

Hartwasser: Süßwasser mit relativ hoher Ca- und Mg-Konzentration

Henry'sches Gesetz: Gesetz über die Löslichkeit von Gasen in Wasser

Herbivorie: Ernährung durch pflanzliches Material

Heterocysten: auf N_2-Fixierung spezialisierte Zellen von fädiger Cyanobakterien

Heterotrophie: Nutzung organischer Substanzen als Kohlenstoffquelle des Baustoffwechsels

HNF: „heterotrophe Nanoflagellaten", unpigmentierte Flagellaten der 2 bis 20 µm-Größenklasse

holomiktisch: Gewässer, die mindestens einmal pro Jahr bis zum Grund umgewälzt werden

Humus: Refraktäre, gelöste, organische Substanzen

Hyperparasit: Parasit eines Parasiten

hypertonisch: höherer osmotischer Wert als Umgebungsmedium

Hypolimnion: kalte Tiefenzone geschichteter Seen

hypotonisch: höherer osmotischer Wert als Umgebungsmedium

IBP: Internatinales Biologisches Programm der UNESCO

Immigration: Einwanderung

Induktion: Auslösung von morphologischen oder Verhaltensänderungen durch Umweltreize

Ingestionsrate: Futteraufnahme pro Tier und Zeiteinheit

Interferenzkonkurrenz: Konkurrenz durch direkte Störung ($\rightarrow$ Allelopathie, $\rightarrow$ Antbiose, mechanische Störung)

Intermediate Disturbance Hypotheisis: Hypothese, wonach $\rightarrow$ Diversität und Artenvielfalt bei einer mittleren Frequenz und Intensität von Störungen am höchsten sind

Intersetulardistanz: Abstand zwischen den sekundären Filterborsten ($\rightarrow$ Setulae) filtrierender Zooplankter, maßgeblich für die untere Größengrenze der Filtrierbarkeit von Partikeln

interspezifisch: zwischen verschiedenen Arten

intraspezifisch: innerhalb einer Art

Isoplethen: Linien gleicher Meßwerte in einer graphischen Darstellung

isopyknisch: gleiche Dichte wie Umgebungsmedium

isotonisch: gleicher osmotischer Wert wie Umgebungsmedium

k_s-Wert: Halbsättigungskonstante des Wachstums, Ressourcenkonzentration, bei der die Hälfte der maximale $\rightarrow$ Bruttowachstumsrate erreicht wird

Kairomon: räuberbürtiger Schreckstoff, der Reaktionen bei Beuteorganismen auslöst

Kannibalismus: Fressen von Artgenossen

Kapazität: in einem bestimmten Lebensraum erreichbare Populationsdichte bzw. Biomasse

Katabolismus: Betriebsstoffwechsel, bei dem zur Energiegewinnung organische Substanz abgebaut wird

Klarwasserstadium: durch Grazing verursachtes Phytoplanktonminimum während der Vegetationsperiode

Koevolution: Wechselseitig abhängige Evolution von Organismen

Kohorte: Grupper gleichzeitig geborener Individuen in einer Population

Kompensationsebene: Tiefenebene, in der sich gegenläufige Prozesse (z.B. Photosynthese und Respiration) die Waage halten

Koloniebildung: Ausbildung mehr oder weniger lockerer, überindividueller Verbände, z.B. Kolonien von Einzellern

Kolonisierung: Besiedlung neuer Lebensräume

Konkurrenz: beidseitig negative Interaktion zwischen Populationen, die gemeinsame Ressourcen nutzen

konservative Substanz: Substanz, die nicht oder nicht nennenswert in $\rightarrow$ biogeochemische Kreisläufe einbezogen wird

Konsumrate: Menge der in der Zeiteinheit von einem Konsumenten konsumierten Ressource

Konvektion: durch Dichteveränderungen bedingte vertikale Wasserdurchmischung

laminare Strömung: Strömung mit parallelen Stromlinien

Langmuir-Spiralen: windparallele Strömungswalzen an der Gewässeroberfläche

Lebensgemeinschaft: Gemeinschaft von Populationen, zwischen denen Wechselbeziehungen bestehen

Lichtadaptation: Anpassung der → P-I-Kurve an das Lichtangebot

Lichthemmung: Hemmung der → Photosynthese durch zu hohe Lichtintensitäten

Lichtlimitation: Begrenzung der → Photosynthese durch zu niedrige Lichtintensitäten

Lichtsättigung: Unabhängigkeit der Photosyntheserate von Lichtintensität, wenn weder Limitation noch Hemmung auftreten

Liebig'sches Gesetz: Gesetz, wonach alleine der am stärksten limitierende Wachstumsfaktor biologische Reaktionen (Wachstumsraten, Biomassebildung) bestimmt

Limitation: Begrenzung einer biologischen Reaktion (→ funktionell oder → numerisch) durch Mangel an einer Ressource

limitierender Faktor: Ressource, die biologische Reaktionen begrenzt (→ Liebig'sches Gesetz)

Lithotrophie: Verwendung anorganischer Substanzen als Reduktionsmittel im → Anabolismus

Litoral: Uferzone

logistisches Wachstum: Populationswachstum mit asymptotischer Annäherung an Kapazitätsgrenze

Lotka-Volterra-Modelle: mathematische Modelle zu Interaktion zwischen Populationen

Lysokline: Tiefenschicht, unterhalb derer planktonbürtige Kalkskelette (Forainiferen, Coccolithophoren) bis zu Unkenntlichkeit fragmentiert sind

Makroplankton: Plankton von 2 mm bis 2 cm Körpergröße

Meeresschnee: suspendierte Aggregate aus Detritus und Planktern

Megaplankton: Plankton von mehr als 2 cm Körpergröße

Meromixis: Fehlen einer Vollzirkulation

Meroplankton: Organismen, die nur einen Teil ihres Lebenszyklus im Plankton verbringen

Mesokosmos: für experimentelle Zwecke künstlich abgetrennter Umweltausschnitt, in Gewässern meist im Bereich von 10^2 bis 10^4 Liter

Mesoplankton: Plankton von 200 μm bis 2 mm Körpergröße

Metalimnion: → Sprungschicht der Temperatur in Seen

Michaelis-Menten-Formel: Abhängigkeit der Konsumrate von der Ressourcenkonzentration mit graduellem Übergang zwischen Limitation und Sättigung

mikrobielle Schleife: Verbindunsweg in pelagischen Nahrungsnetzen von der DOC-Exkretion über Bakterien und bakterivore Protozoen zu Metazoen

Mikroplankton: Plankton von 20 bis 200 μm Körpergröße

Mixotrophie: Kombination aus → Autotrophie und → Heterotrophie

Monod-Formel: Abhängigkeit der → Bruttowachstumsrate von der Ressourcenkonzentration mit graduellem Übgergang zwischen Limitation und Sättigung

Mortalität: → Todesrate

Mykoplankton: pilzliches Plankton

Nährelemente: → biogene Elemente

Nährsstoffe: nutzbare Verbindungen der biogenen Elemente

Nährstofflimitation: Begrenzung von → Bruttowachstumsraten oder → Biomassen durch Mangel an Nährstoffen

Nahrungskette: Sequenz aufeinanderfolgender → Räuber-Beute-Beziehungen (incl. → Herbivorie am Anfang der Nahrungskette)

Nahrungsnetz: System miteinander verflochtener Nahrungsketten

Nanoplankton: Plankton von 2 bis 20 μm Körpergröße

Nauplius: frühes Larvenstadium in vielen Crustaceen-Gruppen

Nekton: Gesamtheit der aktiv schwimmenden Organismen

Nettoproduktion: Produktion nach Abzug von metabolischen Verlusten

Nettowachstumsrate: Rate des beobachtbaren Populationswachstums unter Einschluß von Vermehrung und Verlusten

Neuproduktion: Anteil der → Primärproduktion, der durch den Import von („neuen") Nährstoffen in die euphotische Zone ermöglicht wird

Nitratatmung: anaerobe Atmung mit Nitrat als Oxidationsmittel

Nitrifikation: chemosynthetische Oxidation des Ammonium zu Nitrit und Nitrat

numerische Reaktion: Reaktion der Wachstumsrate einer Population auf Ressourcenangebot

Oberflächenblüte: Massenentfaltung von auftreibenden Phytoplanktern, meist Cyanobakterien

OECD-Modell: von einem OECD-Projekt entwickeltes, empirisches Eutrophierungsmodell für Seen

Oksanen-Modell: Modell für den Wechsel zwischen → „bottom-up" und → „top-down"-Kontrolle in Abhängigkeit von der Trophie

oligocarbophil: an geringe DOC-Konzentrationen angepaßte Bakterien

oligomiktisch: Vollzirkulation seltener als jährlich

oligotroph: nährstoffarm

Organotrophie: Nutzung organischer Substanzen als Reduktionsmittel für den → Anabolismus

Osmoregulation: Regulation des inneren osmotischen Wertes eines Organismus

Oszillation: Schwingung; periodische Veränderung einer Zustandsgröße (z.B. Abundanz)

PAR: Photosynthetisch aktive Strahlung (400–700 nm)

Paradoxon des Planktons: Widerspruch zwischen → Exklusionsprinzip und Artenzahl im Phytoplankton

Parasitismus: Wechselbeziehung zwischen Organismen, bei der der meist kleinere Parasit Teile der Biomasse des Wirts verzehrt, ohne ihn ganz aufzufressen

Parasitoid: für den Wirt lethale, parasitenähnliche Organismen

P/B-Verhältnis: Quotient aus Produktionsrate und Biomasse

Pelagial: Freiwasserzone

Perennation: Überdauerung ungünstiger Zeiten

Photosynthese: Bildung organischer Substanz unter Nutzung von Lichtenergie

Phototaxis: Bewegung zum (positive P.) oder vom Licht weg (negative P.)

Phototrophie: Nutzung des Lichts als Energiequelle für → Anabolismus

Phytoplankton: pflanzliches Plankton (incl. Cyanobakterien)

Picoplankton: Plankton von 0.2 bis 2 μm Körpergröße

P-I-Kurve: Sättigungskurve für die Abhängigkeit der Photosyntheserate von der Primärproduktion

POC: partikulärer, organischer Kohlenstoff

POM: partikuläre, organische Substanz
PON: partikulärer, organischer Stickstoff
Population: Gesamtheit der Individuen einer Art in einem abgrenzbaren Lebensraum
Primärproduktion: primäre Bildung organischer Substanzen durch autotrophe Organismen
Produktion: Bildung körpereigener Substanz aus Fremdmaterialien
Proximatfaktor: auslösender Umweltfaktor für morphologische oder Verhaltensänderungen
Pyknokline: → Sprungschicht der Dichte des Wassers

Q_{10}: Faktor, um den sich eine biologische oder chemische Reaktionsrate bei Erwärmung um 10 °C vervielfacht

r: spezifische Nettowachstumsrate einer Population
R*-Wert: Gleichgewichtkonzentration einer → Ressource, bei der ein → Fließgleichgewicht zwischen → Bruttowachstumsrate (Geburtenrate) und → Verlustrate (Todesrate) besteht
Räuber-Beute-Beziehung: Beziehung zwischen Populationen, bei der die eine Population (Beute) als Nahrung der anderen (Räuber) dient; in diesem Buch im weitestren Sinn definiert, also incl. → Herbivorie und → Parasitismus
Rate: Maß für die Veränderung einer Zustandsgröße in der Zeit (absolute Rate: bezogen auf Fläche oder Volumen eines Lebensraums; spezifische oder relative Rate: bezogen auf Abundanz oder Biomasse)
Redfield-Verhältnis: stöchiometrisches C:N:P-Verhältnis von ausreichend mit N und P versorgten Phytoplanktern (106:16:1)
regenerierte Produktion: Anteil der → Primärproduktion, der durch die Remineralisierung von Nährstoffen innerhalb der euphotischen Zone ermöglicht wird

Regulation: Konstanthaltung oder Einschränkung der Variabilität einer Zustandsgröße (Abundanz, Konzentration etc.) durch negative → Rückkopplung
Remineralisierung: Rückführung von biogenen Elementen aus der organischen in die anorganische Phase
Respiration: Atmung, katabolische Oxidation von organischen Substanzen zur Energiegewinnung
Ressourcen: konsumierbare Wachstumsfaktoren für Organismen (Stoff- und Energiequellen, Oxidations- und Reduktionsmittel, Platz)
Ressourcen-Verhältnis: Verhältnis im Angebot zweier oder mehrerer Ressourcen, nach → Tilmans Konkurrenztheorie maßgeblich für das Ergebnis → exploitativer Konkurrenz
Reversion: Rückkehr zu einem früheren Stadium einer → Sukzession durch externe Störfaktoren
Reynolds-Zahl (Re): dimensionslose Zahl, die das Verhältnis aus Trägheitskräften und viskosen Kräften angibt, die auf einen relativ zu einer Flüssigkeit bewegten Körper wirken
Rückkopplung: Einfluß einer Zustandsgröße auf ihre eigene Veränderung

Salinität: Salzgehalt
Sedimentation: Absinken von Partikeln, die schwerer sind als Wasser
Sedimentationsfluß: Maß für die pro Fläche und Zeit absinkende Partikelmenge
Sedimentationsrate: relative Rate der auf Sedimentation zurückgehenden Verluste aus einer Planktonpopulation
Sekundärproduktion: Produktion der heterotrophen Organismen
Setula: sekundäre Borsten im Filterapparat filtrierender Zooplankter
Selektion: a) evolutionsbiologisch: relative Anreicherung besser angepaßter Genotypen; b) physiologisch: Auswahl von Nahrungstypen

Selektivitätskoeffizient: Maß für die relative Bevorzugung oder Ablehnung bestimmter Nahrungstypen

Sichttiefe: Tiefe, bis zu der eine genormte weiße Scheibe (Secchi-Scheibe) sichtbar ist

Sinkgeschwindigkeit: Geschwindigkeit des Absinkens sedimentierender Partikel

Size-Efficiency-Hypothese: Hypothese, daß Fischfraß zugunsten kleinerer Zooplankter selektiert, während sich ohne Fraßdruck größere Zooplankter durchsetzen

Skalenabhängigkeit: Abhängigkeit der Entdeckbarkeit eines Phänomens von Umfang und/oder Detailauflösung der Probennahme

Sprungschicht: Tiefenzone sprunghafter vertikaler Veränderung chemischer oder physikalischer Umweltparameter

steno-: Vorsilbe, die eine geringe Toleranzbreite für einer ökologischen Faktor bezeichnet

Stoke'sches Gesetz: Gesetz für die Abhängigkeit der → Sinkgeschwindigkeit eines Partikels von Größe, Dichte und → Formwiderstand

Stickstoffixierung: Assimilation von N_2 durch Cyanobakterien und einige heterotrophe, anaerobe Bakterien

Sukzession: zeitliche Veränderung der Artenzusammensetzung einer Lebensgemeinschaft; der Grad ihrer Geordnetheit und das relative Ausmaß von Steuerung durch Außenfaktoren im Vergleich zur internen Dynamik sind umstritten

Sulfatatmung: anaerobe Atmung mit Sulfat als Oxidationsmittel

Symbiose: beidseitig positive Interaktion zwischen Populationen

Thermokline: → Sprungschicht der Temperatur

Thymidin-Methode: Messung der bakteriellen Produktion durch Inkorporation von radioaktiv markiertem Thymidin

Tilman-Theorie: Theorie zur → exploitativen Konkurrenz, die von der → numerischen Reaktion auf limitierende → Ressourcen ausgeht

Todesrate: Zahl der Todsfälle pro Populationsgröße und Zeiteinheit

„top-down"-Kontrolle: Kontrolle der Struktur und Dynamik einer Lebensgemeinschaft durch Räuber der höchsten Ordnung

Trophie: Nährstoffreichtum („Fruchtbarkeit") eines Gewässers

trophische Ebene: Gesamtheit der Organimen mit gleicher Position in der Nahrungskette

turbulente Strömung: Strömung mit ungeordneten Stromlinien

Turgor: Innendruck einer Zelle

Turgorhypothese: Annahme, der turgorbedingte Kollaps von → Gasvakuolen würde die Vertikalwanderung der Cyanobakterien regulieren

Turnoverzeit: theoretische Zeit, die bei gegebener Input-Rate benötigt wird um eine gegebene Zustandsgröße von Null ausgehend zu erreichen (rechnerich der Quotient aus Zustandsgröße und Inputrate)

Übergewicht: Dichtedifferenz zwischen einem Partikel und dem Umgebungsmedium (wichtig für das → Stoke'sche Gesetz)

Ultimatfaktor: Faktor, der in der Stammesgeschichte für die Evolution eines Merkmals ausschlaggebend war

Van't Hoff'sche Regel: Regel zur Temperaturabhängigkeit chemischer und biologischer Raten (→ Q_{10})

Verlustrate: theoretische Rate der Abnahme einer Population, wenn alle Zuwachsprozesse ausgeschaltet wären

Vertikalwanderung: tagesrhythmische Auf- und Abwanderung von Planktern

Wachstumsrate: in diesem Buch fast immer relative Rate des Populationswachstum, → Bruttowachstumsrate, →Nettowachstumsrate
Wasserblüte: → Blüte
Weichwasser: Ca- und Mg-armes Süßwasser

Zellquote: intrazelluläre Konzentration biogener Elemente, wichtig für → Droop-Modell
Zirkulation: vertikale Umwälzung von Wasserkörpern

ZNGI: Isoplethe für → Nettowachstumsraten von Null im Zwei-Ressourcen-Digramm der Tilman'schen Theorie der → exploitativen Konkurrenz
Zoea: planktisches Larvenstadien benthischer Crustaceen
Zooplankton: tierisches Plankton
Zönobium: Kolonie mit starrer Zellzahl bei coccalen Algen
zymogen: an hohe DOC-Konzentrationen angepaßte heterotrophe Bakterien

Literaturverzeichnis

Kapitel 1

Reynolds CS (1984) The ecology of freshwater phytoplankton. Blackwell, Oxford

Kapitel 2

Peters RH, de Bernardi R (1987) Daphnia, Mem Istituto Ital Idrobiol 45:1–502

Pomeroy LR (1974) The oceans food web, a changing paradigm. BioScience 24:499–504

Raymont JEG (1980) Plankton and productivity in the oceans, Vol 1. Phytoplankton, 2nd ed. Pergamon, Oxford

Raymont JEG (1983) Plankton and productivity in the oceans, Vol 2. Zooplankton, 2nd ed. Pergamon, Oxford

Reinheimer G (1991) Mikrobiologie der Gewässer, 5. Aufl. Fischer, Jena

Riegman R, Noordeloos AAM, Cadee GC (1992) Phaeocystis blooms and eutrophication of the continental coastal zones of the North Sea. Mar Biol 112:479–484

Sanders RW, Porter KG (1988) Phagotrophic flagellates. Advances in Microbial Ecology 10:167–192

Schlegel HG (1985) Allgemeine Mikrobiologie, 6. Aufl. Thieme, Stuttgart

Sparrow FK (1960) Aquatic phycomycetes, 2nd ed. Univ Mich Press, Ann Arbor

Utermöhl H (1958) Zur Vervollkommnung der quantitativen Phytoplanktonmethodik. Mitt internat Verein Limnol 9:1–38

Kapitel 3

Brendelberger H, Herbeck M, Lang H, Lampert W (1986) Daphnia's filters are not solid walls. Arch Hydrobiol 107:197–202

Frost BW (1988) Variability and possible adaptive significance of diel vertical migration in Calanus pacificus, a planktonic marine copepod. Bull Mar Sci 43:675–694

Geller W, Müller H (1985) Seasonal variability in the relationships between body length and individual dry weight as related to food abundance and clutch size in two coexisting Daphnia species. J Plankton Res 7:1–18

Ibelings B, Mur LR, Walsby AE (1991) Diurnal changes in buoyancy and vertical distribution in populations of Microcystis in two shallow lakes. J Plankton Res 13:419–436

Lampert W (1992) Zooplankton vertical migrations: Implications for phytoplankton-zooplankton interactions. Arch Hydrobiol Beih Ergebn Limnol 35:69–95

Peters RH (1983) The ecological implications of body size. Cambridge Univ Press, Cambridge

Purcell EM (1977) Life at low Reynolds numbers. Am J Phys 45:3–11

Raymont JE (1983) Plankton and productivity in the oceans. Vol 2. Zooplankton, 2nd ed. Pergamon, Oxford

Reynolds CS (1984) The ecology of freshwater phytoplankton. Cambridge Univ Press, Cambridge

Sommer U (1982) Vertical niche separation between two closely related planktonic flagellate species (Rhodomonas lens and Rhodomonas minuta v. nanoplanktica). J Plankton Res 4:137–142

Sommer U (1984) Sedimentation of principal phytoplankton species in Lake Constance. J Plankton Res 6:1–14

Sommer U (1988) Some size relationships in phytoflagellate motility. Hydrobiologia 161:125–131

Sommer U, Gliwicz ZM (1986) Long range vertical migration of Volvox in tropical Lake Cahora Bassa (Mozambique). Limnol Oceanogr 31:650–653

Kapitel 4

Bearman G ed (1989) Seawater: Its composition, properties and behaviour. The Open University, Walton Hall & Pergamon, Oxford

Hill NN ed (1962) The sea. Vol 1. Physical oceanography. Wiley, New York

Hutchinson GE (1957) A treatise on limnology. Vol 1. Geography, physics, and chemistry. Wiley, New York

Tilzer M (1983) The importance of fractional light absorption by photosynthetic pigments for phytoplankton productivity in Lake Constance. Limnol Oceanogr 28: 833–846

Kapitel 5

Broecker WS (1974) Chemical oceanography. Harcourt, Brace & Jovanovich, New York

Coleman JR, Coleman B (1981) Inorganic carbon accumulation and photosynthesis in a blue-green alga as a function of external pH. Plant Phys 67:917–921

Lampert W, Sommer U (1993) Limnoökologie. Thieme, Stuttgart

Morel F (1983) Principles of aquatic chemistry. Wiley, New York

Stabel HH, Tilzer MM (1981) Nährstoffkreisläufe im Überlinger See und ihre Beziehungen zu den biologischen Umsetzungen. Verh Ges Ökol 9:23–31

Stumm W, Morgan JJ (1970) Aquatic chemistry. Wiley, New York

Wetzel RG (1983) Limnology, 2nd ed. Saunders, Philadelphia

Kapitel 6

Bratbak C, Thingstad TF (1985) Phytoplankton-bacteria interactions: An apparent paradox? Analysis of a model system with both competition and commensalism. Mar Ecol Progr Ser 25:23–30

Chrost RJ (1991) Exoenzymes in aquatic environments: Microbial strategy for substrate supply. Verh Internat Verein Limnol 24: 2597–2600

DeMott WR (1988) Discrimination between algae and artificial particles by freshwater and marine copepodes. Limnol Oceanogr 33: 397–408

Downing JA, Rigler FH (1984) A manual on methods for the assessment of secondary production in fresh waters. IBP-handbook 17, 2nd ed. Aufl. Blackwell, Oxford

Droop MR (1983) 25 years of algal growth kinetics. Bot Mar 26:99–112

Fuhrman JA, Azam F (1982) Thymidine incorporation as a measure of heterotrophic bacterioplankton production in marine surface waters: Evaluation and field results. Mar Biol 66:109–120

Geller W (1975) Die Nahrungsaufnahme von Daphnia pulex in Abhängigkeit von der Futterkonzentration, der Temperatur, der Körper-

größe und dem Hungerzustand der Tiere. Arch Hydrobiol Suppl 48:47–107

Geller W, Müller H (1981) The filtration apparatus of Cladocera: Filter mesh-sizes and their implication on food selectivity. Oecologia 49:316–321

Gliwicz ZM (1990) Food thresholds and body size in Cladocerans. Nature 343:638–639

Gliwicz ZM, Siedlar E (1980) Food size limitation and algae interfering with food collection in Daphnia. Arch Hydrobiol 88:155–177

Güde H (1986) Loss processes influencing growth of planktonic bacterial populations in Lake Constance. J Plankt Res 8:795–810

Holling CS (1959) The components of predation as revealed by a study of small ammal predation of the European Pine Sawfly. Can Entom 91:293–320

Jorgensen EG (1969) The adaptation of plankton algae. IV. Light adaptation in different algal species. Physiol Plant 19:1307–1315

Kohl JG, Nicklisch A (1988) Ökophysiologie der Algen. Akademie Verl, Berlin

Kuenen JG, Bos P (1989) Habitats and ecological niches of chemolitho(auto)trophic bacteria. In: Schlegel HG, Bowien B (Hrsg) Autotrophic Bacteria. Springer, Berlin, Heidelberg, New York, Tokyo, 53–80

Kusnetzow I (1977) Trends in the development of microbial ecology. In: Droop MR, Jannasch HW (Hrsg) Advances in aquatic microbiology, Vol 1. Academic Press, London, 1–48

Lampert W (1987) Feeding and nutrition in Daphnia. Mem Ist Ital Idrobiol 45:143–192

Lampert W, Sommer U (1992) Limnoökologie. Thieme, Stuttgart

Martin JH, Gordon RM, Fitzwater SE (1990) Iron in Antarctic waters. Nature 345:156–158

Morel FMM (1987) Kinetics of nutrient uptake and growth in phytoplankton. J Phycol 23:137–150

Overbeck J (1975) Distribution pattern of uptake kinetic response in a stratified eutrophic lake. Verh Internat Verein Limnol 19: 2600–2615

Paffenhöfer GA (1976) Feeding, growth and food conversion of the marine planktonic copepod Calanus helgolandicus. Limnol Oceanogr 21:39–50

Pedros-Alio C (1989) Toward an autecology of bacterioplankton. In: Sommer U (Hrsg) Plankton ecology: Succession in plankton communities. Springer, Berlin, Heidelberg, New York, Tokyo, 297–336

Peters RH (1984) Methods for the study of feeding, grazing, and assimilation by zooplankton. In: Downing JA, Rigler FH (Hrsg.) A manual on methods for the assessment of secondary production in fresh waters. IBP handbook 17. Blackwell, Oxford, 336–412

Pfennig N (1989) Ecology of phototrophic purple and green sulphur bacteria. In: Schlegel HG, Bowien B (Hrsg) Autotrophic bacteria. Springer, Berlin, Heidelberg, New York, Tokyo, 97–116

Reynolds CS (1984) The ecology of freshwater phytoplankton. Cambridge Univ Press, Cambridge

Rhee GY (1978) Effects of N:P atomic ratios and nitrate limitation on algal cell growth, cell composition and nitrate uptake. Limnol Oceanogr 23:10–25

Rieman B, Bell RT (1990) Advances in estimating bacterial biomass and production in aquatic systems. Arch Hydrobiol 118:385–402

Rothhaupt KO (1988a) Mechanistic resource competition theory applied to laboratory experiments with zooplankton. Nature 333: 660–662

Rothhaupt KO (1988b) Ökophysiologische Grundlagen der Populationsdynamik und der zwischenartlichen Konkurrenz bei Rädertieren der Gattung Brachionus. Diss Univ Kiel

Rothhaupt KO, Güde H (1992) The influence of spatial and temporal concentration gradients on phosphate partioning between different size fractions of plankton: Further evidence and possible causes. Limnol Oceanogr 37: 739–749

Simon M (1985) Untersuchunngen über die Bedeutung und den Beitrag von frei suspendierten und partikel-assoziierten Bakterien für den Stoffumsatz im Bodensee. Diss Univ Freiburg

Sommer U (1991a) The application of the Droop-model of nutrient limitation to natural populations of phytoplankton. Verh Internat Verein Limnol 24:791–794

Sommer U (1991b) A comparison of the Droop and the Monod models of nutrient limited growth applied to natural populations of phytoplankton. Funct Ecol 5:535–544

Sommer U (1992) Phosphorus-limited Daphnia: Intraspecific facilitation instead of competition. Limnol Oceanogr 37:966–973

Tilman D (1977) Resource competition between planktonic algae: an experimental and theoretical approach. Ecology 58:338–348

Tilman D (1982) Resource competition and community structure. Princeton Univ Press, Princeton

Tilzer MM (1983) The importance of fractional light absorption by photosynthetic pigments for phytoplankton productivity in Lake Constance. Limnol Oceanogr 28:833–846

Tilzer MM (1984) The quantum yield as a fundamental parameter controlling vertical photosynthetic profiles of phytoplankton in Lake Constance. Arch Hydrobiol Suppl 69: 169–198

Tilzer MM, Elbrächter M, Gieskes WW, Beese B (1986) Light-temperature interactions in the control of photosynthesis in Antarctic phytoplankton. Pol Biol 5:105–111

Uhlmann D (1988) Hydrobiologie. 3. Aufl, Fischer, Jena

Yentsch CS (1980) Light attenuation and phytoplankton photosynthesis. In: Morris I (Hrsg) The physiological ecology of phytoplankton. Blackwell, Oxford, 95–126

Kapitel 7

Antia N (1976) Effects of temperature on the darkness survival of marine microplanktonic algae. Microb Ecol 3:51–54

Bloesch J, Burns NM (1980) A critical review of sedimentation trap technique. Schweiz Z Hydrol 42:15–55

Bottrell HH, Duncan A, Gliwicz ZM, et al. (1976) A review of some problems in zooplankton production studies. Norw J Zool 24:419–456

Braunwarth C (1988) Populationsdynamik natürlicher Phytoplanktonpopulationen: Analyse der in-situ Wachtums- und Verlustraten. Diss Univ Konstanz

Braunwarth C, Sommer U (1985) Analysis of the in situ growth rates of Cryptophyceae by use of the mitotic index technique. Limnol Oceanogr 30:893–897

Lampert W (1988) The relative importance of food limitation and predation in the seasonal cycle of two Daphnia species. Verh Internat Verein Limnol 23:713–718

Lampert W, Sommer U (1993) Limnoökologie. Thieme, Stuttgart

Larsson P (1978) The life cycle dynamics and production of zooplankton in Øvre Heimdasvatn. Holarct Ecol 1:162–218

Lund JWG (1954) The seasonal cycle of the plankton diatom Melosira italica. J Ecol 38:1–35

May RM (1976) Simple mathematical models with very complicated dynamics. Science 261:459

Padisak J (1991) Relative frequency, seasonal pattern and possible role of species rare in phytoplankton in a large shallow lake (Lake Balaton, Hungary). Verh Internat Verein Limnol 24:989–992

Paloheimo, JH (1974) Calculation of instantaneous birth rate. Limnol Oceanogr 19:692–694

Platt T, Denman KL (1980) Patchiness in phytoplankton distribution. In: Morris I (Hrsg) The physiological ecology of phytoplankton. Blackwell, Oxford, 413–431

Sandgren CD (1988) The ecology of chrysophyte flagellates: their growth and perennation strategies as freshwater phytoplankton. In: Sandgren CD (Hrsg) Growth and reproductive strategies of freshwater phytoplankton. Cambridge Univ Press, 9–104

Santer B (1990) Lebenszyklusstrategien cyclopoider Copepoden. Diss Univ Kiel

Smayda T (1971) Normal and accelerated sinking of phytoplankton in the sea. Mar Geol 11:105–122

Sommer U (1984) Sedimentation of principal phytoplankton species in Lake Constance. J Plankton Res 6:1–14

Sommer U (1987) Factors controlling the seasonal variation in phytoplankton species composition – A case study for a deep, nutrient rich lake. Progr Phycol Res 5:123–178

Sommer U, Stabel HH (1983) Silicon consumption and population density changes of dominant planktonic diatoms in Lake Constance. J Ecol 71:119–130

Kapitel 8

Bautista B, Harris RP, Tranter PRG, Harbour D (1992) In situ copepod feeding and grazing rates during a spring bloom dominated by Phaeocystis sp. in the English Channel. J Plankton Res 14:691–703

Bratbak G, Thingstad GF (1985) Phytoplankton-bacteria interactions: An apparent paradox? Analysis of a model system with both competition and commensalism. Mar Ecol Progr Ser 25:23–30

Brooks JL, Dodson SI (1965) Predation, body size and composition of plankton. Science 150:28–35

Bruning K (1991) Effect of phosphorus limitation on the epidemiology of chytrid phytoplankton parasite. Freshwat Biol 25:409–417

Caron DA, Goldman JC, Dennett MR (1988) Experimental demonstration of the roles of bacteria and bacterivorous protozoa in plankton nutrient cycles. Hydrobiologia 159:27–40

Connell JH (1978) Diversity in tropical rain forests and coral reefs. Science 199:1304–1310

Connell JH (1980) Diversity and coevolution of competitors, or the ghost of competition past. Oikos 49:177–180

Gause GJ (1934) The struggle for existence. Williams and Wilkins, Baltimore

Gaedeke A, Sommer U (1986) The influence of the frequency of periodic disturbances on the maintenance of phytoplankton diversity. Oecologia 71:25–28

Geller W (1989) The energy budget of two sympatric Daphnia species in Lake Constance: Productivity and energy residence times. Oecologia 78:242–250

Gilbert JJ, Stemberger RS (1985) Control of Keratella populations by interference competition from Daphnia. Limnol Oceanogr 1985:180–188

Gliwicz ZM (1986) Predation and the evolution of vertical migration in zooplankton. Nature 320:746–748

Güde H (1989) The role of grazing on bacteria in plankton succession. In: Sommer U (Hrsg) Plankton ecology: Succession in plankton communities. Springer, Berlin, Heidelberg, New York, Tokyo, 365–364

Holfeld, H (1992) Pilzbefall bei Planktonalgen, Diss Univ Kiel

Hutchinson GE (1961) The paradox of plankton. Am Nat 95:137–147

Lampert W (1987) Predictability in lake ecosystems: The role of biotic interactions. In: Schulze ED, Zwölfer H (Hrsg) Ecological Studies, Vol 61. Springer, Berlin, Heidelberg, Ne York, Tokyo, 333–346

Lampert W (1988) The relationship between zooplankton biomass and grazing: A review. Limnologica 19:11–20

Loose CJ, von Elert E, Dawidowicz P (1993) Chemically induced vertical migration in daphnia: a new bioassay for kairomones exuded by fish. Arch Hydrobiol 126:329–337

Maestrini SY, Graneli E (1991) Environmental conditions and ecophysiological mechanisms which led to the 1988 Chrysochromulina polylepis bloom. Oceanol Acta 14:397–413

McManus GB, Fuhrman JA (1988) Control of marine bacterioplankton populations: measurement and significance of grazing. Hydrobiologia 159:51–62

Rakusa-Suszczewski S (1969) The food of chaetognatha in the seas around the British Isles. Pol Arch Hydrobiol 16:213–232

Rothhaupt KO (1988) Mechanistic resource competition theory applied to laboratory experiments with zooplankton. Nature 333:660–662

Rothhaupt KO (1992) Stimulation of phosphorus-limited phytoplankton by bacterivorous flagellates in laboratory experiments. Limnol Oceanogr 37:750–759

Rothhaupt KO, Güde H (1992) The influence of spatial and temporal gradients on phosphate partitioning between different size fractions of plankton: Further evidence and possible causes. Limnol Oceanogr 37:739–749

Sommer U (1985) Comparison between steady state and non-steady state competition: experiments with natural phytoplankton. Limnol Oceanogr 30:335–346

Sommer U (1987) Factors controlling the seasonal variation in phytoplankton species composition - A case study for a deep nutrient rich lake. Progr Phycol Res 5:123–178

Sommer U (1988) Phytoplankton succession in microcosm experiments under simultaneous grazing pressure and resource limitation. Limnol Oceanogr 33:1037–1054

Sommer U (1989a) The role of competition for resources in phytoplankton succession. In: Sommer U (Hrsg) Plankton ecology: Succession in plankton communities. Springer, Berlin, Heidelberg, New York, Tokyo, 57–106

Sommer U (1989b) Nutrient status and nutrient competition of phytoplankton in a shallow, hypertrophic lake. Limnol Oceanogr 34: 1162–1173

Tilman D (1977) Resource competition between planktonic algae: An experimental and theoretical approach. Ecology 58:338–348

Tilman D (1982) Resource competition and community structure. Princeton Univ Press, Princeton NJ

Tilman D, Sterner RW (1984) Invasions of equilibria: test of resource competition using two species of algae. Oecologia 61:197–200

Turpin DH, Harrison PJ (1980) Cell size manipulation in natural marine, planktonic, diatom communities. Can J Fish Aquat Sci 37: 1193–1195

Vareschi E, Jacobs J (1985) The ecology of lake Nakuru: VI. Synopsis of production and energy flow. Oecologia 65:412–424

Viso AC, Pesando D, Baby C (1987) Antibacterial and antifungal properties of some marine diatoms in culture. Bot Mar 30:41–45

Wissel C (1989) Theoretische Ökologie. Springer, Berlin, Heidelberg, New York, Tokyo

Kapitel 9

Azam F, Fenchel T, Field JG, Gray JS, Meyer-Reil LA, Thingstad F (1983) The ecological role of water column microbes in the sea. Mar Ecol Progr Ser 10:257–263

Brocksen RW, Davis GE, Warren CE (1970) Analysis of trophic processes on the basis of density dependent functions. In: J. H. Steele (Hrsg) Marine food chains. Oliver & Boyd, Edinburgh, 468–498

Carpenter SR, Kitchell JF, Hodgson DR (1985) Cascading trophic interactions and lake productivity. Bioscience 35:634–639

Cushing DH (1971) Upwelling and the production of fish. Adv Mar Biol 9:255–334

Geller W (1980) Stabile Zeitmuster in der Planktonsukzession des Bodensees. Verh Ges Ökol 8:371–382

Geller W, Berberovic R, Gaedke U, Müller H, Pauli HR, Tilzer MM, Weisse T (1991) Relationships among the components of autotrophic and heterotrophic plankton during the seasonal cycle 1987 in Lake Constance. Verh Internat Verein Limnol 24:831–836

Mansson BA, McGlade JM (1993) Ecology, thermodynamics and H.T. Odums conjectures. Oecologia 93:582–596

May RM (1974) Biological populations with nonoverlapping generations: stable points, stable cycles and chaos. Science 186:645–667

McQueen DJ, Johannes MRS, Post JR, Stewart DJ, Lean DRS (1989) Bottom-up and top-down impacts on freshwater pelagic community structure. Ecol Monogr 59:289–309

Murdoch WM, McCauley E (1985) Three distinct types of dynamic behaviour shown by a single planktonic system. Nature 316: 628–630

Oksanen L, Fretwell SD, Arruda J, Niemelä P (1981) Exploitation ecosystems in gradients of primary productivity. Am Nat 118: 240–261

Odum HT (1983) Systems ecology. Wiley, New York

Paine RT (1966) Food web complexity and species diversity. Am Nat 100:65–75

Persson L, Diehl S, Johansson L, Andersson G, Hamrin SH (1992) Trophic interactions in temperate lake ecosystems: a test of food chain theory. Am Nat 140: 59–84

Peters RH (1986) The role of prediction in limnology. Limnol Oceanogr 31: 1143–1159

Reynolds CS (1980) Phytoplankton assemblages and their periodicity in stratifying lake systems. Holarct Ecol 3:141–159

Reynolds CS (1984) The ecology of freshwater phytoplankton. Cambridge Univ Press, Cambridge

Roff JC, Hopcroft RR, Clarke C, Chisholm LA, Lynn DH, Gilron GL (1990) Structure and energy flow in a tropical neritic planktonic community off Kingston, Jamaica. In: Barnes M, Gibson RN (Hrsg) Trophic relationships in the marine environment. Aberdeen Univ Press, Aberdeen, 266–280

Rudstam LG, Lathrop RC, Carpenter SR (1993) The rise and fall of a dominant planktivore: direct and indirect effects on zooplankton. Ecology 74:303–319

Schaffer WM (1985) Order and chaos in ecological systems. Ecology 66:93–106

Scheffer M (1991) Should we expect strange attractors behind plankton dynamics – and if so, should we bother? J Plankton Res 13: 1291–1305

Shapiro J, Wright DI (1984) Lake restoration by biomanipulation. Round Lake, Minnesota, the first two years. Freshwat Biol 14:371–383

Sheldon RW, Prakash A, Sutcliffe WH (1972) The size distribution of particles in the ocean. Limnol Oceanogr 17:327–340

Sommer U (1989) Plankton ecology: Succession in plankton communities. Springer, Berlin, Heidelberg, New York, Tokyo

Sommer U, Gliwicz ZM, Lampert W, Duncan A (1986) The PEG-model of seasonal succession of planktonic events in fresh waters. Arch Hydrobiol 106:433–471

Stockner JG, Shortreed KS (1989) Algal picoplankton and contribution to food webs in oligotrophic British Columbia lakes. Hydrobiologia 173:151–166

Talling JF (1986) The seasonality of phytoplankton in African lakes. Hydrobiologia 138:139–160

Kapitel 10

Andreae MO (1990) Ocean-atmosphere interactions in the global sufur cycle. Mar Chem 30:1–29

Berger WH (1976) Biogenous deep sea sediments: Production, preservation and interpretation. In: Riley JP, Chester R (Hrsg) Chemical oceanography. Academic Press, London, Bd 5:265–388

Berger WH (1989) Global maps of ocean productivity. In Berger WH, Smetacek V, Wefer D (Hrsg) Productivity of the ocean: past and present. Wiley, Chichester, 429–455

Berger WH, Smetacek VS, Wefer G (1989) Ocean productivity and paleoproductivity – an overview. In: Berger WH, Smetacek V, Wefer G (Hrsg) Productivity of the ocean: Past and present. Wiley, Chichester, 1–34

Betzer PR, Showers WJ, Laws EA, Winn CD, DiTullio GR, Kroopnick PM (1984) Primary productivity and particle fluxes on a transsect of the equator at 153 °W in the Pacific Ocean. Deep Sea Res 31:1–11

Brylinsky M (1980) Estimating the productivity of lakes and reservoirs. In: Le Cren ED, Lowe-McConnell RH (Hrsg) The functioning of freshwater ecosystems. Cambridge Univ Press, Cambridge, 411–453

Charlson RJ, Lovelock JF, Andreae MO, Warren SG (1987) Oceanic phytoplankton, atmospheric sulfur, cloud albedo and climate. Nature 326:665–661

Chester R (1990) Marine geochemistry. Unwin Hyman, London

Chisholm SW, Morel FMM (1991) What controls phytoplankton production in nutrient rich areas of the open ocean? Limnol Oceanogr 36:1507–1970

Codispoti LA (1989) Phosphorus vs. nitrogen limitation of new and export production. In: Berger WH, Smetacek V, Wefer G (Hrsg) Productivity of the oceans: Past and present. Wiley, Chichester, 377–394

Cushing DH (1971b) Upwelling and the production of fish. Adv mar Biol 9:255–334

Davies DA, Gorsline DS (1976) Oceanic sediments and sedimentary processes. In: Riley JP, Chester R (Hrsg) Chemical oceanography. Academic Press, London, Bd 5:1–80

Dugdale RC, Goering JJ (1967) Uptake of new and regenerated forms of nitrogen in primary productivity. Limnol Oceanogr 12: 196–206

Gächter R, Mares A (1985) Does settling seston release soluble reaktive phosphorus in the hypolimnion of lakes? Limnol Oceanogr 30:364–372

Grossart HP, Simon M (1993) Limnetic macroscopic aggregates (lake snow): Occurence, characteristics, and microbial dynamics in Lake Constance. Limnol Oceanogr 38:532–546

Hecky RE, Campbell B, Hendzel LL (1993) The stoichiometry of carbon, nitrogen, and phosphorus in the particulate matter of lakes and oceans. Limnol Oceanogr 38:709–724

Kamitani A (1982) Dissolution rates of silica from diatoms decomposing at various temperatures. Mar Biol 68:91–96

Lean DRS, Nalewajko C (1976) Phosphate exchange and organic phosphorus excretion by freshwater algae. J Fish Res Bd Can 33: 1312–1323

LeCren ED, Lowe-McConnell RH (1980) The functioning of freshwater ecosystems. Cambridge Univ Press, Cambridge

Løvstad O, Wold T (1984) Determination of external concentrations of available phosphorus for phytoplankton growth. Verh Internat Verein Limnol 22:205–210

Lovelock J (1991) Das Gaia-Prinzip, Artemis, Zürich

Malin G, Turner SM, Liss PS (1992) Sulfur: The plankton/climate connection. J Phycol 28: 590–597

Mann KH (1980) The total aquatic system. In: Barnes RSK, Mann KH (Hrsg) Fundamentals of aquartic ecosystems. Blackwell, Oxford, 201–220

Peters RH (1986) The role of prediction in limnology. Limnol Oceanogr 31:1143–1159

Redfield AC, Ketchum BH, Richard FA (1963) The influence of organisms on the composition of seawater. In: Hill MN (Hrsg) The sea. Wiley, New York, 26–77

Silver MW, Shanks AL, Trent JD (1978) Marine snow: Microplankton habitat and source of small-scale patchiness in pelagig populations. Science 201:371–373

Sommer U (1988) Growth and survival strategies of planktonic diatoms. In: Sandgren CD (Hrsg) Growth and reproductive strategies of freshwater phytoplankton. Cambridge Univ Press, Cambridge, 227–260

Stabel HH (1985) Mechanisms controlling the sedimentation sequence of various elements in prealpine lakes. In: Stumm W (Hrsg) Chemical processes in lakes. Wiley, New York, 143–167

Stadelmann P (1971) Stickstoffkreislauf und Primärproduktion im mesotrophen Vierwaldstätter See und im eutrophen Rotsee, mit besonderer Berücksichtigung des Nitrats als limitierendem Faktor. Schweiz Z Hydrol 33: 1–65

Vollenweider R, Kerekes J (1982) Eutrophication of waters. Monitoring, assessment, and control. OECD, Paris

Whittaker RH, Likens GE (1973) Primary production: the biosphere and man. Human Ecol 1:357–369

Sachverzeichnis

(Fette Seitenzahlen verweisen auf die ausführliche Besprechung des Stichwortes)

H. Kindl

Biochemie der Pflanzen

4., völlig neubearb. u. aktualisierte Aufl. 1994. XI, 459 S. 369 größtenteils zweifarb. Abb. (Springer-Lehrbuch)
Geb. **DM 78,-**; öS 608,40; sFr 78,- ISBN 3-540-57326-7

Ziel dieses Lehrbuchs ist es, die pflanzliche Zelle aus der Sicht des Bio-
chemikers zu beschreiben. Strukturen und Vorgänge in Pflanzen werden
ausführlich und verständlich dargestellt, wobei Biosynthesewege,
Mechanismen enzymkatalysierter Reaktionen und zellbiologische Aspekte
gleichermaßen behandelt werden. Die vorliegende Auflage wurde in Text
und Bild umfassend überarbeitet und aktualisiert sowie um ein ausführ-
liches Literaturverzeichnis ergänzt. Großen Wert hat der Autor auf die
didaktische Aufbereitung gelegt. Über 300 meist zweifarbige Abbildungen
machen den Inhalt besonders anschaulich und fördern das Verständnis
von Zusammenhängen. Sie lassen auch die neuesten Entwicklungen der
Molekularbiologie und Pflanzengenetik erkennen.

Springer

BA94.10.5